先进核科学与技术译著出版工程

Nuclear Engineering: A Conceptual Introduction to Nuclear Power

核反应堆工程基础

〔英〕马尔科姆·乔伊斯(Malcolm Joyce) 著

赵富龙　温济铭　谭思超　田瑞峰　译

ELSEVIER

哈爾濱工程大学出版社
Harbin Engineering University Press

图书在版编目(CIP)数据

核反应堆工程基础 / (英) 马尔科姆·乔伊斯著 ; 赵富龙等译. -- 哈尔滨 : 哈尔滨工程大学出版社, 2025. 6. -- ISBN 978-7-5661-4787-5

Ⅰ. TL3

中国国家版本馆 CIP 数据核字第 2025YB5531 号

核反应堆工程基础

HE FANYINGDUI GONGCHENG JICHU

选题策划 石　岭
责任编辑 张　曦
封面设计 李海波

出版发行 哈尔滨工程大学出版社
社　　址 哈尔滨市南岗区南通大街 145 号
邮政编码 150001
电　　话 0451-82519989
经　　销 新华书店
印　　刷 哈尔滨市海德利商务印刷有限公司
开　　本 787 mm×1 092 mm　1/16
印　　张 22
字　　数 566 千字
版　　次 2025 年 6 月第 1 版
印　　次 2025 年 6 月第 1 次印刷
书　　号 ISBN 978-7-5661-4787-5
定　　价 118.00 元
http://www.hrbeupress.com
E-mail:heupress@hrbeu.edu.cn

黑版贸登字 08-2025-032 号

Nuclear Engineering: A Conceptual Introduction to Nuclear Power, 1st edition
Malcolm Joyce
ISBN: 9780081009628

Authorized Chinese translation published by Harbin Engineering University Press

《核反应堆工程基础》(第 1 版)(赵富龙,温济铭,谭思超,田瑞峰 译)
ISBN 978-7-5661-4787-5

注　意

本书所涉及的领域知识和实践标准在不断变化。新的研究和经验拓展我们的理解,因此须对研究方法、专业实践或医疗方法做出调整。从业者与研究人员必须始终依靠自身经验和知识来评估及使用本书中提到的所有信息、方法、化合物或本书中描述的实验。在使用这些信息或方法时,人们应注意自身和他人的安全,包括注意负有专业责任的当事人的安全。在法律允许的最大范围内,爱思唯尔、原文作者、原文编辑及原文内容提供者均不对因产品责任、疏忽或其他人身或财产伤害及/或损失承担责任,亦不对由于使用或操作本书中提到的方法、产品、说明或思想而导致的人身或财产伤害及/或损失承担责任。

前　言

本书对核工程动力系统如何工作及其相关燃料供应循环如何运作的关键事实和概念进行了简洁明了的解释，全面介绍了核燃料循环的基本概念、发展历史、放射性原理、裂变过程、锕系元素和相关同位素、慢化、冷却和热工水力相关概念、反应堆基本原理、反应堆方程和中子输运基础概念、主流核反应堆系统、先进反应堆和未来概念堆、核燃料制造、核燃料后处理、核安全和监管、放射性废物的管理和处置，以及公众的接受程度、成本和核能的未来等。

本书的特色是涵盖了核反应堆工程领域全面的知识点及概念，除了流动换热等热工相关知识以外，增加了放射性基础、同位素、核燃料、核安全等与核技术和燃料相关的拓展性内容，有利于培养学生的系统性思维与正确的核安全观，尤其对于先进反应堆和未来概念堆进行了重点论述，与先进核能领域人才培养目标吻合性强，符合“核反应堆工程”课程教学大纲的要求。

本书原作者为 Malcolm Joyce，是兰卡斯特大学核工程教授和特聘工程师，曾在 2008—2015 年担任工程系主任，还担任爱思唯尔期刊 *Progress in Nuclear Energy* 编辑、*IEEE Transactions on Nuclear Science* 和 *European Journal of Physics* 副主编，是英国政府核工业研究咨询委员会（Nuclear Innovation and Research Advisory Board，NIRAB）成员、国家核用户设施管理小组成员和原子能机构计划咨询委员会成员，长期从事核能研究。

本书适用于专攻核领域的本科生和研究生，可作为普通工程和物理专业课程的参考图书，为那些将在学业结束后进入核行业的学生全面介绍核工程的概念及设计原则，还可供从事核电运行和检修工作的人员参考，成为从事反应堆设计、安全特性研究等工作的研究人员的参考书籍。由于对低碳电力的渴望、面临人口增长及突出的环境问题，核电行业正在经历复兴，因此本书深受科学界的欢迎，受到那些希望能够更全面地了解核能相关知识的学者们的关注。通过本书，读者可以找到大量的关于行业变化的信息及其他相关的热门领域的信息。本书亦被评价为：“为任何对基于裂变核能生产的过去、现在和未来感兴趣的人员提供简洁、相关和可访问的文本。”

目　录

第1章　基本概念

1.1　章节概要和学习目标

本章介绍了与核工程相关的基本概念,这些概念支持后面章节中探讨的细节。本书避免介绍大量的细节,而更倾向于关注基础性原则,例如,该领域定量方面的数量级、本书后续章节使用的术语的定义,以及与核反应堆设计相关的内容。在这一阶段选定的概念和原理将在下文进一步阐述;根据作者的经验,无论它们出现在哪个领域的具体方面,均构成了核工程学科普遍存在的特征。本章讨论的主题也属于核工程较为特有的内容,在其他更为通用的工程学科中并不常见,其中许多主题源于核物理和放射化学学科,但在核工程中经常出现。

本章的目标是:

(1)介绍核工程与其他工程学科的主要区别;

(2)回顾原子的结构并介绍原子核的概念;

(3)讨论存在于原子核中质子之间的库仑力与将原子核结合在一起的强相互作用力之间的相互作用;

(4)描述原子核在自然界中所表现出的极端特性,例如其极高的密度以及所占空间的极小性;

(5)引入核素图,说明其含义以及它所突出的原子核特性;

(6)提供通用核反应堆及其组件的概念的全面描述,包括燃料、包壳、冷却剂和慢化剂;

(7)介绍反应堆循环的概念以及直接和间接循环的区别。

1.2　历史背景:欧内斯特·卢瑟福(1871—1937)

欧内斯特·卢瑟福(图1.1)的第一个与核有关的成就是证明了铀有两种不同形式(α粒子和β粒子)的辐射,并用薄铝层将它们分开。他和罗伯特·麦克朗一起计算出镭以α粒子的形式辐射出大量的能量,也许最重要的是,他观察到α粒子与氦原子的原子核的物理和化学性质是一致的。因此,卢瑟福获得了1908年的诺贝尔化学奖。

图 1.1　欧内斯特·卢瑟福

随后,卢瑟福观察到放射性衰变的性质与放射性物质的化学和物理特性无关,因此放射性衰变的起源是原子,而不是分子。他根据母体物质的相关化学变化定义了 α 衰变过程的对应关系,研究了钍,发现它会发射氡,他(与弗雷德里克·索迪)发展了放射性衰变的衰变理论,并与汉斯·盖革一起设计了探测单个 α 粒子的方法。1910 年,他观察到 α 粒子可以被材料以大角度散射,因此假设原子质量以微小但密度极高的"核"的形式集中。这个理论(尽管从尼尔斯·玻尔和沃纳·海森堡的工作中得到了显著的改进)沿用至今。这一发现为随后的一系列发现奠定了基础,包括中子和核裂变的发现。随后,他与亨利·莫斯利一起观察到,原子在被激发后会发射出特有的 X 射线,从 X 射线中可以得到一个数字,即它们的原子序数,这与相应元素的化学性质有关。卢瑟福还观察到,一些轻元素可以在 α 粒子的作用下分解,这提供了将一种元素转化为另一种元素的第一个证据。

1.3　导　　论

核工程与其他工程分支的一个显著区别是,核系统处理的材料是有可能成为带有放射性的材料的。在这种情况下,工程师在核环境中需要了解的许多子系统与一般工程学科中的概念直接对应。然而,有一些非常重要的问题是核工程领域所特有的,这是因为需要管理、处理和了解核材料及其可能产生的辐射。在大多数核工程系统中,通常只利用相对较少数量的同位素的核性质。虽然就工程基础而言,核作业的目标可能往往很简单,但由于必须将所涉物质的放射性风险控制在安全水平并且被认为是社会可以接受的水平,这一目标的实现便可能会变得非常复杂。

1.4 核能前景

1.4.1 原子辐射和核辐射

辐射可以产生于与原子的电子壳层结构有关的过程，例如，我们可能都熟悉辐射的电磁波谱，它涵盖了从移动电话接收和发射的频率，到消防人员用热追踪相机寻找人员时负责图像的红外线，到我们用来观察世界的可见光能谱，再到紫外线和X射线。这些例子不是我们在书中和更广泛的核工程学科中所关心的核辐射，因为这种辐射的起源是原子而不是核。电磁辐射源于原子的电子能级跃迁，而核辐射则源自原子核的不稳定过程。这种区别是很重要的，例如，原子核中的不稳定过程与电磁辐射的发射有关，就有可能发射出比与原子水平有关的过程更高的能量。这可能会影响到我们如何管理和保护自己免受过度辐射带来的伤害。另外还有一种重要的可能性，即原子核可能以辐射的形式发射粒子。它们可能是高度电离的，而在原子中往往不会发生这种现象（电子例外）。

核辐射发生电离的概率以及电离的程度，取决于辐射的能量、质量和电荷。在微观尺度上，能量可以通过电离辐射传递给物质，改变其所沉积的物质组成的潜能。反过来说，还可以改变这些材料的性质；如果上述物质是活体组织，电离辐射的影响会使其功能异常，甚至杀死其组成的细胞。然而，重要的是要认识到，在绝大多数核处理流程和操作中，工作人员所接触的辐射环境与自然本底辐射水平没有区别。这些辐射源包括我们所有人都能接触到的自然辐射，主要来自地壳中的天然放射性矿物和外层空间的宇宙射线，这些辐射在很大程度上是不可避免的。

另一个重要的区别是，虽然原子辐射，如荧光和磷光的寿命很少超过几分钟或几小时，但核辐射与原子核的衰变有关，其寿命跨度很大，从皮秒到数十亿年不等。尽管有可能将长寿命的放射性同位素转化为寿命较短的其他同位素（我们将在第15章中讨论），但改变放射性物质的寿命是不可能的。因此，核工程中的许多要求都与放射性材料的管理有关，以确保人们免受伤害，同时我们还能利用这些材料的潜力为文明造福。

一百多年前，当检测到从薄金属箔上反射出一小部分但数量可观的 α 粒子时，卢瑟福感到震惊。据说他曾说过，就好像他“朝一张薄纸发射了一枚15 in[①] 的炮弹，但炮弹却返回来了”。这表明，几乎所有的原子质量，以及可见物质的绝大部分质量，都必须集中在一个小而致密的原子核中。这与当时广泛假设的更稀松和更分散的排列形成鲜明对比，但尚未得到彻底证明。从卢瑟福基于核散射的观察之后的广泛研究中，我们可以推断出原子核的尺寸，这就是现在被普遍接受的原子模型，并成为20世纪许多科学发现和相关工程的基础。

---

① 1 in = 25.4 mm。

1.4.2 原子核

原子核由数量大致相等的质子和中子组成,这些质子和中子统称为核子。唯一的例外是氢,它是最轻的元素,其同位素也是所有同位素中最轻的,原子核仅由一个质子组成。质子带正电,中子(顾名思义)是中性的,每一种化学元素都以相应的质子数来区分,而质子数对应于原子序数。给定元素的每种同位素都具有相同数量的质子,但其所拥有的中子数量不同。一个原子由原子核和核外电子组成,原子核周围的电子数量与原子核中的质子数量相等。质子、中子、电子、光子的电荷和质量数据见表 1.1。

表 1.1　主要亚原子粒子的基本性质

	质子	中子	电子	光子
质量/kg	1.673×10^{-27}	1.675×10^{-27}	9.11×10^{-31}	—
电荷/C	$+1.672\times10^{-19}$	0	-1.602×10^{-19}	—

由于质子具有正电荷,因此它们受到库仑斥力的作用而相互排斥;然而,在原子核尺度(约 10^{-15} m)的短程范围内,这种电磁力一般弱于将核子束缚在一起的力。后者被称为强相互作用力,是四种基本力(引力、电磁力、强相互作用力、弱相互作用力)之一,在原子核大小的尺度上,强相互作用力表现为吸引力。对于不受放射性衰变影响的同位素,这些原子核处于稳定的平衡状态。在这种状态下,质子相互排斥,但原子核由于核力而结合成一个整体。

图 1.2 给出了锂原子结构示意图,用来举例说明原子的组成。图中原子核的大小被放大了约 1 万倍,使其可见。其中,电子被显示为离散的实体,而它们更接近于弥散电荷云,为了使示意图更清晰地展示锂原子的结构,质子被显示为黑色,中子被显示为白色。图中不按比例缩放。

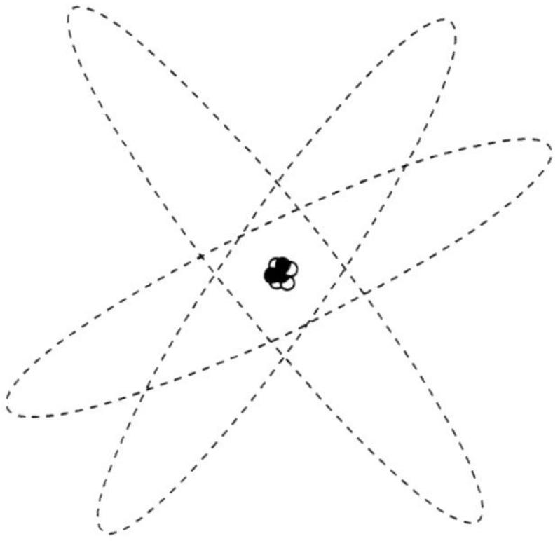

图 1.2　锂原子结构示意图

卢瑟福关于物质被浓缩成微小原子核的发现至今仍意义深远，因为它改变了我们对所熟悉的物质密度的常规看法。对直径为 10^{-15} m 的原子核的观察表明，情况确实大不相同。考虑到原子的大小为 10^{-10} m，电子的质量为 9.11×10^{-31} kg，很明显，占原子质量 99.95%但只占原子尺寸约 $1/10^5$ 的原子核密度一定非常高，即约为 10^{18} kg/m^3。我们日常所见物质的最高密度约为 10^4 kg/m^3（例如铅或钨），因此，很明显原子核的密度非常高。根据这一观察，我们可以得出结论：强相互作用力确实非常强，因为它的作用是将质子和中子紧密地束缚在一起。而且，它是短程的，作用范围不会超出原子核本身的范围。

除了密度，原子核的尺度所表示的固体物质的性质也与直觉有点不同。如果把原子核表示成针尖大小，那么围绕原子核的电子构成了原子的大小，如果用同样的比例表示，那么距离你正在阅读的位置约 100 m。从这一观察可以清楚地看出，物质中绝大部分是空旷的空间，其占比高达物质体积的 99.999 999 999 999%。

1.4.3 核素的图表

核素的图表是通过绘制所有已知同位素（包括稳定的和放射性的）的质子数（Z）与中子数（N）的关系得到的，其中 $a^{1/4}N+Z$ 是原子质量，如图 1.3 所示。类似地，由元素周期表的基团结构可以推断出一般的化学性质，核素的图表提供了对原子核性质的有价值的见解，无论是在一般水平还是在详细水平上。这种对所有物质的总结的一个突出特点是，由于许多元素的同位素种类繁多，并且是由几千种核素组成，而其中一些同位素的寿命确实非常短暂，因此在一些极端情况下，只存在于以接近光速通过粒子加速器所需的时间。同时，大多数存在的同位素都是放射性的，只有图 1.3 中以黑色表示的中央线对应于非放射性物质的稳定比例。这张图就像围绕在中央山脊周围的一朵云，山脊突出的部分通常被称为稳定谷，山谷的两边都是放射性同位素。在质量非常低和质量非常高的情况下，图表缩小到一个极限。在高质量区域和低质量区域，每种元素的已知同位素都比中心区域少。在高质量的极端情况下，稳定谷破裂，最大质量的同位素根本没有稳定的同位素变体，这个区域是核工程师感兴趣的关键区域，因为它包含了锕系同位素系列。

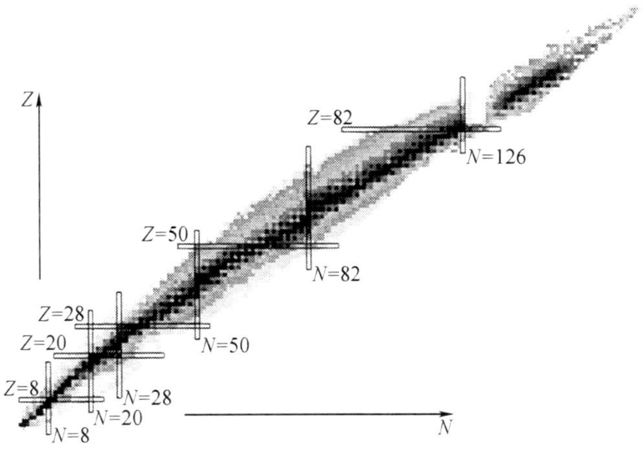

图 1.3　核素的图表，稳定的同位素用黑色表示

更确切地说,它的弯曲是因为较重的同位素具有比质子更高比例的中子,因此,式(1.1)所示比例在 Z 和 N 之间成立,

$$Z \propto N^{P} \tag{1.1}$$

其中,P 小于1,因为稳定谷的趋势是次线性的。在低同位素质量时,Z 与 N 呈线性关系,因此 P 趋近于1。对于质量较高的同位素,这种偏离线性的情况尤为明显,这反映了一个特别显著的核性质,即随着同位素质量的增加,其稳定性更倾向于 $N>Z$ 的同位素,而不是根据轻同位素的趋势所预期的 $N>Z$ 的同位素。

为什么会这样?我们对核物质性质的复杂性的认识是建立在几代核科学家多年来复杂的研究调查的基础上的。这些研究的结果使我们得出结论,核的性质取决于许多不同的结构现象,对这些现象的充分讨论超出了本书的范围。然而,有一个特征与核工程特别相关:随着质子数量从轻质量增加到重质量(在图1.3中垂直轴向上移动),质子之间的静电斥力增加。核力的情况并非如此(如第4章所讨论的核结合能),因为它对每个核子的影响只延伸到最近的核子,所以它通常不会随质量数(A)本身而增加。因此,随着原子质量的增加,库仑力的排斥力更有效地与强相互作用力竞争。在核能的背景下,这一发现的意义在于,相对于质量较小的原子核,质量较大的原子核的束缚较弱,在这些质量的原子核上,大量质子的排斥力会把它们推开,使它们不稳定。

虽然,如前所述,核的结构和行为在高质量极端情况下通常是非常复杂的,尽管处于质量数极端区域的原子核结构和行为通常极其复杂,但随着质量数趋近无穷大($A\to\infty$),质子数量过多所导致的不稳定性在不同同位素中普遍存在,只是程度各异。因此,在这些质量极值处观察到原子核有完全分裂的自然倾向。然而,在这种极端情况下,并没有观察到所有原子核向灾难性分裂的普遍转变,这也是事实。相反,同位素的原子核很容易分裂,一些可以通过激发来促进原子核分裂,而另一些则倾向于各种其他的衰变模式。在这种极端情况下,潜在核结构的复杂性如此之大,以至于只有在相邻同位素的行为上经常表现出截然不同的情况下,才能有把握地进行广泛的概括。

1.4.4 核尺度上的能量单位

对于电离辐射的早期发现者来说,他们很清楚,自己观察到的与辐射相关的能量相对于日常的能量来说是微不足道的,例如,大量的热量传递和物体的日常运动。相比之下,用来描述工业革命核心的热力学现象的传统能量单位是巨大的。从当时的电磁学实验中衍生出来(考虑到发现了许多新的同位素,并且仍然是检测核辐射的一种流行方法),因此,人们普遍采用与气体电离,以及早期静电计中薄金属丝受电荷影响等实验相关的物理量,在许多情况下被用来描述在电离辐射背景下所观察到的情况。特别是,基于电子获得的能量 E 与被电位差 V 加速的电荷 e 之间关系的约定如下:

$$E=eV \tag{1.2}$$

它定义了单位电子伏(eV)。这个单位被普遍用于量化与微观核过程有关的非常小的亚原子能量,特别是那些产生电离辐射的亚原子能量。在此基础上,通过1 eV加速的单个电子(电荷大小为 1.602×10^{-19} C)将获得1 eV对应于 1.602×10^{-19} J的能量。通过以电子在

1 V 电压下获得的能量为基准进行归一化,可在该能量尺度下更便捷地比较不同能量值,无须频繁涉及多个数量级参考。这同时减少了计算中处理大量极小数时出错的可能性。

在核工程的背景下,eV 域的能量通常被认为处于能谱的低端,keV 域的能量通常被认为处于能谱的中间位置,MeV 域的能量通常被认为处于能谱的中高端。

让我们考虑放射性同位素钾-40(^{40}K)的情况。这种同位素衰变非常缓慢,从 13.8 亿年前宇宙形成以来,它大部分仍自然地存在于地壳中。它被我们所吃的食物以对人体无害的量吸收,例如香蕉。该同位素的^{40}K核通过量子化能级之间的许多跃迁而衰变,从而导致其以 γ 射线的形式在高频范围内发射电磁辐射。与此相关的光子在 50 keV 到几 MeV 的范围内表现出相对较少的离散能量。为了本例的目的,我们将特别关注 1 491 keV 的转换。1 491 keV 跃迁在 SI 单位中具有等效能量。

$$E=1\ 491\times1\ 000\times1.602\times10^{-19}=2.39\times10^{-13}\ \text{J} \tag{1.3}$$

相对于我们所习惯的宏观水平,这突出了核辐射能量的极小尺度。

1.4.5 核结合能

我们在前面讨论过强相互作用力及其在维系原子核稳定性的关键作用之后,需要能量来克服这一作用力以使原子核分裂。换一种说法为,将原子核分解成中子和质子所需要的能量被称为核结合能。如果有必要使用粒子加速器分离一个给定的原子核,那么测量这种能量似乎是一项相当复杂的任务。然而,将原子核束缚在一起的能量表现为其组成部分(中子和质子的质量)总质量与束缚态原子核质量之间的差值。这种差异被称为质量亏损,可以通过式(1.4)给出的爱因斯坦著名的能量(E)和质量(m)关系来确定。

$$E=mc^2 \tag{1.4}$$

其中,c 为光速。

我们将在第 3 章更详细地讨论这个重要的概念。

1.5 通用核反应堆

核反应堆有许多不同的类型,就像之前的热机(如蒸汽机和内燃机)一样,有多种工艺和布置方式,使裂变产生的能量可以被利用。为了帮助我们理解这一广泛的工程领域,先要考虑一个通用的核反应堆设计是有意义的,后面的章节会具体说明其材料、循环和过程。

核反应堆可以这样定义:“可以启动、维持和控制核裂变链式反应以产生热量或产生有用辐射的装置。”因此,在核反应堆的定义中,重点显然是控制,因为没有控制,核反应所提供的非常高的能量密度就不能以有用的形式和速度消散。然而,读者也会注意到,我们并不局限于发电本身,因为有许多反应堆并不像最初的反应堆系统那样专门用于发电,而是用于研究和材料应用。此外,请注意,这里并没有提到规模,因为核反应堆的大小可以根据其设计应用的不同而有很大差异。

用最简单的话来说,核反应堆是由燃料和冷却剂组成的,燃料中的热量是由自我维持的核裂变链式反应产生的，冷却剂的作用是将热量从燃料中转移出去，以便这些能量可以用来做有用的工作。通常还包括用一种物质来降低维持反应的中子的能量，这使得在低浓缩铀中更容易维持反应。这种物质被称为慢化剂。在一些反应堆设计中，慢化剂和冷却剂是同一种物质。

读者应该注意到，在我们对通用核反应堆的描述中，以及在后面的章节中提到它时，并没有提到控制机制、应急仪表系统、冷却剂泵、稳压器、干燥器、冷凝器等。虽然这些组件对特定反应堆设计的运行极其重要，但它们的运行和安排太过具体，因此无法在这里进行初步的通用概述。为了这个一般基础的目的，假定：

（1）慢化剂和冷却剂是不同的物质，尽管冷却剂系统是一种流行的和非常成功的设计集成，我们将在本书后面进行讨论。

（2）反应堆是一种异质设计，它使得燃料被分成相对狭窄的元件，并均匀地分布在慢化剂和冷却剂系统中。这是构成世界核电发电系统的所有低浓缩动力反应堆系统的共同特征，如图 1.4 所示。

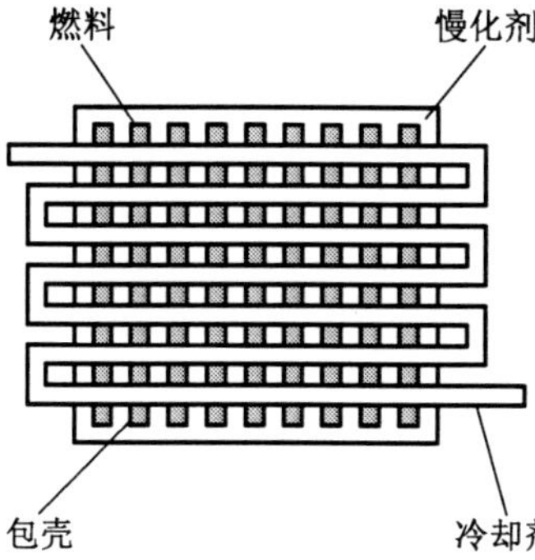

图 1.4　一个通用核反应堆设计示意图

1.5.1　燃料

我们第一个要考虑的是通用核反应堆的燃料。像所有的发动机一样，没有燃料就不能产生能量，核反应堆也不例外。当今世界上运行的所有核反应堆都依赖某种形式的铀（同位素组成和物理形式各不相同）作为其燃料的主要来源。这是因为铀是唯一一种自然丰度充足的元素，其同位素能被热中子引发裂变。值得注意的是，虽然钍经常是反应堆使用的研究重点和撰写本书时的主题，但在转化为足够数量的^{233}U之前，它不能直接用于反应堆系统，具体情况将在第 11 章进行讨论。同样，在使用钚时，它要么以混合氧化物（MOX）燃料的形式与铀混合，要么作为铀燃料反应堆中^{238}U的直接产物。

核能生产中选择的天然铀同位素是^{235}U，因为这种同位素具有两方面的好处：一是天然铀的含量足够丰富（0.71%的天然铀是^{235}U）；二是易受热中子诱发裂变。受激或诱导裂变意味着可以使用中子来激发^{235}U核分裂，这对于维持基于这种现象的反应是至关重要的。其他同位素，如锎-252（^{252}Cf）表现出自发裂变，同位素随机分裂为放射性衰变的一种形式，这对反应堆系统不是很有用，因为像其他形式的放射性衰变一样，它无法控制。在这种情况下，我们经常把像^{235}U这样易受热中子刺激而发生裂变反应的核素，称为易裂变核素。

反应堆中使用的铀以及与其他可裂变核素结合使用的铀可以呈现各种几何形状，包括：具有各种化学形式和同位素组成的棒、薄板和厚板。在核时代的早期，材料制备技术比今天更为原始，燃料通常只能以金属的形式使用。这在当时是一个合理的解决方案，许多早期的反应堆便是使用这种类型的燃料。然而，人们很快意识到，燃料易受热循环和暴露于高水平辐射的影响，这是核反应堆系统中燃料使用可靠性和寿命的关键限制因素。因此，替代品被开发出来，以满足长寿命、耐热和辐射暴露的要求。世界上许多反应堆现在都依赖于陶瓷形式的燃料，通常含有二氧化铀（UO_2）。与金属型燃料相比，这些燃料更能适应反应堆使用的严酷环境，并提供更长的使用时间，因为它们更能抵抗辐射损伤和高温降解，并且具有足够的导热性来获取热量。随着反应堆使用的不断发展，更具韧性和事故耐受性的燃料是当前许多研究项目的重点。

在核燃料方面，我们还将经常提到浓缩的概念。如前所述，铀的特定同位素^{235}U只以相对较稀的比例自然存在。例如，考虑一下，如果自然富集的铀原子摆在我们面前，大约140个原子中只有1个是^{235}U，其余的绝大多数将是^{238}U，占天然铀的99.3%，剩下的是非常少量的^{234}U。无论是^{238}U还是^{234}U（尽管它的丰度非常小）都不能实现较高的裂变水平。虽然这些同位素除用于反应堆之外还有其他用途，但它们通常作为相对惰性的基质来保存^{235}U。我们将在第11章回到这个问题中，以强调与^{238}U培养相关的一个重要例外。

虽然持续裂变在自然富集的铀燃料中是可行的，即质量分数为0.71%的^{235}U（这是许多最初的核反应堆设计的主要方法），但它很难实现，并且可能限制反应堆中其他部件材料的选择。在不容易获得浓缩设施的情况下，或在不需要国家能源政策方面的情况下，自然浓缩燃料往往是可取的。

目前用于发电的大多数核燃料都含有少量的^{235}U，因为这使反应堆的操作变得容易，并抵消了冷却剂和慢化剂对吸收的中子的影响。在这种情况下，低富集燃料通常归类为质量分数小于5%的^{235}U。考虑到前面描述的情况质量分数为5%的浓缩相当于20个铀原子中有1个是^{235}U，显然，相对较小的富集度可以显著增加可裂变核素的相对比例。一些反应堆使用高浓缩燃料，通常为质量分数小于20%的^{235}U，而另一些反应堆则使用高得多的浓缩铀。铀的浓缩需要消耗能源，尽管有诸如矿石的自然富集水平等其他因素的影响，但富集度越高，消耗水平就越高，燃料的成本也就越高。此外，浓缩度越高，就越容易出现扩散的危险，即转移到非法用途。因此，低浓缩在缓和反应堆运行、优化燃烧、保持成本竞争力和防止扩散之间提供了一个合理的折中方案。

1.5.2 包壳

反应堆中的核燃料包在一种被称为包壳的材料中。包壳不像燃料那样对发电有贡献，但它是燃料设计的一个组成部分，并有着一些非常重要的功能。这些功能包括：

（1）包容燃料中含有的放射性物质，以防止它污染反应堆中的冷却剂等其他材料；

（2）在几乎所有的反应堆设计中，作为燃料和冷却剂之间的界面，构成了将燃料中产生的热量传递给冷却剂的介质；

(3)使中子通过慢化剂从一种燃料元素传递到另一种燃料元素；

(4)抵抗辐射的影响，特别是对其物理特性的改变，如对长期暴露在中子和 γ 射线强场下的应力的反应；

(5)承受频繁循环对温度、辐射损害的影响，并最大限度地减少燃料中的这些(如膨胀、收缩和变形)影响，而不会断裂或变形。

如果制造包壳及其相关部件的材料能够抗中子活化，那么这是有益的，特别是在反应堆的后处理方面。否则，处理包壳可能会更复杂，并可能产生不必要的废物。

自核反应堆首次开发以来，已经使用了许多不同类型的包壳。使用最广泛的是锆合金，其次是镁、铝和不锈钢。包壳材料的选择受其他几个因素的影响，如冷却剂的类型和给定反应堆运行的热工水力条件，例如温度、压力、流量等。由于利用轻水作为冷却剂和慢化剂的反应堆在世界范围内应用最广泛，因此在这些设计中选择使用的相应包壳集中在锆合金上。这种材料在这些环境中相对耐腐蚀，可以在高温高压下使用轻水，同时提供上述功能。未来先进反应堆设计具有在更高温度和热力学效率下运行的潜力，研究人员将继续开发与这些操作条件兼容的包壳材料。

1.5.3 冷却剂

在通用反应堆系统中，包括了冷却剂，因为系统通常需要冷却剂将热量从反应堆输送到可以用于工作的地方，或者至少可以安全地消散。这可能用于发电、推进或二者兼而有之。在一些以研究为目的而运行的反应堆中，例如用于材料测试或医用同位素的生产，热量通常不用于特定目的，尽管总是需要配置系统以使热量从燃料中传递出去。这可以是被动的，也可以是主动的，后者在运行的动力反应堆中是必要的，因为热量的产量非常大。

同样，对于燃料包壳的情况，核反应堆中冷却剂的要求很容易被定义。它应该：

(1)不腐蚀燃料包壳和其他反应堆部件；

(2)有良好的质量输运性质；

(3)有很高的比热容；

(4)价格低；

(5)随时可以大量获得。

在反应堆的发展过程中，各种各样的介质被用作冷却剂，其中最常见的包括空气、轻水、重水和二氧化碳。此外，还使用了其他多种材料，包括液态钠、钠钾合金、液态铅、铅铋合金以及氦气，主要用于快堆应用。值得注意的是，许多反应堆系统的设计是基于使用两种甚至三种冷却剂的，我们将在后文介绍反应堆回路的概念时考虑这一点。这样的安排允许一种冷却剂与另一种冷却剂隔离(选择的冷却剂不一定是相同的物质)。

1.5.4 慢化剂

在大多数核反应堆中，通常还需要一种称为慢化剂的物质。反应堆系统的这一部分是必要的，因为在核能生产中利用的裂变核反应更有可能发生在中子能量较低的情况下，特别是在^{235}U含量相对较低的燃料中。用于传播和维持裂变反应的中子通常产生于能量远高于这个水平的裂变事件(通常比大多数情况下理想的能量高10^8倍)。慢化剂是必要的,以使这些中子减速,让它们引起裂变反应的可能性增加。慢化剂通过与中子相互作用,使中子将其多余能量传递给其原子结构,从而实现减速功能。本书将在第6章中详细讨论慢化剂,慢化剂的理想性质包括它必须包含轻元素,中子散射截面大、中子吸收截面小,且它必须是便宜的、丰富的和良性的,即不易燃,化学反应性或腐蚀性小。

1.5.5 反应堆回路

核反应堆的堆芯由核燃料组成,活动部件相对较少。然而,用于发电的核反应堆通常是一个相对复杂的热力学系统,根据上面描述的有关冷却和慢化的描述,其中使用了各种各样的液体。此外,这些液体随着反应堆的运行而改变是可能的。这可能导致混合相流,即反应堆系统中液体和气体的混合物。在适应的温度、压力和辐射水平方面,经常存在显著的极端情况,特别是在反应堆启动和关闭期间。

就像内燃机和电动机有许多不同的变体一样,核反应堆的回路设计也有几种可供选择。有些是作为原型开发的,没有进一步超出最初的可行性测试,而另一些则非常成功,并在当今世界广泛使用。发展核工程的另一个重要因素是,核技术在第二次世界大战中发挥了重要的作用。随后的历史影响了国家的发展趋势,例如,由于某些国家在高度保密时期获得的技术、材料和生产设施等,使它们与另一种类型的反应堆回路形成了对比。由于核反应堆是寿命相对较长的设施,有些反应堆的运行时间超过了50年,这些早期核电站的退役时间往往也是如此,这一历史背景仍然对我们今天的反应堆的退役产生了影响。相比之下,随着反应堆系统按照商业条款开发并获得国际许可以来,当前的反应堆显示出更大程度的设计多样化。

一般来说,反应堆回路被认为是直接系统或间接系统,这里的重点是系统如何配置,以允许冷却剂与反应堆堆芯接触。冷却剂必须易于运输,因此通常是液体或气体。这不是慢化剂的基本要求,所以我们在反应堆回路的背景下,重点通常放在冷却剂的输送机制上。两种可选的反应堆回路设计如图1.5所示。

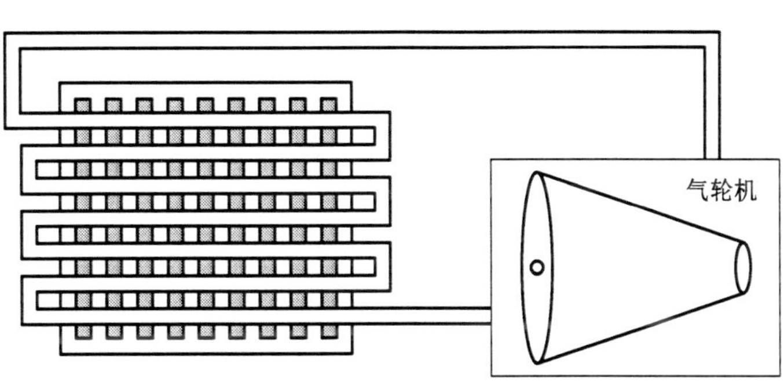

(a) 直接系统

图1.5 两种可选的反应堆回路设计示意图

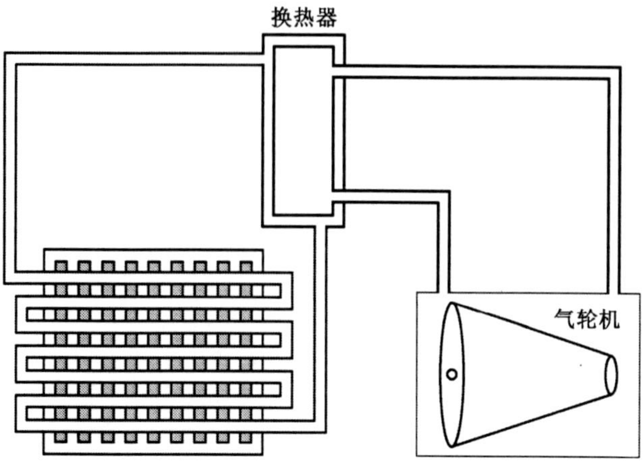

(b)间接系统

图 1.5(续)

注:间接系统中的一回路显示在左边,二回路显示在右边

在直接反应堆回路中,与堆芯接触的冷却剂同时也被用来产生有用功(最常见的是驱动汽轮机发电)。相反,间接回路通常采用物理上彼此分离的两个或多个冷却剂回路,并使用热交换器将热量从一个回路传递到另一个回路。与堆芯接触的回路通常称为一回路,二回路是用于驱动汽轮机发电的回路;二次循环通常被称为间接循环中的给水系统或给水回路。

直接系统的一个显著优点是不需要间接回路所需的大量工程基础设施,如工艺管道、泵和热交换器。这可以使直接系统的电厂比间接系统的更便宜、更快地被建造,虽然一系列其他设计因素也会影响成本。

间接系统的显著优点是与核燃料接触的冷却剂(尽管是通过燃料包壳)与驱动发电系统的冷却剂在物理上是分开的。因此,在包壳失效的情况下,或者在事故中存在辐照燃料暴露于一回路中的冷却剂的风险时,来自堆芯的放射性物质的污染程度仅限于一回路。

从退役的角度来看,间接系统也有好处,因为与放射性污染有关的要求仅限于通常称为“核岛”的地方,例如反应堆、废物运输设施等。非核场址的其余部分通常可以相对较快和较容易地被拆除,暴露风险大大降低,管理简化,需要处置的放射性基础设施数量减少。

直接系统反应堆回路的缺点是通常需要高度净化的反应堆冷却剂,以减少因通过中子激活与堆芯接触的冷却剂中的矿物质而造成污染的可能性。目前,世界各地都在运行与建设直接和间接循环的反应堆系统。

1.6 基本核物理概念

1.6.1 质量表述

为了在同位素性质的范围内进行比较,同位素质量以原子质量单位(u)表示。这是基于^{12}C原子质量为 12 u 的定义,因此 1 u 是^{12}C原子质量的十二分之一。假设摩尔是 12 g ^{12}C的原子数,且 1 mol 是阿伏伽德罗常数的数值(6.023×10^{23}),$1\ u=1.66\times10^{-27}$ kg。

在处理同位素质量时,指定单位很重要,即^{238}U的同位素质量为 238.050 7 u,相当于 3.95×10^{-25} kg 的质量。同位素或原子质量不应与摩尔质量混淆;后者所讨论的是 1 mol 同位素的质量。

另一种表述是用 MeV/c^2 表示质量的等效形式,其中 1 个原子质量单位通过式(1.5)表示为

$$m_u = 931.5\ MeV/c^2 \tag{1.5}$$

其中,m_u 表示原子质量,是 1 u。

1.6.2 放射性的基本概念

在这个简短的部分中,我们对公认的术语进行了总结,为后面的章节做了铺垫。在适当的情况下,本节开头介绍的具体的术语,将在后面的章节出现。

核工程与其他工程学科的区别在于,所使用和加工的物质与材料通常具有放射性。这意味着它们有放射性衰变的倾向,是物质获得更大稳定性的自然过程。这样,一种类型的原子可以变成另一种类型的原子。给定的同位素也有可能从激发态跃迁到较低的激发态而不改变其结构。放射性衰变通常导致电离辐射的释放,可以包括电磁辐射(通常是一种被称为 γ 射线的类型)和亚原子粒子,如 β 粒子(电子)、中子和 α 粒子(氦原子的原子核)。通常,子产物对放射性衰变也是不稳定的,这就构成了所谓衰变链的开端。稳定的物质可以通过辐射与它们的相互作用而具有放射性,这个过程称为活化。在当前背景下,与这种现象最相关的例子是中子与物质相互作用的结果,称为中子活化。

关于中子活化的例子,这种类型的核反应,即由中子的相互作用引起的核反应,导致暴露物质的同位素组成发生变化,其可能性取决于中子的能量和中子与之相互作用的特定同位素的敏感性,有些反应比其他反应更容易发生。这通常是量化的,根据一个参数,称为微观截面,在核工程中这是一个非常重要的概念。微观截面等于给定相互作用发生的速率除以中子入射速率与发生相互作用的物质中原子核数的乘积。它是一个给定的原子核与中子发生特定相互作用的微观概率,因此被称为微观截面,我们将在第 4 章中进行更详细的讨论。

与我们对周围世界的日常体验不同,在核尺度上与物质相关的许多特性都是量子化的,比如能量、电荷、角动量等。因此,我们倾向于不测量行为的连续趋势,而是观察单个量子,例如光子是 γ 辐射的量子。类似地,量子力学控制着这个尺度上的行为,其变化通常由物质可以占据的量子化状态结构所控制,特别是在激发方面。

由此可见，大多数亚原子现象是不能确定预测的。相反，它们是根据其发生的概率来理解和衡量的。放射性衰变的概率是我们所讨论的特定同位素的一种性质。因此，衰变的速率与存在的物质的数量成正比，在一个给定的样本中，具有相同衰变概率的实体越多，衰变速率就越大。一种物质的量衰减到 $1/e$ 的量所花费的时间称为寿命。

半衰期是衡量一种物质衰变倾向的更广泛的方法，它是一定量的放射性物质衰变一半所花费的时间。给定数量的放射性物质的衰变速率被称为活度，用每秒衰变的次数或贝可［勒尔］（Bq）来测量。当这个量归一化为物质的质量时，称为比活度，单位为 Bq/g。在历史上，人们定义了另一种活度单位，现在仍在使用，与天然镭的等效比活度相对应，它被称为居里（Ci）。$1\ \mathrm{Ci}=3.7\times10^{10}\ \mathrm{Bq}$。

案例分析

案例分析 1.1：计算核材料的密度

假设碳（^{12}C）的原子质量是 12 u，它的原子核半径是 10^{-15} m，就可以估计出碳的核物质密度。

假设^{12}C 原子核为球形，体积 V 为

$$V=\frac{4}{3}\pi r^3=\frac{4}{3}\pi(10^{-15})^3\approx4\times10^{-45}\mathrm{m}^3$$

^{12}C 原子的质量 m_{C} 为

$$m_{\mathrm{C}}=12\times1.66\times10^{-27}\approx2\times10^{-26}\ \mathrm{kg}$$

因此，密度 ρ 为

$$\rho=\frac{2\times10^{-26}}{4\times10^{-45}}=5\times10^{18}\ \mathrm{kg/m^3}$$

为了把它放在熟悉的环境中，我们可以估计 1 mm^3 的“核”碳的质量为

$$m=5\times10^{18}\times10^{-9}=5\times10^{9}\ \mathrm{kg}$$

或者称为 500 万吨。

案例分析 1.2：能量非常小的辐射量化

第 1.4.4 节所示的 1 491 keV 线在^{40}K 时的光子能量为 2.39×10^{-13} J，这是一个非常小的量，如下面的计算所示。在这里，我们估计如果来自^{40}K 的 1 491 keV γ 射线被它完全吸收，1 kg 水的温度会升高多少。水是一个相关的例子，因为大多数生物组织是由水组成的，因此，当我们考虑辐射剂量时，水是模拟人体组织的一个良好近似。然而，在实践中，吸收^{40}K 的 γ 射线可能要超过 1 kg，因为能量在这个范围内的 γ 射线非常具有穿透力。

设水的比热容为 $C=4.2\ \mathrm{kJ/(kg\cdot℃)}$，焓 H、比热容与温度变化 ΔT 的关系为

$$H=mc\Delta T$$

接下来就是

$$\Delta T=\frac{H}{mc}=\frac{2.39\times10^{-13}}{1\times4.2\times1\ 000}=5.7\times10^{-17}\ ^\circ\mathrm{C}$$

这不是很确定,也不容易测量!

复习指南

读完本章后,你应该:

- 了解核辐射和原子辐射之间的区别。
- 了解卢瑟福发现原子核及其对原子核密度和尺度的影响。
- 了解放射性物质的寿命范围。
- 了解原子核的一般组成。
- 了解库仑力和强相互作用力之间的相互作用,这种相互作用有助于在非常大的元素中观察到不稳定性的趋势。
- 能够绘制核素图表的草图并突出其各种特征。
- 能够计算核物质密度。
- 能够在焦耳和电子伏单位之间转换能量参数。
- 认识到我们倾向于处理与电离辐射的单个量子相关的非常小的能量。
- 了解通用核反应堆的四个基本组成部分,以及今天运行的动力反应堆中使用的两种关键反应堆循环类型。
- 对核工程领域使用的基本核物理术语有很好的理解。

习　　题

1. 已知铀(^{238}U)的原子质量为 238.028 9 u,核半径为 7.5×10^{-15} m,计算^{238}U 的核密度。由此,如果一个直径为 10 mm、高度为 8 mm 的燃料球团可能完全由铀和它的原子核组成,请估计它的质量。

2. 铯-137 通过 β 衰变进入钡-137 的激发态,随后通过发射一个能量为 662 keV 的 γ 射线衰变,把这个能量转换成焦耳。如果水的比热容是 4.2 kJ/(kg · ℃),那么 1 kg 的水需要吸收多少^{137}Cs, γ 射线才能使其温度升高 1 ℃?

3. 请解释,为什么核素表的形状是这样的。从图表进行考虑,你会期望一个质量为 $A\approx200$ 的核素比质子有更多的中子还是相反?通过解释你的选择来证明你的答案是正确的。

4. 描述利用直接循环的核反应堆设计与利用间接循环的核反应堆设计之间的区别。间接循环的优点是什么?

5. 根据对燃料包壳和冷却剂性能的要求的理解,解释通用反应堆系统中这些组件的三个特性。

第2章 发展历史

2.1 章节概要和学习目标

技术进步在全球范围内的普及，很少仅依赖于某一特定工程解决方案的技术优势。最重要的是，与安全、健康和环境的潜在影响相关的关键问题发挥着重要作用，经济学也是如此。在许多情况下，技术的发展，特别是出于军事需要而进行的技术投资，可对技术的发展产生重大影响，并可加速某些领域的研究进程，从而给相关领域带来重要影响。

商业核能是这一发展过程的一个重要例子，但也有其他的例子，如鲁道夫·狄塞尔(Rudolf Diesel)关于使用生物燃料制造简单而灵活的发动机的设想，在他去世后不久就被整合到第一艘潜艇的设计中。如今，我们虽然还在使用化石燃料，但生物燃料也在发挥着重要的作用。在本章中，我们总结了与世界核能现状相关的历史。本章的目的是为后文更侧重技术的章节提供一个历史背景，并为与核安全、监管、可接受性和经济有关的章节提供必要的铺垫。

本章的目标是：

(1)概述作为一种能源的核能的起源，特别是自然形式和人为形式的基于裂变的核能的起源；

(2)介绍铀作为一种元素，其使用历史早于用其发电，并描述其早期用途；

(3)概述可以利用可控和持续的核链式反应来生产能源的开创性科学发现；

(4)描述第一座核反应堆的发展和运行；

(5)概述军事影响对核能发展的影响，特别是对第二次世界大战的影响，以及对随后的冷战的影响；

(6)描述替代核燃料和燃料循环发展的历史背景；

(7)回顾当前的反应堆分类系统。

2.2 历史背景：恩里科·费米(1901—1954)

恩里科·费米(图2.1)的科学成就涵盖了核能发展中一些最突出的发现。例如，他发现中子可以诱发放射性，而热中子比快中子更有效。因此，他在1938年获得了诺贝尔物理学奖。他假设了裂变释放能量的程度，随后在芝加哥大学领导了世界上第一个自持的核反应和反应堆的开发。他首创了六因子公式，作为理解自持反应中中子群的基础，至今仍是理解这一现象的入门知识。

图 2.1 恩里科·费米

费米的影响超出了核裂变工程:他制定了描述量子力学(费米–狄拉克统计)核心统计行为的框架,适用于被称为费米子的粒子。除了在中子方面的成就,他为我们对 β 衰变的理解做出了重要贡献,在实验观察到中微子很久之前他就假设了中微子的存在,并由此假设了弱相互作用力。在此基础上,他构思了已知的四种基本力相互作用机制的基础。在意大利进行了开创性的工作之后,因为当时意大利的立法威胁到了他家人的自由,所以费米在荣获诺贝尔物理学奖之后选择移民至美国。他在美国的研究成果对推动世界历史的进程,特别是在战争方面,发挥着非常重要的作用。

2.3 导 论

在漫长的进化历程中,人类利用核能的历史才刚刚开始。为了推动核能在商业上的广泛应用,不仅需要巨额的资源投资,更离不开众多杰出人才的深厚智慧。正因如此,核能领域一些具有里程碑意义的发展不到十年便得以实现。这一成就部分归功于早期先驱者惊人的洞察力,同时也与核武器的研发及其在第二次世界大战中的发展紧密连接。与其他技术的发展相比,商业核电的发展更受历史事件和国家优先发展事项的影响,这在当前的动力反应堆设计、工业界面临的诸多遗留问题(特别是与废物处理相关的问题)以及未来的工程技术选择方面均有显著体现。然而,地质证据表明,核反应作为一种自然现象,其存在可以追溯至数十亿年前,与人类的活动完全无关。这一自然历史的视角,为本章的探讨提供了一个恰如其分的起点。

2.4　天然反应堆

核裂变产生的能量可以追溯到近20亿年前，人们强烈怀疑当时非洲加蓬地区的天然反应堆已在运行[1,2]。目前^{235}U的同位素富集度，即使按今天的标准，铀元素相对富集度较高的地质区域，也不足以维持核链式反应；^{235}U的比例太低，因此^{235}U原子分散得太广。

目前铀的同位素比例是数十亿年放射性衰变的产物。根据研究，那些半衰期相对于地球年龄（约4.5亿年）较短的同位素，如^{234}U和^{236}U，比寿命较长的同位素，如^{235}U和^{238}U，衰变得更快。后面这些寿命较长的同位素，今天在铀的自然同位素分布中仍然很突出。最重要的是，在裂变方面，与^{238}U相比，^{235}U的活性明显更高（反映在它的半衰期更短），这使它衰变得更快。这便有了今天地壳中同位素富集度的显著差异，^{235}U与^{238}U的比例约为1∶140（不存在局部变化），较重的同位素更占优势。

大约20亿年前的同位素情况非常不同。^{235}U相对于^{238}U的自然富集度比今天要大得多（这些将在第5章中进行定量探讨）。当时，考虑到满足下文所述的要求，已经表明连锁反应可能在地下持续了几千年：

（1）^{235}U可裂变铀的富集度需要足以构成必要的临界质量；

（2）需要有丰富的轻同位素来提供中子慢化（例如，可能存在流过含铀矿物的多孔矿床的流动地下水）；

（3）相对较低的水平或（理想情况下）没有吸收中子的物种（特别是硼，由于硼的相对丰富的同位素^{10}B的中子吸收概率非常高，并且地壳中硼的丰度很高）。

迄今为止，地质证据表明，这些条件在非洲特定地区的少数几个孤立的地点得到了满足。这些要求为核反应堆系统提供了有用的见解，因为类似的条件是核能生产所必需的。图2.2显示了非洲加蓬一个疑似天然反应堆的地点的照片。

图2.2　非洲加蓬奥克洛地区的照片（天然反应堆的位置通过人造建筑进行识别，以控制其对附近居民的放射性影响，人们怀疑这一地区存在多个独立的天然反应堆）

在疑似天然反应堆附近的地质沉积物中,人们发现了与裂变产物和锕系元素残留物相关的同位素的特征,也因为附近的^{235}U同位素组成相对于周围环境来说已经耗尽了,所以这一点支持了自然反应堆可能以这种方式形成的说法。人们怀疑,天然反应堆持续运行了很长一段时间,可能超过10万年,产生100 kW量级的电力,并且可能随着沉积物中慢化水作用及其温度的上升或下降而启动或停止。

非洲的这些地区是目前世界上地质证据保存得极为完好的少数地方之一,对于今天的研究具有重要意义。加蓬等地区的铀丰度相对于其他地方仍然很高,长期以来一直与20世纪用于人造反应堆核燃料的铀提取活动密切相关。人工方法的一个显著区别是需要对矿石进行广泛的提纯,并且通常还需要进行同位素富集。据推测,^{235}U在20亿年前的自然富集水平可能超过现在^{235}U质量分数的3%。尽管在自然环境的背景下,这些天然反应堆主要具有历史意义,但研究它们有助于我们了解在核废料管理和处置过程中裂变产物及小锕系元素的迁移和遏制机制,这些将在第15章中进一步讨论。

2.5 铀的早期用途

与天然反应堆时代相比,人类利用铀发电花了相当长的时间。早在1789年铀就被发现了,在其放射性和核裂变特性被发现一个多世纪之前,铀被用于其他用途。铀是19世纪末相对密集开采的几种致密金属之一,另外两种是铅和铋,它们的开采形式包括黄钨矿、凤尾石、沥青铀矿、透辉石矿和铀矿。尽管与回收这些金属相关的小型矿山在规模上无法与20世纪为核动力工业服务的大型矿山相提并论,但这些小型矿山仍然回收了大量的这类材料,总质量约几百吨。

直到20世纪30年代,开采铀的主要目的仍是作为玻璃和陶瓷釉料的添加剂,如图2.3所示。铀具有多种价态,是一种有效的着色剂。随着真空电子革命的发展,铀也被用作几种金属添加剂之一,使早期无线电和发射机中使用的真空电子设备的玻璃-金属密封有效。

图2.3 紫外线照射下的几个含铀玻璃样品的照片

1898 年，玛丽·居里发现镭之后，这些含铀的矿藏，成为后来发现的所用材料的原料。以镭为基础的工业得以迅速发展，以支持其在手表和飞机仪器夜光表盘上的应用。镭也被应用于早期的医学治疗等方面。随着时间的推移，人们对镭及其相关同位素和衰变产物的放射性毒性有了更多的了解，因此几乎不再使用镭及其相关同位素，它的使用现在已经被法律禁止了。一些早期的医疗用途被发现不仅没有科学依据，而且对人类的健康构成威胁。

随着 1938 年核裂变的发现，核军备竞赛从 20 世纪 30 年代末开始，铀及其矿石不受管制的回收和加工被停止，以防止其在世界处于战争状态时被迫扩散。许多为早期使用和科学发现提供铀的小型矿山(如英国康沃尔郡的南特拉斯)在主流核电生产开始之前就关闭了。这种小型开采在规模和储量方面无法与为提供核燃料原料而建立的较大铀矿竞争。值得注意的是，这些早期开采的铀矿虽然早已废弃，但仍然是氡等辐射照射的重要来源。例如，在这些环境中长期暴露可能导致剂量超过有关电离辐射条例[3]规定的限值。

2.6 寻找超铀元素和发现裂变

20 世纪之交，核物理学继续迅速发展：玛丽·居里受到贝可勒尔和伦琴的发现以及放射性新领域的诞生的启发，选择将她的博士论文重点放在这一领域。她对镭的发现为卢瑟福提供了所需的材料：一种相对纯净且寿命较长的 α 粒子来源，这种粒子可以用来探测原子的物理性质，并使卢瑟福得以开创性地发现原子核。查德威克与卢瑟福一样，处于核物理学的黄金时代，他能够定量地理解卢瑟福关于原子的概念描述。特别是，查德威克意识到原子质量和原子序数的数据，如果没有他所假定的质量与质子相似的中性粒子，是无法调和的，这就是他在 1932 年发现的中子。中子为哈恩和施特拉斯曼的实验提供了一种手段，后来被迈特纳和弗里施成功地解释为裂变，尽管他们在开始实验的时候并没有意识到这一点。对许多人来说，他们的发现以及其他许多同时代人的贡献，标志着核时代的诞生，象征着人类在 20 世纪对自然世界的智力掌握程度。

在查德威克发现中子之后，当时科学研究的一个重要方向是发现新的同位素，如果可能的话，发现新的元素。居里对钋和镭的发现填补了当时元素周期表上两个长期存在的空缺，紧接着其他研究人员又发现了镤，填补了门捷列夫发现的钍和铀之间的空白(钍和铀早已为人所知)。

随后，人们的注意力转向是否能形成铀以外的同位素，即所谓的超铀元素。不仅新的、更重的同位素的存在本身就令人感兴趣，而且这也证明了元素周期表能够延伸，进入了一个质量区域。在那个区域，原子核是否足够稳定，是否存在足够长的时间以便观察，当时还不清楚。

虽然这些同位素是在几年后由格伦·西博格和他的团队在劳伦斯伯克利国家实验室用回旋加速器发现的，但在发现核裂变的时候，一个公认的观点是，这些同位素可能是通过吸附形成的，也就是说，通过向现有的重同位素中加入中子来实现。哈恩和迈特纳一起成功地证实了镤元素的存在。在柏林的施特拉斯曼的协助下(哈恩加入了对超铀元素的研究),他们从众所周知的稀土同位素钡的化学实验中获得了重大的突破。

当哈恩和施特拉斯曼将铀暴露在中子中,然后对实验产物进行提炼时,他们发现了一些化学性质与镭相似的放射性同位素。很明显,这不是一种新元素,因为镭是在1898年被发现的。中子能够从铀同位素中剥离四个质子,虽然这是产生镭所必需的,但在科学上也没有意义。他们还观察到,使用热中子和快中子都得出了类似的结果,因此,入射中子能量似乎对同位素的结果没有很大的影响。当然,如果镭剥离假说成立的话,他们认为可能会有很大的影响。

为了解决这个难题,哈恩和施特拉斯曼用各种钡基盐化合物从辐照铀介质中沉淀反应产物。然后,他们用分步结晶法试图浓缩和分离钡盐溶液中可能存在的任何镭产物。他们期望在这种情况下观察到镭的相关性,因为它与宿主溶液的溶解度不同,预计一些钡化合物会增加镭的分离,而另一些则相反。然而,他们没有观察到这种相关性,因此得出结论,这些化合物不可能包含镭,而一定是钡的放射性同位素[4]。迈特纳和弗里施利用他们对玻尔的原子核液滴模型的了解,为哈恩和施特拉斯曼的观察提供了物理基础。他们得出结论:原子核分裂成两个,就像液滴在显著的振动激励下可能分裂成两个一样,他们将这种机制称为“裂变”。

在20世纪30年代末,当哈恩、施特拉斯曼和迈特纳讨论这些实验结果时,许多科学家,包括爱因斯坦、费米和迈特纳等都选择远离战争。因此,迈特纳只能通过信件和偶尔的秘密会议与同事们通信,最终确定了裂变假说。随后,齐格弗里德·弗吕盖(Siegfried Flügge)第一个报告了应用裂变能量的可能性。

2.7 第二次世界大战和原子弹的影响

第二次世界大战对核能发展的重大影响是毋庸置疑的。当哈恩、施特拉斯曼和迈特纳在战争爆发前于公开文献中发表他们的研究成果时,人们开始对这种神秘的超铀元素产生了浓厚的兴趣,许多同时代的人立即理解了他们发现的意义。对裂变前后质量亏损产生的能量释放的相对简单的计算(将在第4章中讨论)表明,这是一种重要的、高度集中的能量形式,比任何从化学反应中观察到的能量都要大100万倍,因此具有比任何已知化学爆炸更大的破坏潜力。

科学界的许多人都认识到,新的核能与一种新的、更具毁灭性的武器之间存在联系。然而,并不是所有人都认为核能可能会成为武器,直到弗里施和佩尔斯计算出所需材料的数量比最初估计的要少得多。爱因斯坦在1939年8月写给罗斯福的那封著名的信中表达了这一点(图2.4)。如果我们需要指定一个日期来推动随后的曼哈顿计划,那么也许就是这封信的日期。然而,科学家们对这种新能源武器化的前景产生了分歧,有几个人拒绝从事这项开发工作,而其他人则在各自国家的实验室为武器研发服务,或者搬到美国的洛斯阿拉莫斯直接从事研发工作。其中,沃纳·海森堡加入了德国赶在盟国之前研制原子弹的行列。

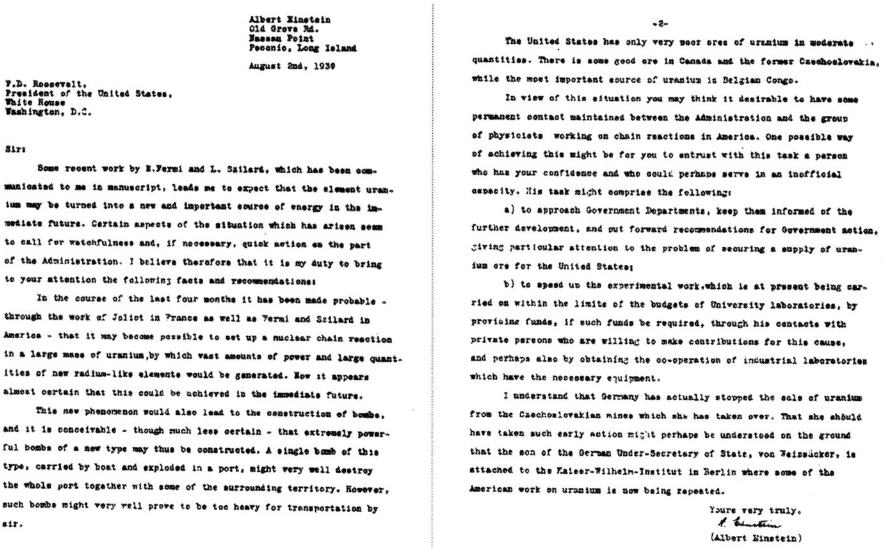
Albert Einstein
Old Grove Rd.
Nassau Point
Peconic, Long Island

August 2nd, 1939

F.D. Roosevelt,
President of the United States,
White House
Washington, D.C.

Sir:

Some recent work by E.Fermi and L. Szilard, which has been communicated to me in manuscript, leads me to expect that the element uranium may be turned into a new and important source of energy in the immediate future. Certain aspects of the situation which has arisen seem to call for watchfulness and, if necessary, quick action on the part of the Administration. I believe therefore that it is my duty to bring to your attention the following facts and recommendations:

In the course of the last four months it has been made probable - through the work of Joliot in France as well as Fermi and Szilard in America - that it may become possible to set up a nuclear chain reaction in a large mass of uranium, by which vast amounts of power and large quantities of new radium-like elements would be generated. Now it appears almost certain that this could be achieved in the immediate future.

This new phenomenon would also lead to the construction of bombs, and it is conceivable - though much less certain - that extremely powerful bombs of a new type may thus be constructed. A single bomb of this type, carried by boat and exploded in a port, might very well destroy the whole port together with some of the surrounding territory. However, such bombs might very well prove to be too heavy for transportation by air.

-2-

The United States has only very poor ores of uranium in moderate quantities. There is some good ore in Canada and the former Czechoslovakia, while the most important source of uranium is Belgian Congo.

In view of this situation you may think it desirable to have some permanent contact maintained between the Administration and the group of physicists working on chain reactions in America. One possible way of achieving this might be for you to entrust with this task a person who has your confidence and who could perhaps serve in an inofficial capacity. His task might comprise the following:

a) to approach Government Departments, keep them informed of the further development, and put forward recommendations for Government action, giving particular attention to the problem of securing a supply of uranium ore for the United States;

b) to speed up the experimental work, which is at present being carried on within the limits of the budgets of University laboratories, by providing funds, if such funds be required, through his contacts with private persons who are willing to make contributions for this cause, and perhaps also by obtaining the co-operation of industrial laboratories which have the necessary equipment.

I understand that Germany has actually stopped the sale of uranium from the Czechoslovakian mines which she has taken over. That she should have taken such early action might perhaps be understood on the ground that the son of the German Under-Secretary of State, von Weizsäcker, is attached to the Kaiser-Wilhelm-Institut in Berlin where some of the American work on uranium is now being repeated.

Yours very truly,
A. Einstein
(Albert Einstein)

图 2.4　爱因斯坦 1939 年写给罗斯福的信(副本)

虽然从核工程的角度来看,20 世纪 40 年代核武器发展的重点是实现可靠、快速、高产量的临界爆发,而不是发电所需的可控、持续的能源产量,但在专业知识、基础设施和资源方面的巨大投资,从根本上加速填补了我们在和平利用核能方面的知识。例如,从地面回收铀、铀浓缩、核燃料制造、计算和辐射运输发展等技术都因此取得了重大进展。事实上,后者也为第一代计算机系统的架构与发展奠定了基础——成为这个时代的众多副产品之一。

2.8　国家动力反应堆设计趋势

原子弹及其后继者的发展在许多文献中都有详细的描述,民用核能发展与核武器研究纠缠在一起的一个重要影响是战时保密。这种情况在第二次世界大战之后一直持续到冷战期间,直到 1991 年苏联解体。因为核电设施的长期运行,导致了各国对反应堆设计的偏好。

例如,美国有一个完善的电力供应系统,主要用于武器计划的浓缩设施,同时也用于相关的军事核活动,包括发展核动力船只,如核潜艇和航空母舰。对于这些应用,需要一个紧凑的推进装置——压水堆(pressurized water reactor,PWR),它将水作为冷却剂和慢化剂进行组合使用,有一定的安全优势。然而,这只有在铀浓缩设施(满足轻水中氢的中子吸收)和高级压力容器(保持水的液态)供应都具备的情况下才有可能实现。不需要随时使用这种反应堆中的燃料,以便提取用于核武器的钚,因为在战争中已经建造了替代设施来满足这一要求。因此,美国商业核电部门至今仍依赖轻水反应堆,这种依赖在动力反应堆设计方面已蔓延到世界大部分地区,其主要由压水堆组成。但在20世纪50年代,当沸腾系统的稳定性得到确定后,沸水反应堆(boiling water reactor,BWR)系统也加入了进来。

英国在政治上希望拥有自己的核武器,以便保持其国际地位,这使得英国别无选择,只能寻求一种替代反应堆设计,既能产生电力,又能为军事计划提供材料。因此,在考虑了一系列反应堆类型之后,英国的重点转向了用石墨慢化、以二氧化碳冷却、在运行(有负荷)时可以补充燃料的反应堆设计。这个时代的英国的反应堆影响了下一时代高温气冷 UO_2 燃料反应堆,这些反应堆是今天英国舰队的支柱。

英国与当时的苏联在维持军事实力和支持不断依赖电力的庞大人口上的雄心是相似的,但政治背景完全不同。共产主义推动了苏联经济的快速发展,这使苏联在短短几年内转变为一个重要的核能超级大国。由于缺乏制造高级压力容器或浓缩设施的工程设施和专门知识,加上从西方获得技术信息的机会有限,苏联建造了"原子城",以容纳核电站的工作人员。原子城是大型综合性设施,通常由几个大型反应堆组成,目的是在负荷时提供辐照燃料,利用自然浓缩的铀燃料,使用石墨慢化剂,并通过数百个单独的压力管将轻水冷却剂贯穿堆芯,从而避免了对压力容器的需求。这种独具特色的反应堆设计在很大程度上是苏联在与世界其他地区隔绝的情况下完成的。这种设计今天仍在继续使用,东欧其他地方的核设施设计受到其极大的影响。

对于加拿大、德国和日本等没有实施军事核计划,但寻求民用核能好处的国家来说,它们的核电历史沿着可能被认为更清晰的路线发展,完全关注于经济、供应保障和安全。例如,加拿大进入了商业核能世界,设计和建造了一个几乎完全基于重水慢化和冷却的反应堆的发电工业。这些反应堆能够使用自然浓缩的燃料,不需要铀浓缩设施,并在加拿大的许可下还在其他几个国家进行建造,例如中国(秦山三期核电站)和巴基斯坦(卡拉奇核电站1号机组)。

日本开始了最雄心勃勃的非军事核能发展,它从美国和英国进口反应堆设计(尽管今天占主导地位的是美国的轻水设计)。在整个欧洲,就反应堆设计而言,情况各不相同。一些国家的核电项目相对有限(其中几个已不复存在),而另一些国家则在战略上通过大量反应堆(尤其是在20世纪70年代石油危机之后)大规模产生核电,法国和比利时是后一种较突出的例子。

在发展中国家,印度和巴基斯坦是在核能方面比较先进的国家。例如,印度采用了由杰出的印度核科学家霍米·巴巴在20世纪50年代制定的长期三阶段方案。该方案是基于印度本土的钍储量约为铀储量的10倍的现状制定的。

考虑到印度人口众多,向发达国家地位迈进的速度很快,在经济蓬勃发展和供应安全方面,有潜力为印度服务的是钍,而不是铀。然而,要利用钍,就需要从 ^{232}Th 中增殖和提炼 ^{233}U。这需要几个独立的反应堆级,因为 ^{233}U 与 ^{235}U 不同,不是自然存在的,正如第11章所讨论的那样,需要后者来推动前者的生产。

2.9 第一个反应堆:芝加哥1号堆

最突出的例子是芝加哥1号堆(CP-1)的发展,它将军事上的权宜之计和更广泛的民用电力项目的利益结合在一起。它是由芝加哥大学的费米和他的同事在1942年开发的,是第一个达到临界状态并表现出持续链式反应的核反应堆。作为曼哈顿项目的一部分,这项活动的重点是确定是否可以实现可控的、自我维持的核链式反应,从而探索这种反应在反应堆设计、控制和安全方面的特性。

CP-1反应堆材料的选择具有关键意义。对于慢化剂(将在第6章中详细讨论),选择石墨是因为它的化学稳定性、低原子质量、材料刚性和低中子吸收截面。对随后的石墨慢化反应堆至关重要的是,人们意识到普通石墨中的杂质,尤其是硼,会对反应堆的成功运行产生不利影响,因此,使用了约360吨不含硼的浓缩石墨、约6吨纯金属铀和约30吨二氧化铀的混合物作为燃料。在使用最近开发的制造工艺建造反应堆时,金属铀才开始被使用。燃料被制成两端呈球形的短棒,这些短棒被插入CP-1反应堆中每三层石墨层中的两层的砖中。

CP-1反应堆被设计成球形,以便在给定物理数量的铀中最大限度地增加中子的增殖,并尽量减少中子泄漏。由镉制成的控制棒(由于其吸收热中子的能力非常显著)被配置为在电气控制下从侧面水平进入反应堆。尽管费米创造的“堆”(因为它代表一堆石墨砖)是这种类型的第一个,但一些原始却有效的安全措施已经到位。一根紧急控制棒(现在更广泛地称为应急控制棒)被取出并用一根绳子固定在其取出的位置。这是在紧急情况下放入反应堆的。考虑到操作人员可能因某种原因无法操作,另一名操作人员可以手持斧头切断绳索。镉盐溶液也可用来淹没反应堆以停止链式反应。三氟化硼中子探测器被集成到组件中,以监测中子的通量水平,以及作为链式反应何时开始自持的指标。

反应堆是在芝加哥大学的一个运动场看台下组装的,这个运动场以前是壁球场。在1942年12月2日下午,费米和他的团队观察到,当控制棒逐渐撤回时,中子通量的特征逐渐上升,这是一个自持的链式反应的特征。第一个受控临界反应持续了4.5分钟,仅产生0.5 W的功率。有趣的是,与之后的大多数反应堆相比,由于其功率低,CP-1反应堆不需要任何屏蔽或冷却剂。图2.5再现了CP-1反应堆的比例模型。

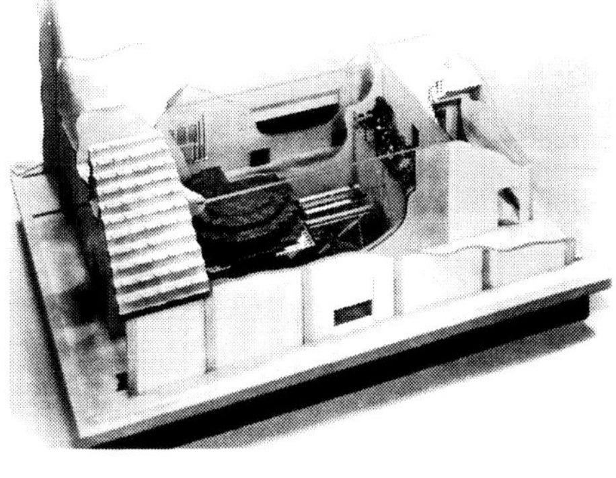

图2.5 CP-1反应堆的比例模型

2.10 先进核反应堆和^{235}U的替代品

1945年以后，人们投入大量时间和精力的另一个研究方向是替代铀燃料循环的办法。这方面的证据以遗迹的形式存在于许多将核电视为一种选择的国家中，甚至在那些减少或停止参与核电研究的国家中，以及在许多相关的报告和科学论文中。这些遗迹包括废弃的实验反应堆、实验废物和处理设施等。

在20世纪50年代，因为核能发电的广泛应用，人们发现^{235}U的自然储量最早可能在20世纪末便会耗尽。这激发了人们对从^{238}U中生产可裂变钚同位素^{239}Pu的极大热情，主要是因为^{238}U相对于^{235}U而言资源更丰富。在美国、英国和苏联，用于生产电力和^{239}Pu的快中子增殖反应堆系统已经建造并运行了多年。与此同时，科学界对核聚变的兴趣也达到了顶峰，因为它保证了核能的实用性，可以利用氘和氚作为燃料，提供无限的燃料供应，世界上已有几个国家开发了实验性聚变系统。此外，随着若干国家发展核动力潜艇、航空母舰、破冰船和货轮，人们对动力系统使用裂变反应堆技术的兴趣逐渐增加。例如，Otto Hahn核动力船在退役前基于小型压水堆运行了多年。虽然核动力飞机发动机也被开发出来了，但从未被商业化。

作为这些发展和投资的结果，构成当今核能发电支柱的主流低浓度裂变^{235}U燃料循环得到了核工程系统相关应用丰富的经验和知识的补充，包括使用^{239}Pu和^{233}U（钍）作为燃料、快中子和热中子增殖系统、熔盐反应堆设计、聚变反应堆和小型模块化反应堆设计。

因为一些原因，替代^{235}U成为基础的裂变方法的实验还没有成功。首先，铀短缺的预测没有成为现实，部分原因是天然气在成本方面变得非常有竞争力，抵消了对核燃料的需求，并有效地消除了寻找铀替代品的紧迫性，同时停止了几个快中子增殖项目；其次，三哩岛事故、温茨凯尔反应堆事故、切尔诺贝利事故和福岛核电站事故，都表明核裂变工厂发生事故的可能性。在某些情况下，停止新核电站的开发并推迟扩建计划，尽管就核电站的发电量而言，这是极不可能发生的情况，但上面那些事故凸显了对核电站的建设、运营和退役实施更严格监管的必要性。此外，很明显，这类事故的代价极其高昂，可能造成长期的、往往是意想不到的后果。

由于项目超支，投资与回报之间的差距加大，一些反应堆建设变得昂贵，其间通货膨胀率上升，对金融家的吸引力大大降低。核能与基于化石燃料的电力生产形成鲜明对比。化石燃料发电厂的建设相对简单，建设和管理成本低，主要成本往往是燃料需求。此外，化石燃料发电厂的操作可以加以调整，以利用燃料库存市场价值的预期机会。相比之下，核电站的前期建设成本很高，而且需要很长的时间才能建成，这可能会导致重大的投资不确定性，特别是当在没有发电收入的情况下，出现不可预见的完工延迟时。同时，虽然核燃料的成本相对微不足道（与化石燃料替代品相比，使用得很少），反应堆通常也能运行很长时间，但其建设后会产生大量的支出。

2.11 按发电量分类的反应堆

最近,核反应堆的分类成为正在开发和预计在2030—2040年采用的先进反应堆概念的参考,并为目前使用的所有商业核反应堆和现已停用的反应堆制定了分类标准。第11章将详细概述归类为第四代反应堆的未来发展。(图2.6)

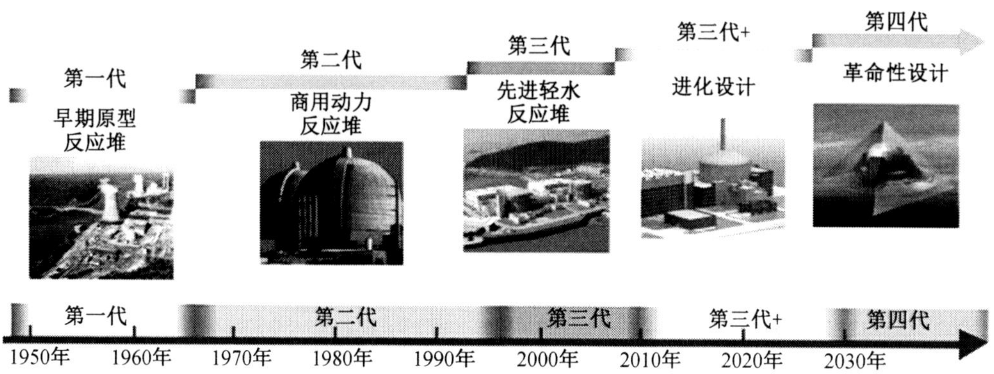

图2.6 一代又一代的核反应堆

注:所示的时间范围对应每一代的首次部署。

现有核反应堆设计的分类如下。

第一代:这一代反应堆是指最早建造和运行的原型动力反应堆。它包括英国气冷"Magnox"反应堆类型(在第10章进一步讨论)、法国"天然铀石墨气冷堆"设计、苏联第一艘"大功率管道式反应堆"(reaktor bolshoy moshchnosti kanalnyy,RBMK)即石墨慢化水冷反应堆、美国航运港压水堆、1型沸水堆设计(第一个是美国伊利诺伊州德累斯顿核电站1号机组,详见第10章),以及早期的快中子发生器原型(如美国密歇根州费米核电站1号机组的液态钠冷却设计)。

这一代的共同特点是,它们都来自同一个时代,在20世纪50年代末和60年代初设计与服役,并且按照随后几代反应堆的标准,功率输出通常很小(后来的Magnox和RBMK-1000是这一趋势的例外)。这一代反应堆现在已经达到了其使用期限,大多数工厂已经停止运营,原因要么是经济可行性被取代,要么是国家能源政策的变化,要么是不符合当前的监管要求(由于运行老化,而翻新不是一个可行的选择)。例如,位于英国威尔士威尔法的最后一个也是最大的镁诺克斯反应堆于2015年12月关闭。在第一批为民用生产电力的反应堆中,有一个较小的RBMK设计的前身,是建造于莫斯科附近的奥布宁斯克核电站1号机组,这是1954年世界上第一个生产商业电力的反应堆。之后,英国的卡尔德霍尔核电站(包括四个反应堆)在1956年投入使用,美国的希平港压水堆在1957年投入使用。

第二代:这一代是当今世界运行最多的反应堆。它包括压水堆和沸水堆设计(在美国和法国开发并广泛使用)、加拿大氘铀(Canada deuterium uranium,CANDU)反应堆、先进气冷堆(英国)和水-水高能堆(water-water energetic reactor,VVER)压水堆设计(在苏联开发和使用)。从第一代反应堆过渡到第二代反应堆的典型特点是,第二代反应堆的发电能力更大,使用的氧化物燃料的燃耗更高,因此可以更持续地运行,而不受军事要求的操作限制。几乎所有的第二代反应堆设计都不使用自然浓缩燃料,而是选择低浓缩燃料,通常是质量分数为3%~5%的^{235}U。第一代反应堆在少数情况下使用了奇怪的燃料类型,包括高浓缩和同位素混合物,与第一代反应堆相比,第二代反应堆使用不同燃料类型的程度往往仅限于混合氧化物燃料,这些含钚燃料在一些工厂使用,特别是在法国和日本。

第三代:这一代反应堆设计是先进的轻水堆,被认为是第二代反应堆的延续,使预期寿命增加、预期堆芯损坏频率降低。这些设计的灵感来自从第二代系统的操作经验中吸取的教训。第三代反应堆也与20世纪90年代获得许可有关。然而,其他电力来源(特别是天然气)的经济竞争力和当时能源政策的变化(特别是在美国及欧洲部分地区)导致与前几代相比,建造的第三代反应堆的发电量很少。已经建成的例子包括英国的 Sizewell B 型压水堆和日本的先进沸水反应堆(advanced boiling water reactor,ABWR)(柏崎和大马)。

第三代+:这一代核反应堆(evolutionary power reactors,EPR)是先前的 N4 系列(法国)和 Konvoi(德国)设计的发展。

随着世界上基本负荷发电方法的发展,以及脱碳供应和迎合发展中国家快速工业化的战略,第三代反应堆设计的进步已经得到了发展,通常被称为第三代+反应堆。该分类下的反应堆设计相对于第三代有了改进,例如,对飞机打击的弹性(源于911袭击后的担忧)、降低成本(以获得更大的经济竞争力,特别是在前期建设成本方面)、模块化施工(更好地符合投资预测并符合施工进度),以及被动和主动安全发展(例如,减少导致反应堆堆芯损坏的严重事故的计算概率,并与现代监管要求保持一致)。

在撰写本书时,中国有几座 EPR 正在建设,美国和英国正在申请建设。迄今为止最引人注目的第三代+反应堆应该是目前正在法国的弗拉芒维尔核电站(Flamanville)和芬兰的奥尔基洛托(Olkiluoto)核电站建设的 EPR。其他第三代+反应堆的设计包括 AP1000(西屋 PWR 设计,重点是模块化结构和非能动安全,目前正在中国的海阳市建设);ABWR 的改进被称为“经济简化沸水反应堆”(economic simplified boiling water reactor,ESBWR),CANDU 的改进被称为 ACR-1000。

复习指南

读完本章后,你应该:

- 了解天然核反应堆的形成和运行所必需的物理要求。
- 了解在核裂变发现之前铀及相关矿物的各种用途,以及如何推动早期的采矿和勘探活动。
- 了解开创性的科学发现、这些发现发生的大致年代,以及代表人物。
- 了解第二次世界大战对核能发展与和平利用的影响,以及军用系统与纯粹为发电而设计和建造的系统之间的区别。

- 了解第一个正在运行的核反应堆的背景和运行情况(费米的 CP-1)。
- 在学习第 11 章之前,先了解先进反应堆和替代燃料的区别。
- 在第 11 章讨论第四代反应堆设计之前,先了解当前运行的反应堆的分类。

习　　题

1. 列出天然核反应堆运行所必需的四个条件。

2. 举出三种在发现核裂变之前从地下开采的铀的早期用途。

3. 第二次世界大战后,苏联和英国都在寻求基于裂变的动力反应堆设计,这种设计既要与自然富集的铀兼容,又要便于在反应堆运行时获取核燃料。请解释,为什么需要这样做,以及为什么这样的要求对于当前的反应堆设计是不可取的。

4. 在发现核裂变的哈恩和施特拉斯曼的实验中,如果镭假设是正确的,而裂变不是解释,他们观察到的分数结晶过程的结果是什么?

5. 增殖反应堆最初设计的原因是什么?为什么它们的使用在全球范围内显著减少?总结快堆应用的长期可能性。

参考文献①

[1] F. Gauthier-Lafaye, P. Holliger, P.-L. Blanc, Natural fission reactors in the Franceville basin, Gabon: a review of the conditions and results of a "critical event" in a geologic system, Geochim. Cosmochim. Acta 60 (23) (1996) 4831-4852.

[2] C. Degueldre, C. Fiorina, The proto-Earth geo-reactor: reassessing the hypotheses, Sol. Ear. Sci. 1 (2) (2016) 49-63.

[3] G. K. Gillmore, P. S. Phillips, G. Pearce, A. Denman, Two abandoned metalliferous mines in Devon and Cornwall UK: radon hazards and geology, in: International Radon Symposium, 2001, pp. 94-105.

[4] O. Hahn, F. Strassman, Uber den Nachweis und das Verhalten der bei der Bestrahlung des Urans mittels Neutronenentstehenden Erdalkalimetalle, Die Naturwissen. 27 (1939) 11-15.

① 参考文献同原著。——译者注

第3章　放射性原理

3.1　章节概要和学习目标

本章介绍了放射性的基本原理,为后面学习更专业的核工程知识奠定了基础。放射性是核工程区别于一般工程学科的显著特征。100 多年前放射性的发现推动了此后核技术的所有有益应用。然而,它也说明了为什么核系统需要谨慎管理,同时对安全、健康和环境给予最大的重视。本章介绍了放射性衰变的规律及其与衰变常数的关系;考虑了各种放射性衰变模式,特别是与核能有关的模式;讨论了这些衰变产生的特征辐射及其相互作用特性和二次辐射;强调了各种辐射类型对屏蔽和阻挡能力的影响。

本章的目标是:

(1)介绍放射性衰变的基本概念及其与物质数量的关系;

(2)讨论放射性衰变规律以及衰变常数、平均寿命和半衰期的定义;

(3)解释衰变定律的发展,以适应构成衰变链的几种同位素,从而解释同时衰变的放射性同位素之间的平衡概念;

(4)介绍在核能的背景下各种相关的辐射类型;

(5)讨论光子发射、α 衰变、β 衰变和内转换等具体的放射性衰变现象;

(6)对比光子、重带电粒子、电子和中子的相互作用特性,包括穿透深度和电离密度对屏蔽的要求与辐射照射的影响;

(7)强调二次辐射的可能性,如轫致辐射和湮灭光子。

3.2　历史背景:玛丽・居里(1867—1934)

玛丽・居里(图 3.1)的博士论文研究灵感来自她早期发现的 X 射线和对铀辐射的观察。她的丈夫皮埃尔・居里发明了静电计,她开创了分离方法,使提取新的放射性元素成为可能。他们一起观察到,放射性物质发出的辐射强度与其所含物质的量成正比,因此放射性的辐射强度与单个原子的过程有关,而不是一个宏观尺度效应。为此,她与皮埃尔和亨利・贝可勒尔在 1903 年获得了诺贝尔物理学奖。随后,她注意到铀化合物比同等数量的纯铀发出更多的辐射,并假设这是由于铀化合物中存在一种放射性更强的成分。她证明了钍具有放射性,并发现了元素镭和钋,因此获得了 1911 年的诺贝尔化学奖。她设计并推动了"移动 X 射线车"的使用,在第一次世界大战中,为战地医疗提供了重要支持[1]。

图 3.1　玛丽·居里

3.3　导　　论

放射性衰变是一个随机的过程：不稳定同位素的每个原子核都有概率在未来的某个时间点衰变。然而，我们不可能确切地知道某个原子核会在何时衰变。幸运的是，原子核非常微小，即使是微量物质也由数十亿个原子核组成，因此构成了一个广泛的统计组，可以在此基础上进行随机分析。假设这些物质由相同的同位素组成，那么所有原子核的衰变倾向都是相同的。因此，我们虽然无法预测单个原子核的命运，但通过大量的统计样本，可以非常准确地得出放射性衰变的可能性，但寿命最长的放射性衰变除外。因此，我们可以对大多数同位素的放射性衰变概率进行较精确的测量。这是通过测量物质因放射性衰变而释放出的辐射来推断的。在过去的 100 多年里，广泛的研究已经详细地描述了大多数与核能有关的同位素的特性。

3.4　放射性衰变定律

回到由同一个同位素的许多单个原子核组成的一定量物质的概念（作为一个假设的例子），我们可以考虑 1 μg 的同位素 ^{60}Co，它将包含大约 10^{16} 个 ^{60}Co 原子核。如果样品中 ^{60}Co 原子核的质量和数量加倍，那么显然每个 ^{60}Co 原子核的衰变率将保持不变，因为给定原子核的单个性质没有改变。然而，由于现在它们的数量增加了一倍，这一特定数量的物质的衰变速度也将增加一倍。这类似于人口增加一倍对死亡率的影响，假设人口结构、年龄分布等保持不变，因为我们有两倍的个体样本量，每个个体都有相同的死亡率。

这个概念可以概括为，由 N 个相同的不稳定核素原子核组成的给定样本随时间 t 的衰变率与原子核的数量成正比，因此

$$-\frac{dN}{dt} \propto N \tag{3.1}$$

式(3.1)所表示的关系非常重要,因为它在数学上表明,物质的放射性衰变率与该物质中不稳定原子核的数量成正比,因此,根据玛丽·居里的发现,特定放射性物质的数量越多,衰变率就越大。由于放射性衰变通常与辐射有关,而辐射可能对健康和环境造成危害,这意味着物质的数量越多,风险就越大(尽管要考虑所讨论的同位素的特定性质以及所发射的辐射的影响)。因此,就放射性而言,物质的数量很重要。

为了得到不稳定原子核数 N 在未来某一时刻 t 的表达式,对式(3.1)进行重新排列和积分,得到式(3.2)(见习题1)。选择以下极限进行积分:时间 $t=0$,对应初始点,此时存在的不稳定原子核数为 N_0,以及时间 t 之后的某个点,此时不稳定原子核数为 N,则

$$N(t)=N_0 e^{-\lambda t} \tag{3.2}$$

比例常数 λ 源自式(3.1),衰变率等同于存在的不稳定原子核的数量,这就是衰变常数,即

$$\frac{dN}{dt}=-\lambda N \tag{3.3}$$

此外,放射性活度 A 是衰变常数与特定物质中不稳定原子核数的乘积,即

$$A=\lambda N \tag{3.4}$$

因此衰变常数等于放射性活度除以存在的不稳定原子核数。λ 是特定同位素的特定衰变模式的常数,用时间倒数的单位 s^{-1} 来测量。特定同位素的寿命 τ 可以定义为

$$\tau=\frac{1}{\lambda} \tag{3.5}$$

式(3.5)表示不稳定物质存在的平均时间,在 $t=\tau$ 时,仍有 N_0/e 的原子核(或约37%的物质)存在(见习题2)。

从历史上看,通常以放射性物质衰变掉一半的时间点为标准。这已被普遍采用,用来描述放射性物质的寿命。发生衰变的时间称为半衰期 $t_{1/2}$,其中

$$t_{1/2}=\frac{\ln 2}{\lambda} \tag{3.6}$$

在 $N(t=t_{1/2})=N_0/2$ 的情况下,对式(3.2)进行重排(见习题1)。使用半衰期或平均寿命都有好处,因为即使是寿命很长的同位素,通常也可以测量衰变率随时间的变化(例如,通过测量探测到发射辐射的速率的下降)。这通常可以在相对于核素寿命较短的时间段内完成,从而无须在不切实际的时间段内进行测量。根据式(3.2)的指数关系,通常可以从这些数据中推断出 $t_{1/2}$,或者根据需要推断出 τ,进而推断出 λ。对于寿命相对较短的同位素纯样品,甚至可以通过估计放射性活度下降到初始水平一半的时间,从放射性活度与时间的关系图中直观地估算出半衰期的近似值。

根据式(3.4)的定义,放射性活度与不稳定原子核数有关,因此通常需要将放射性活度按质量进行归一化,以便比较不同物质的相对放射性活度。根据第1章的规定,这被称为比活度。除了可以比较不同半衰期的同位素外,这种归一化在处理放射性废料时也特别有用,因为废料是根据单位质量的放射性活度来进行分类和处理的。只要知道原子质量和半衰期,就可以提取特定同位素的特定放射性活度,因为根据定义,后者与质量无关。

3.5 多种放射性衰变过程和平衡

当一种放射性同位素衰变为另一种放射性同位素,而不是稳定的同位素时,就会形成级联。这种级联被称为衰变链,可以由多个不同的放射性同位素组成,并通过各种不同的放射性衰变模式连接起来。正如第1章所介绍的,经历放射性衰变过程的同位素通常被称为母体,而母体衰变成的同位素则被称为子体(或子产物);在衰变链中,这种规格可以在多个相互连接的衰变过程中重复出现。

上述情况的最简单例子是由两种放射性同位素组成的,其衰变导致形成稳定的第三种同位素,衰变序列包括两个连续的步骤。每一步都有一个单独的衰变常数,例如母体和子体分别用 λ_P 和 λ_D 表示。母体的核数以式(3.3)给出的速率衰变,这只是其衰变常数和存在的母核数的函数。相反,不稳定子核数量的变化率取决于它们的形成率(等于母核的衰变率)和分解率(子核的衰变率)。因此,母核和子核的数量随时间的变化率可分别写为

$$\frac{\mathrm{d}N_P}{\mathrm{d}t}=-\lambda_P N_P$$

$$\frac{\mathrm{d}N_D}{\mathrm{d}t}=\lambda_P N_P-\lambda_D N_D \tag{3.7}$$

根据式(3.7),母核和子核的数量分别是时间的函数:

$$N_P(t)=N_P(0)\mathrm{e}^{-\lambda_P t}$$

$$N(t)=\frac{\lambda_P N_P(0)}{\lambda_D-\lambda_P}(\mathrm{e}^{-\lambda_P t}-\mathrm{e}^{-\lambda_D t})+N_D(0)\mathrm{e}^{-\lambda_D t} \tag{3.8}$$

其中,后者称为贝特曼(Bateman)方程[2](见案例分析3.2),$N_P(0)$ 和 $N_D(0)$ 分别是零时刻的母核和子核的数量。

如果母体和子体的活度比保持不变,就可以说它们处于放射性状态。在这种情况下,假设我们从没有子代存在的时间点开始考虑,可能会出现以下两种情况。

(1)如果母体的半衰期比子体的半衰期长,那么母体的放射性活度与子体的放射性活度相比不会发生明显变化。与此同时,观察到子体的活度在增加,直到其产生率等于分解率。此时,母体和子体被认为处于相互平衡的状态。其特征是,在观察期间,它们的活度恒定且相等。

(2)如果母体的半衰期长于子体,但母体的衰变足够明显,子体的活性就会增加到最大值。然后,子体的衰变速度与母体相同。此时,这两种同位素被称为处于瞬时平衡状态,可以观察到它们的活度发生了变化,但在观察期间,二者的比值保持不变。

如果子体的半衰期比母体长,平衡就永远不会建立。母体衰变的同时,子体的活性会增加,达到最大值后也会衰变。

3.6 辐射类型

在核工程中,通常重点是第1章中介绍的由原子核变化产生的辐射(核辐射)。如果管理不当,核辐射可能会对健康和环境造成严重危害,但核辐射也能对工艺和材料进行远程识别、管理和控制,而且通常具有非常高的灵敏度。

此外,人们还经常强调具有足够能量和相互作用强度的辐射,这种辐射可破坏原子和分子的电子外壳结构,被归类为电离辐射。正如查德威克曾在1931年写道:"很明显,重原子的原子核一定是一个极其复杂的结构……"[3]本书采用了类似的惯例,讨论的重点是核电离辐射,但辐射发射与核过程共生或作为辐射产生的次生效应的情况除外,例如本章稍后讨论的韧致辐射产生的X射线。

除了提供与对比核过程相关的信息外,电离辐射还会根据物质的能量、质量(或质量不足)和电荷(或电荷不足)与物质产生不同的相互作用。因此,不同类型的辐射在物质中沉积的能量也不同。为了说明这一事实,图3.2显示了各种不同辐射在活体组织中沉积的能量(相对剂量)与深度的关系,该图摘自一项关于带电粒子辐射在医疗应用中的研究[4]。这种相互作用行为的多样性对辐射防护具有重要影响,特别是在剂量、剂量测量和屏蔽方面。它还影响核材料在核电工程应用中的使用,特别是在控制、疲劳和部件寿命方面。

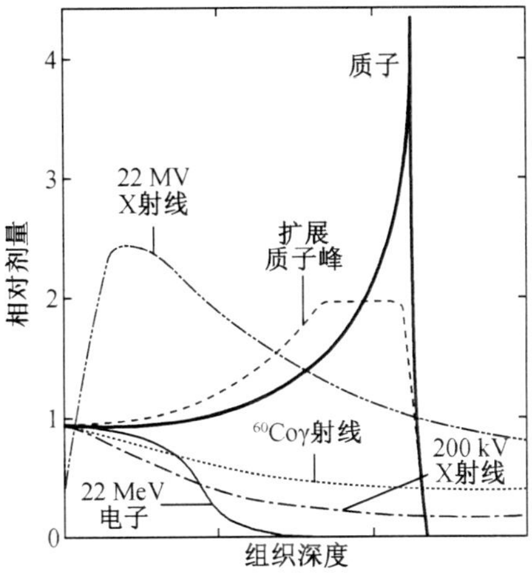

图3.2 X射线、γ射线、电子、未调制质子和调制质子(后者通过使用吸收滤波器分散能量)在组织中的相对剂量与深度的函数关系[4]

3.6.1 光子辐射：X 射线和 γ 射线

X 射线和 γ 射线是电磁波谱中的高能量成分。与所有电磁光子一样，X 射线和 γ 射线的质量为零，在真空中以光速传播。

X 射线和 γ 射线可以具有相同的能量，是同一类辐射，与物质具有相同的相互作用特性。不过，它们的区别在于来源不同：X 射线是由于电子在原子结构的能级之间跃迁而发出的。这可能是为了建立最低能量的排列（在电子离开后留下一个需要填补的空位的情况下），也可能是由于原子激发排列的衰变，还可能是带电粒子被另一个粒子减速时产生的韧致辐射（这将在第 3.6.3 节中进一步讨论）。相反，γ 射线产生于原子核激发态的变化。

X 射线和 γ 射线的区分看似有点语义上的差异，但实则至关重要。因为这两种辐射中某一变体的存在（而非另一种），往往意味着发生了截然不同的物理现象。此外，每种辐射的产生方式和使用中的控制方式也可能不同。在核工程中，由原子态衰变产生的 X 射线往往（尽管并非总是）占据放射性同位素衰变产生的典型光子能谱的较低部分，可延伸至 150 keV。相比之下，γ 射线可以延伸至 2 MeV 甚至更高。在这些概括中也有例外，两种辐射的能量有显著的重叠。例如，用于治疗癌症的医用直线加速器通常会产生高能 X 射线，而某些同位素（如 ^{241}Am）的 γ 射线辐射能量相对较低，仅为 60 keV。

在核能应用中，最常见的 X 射线来源（除了那些利用粒子加速器的应用，因为粒子加速器可能会产生杂散 X 射线场）可能是一种放射性过程的变体，即所谓的内转换。这种现象作为 γ 衰变的一种变体偶尔出现，在这种情况下，一个内轨道电子不是发射 γ 射线（大多数情况下都是如此），而是被发射。这就留下了一个空位，剩余的电子级联占据这个空位，并在此过程中发射出 X 射线。显然，这种现象不应与可能导致高能电子和光子发射的其他类型的放射性衰变相混淆。就光子能谱而言，当不稳定原子核的内转换和激发态的 γ 射线衰变都很明显时，可以分别观察到特征 X 射线和 γ 射线。

原子核的紧密结合状态导致激发态之间的跃迁产生 γ 辐射，相对于上述 X 射线范围，γ 辐射的能量通常非常高。γ 辐射的另一个特殊性质是，原子核中量子态之间的跃迁能量通常表现为能谱中观察到的离散能量或“线”，类似于 X 射线能谱中观察到的原子源离散线。与所有量子力学系统一样，在足够高的激发状态下，各个量子态会融合成一个连续体。在这种状态下，相关的 γ 射线能谱也会出现特征能谱，后者是在低激状态下观察到的。在低激状态下，原子核到达基态的衰变路径种类变得有限，只有几种量化的可能性。因此，对于特定的同位素，总是能观察到相同的 γ 射线能量序列。这种分析方法被称为 γ 射线能谱法。图 3.3 举例说明了 ^{137}Cs 的 γ 射线能谱，其中 662 keV 线是这种同位素的特征线。

γ 射线光子能量高、质量小、电中性，因此穿透力强。它们主要与构成金属导带的原子核周围的电子相互作用。正因为如此，γ 射线的衰减与有关材料的原子序数 Z 密切相关，而且与能量的反比关系变化很快，特别是在 γ 射线能量较低时，即 $E_\gamma<300$ keV 时。重原子（如铅和钨）在衰减 γ 射线光子方面最为有效，因此这些材料通常用作屏蔽和准直器材料。

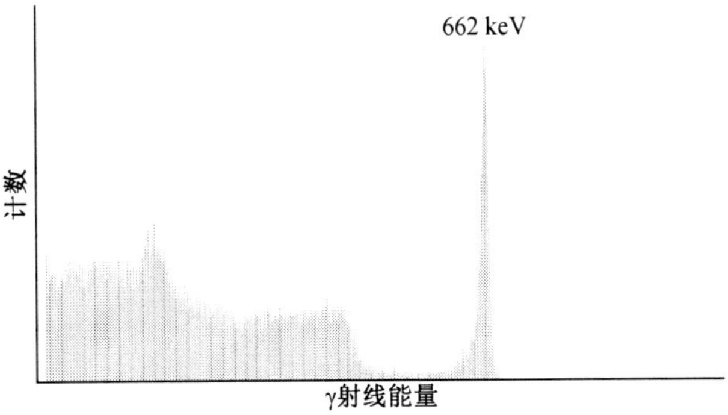

图 3.3 ^{137}Cs 源的计数与能量的光子能谱

注：^{137}Cs 通过其 ^{137m}Ba 子体的衰变在 662 keV 处发射出一条突出的特征 γ 射线，并在 32 keV 处由于内转换发射出一条相关的 X 射线。请注意 662 keV 处光电效应产生的光脉冲，以及探测器晶体中光子的康普顿散射在光脉冲左侧产生的较低能量的连续波。这些数据是使用碲化镉锌(CZT)闪烁探测器和一个相对较小的密封同位素源获得的。

与我们稍后将讨论的某些类型的辐射不同，光子在给定能量的情况下对特定材料的穿透深度并无明确规定。相反，我们观察到光子的强度(数量)会随着材料厚度的增加而呈指数下降。为了量化这一点，特定材料的具体影响可以通过一个描述材料衰减光子倾向的参数来体现，这个参数被称为线性衰减系数 μ。鉴于上文提到的能量影响，该系数也是 γ 射线能量 E_γ 的函数，尽管很少明确指出，因此

$$I(x)=I_0 e^{-\mu x} \tag{3.9}$$

其中，$I(x)$ 是透过材料厚度为 x 的强度；I_0 是没有任何材料存在时的强度，即 $x=0$。线性衰减系数 μ 比较容易通过实验确定，例如，测量特定材料厚度选择时特定 γ 射线的强度，然后根据数据拟合出 μ。不过，由于光子的相互作用取决于电子密度(通常与体积密度 ρ 成正比)，因此，数据表中通常会提供一个与体积密度成正比的系数 μ_m，例如：

$$I(x)=I_0 e^{-\mu_m \rho x} \tag{3.10}$$

假定已知材料的厚度和密度以及相关光子辐射的能量，就可以进行更灵活的计算。在选择辐射屏蔽与准直器的材料和尺度以及指定光子辐射探测系统的要求(即尺寸、成分)时，这是一个特别有用的参数。

光子辐射主要通过三种主要过程发生相互作用，其作用程度取决于光子能量。

(1)光子可能被完全吸收，在此过程中从原子中射出一个轨道电子。这一现象被称为光电效应。

(2)或者，入射光子的部分能量可用于从原子中射出电子。剩余能量会形成一个散射光子，其传播方向与入射角度相关，且能量低于入射光子。该过程称为康普顿散射。

(3)对于能量超过 1.022 MeV 的光子，可能发生电子对效应。在此过程中，入射光子会被电子-正电子对所取代。

光电效应和康普顿散射之间的区别非常重要，因为前者对高原子序数和低能量非常有利，而后者对这些特性的依赖性则大大降低。在光子的相应能谱中，我们还可以看到这些

相互作用过程所产生的各部分能量。例如,光电效应会导致光子的全部能量被吸收,从而在能谱中形成一个突出的峰值(称为光电峰)。相反,在康普顿散射的情况下,只有一部分光子能量被吸收,散射光子从探测器中消失,能谱中就会出现一个能量较低的宽广区域,称为康普顿坪。图3.3便是由康普顿散射相互作用和部分光子能量沉积所吸收的γ射线总能量的许多分量组成的。

3.6.2 重带电粒子:α衰变和α粒子辐射

放射性同位素可以通过多种衰变途径获得更高的稳定性。一种途径是通过发射γ射线,以电磁辐射的形式释放能量,如上一节所述。与光子发射中的单纯能量发射相比,其他途径可通过同时发射质量和能量来实现相对于母体同位素先前状态的更高稳定性。为了追求更高的稳定性,重同位素可以舍弃多余的正电荷,从而减少质子数量,以降低库仑斥力引起的核不稳定性。然而,这些途径如果要自然和自发地发生,就必须在能量上是有利的,不会导致子核结合力增强的途径不会带来更高的稳定性,因此在没有外部刺激的情况下不会进行。α衰变就是这样一种通常在能量上有利的途径。在这种转化过程中,一个不稳定的原子核会喷射出一个^{4}He原子核,或者通常所说的α粒子。

为了说明这一概念,通常会考虑特定同位素在核转变过程中消耗或产生的能量,尽管这只是假设。为此,有必要引入Q值的概念:Q值是指反应,尤其是核反应所交换的能量。如果反应产生了能量,则称该反应为放能反应,Q值为正;如果吸收了能量,则称该反应为吸能反应,Q值为负。表3.1举例说明了^{238}U的衰变。对于每一个可行的反应,作为刺激所消耗(正)或所需(负)的能量(Q值)都是通过将母体和子体的总核结合能(如第1章中所定义)相加,然后计算其差值而得出的。由于结合能表现为同位素及其组成核子之间的质量亏损,因此Q值就是反应发生前后组成核子的质量差。

在表3.1所列的衰变途径中,本例只考虑了一种会导致正Q值的途径,即释放出^{4}He核的途径——α衰变。其他方案都会导致相对于^{238}U的产物结合能降低,而增加结合能是衰变在能量上有利的必要条件,这是因为总质量的减少反映了结合能的增加,从而提高了稳定性。除了超铀产物(钍、镤和锕的同位素)的相对稳定性外,α衰变通常也是有利的,因为^{4}He核的结合能(7.07 MeV)比其邻近的可能性大(参见^{3}H:2.82 MeV和^{5}He:5.48 MeV)。α粒子的质量最低,可以最有效地减弱较重原子核中库仑斥力的破坏性,同时也是原子核摆脱质子和质量以获得更大稳定性的有效方法。

表3.1 ^{238}U的若干假定衰变方案及其Q值

反应	Q/MeV
^{238}U(^{237}U,n)	-6.27
^{238}U(^{237}Pa,^{1}H)	-7.78
^{238}U(^{236}Pa,^{2}H)	-11.16
^{238}U(^{235}Pa,^{3}H)	-10.01

表 3.1(续)

反应	Q/MeV
$^{238}U(^{234}Th,^{4}He)$	**+4.19**
$^{238}U(^{233}Th,^{5}He)$	-2.87
$^{238}U(^{232}Th,^{6}He)$	-5.83
$^{238}U(^{232}Ac,^{6}Li)$	-6.01

注:与 α 衰变相对应的外能情况用粗体标出。

Q 值代表放能反应(如自发放射性衰变)中释放的能量。其形式为反应产物的动能 T。对于上述能量有利的例子:

$$^{238}U \to ^{234}Th+\alpha$$

并假设母体(本例中为^{238}U)在衰变前处于静止状态,那么 α 粒子和^{234}Th 核的动量 p(分别为 p_α 和 p_{Th})必须相等,因为动量是守恒的。因此

$$p_\alpha = p_{Th} \tag{3.11}$$

并与动量 $T=p^2/2m$ 的动能表达式重新排列:

$$Q = p_\alpha^2/2m_\alpha + p_{Th}^2/2m_{Th} \tag{3.12}$$

其中,m_α 和 m_{Th} 分别是 α 粒子和^{234}Th 原子核的质量。由于我们通常特别关注 α 辐射的特性,因此 α 粒子的动能 T_α 为

$$T_\alpha = Q\left(\frac{m_{Th}}{m_\alpha + m_{Th}}\right) \tag{3.13}$$

其中,$p_{Th}^2 = 2m_\alpha T_\alpha$ 是根据式(3.11)替换而来的。在这种情况下,对于所有表现出 α 衰变的锕系元素,$m_{Th} \gg m_\alpha$,$T_\alpha \approx Q$。因此,在反应$^{238}U(^{234}Th,\alpha)$的情况下,应用式(3.11),$T_\alpha > Q$ 的 98%,因此 $T_\alpha \approx 4.12$ MeV。

α 粒子是一种低质量(相对于母体同位素而言)、紧密结合的“射弹”,它被赋予的这种能量使其速度达到光速的 5%。α 粒子从原子核中射出,本身没有电子外壳结构,因此在核尺度上构成了高电荷、高能量和大质量的“射弹”。它们属于一类辐射类型,通常被称为重带电粒子,以区别于电子、正电子和光子。因此,α 粒子与周围环境的相互作用非常明显和直接,并具有高度电离性。它们的相互作用包括两种机制:与材料中原子的电子发生非弹性散射,以及与组成的原子核发生弹性散射。

假定发生一次弹性散射,考虑重电荷粒子在一次相互作用中损失给电子的最大能量 ΔE 是很有启发性的,其表达式为

$$\Delta E \cong \frac{4m_e}{m_\alpha}E \tag{3.14}$$

其中,m_e 是电子的质量;m_α 是离子(此处为 α 粒子)的质量;E 是离子的入射能量(见习题5)。电子和 α 粒子的质量相差很大,即 $m_\alpha \approx 7\ 300\ m_e$,这导致每次碰撞时能量从后者转移

到前者的效率很低。因此,α 粒子要经过多次相互作用,每次损失一点能量,然后在物质中损失全部能量。由于 α 粒子的质量相对较大,它的运动轨迹不会受到这一系列相互作用的明显干扰。因此,在此基础上,α 粒子和其他重电荷粒子在物质中可以近似为直线运动。

如图 3.4 所示,物质中 α 粒子的相互作用强度通常局限在一个相对较小的范围内。

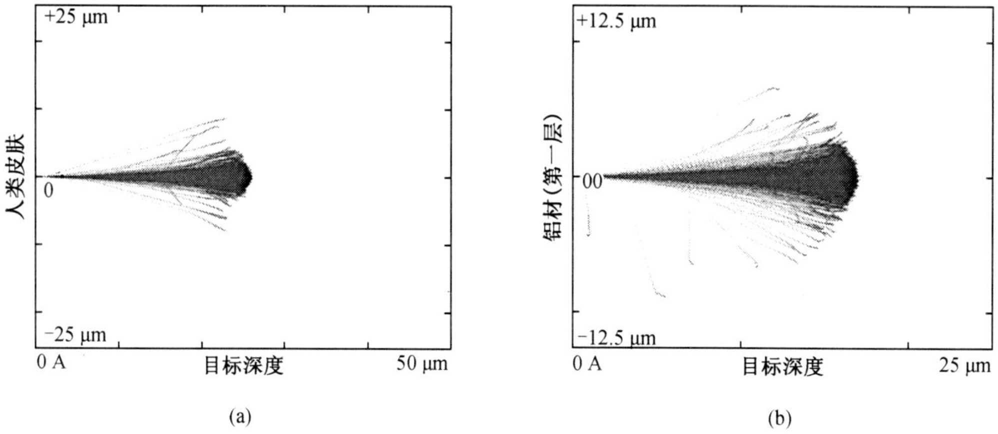

图 3.4 使用 SRIM(物质中离子的截留和射程)软件包(www.srim.org)对 50 000 个能量为 4.12 MeV 的 α 粒子进行的两次模拟,模拟对象分别为(a)穿透深度为 25 μm 的人体皮肤和(b)穿透深度为 17.5 μm 的铝材,请注意不同的坐标轴比例

注:图中“A”为安培,电流单位,在图中表明通过调整电流大小或方向来实现对深度的控制。

图 3.4(a)和图 3.4(b)分别模拟了 50 000 个 α 粒子在人体皮肤和铝材中的相互作用,每个粒子的能量为 4.12 MeV(根据上述 ^{238}U 的 α 粒子辐射量估算);注意使用了不同的比例。这表明,尽管入射能量相对较高,但 α 粒子在金属中的射程不超过 17.5 μm,在活体组织中的射程不超过 25 μm。从这一说明中可以得出以下三个有用的启示。

(1)相对于电离原子所需的能量而言,α 粒子的能量相对较低,电离产生的粒子沉积在很小的体积内。

(2)少量的铝(以及大多数其他非气态材料的薄层)可以有效屏蔽放射性物质发射的高能 α 粒子。

(3)α 粒子不太可能穿透人体皮肤的死皮保护层(眼睑最薄的表皮厚度通常为 50 μm)。这说明 α 粒子不会对活体组织造成外部辐射风险。然而,如果辐照发生在表皮不存在的内部,例如由于吸入或摄入,则应引起关注。

能量损失的平均速率 E 随距离 x 的变化(通常称为阻止本领,$\mathrm{d}E/\mathrm{d}x$)是多个参数的函数;贝特[5]推导出以下公式来描述它:

$$-\frac{\mathrm{d}E}{\mathrm{d}x}=\frac{4\pi k_0^2 Z^2 e^4 n}{m_e c^2 \beta^2}\ln\left[\frac{2m_e c^2\beta^2}{I(1-\beta^2)}-\beta^2\right] \tag{3.15}$$

其中,$k_0=1/4\pi\varepsilon_0$ 和 ε_0 是自由空间的介电常数;Z 是相互作用离子的原子序数;e 是电子的电荷;n 是发生相互作用的介质中单位体积的电子数;β 是离子速度与光速的比值;I 是激发能量。I 是介质的属性,通常通过测量阻止本领进行实验测量[6]。

利用互联网上的数据库或从数据表中获取的数据,可以很容易地计算出阻止本领。式(3.15)在概念上的意义在于,只有离子的电荷 Ze 和介质的电子密度 n 对物质中重带电粒子的阻止能力才是重要的。阻止本领描述的是离子在介质中每单位距离所损失的能量,这是原子电离产生电荷的一系列相互作用的结果。这会导致分子解离,进而影响活组织细胞的生物功能。因此,阻止本领对于评估辐射剂量和辐射的相对生物有效性非常重要。在这种情况下,$\mathrm{d}E/\mathrm{d}x$ 与高能离子在单位距离内沉积在材料中的能量密切相关,即线性能量传递(LET)。

也许最重要的是,重带电粒子每次碰撞都会损失一点能量,这使得离子在每次碰撞中都会减慢一点速度,因此,随着碰撞过程的继续,离子会变得更容易受到进一步相互作用的影响,正如 β 参数所影响的那样。这反映在式(3.15)中 β 的逐渐减小,当 $\beta \to 0$ 时,$\mathrm{d}E/\mathrm{d}x$ 到最大值。这一相互作用深度的特征被称为布拉格峰。在很低的能量下,能量损失会随着离子的静止而急剧下降。从图 3.4(a)和图 3.4(b)中也可以看出这一点,因为在铝和活体组织的两个例子中,电离都在特定距离戛然而止。这一特性有以下三个重要影响:

(1)对于给定的粒子、材料和能量,重带电粒子有一个确定的最大穿透深度;

(2)在特定材料中,这种深度可以通过改变离子的能量来改变,能量的增加会导致深度或范围的增加;

(3)可以合理地确定特定粒子的类型、材料和能量的穿透深度。

因此,可以相对精确地设计屏蔽和阻止物质中带电粒子的进程。例如,在使用质子或重离子进行医疗放射治疗时,这一点尤为重要,因为在这种治疗中,穿透深度是治疗效果优于其他方法的一个关键因素,而且可以通过调整离子的能量来加以控制。

回到 α 衰变本身,它对母核的影响是母核释放两个中子和两个质子,使子产物的结合能总体增加。子核很少是稳定的,很容易发生进一步的衰变,特别是通过 β 粒子和 γ 射线发射。通过 α 粒子发射的衰变通常是涉及多个同位素的广泛衰变链的一部分,尤其是较重的锕系元素同位素。从核素图的 Z–N 平面来看,α 衰变的特点是斜向下左移,子代 M 相对于母代的原子质量 A 和原子序数 Z 为 ${}^{A-4}_{A-2}\mathrm{M}$。如图 3.5 所示的核素图中的特定单元就说明了这一点。

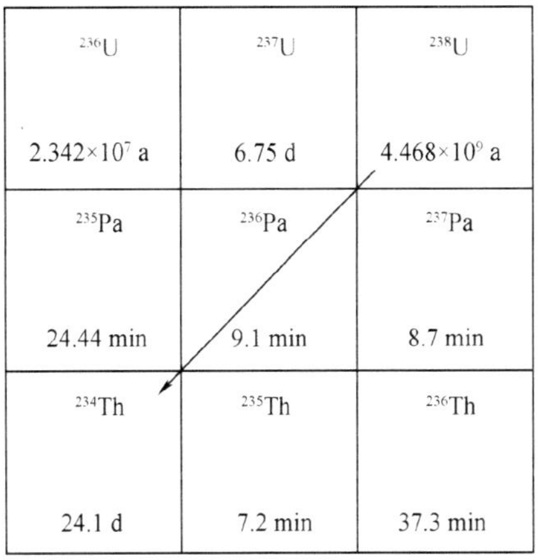

图 3.5 Z–N 平面的 3×3 个单元,说明 α 衰变对母核的影响,本例为 ^{238}U 的衰变

3.6.3 β辐射：高能电子和正电子

β辐射产生于β衰变，其中有两种主要变体：β^-和β^+衰变。描述这两种放射性衰变的术语各有不同，包括负β衰变和正β衰变。后者有时也被称为正电子衰变。还有第三种变体，即电子俘获，在这种情况下，原子核会获得一个轨道电子，这实际上是β^-衰变的逆过程。

在β^-衰变的情况下，中子n变成质子p，同时发射出β^-粒子(e^-)和反中微子$\bar{v}$，这由反应公式描述：

$$n \rightarrow p + e^- + \bar{v} \tag{3.16}$$

而在β^+衰变中，质子变成中子，并发射出正电子e^+(相当于电子的反物质)和中微子v：

$$p \rightarrow n + e^+ + v \tag{3.17}$$

这只能在原子核内发生，能量来自衰变转变。

1896年亨利·贝克勒尔发现放射性后不久，人们对β^-粒子的特性(如在磁场中的偏转、电荷质量比等)进行了研究，发现它们是快速电子。需要强调的是，β^-衰变中发射的电子来自母体的原子核，与相应元素的原子电子结构无关。

人们在早期的研究中发现，β^-衰变过程中发射的能量并不一致，后来人们将其与第二种粒子——反中微子(就β^-衰变而言)联系起来。中微子和反中微子是一种穿透力很强、电中性、质量很低的辐射形式，很难被探测到。它们躲过了早期β^-粒子实验的探测系统，在100多年后的今天，要在工业应用中探测到它们是很不寻常的。不过，人们正在探索将它们用于核反应堆的某些新兴保障监测形式[7]。

然而，这一现象非常重要，因为β^-衰变(β^+衰变)的三个产物共享其动能，因此，在不知道反中微子(中微子)能量的情况下，我们无法确定β^-粒子的能量。因此，我们观测到的β粒子的能量是一个连续的过程。至于α衰变，衰变中发射的能量来自衰变前后反应成分的质量差。然而，由于中微子携带的能量在大多数工程应用中不易测量，因此难以解释，并且无法观测到与发射的β粒子相关的离散能量。连续体一直延伸到所谓的端点能量，这是反中微子能量趋近于零的点。因此，特定衰变的β粒子的最大能量可以从这一点的能量推断出来。图3.6以^{14}C为例给出了一个β^-粒子谱[8]。

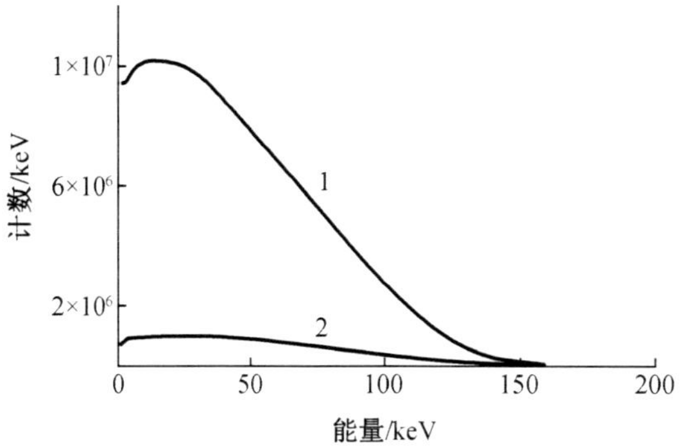

图3.6　^{14}C的β^-粒子谱1和随机重合谱2根据Kuzminov等[8]的研究，表明这种情况下的端点能量约为150 keV

相对于周围质量区域中与稳定同位素相关的核子平衡而言,通过 β^- 衰变或 β^+ 衰变的同位素通常分别富含中子或质子。由于质子和中子的构型更加平衡,β 衰变是不稳定同位素获得更大稳定性的途径。核能中 α 衰变之所以令人感兴趣,可能是因为它通常与在所用燃料中起核心作用的锕系元素有关,而 β 衰变之所以具有相关性,是因为它通常是裂变碎片原子核的衰变途径。这些由裂变事件形成的原子核往往富含中子,因此,β^- 衰变是解决这一偏差的主要衰变途径,能够带来更大的稳定性和核子对称性。尽管如此,在整个同位素版图中或多或少都能观察到 β 衰变。

虽然概念相似,但每种 β 衰变的物理证据却截然不同。由 β^- 衰变产生的 β^- 粒子(高能电子)通过将能量传递给周围物质中的束缚电子而发生相互作用,并在此过程中电离相关原子:首先,它们可以以相对论速度飞行;其次,它们的质量要小得多,与它们相互作用的电子具有质量对称性。因此,与速度较慢、质量较大的电子相比,它们在每次相互作用时都会出现较大的偏转,路径不稳定,穿透深度也不明确。

例如,图 3.7 所示的是对入射到 0.1 mm 厚的铝材上,^{14}C 平均发射能量的 β^- 粒子的模拟。这说明相对于重荷粒子,β 粒子的路径偏心更大,而且没有明确的穿透深度。同样值得注意的是,在这种情况下,电子的能量远低于 ^{238}U 的 α 粒子。相反,穿透深度的数量级相同,凸显了 β 粒子比 α 粒子拥有更强的穿透能力。

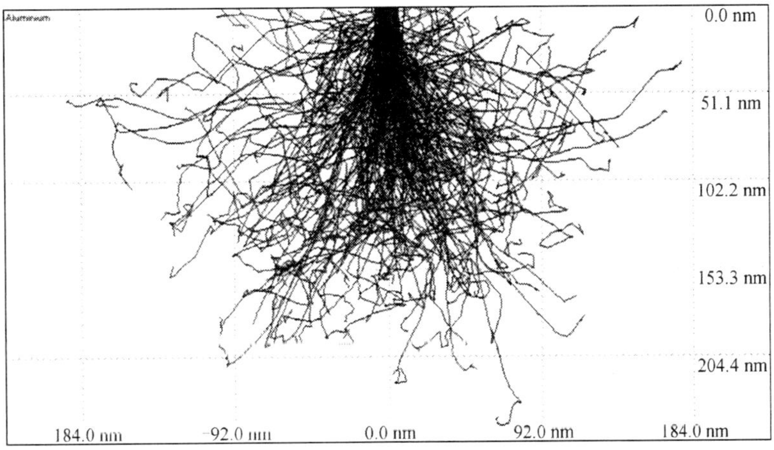

图 3.7 二维蒙特卡洛模拟,每千伏 100 000 个电子以 0°入射到 0.1 mm 厚的铝材上

电子相互作用产生的电离表现为大量的自由电荷载流子,可以直接检测到电脉冲或电流。例如,可以在气体中高压下的两个电极之间实现电离,气体的电离作为电信号被观测到,并表现为电荷被传导走时电极上电压的短暂下降。此外,当 β^- 粒子在物质中失去能量时,会产生 X 射线形式的韧致辐射。这是高能电子相互作用存在的间接指标,通常是 β^- 衰变的征兆。这种现象也是一种需要管理和了解的辐射剂量源,其影响不同于与 β^- 粒子相关的影响,特别是在范围和屏蔽要求方面。不过,这只在高原子序数材料中相互作用的高能电子(>1 MeV)中比较突出,例如,在医疗放射治疗的周围环境中高能电子的相互作用就可能产生这种现象。

β^+ 粒子,或更广泛地称为正电子,带正电荷,但其质量和电荷量与对应的电子相同。正电子和电子通过与物质中的电子相互作用而失去任何残余动能后,就会相互湮灭,不复存在，并留下相当于它们静止质量能量的能量。假设这对粒子在发生湮灭时处于静止状态，则能量为 1.022 MeV，表现为两束 511 keV 的 γ 射线，每束射线都以 180°的角度相互移动，从而保证了动量守恒。因此，在相关的 γ 射线能谱中，β^+ 衰变的存在可以通过特征性的 511 keV 线来显示，而不是像 β^- 粒子那样通过电信号或韧致辐射来观测直接电离。富质子体的原子核也有可能从内部电子壳中吸收一个原子电子，尤其是 β^+ 衰变在能量上并不有利的情况下。这一过程被称为电子俘获。至于 β^+ 衰变，则通过电子俘获，质子变成中子，并发射出中微子。

正如在韧致辐射案例中讨论的那样，能量与质量的交换以及从一种辐射形式向另一种辐射形式的转移可能构成辐射防护重点的改变，特别是因为 511 keV 光子具有很强的穿透力，因此不像 β^- 粒子那样容易屏蔽。正电子湮灭产生的光子的背靠背角度相关性被广泛应用于一种重要的医学成像方式——正电子发射断层扫描[9]，也被用于工业过程分析和流量监测。图 3.8 给出了 β^- 衰变、β^+ 衰变和电子俘获时核素 Z–N 图的相应变化。

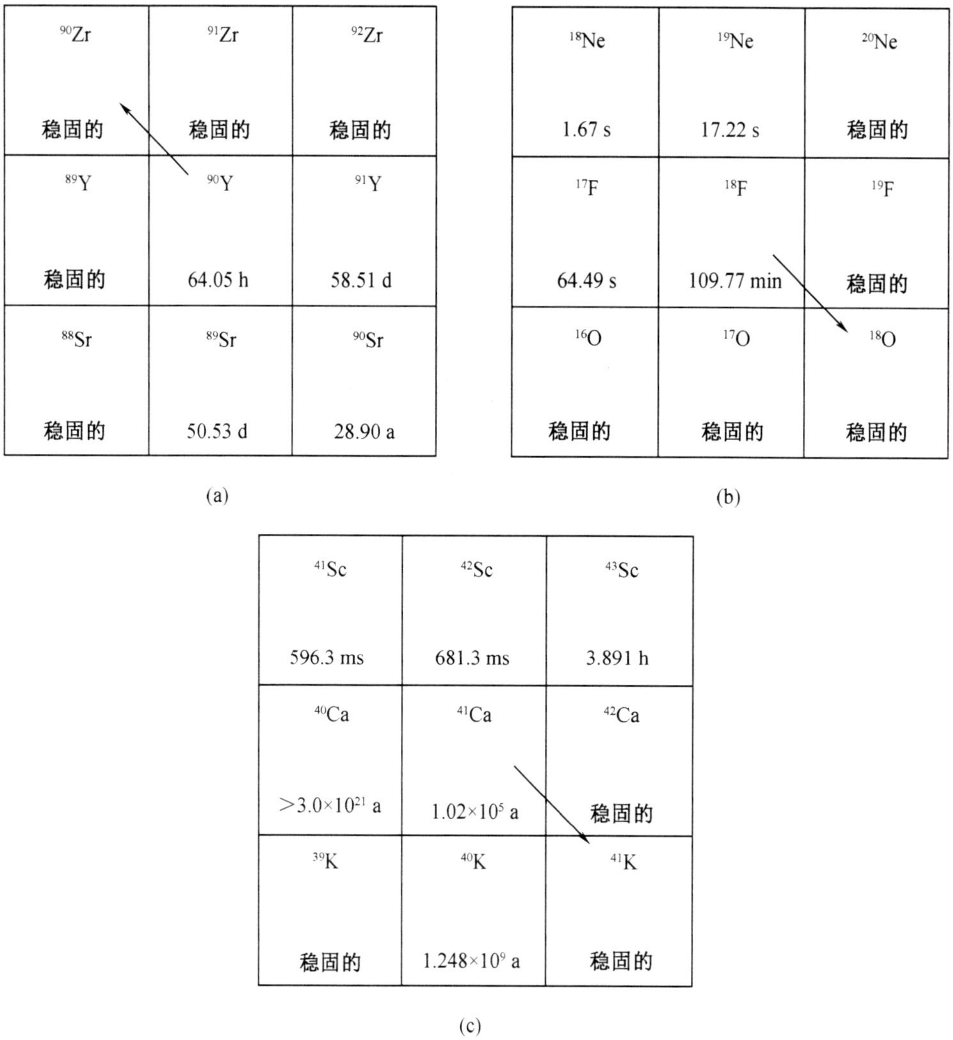

图 3.8　核素图中 Z 平面对 N 平面的 3×3 个单元，说明了(a)β^- 衰变、(b)β^+ 衰变和(c)电子俘获对母核的影响，在本例中分别说明了 ^{90}Y、^{18}F 和 ^{41}Ca 的衰变

3.6.4 中子辐射

中子可能来自与核能有关的各种来源和核过程。与反应堆运行有关的中子诱发裂变的这个例子将在第4章进一步讨论。中子也会在自发裂变(通常是偶数超铀同位素的自发裂变)和α粒子对轻同位素的作用(产生所谓的[α,n]反应)中释放出来。

中子的产生在整个核燃料循环过程中都是可行的:锕系同位素作为乏燃料和循环后端(包括储存、后处理、再循环和处置活动)材料的成分,特别容易受到上述衰变模式的影响。除了裂变和[α,n]反应之外,还有其他方式可以产生中子,例如通过光子核反应和粒子加速器进行的质子诱导机制,但这些方式在核能发电中并不普遍,因此不在本书的讨论范围之内。

下面给出了中子诱发裂变、自发裂变和[α,n]过程的典型反应式:

$$^{235}_{92}\mathrm{U}+\mathrm{n}\rightarrow{}^{236}_{92}\mathrm{U}^{*}\rightarrow{}^{91}_{38}\mathrm{Sr}+{}^{143}_{54}\mathrm{Xe}+2\mathrm{n}$$

$$^{240}_{94}\mathrm{Pu}\rightarrow{}^{89}_{38}\mathrm{Sr}+{}^{148}_{56}\mathrm{Ba}+3\mathrm{n}$$

$$^{241}_{95}\mathrm{Am}+{}^{9}_{4}\mathrm{Be}\rightarrow{}^{237}_{93}\mathrm{Np}+\alpha+{}^{9}_{4}\mathrm{Be}\rightarrow{}^{237}_{93}\mathrm{Np}+{}^{13}_{6}\mathrm{C}^{*}\rightarrow{}^{237}_{93}\mathrm{Np}+{}^{12}_{6}\mathrm{C}+\mathrm{n}(\alpha,\mathrm{n})$$

中子不带电荷,但与许多其他形式的辐射相比质量很大。它们的能量水平从与周围环境的热平衡(293 K时为0.025 3 eV)到核能应用中的1 MeV以上,整整提高了八个数量级。由于缺乏电荷,中子与原子核之间的相互作用受到强核相互作用的限制;在这种相互作用中,快中子传递给原子核的能量和动量会导致原子核反冲。由于被挤出周围的原子电子结构,反冲核被高度电离。因为存在一系列相互作用的可能性,所以这种相互作用是高度随机的。例如,中子的相互作用可能很强,向原子核传递大量能量,也可能很弱,根本不会传递多少能量。与中子相互作用的同位素种类进一步影响能量传递的效率,所有这些变量都会影响产生的电离量。中子的能量会影响相互作用是偏向于俘获、非弹性散射还是弹性散射,有两个重要的含义:

(1)中子探测方法通常不同于用于电磁相互作用的辐射方法,我们对探测到的反应的解释也会更加复杂;

(2)活体组织暴露于中子所产生的单位质量沉积能量(剂量)随能量呈非线性变化。

通常,中子的名称根据其能量(或有时称为探测温度)不同而有所不同,见表3.2。

表3.2 与核能应用相关的中子辐射能量范围术语

中子能量	中子术语	说明
约0.025 3 eV @ 293 K, <0.2 eV	热中子	与周围环境处于热平衡状态
>0.2 eV	超热中子	高于热中子但低于几个eV
<0.4 eV	镉中子	容易被镉强烈吸收
>0.6 eV	超镉中子	不容易被镉强烈吸收
<1 eV 至 10 eV	慢中子	有时延伸至1 keV
1 eV→300 eV	共振中子	在^{238}U中易发生吸收共振
1 keV<E_n<0.5 MeV	中间中子	介于慢中子和快中子之间
>0.5 MeV	快中子	高达10~20 MeV

尽管裂变是中子辐射的一个重要来源，但在核电设施工作的人员一般不会广泛接触到这种辐射，因为进入会产生中子辐射的环境（如运行中的核反应堆的主安全壳）通常受到严格管制，进出受到限制。此外，在某些反应堆设计中，设施非常大，中子辐射被安全壳结构和慢化剂严重屏蔽。

中子在核工程中非常重要，原因有很多：中子是维持临界链式反应的介质，裂变反应堆中的能量就来自中子，测量运行时裂变反应堆中的中子通量通常用于推断功率水平。在聚变反应堆原型系统中，测量中子输出是估算功率输出的主要途径。测量核材料发射的中子数量也可用于推断核材料的存在数量，以帮助防止核材料在核保障和核算实践中被转用于非法目的。

与光子、重电荷粒子和电子不同，中子与物质的相互作用并不取决于相互作用物质的电子密度。相反，在中子能量较低时，由于能量更有效地传递到质量更接近中子质量的原子核上，因此原子质量较低时，中子的衰减通常更为显著。对于吸收中子概率特别高的材料，例如热中子情况下的钆和镉同位素，其衰减也会出现孤立的峰值。

也许最重要的是，原子序数的衰减并不像光子那样随着原子序数的增加而呈持续增长的趋势。除了上面提到的表现出异常高的中子吸收特性的特定同位素外，含有大量氢的低质量材料，如水、塑料和其他有机物，对中子具有较好的屏蔽特性。相反，高原子序数的材料对中子几乎起不到屏蔽作用，尽管一些密度较大的材料会表现出反射特性。描述中子和光子相互作用特性对比的一种方法是考虑物质衰减中子和衰减光子的能力差异。图 3.9 显示了中子与光子的衰减比（用 R 表示）与所选元素原子序数的函数关系。其描述了中子在低质量时的显著吸收特性，以及随着原子序数的增加而逐渐减弱的特性。

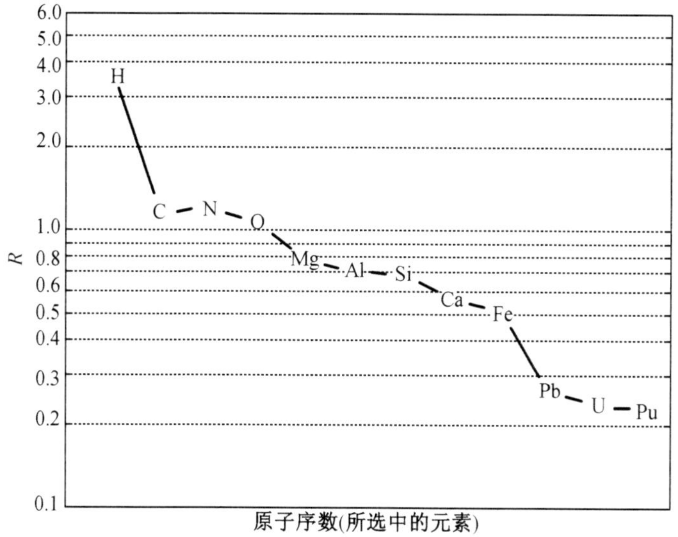

图 3.9　14 MeV 中子与 ^{60}Co γ 射线的衰减比（R）与原子序数的函数关系[10]

中子与物质相互作用的间接过程导致能量沉积与能量的非线性关系，这对中子辐射剂量的测量具有重要影响，我们将在第 14 章中进一步讨论。

案例分析

案例分析 3.1：^{137}Cs 的比活度计算

为了演示比活度的计算，我们可以考虑^{137}Cs 的情况：它的半衰期为 30.17 年，同位素质量为 136.907 u，其中 u 是原子质量单位，$1\ u=1.66\times10^{-27}$ kg。

根据定义，136.907 u 的同位素质量对应于^{137}Cs 的摩尔质量为 136.907 g · mol^{-1}，其中摩尔质量等于阿伏伽德罗常数 $N_A=6.023\times10^{23}$。

因此，1 g ^{137}Cs 包含：

$$N=6.023\times10^{23}/136.907=4.40\times10^{21}\text{原子}$$

活度可由式(3.4)计算得

$$A=\lambda N$$

由式(3.6)可知

$$t_{1/2}=\frac{\ln 2}{\lambda}$$

衰变常数 λ：

$$\begin{aligned}\lambda &= \ln 2/(30.17\times86\ 400\times365.25)\\ &=0.69/9.52\times10^{8}\\ &=7.28\times10^{-10}\ \mathrm{s}^{-1}\end{aligned}$$

因此 1 g^{137}Cs 的活度是

$$\begin{aligned}A &=7.28\times10^{-10}\times4.40\times10^{21}\\ &=3.20\times10^{12}\ \mathrm{Bq/g}\end{aligned}$$

$$A=3.20\ \mathrm{TBq/g}=8.65\ \mathrm{Ci/g}$$

案例分析 3.2：推导母–子体衰变的贝特曼方程

本研究说明了贝特曼方程的定义[式(3.8)]，并提供了将其与子体活度联系起来的后续步骤。

母体和子体在时间 t 时的不稳定原子核数分别记为 $N_P(t)$ 和 $N_D(t)$，相应的衰变常数分别记为 λ_P 和 λ_D。由式(3.2)可知 $N_P(t)=N_P(0)e^{-\lambda_P t}$，可以将其代入式(3.7)的重新排列形式中：

$$dN_D=\lambda_P N_P dt-\lambda_D N_D dt$$

$$dN_D=\lambda_P N_P(0)e^{-\lambda_P t}dt-\lambda_D N_D dt$$

重新排列，合并同类项：

$$\lambda_D N_D dt+dN_D=\lambda_P N_P(0)e^{-\lambda_P t}dt$$

乘以 $e^{\lambda_D t}$ 得

$$e^{\lambda_D t}\lambda_D N_D dt+e^{\lambda_D t}dN_D=\lambda_P N_P(0)e^{(\lambda_D-\lambda_P)t}dt$$

由链式法则有

$$d(N_D e^{\lambda_D t})=e^{\lambda_D t}dN_D+\lambda_D N_D e^{\lambda_D t}dt$$

因此这个可以代替左边：

$$\int_0^t d(N_D e^{\lambda_D t})=\int_0^t \lambda_P N_P(0)e^{(\lambda_D-\lambda_P)t}dt$$

$$N_D e^{\lambda_D t}\Big|_0^t=\frac{\lambda_P N_P(0)e^{(\lambda_D-\lambda_P)t}}{\lambda_D-\lambda_P}\Bigg|_0^t$$

$$N_D e^{\lambda_D t}-N_D(0)=\frac{\lambda_P N_P(0)}{\lambda_D-\lambda_P}[e^{(\lambda_D-\lambda_P)t}-1]$$

除以 $e^{\lambda_D t}$ 得

$$N_D(t)-N_D(0)e^{-\lambda_D t}=\frac{\lambda_P N_P(0)}{\lambda_D-\lambda_P}(e^{-\lambda_P t}-e^{-\lambda_D t})$$

$$N_D(t)=\frac{\lambda_P N_P(0)}{\lambda_D-\lambda_P}(e^{-\lambda_P t}-e^{-\lambda_D t})+N_D(0)e^{-\lambda_D t}$$

乘以 λ_D，分别得到 A_P 和 A_D：

$$\lambda_D N_D(t)=\frac{\lambda_D\lambda_P N_P(0)}{\lambda_D-\lambda_P}(e^{-\lambda_P t}-e^{-\lambda_D t})+\lambda_D N_D(0)e^{-\lambda_D t}$$

$$A_D(t)=\frac{\lambda_D A_P(0)}{\lambda_D-\lambda_P}(e^{-\lambda_P t}-e^{-\lambda_D t})+A_D(0)e^{-\lambda_D t}$$

如果没有预先存在的子体的活动，即 $A_D(0)=0$，那么

$$A_D(t)=\frac{\lambda_D A_P(0)}{\lambda_D-\lambda_P}(e^{-\lambda_P t}-e^{-\lambda_D t})$$

案例分析 3.3：^{238}U 和 ^{234}Th 达到长期平衡所需的时间以及 ^{234}Th 的平衡质量

^{238}U 以 4.47×10^9 年的半衰期衰变为 ^{234}Th，然后 ^{234}Th 以 24.1 天的半衰期衰变。我们希望计算 1 μg 的 ^{238}U（在零时是纯的同位素）需要多长时间才能达到长期平衡，并确定此时 ^{234}Th 的质量。^{238}U 和 ^{232}Th 的同位素质量分别为 238.050 7 u 和 234.043 6 u。

在长期平衡时（时间 t_m），母体和子体的活动相等，即 $A_D(t_m)=A_P(t_m)$。根据案例分析 3.2，将其代入贝特曼方程：

$$A_P(t_m)=\frac{\lambda_D A_P(0)}{\lambda_D-\lambda_P}(e^{-\lambda_P t_m}-e^{-\lambda_D t_m})$$

由于 $A_P(t_m)=A_P(0)e^{-\lambda_P t_m}$ 消去两边的 $A_P(0)$，有

$$e^{-\lambda_P t_m}=\frac{\lambda_D}{\lambda_D-\lambda_P}(e^{-\lambda_P t_m}-e^{-\lambda_D t_m})$$

除以 $e^{-\lambda_P t_m}$，重新排列，有

$$\frac{\lambda_D-\lambda_P}{\lambda_D}=1-e^{-(\lambda_D-\lambda_P)t_m}$$

$$e^{-(\lambda_D-\lambda_P)t_m}=\frac{\lambda_P}{\lambda_D}$$

取自然对数,重新排列,有

$$t_m=\frac{1}{\lambda_D-\lambda_P}\ln\frac{\lambda_P}{\lambda_D}$$

因为 $\lambda_D \gg \lambda_P$,所以近似代入 $\lambda_D=\lambda_{Th}$ 和 $\lambda_P=\lambda_U$,有

$$t_m \approx \frac{1}{\lambda_{Th}}\ln\frac{\lambda_{Th}}{\lambda_U}$$

衰变常数为

$$\lambda_U=\frac{\ln 2}{86\ 400\times 365.25\times 4.47\times 10^9}=4.91\times 10^{-18}\ s^{-1}$$

和

$$\lambda_{Th}=\frac{\ln 2}{86\ 400\times 24.1}=3.33\times 10^{-7}\ s^{-1}$$

给 $t_m \approx 2.37$ 年。

由式(3.7)可知,在平衡状态下,$dN_D/dt=dN_{Th}/dt$,因此 $\lambda_{Th}N_{Th}=\lambda_U N_U$。因此

$$N_{Th}=\frac{\lambda_U N_U}{\lambda_{Th}}$$

根据定义,238.050 7 g 包含 1 mol ^{238}U 原子。此外,$N_U \approx N_U(0)$,因为 ^{238}U 的半衰期很长。因此

$$N_U=(6.023\times 10^{23}/238.050\ 7)\times 10^{-6}=2.53\times 10^{15}\text{原子}$$

所以根据上面的 N_{Th} 平衡公式可得

$$N_{Th}=\frac{4.91\times 10^{-18}\times 2.53\times 10^{15}}{3.33\times 10^{-7}}$$
$$=3.73\times 10^4\text{原子或 }6.19\times 10^{-20}\ mol$$

平衡态 ^{234}Th 的质量为 m_{Th},根据问题可知,$m_{Th}=6.19\times 10^{-20}\times 234.043\ 6$,因此,$m_{Th}=1.45\times 10^{-17}$ g 或约 14.5 ag。

案例分析 3.4:计算 α 衰变的 Q 值

核反应中交换的能量(第 3.6.2 节中定义的 Q 值)表明反应是外放反应(释放能量)还是吸能反应(需要能量才能发生)。在后一种情况下,需要刺激才能使反应发生。

本案例分析的重点是自发放射性衰变,反应的主要成分只有一个:不稳定的母体。核反应中交换的能量来自前后系统质量的变化。这表现为反应产物的动能和可能的激发能,这些能量通常构成反应所释放的辐射。通过比较反应前后各成分的质量,可以确定将原子

核结合在一起的结合能的相应差异(表 3.3)。

表 3.3　同位素质量

同位素	^{238}U	^{235}Th	^{234}Th	^{4}He	^{3}He
质量/u	238.050 7	235.047 5	234.043 6	4.002 6	3.016 0

回到文中讨论的^{238}U 例子,为了说明问题,本研究考虑了与^{238}U 的 α 衰变相关的以下两种情况:

$$^{238}\text{U} \rightarrow {}^{234}\text{Th} + \alpha$$

$$^{238}\text{U} \rightarrow {}^{235}\text{Th} + {}^{3}\text{He}$$

对于^{238}U(^{234}Th,α)反应,Q 值可从反应前后的质量差中得出:

$$\begin{aligned} Q &= M(^{238}\text{U}) - M(^{234}\text{Th} + {}^{4}\text{He}) \\ &= 238.050\,7 - (234.043\,6 + 4.002\,6) \\ &= 0.004\,5\ \text{u} \end{aligned}$$

其中,由于 $u = 931.5\ \text{MeV}/c^2$,得出:

$$Q = +4.19\ \text{MeV}$$

对于^{238}U(^{235}Th,^{3}He)备选方案,

$$\begin{aligned} Q &= M(^{238}\text{U}) - M(^{235}\text{Th} + {}^{3}\text{He}) \\ &= 238.050\,7 - (235.047\,5 + 3.016\,0) \\ &= -0.012\,8\ \text{u} \end{aligned}$$

其中,由于 $u = 931.5\ \text{MeV}/c^2$,得出:

$$Q = -11.92\ \text{MeV}$$

因此,前者是自发发生的,而后者在没有能量大于 11.92 MeV 的外部刺激的情况下并不适合作为自然衰变途径。

案例分析 3.5:两个 β 衰变的对比

氚(^{3}H)富含中子,其原子核的中子数是质子数的两倍,因此 β^-衰变不稳定,半衰期为 12.3 年。它的衰变路径如下:

$$^{3}_{1}\text{H} \rightarrow {}^{3}_{2}\text{He} + e^- + \bar{\nu}$$

反中微子通常不会被观测到。发射的 β^-粒子能量很低(平均能量为 5.7 keV)。探测这种低能量的 β 粒子对许多探测器系统来说都是一个挑战,这也是环境中氚的数量往往难以评估的主要原因。氚的衰变途径也是制造^{3}He 气体的途径之一,由于^{3}He 气体在热能水平下具有较高的中子俘获截面,因此是热中子探测的重要介质。氚也是聚变反应堆燃料的重要组成部分。

碳-14(^{14}C)是另一种富含中子的同位素,它通过

$$^{14}_{6}\text{C} \rightarrow {}^{14}_{7}\text{N} + e^- + \bar{\nu}$$

它的半衰期为 5 730 年，β^-粒子平均能量为 49 keV。^{14}C 不容易被检测到，原因与上文讨论的氚的情况相同，但显然它在环境中存在的时间要长得多。

有趣的是，大气中的^{14}C 是通过宇宙中子辐照^{14}N（通过[n,p]反应）自然形成的，这导致生物体在死亡前一直保持着恒定的^{14}C 丰度（通过消耗补充）。多年后，当考古学家找到它们的遗骸时，就会对残留的^{14}C 数量进行评估，并以此推断出生物体死亡的时间。这就是放射性碳年代测定法的基础。

复习指南

完成本章后，你应该：

- 了解放射性是原子核变化产生的一种特性。
- 放射性通常表现为原子核因放射性衰变而发出的辐射，偶尔也会对周围的原子电子壳结构产生影响，从而产生二次辐射效应，如轫致辐射或湮灭光子等。
- 认识到作为原子的一种特性，放射性的数量与物质的数量直接相关。
- 能够写出放射性与物质数量之间的数学关系，并由此得出以下参数：衰变常数、寿命和半衰期。
- 理解至少两种同位素衰变的定性平衡概念，特别是长期平衡和瞬态平衡的定义，并能将其与描述放射性衰变的微分方程的相应扩展联系起来。
- 了解与核能相关的各种辐射类型、其来源以及与物质相互作用方式的差异。
- 了解穿透深度对上述辐射类型的影响，以及对屏蔽和剂量的定性影响。
- 认识到中子与其他辐射类型相当不同，因为它们有质量但不带电，因此与物质的相互作用非常不同。

习　题

1. 考虑到

$$\frac{dN}{dt}=-\lambda N$$

用衰减常数 λ 推导出 N 和 t 之间的关系。因此，推导出衰变常数 λ 和半衰期 $t_{1/2}$ 之间的关系。

2. 推导单一放射性物质的平均寿命 τ 的表达式，从而确定平均寿命和半衰期 $t_{1/2}$ 之间的关系。

3. 写出^{238}U 释放^{12}C 的衰变方程，从而计算出 Q 值。根据你的结果，评论一下你是否希望在实验中观察到这种衰变。考虑到这一衰变的衰变产物与 α 衰变的相应情形之间的差异，你是否希望看到^{12}C 的发射与相关的 α 衰变一样频繁？（^{238}U 的原子质量为

238.050 7 u, ^{12}C 为 12 u, ^{226}Rn 为 226.030 9 u)

4. 写出 ^{222}Rn 的 α 衰变方程。计算 ^{222}Rn 产生的 α 粒子的动能。(^{222}Rn 的原子质量是 222.017 6 u, α 粒子的原子质量是 4.002 6 u, ^{218}Po 的原子质量是 218.009 0 u)

5. 考虑 α 粒子与电子的一次相互作用:在相互作用之前, α 粒子具有动能 T,而电子处于静止状态。相互作用后, α 粒子将失去电子的动能 ΔT。

考虑到能量和动量守恒的原理,在相互作用前后,推导出 ΔT 和 T 之间的关系,并说明你的粗略估算。

注意:你应该推导出相互作用后 α 粒子速度的表达式,以推断其之后的动能,并利用 $m_\alpha \gg m_e$ 的事实简化结果。

参考文献

[1] B. H. Orndoff, An interview with Madame Curie: an historical note, Radiology 71 (5) (1958) 750-752.

[2] H. Bateman, Solution of a system of differential equations occurring in the theory or radioactive transformations, in: Proc. Cambridge Phil. Soc. IS, 1910, pp. 423-427.

[3] J. Chadwick, J. Chadwick, Radioactivity and Radioactive Substances, Pitman, London, 1931.

[4] M. Chianchetti, M. Amichetti, Sinusoidal malignancies and charged particle radiationtreatment: a systematic literature review, Int. J. Otolaryngol. (2012) art. ID 325891.

[5] H. Bethe, Zur Theorie des Durchgangs schneller Korpuskularstrahlen durch Materie, Ann. Phys. 397 (3) (1930) 325-400 (Translated in 'Selected works of Hans A. Bethe: with commentary', World Scientific Series in 20th Century Physics, vol. 18, pp. 77-154 (1997). ISBN 9810228767).

[6] M. Inokuti, J. E. Turner, Mean excitation energies for stopping power as derived from oscillator-strength distributions, in: 6th Symposium on Microdosimetry, vol. 1, Harwood Academic Publ. Ltd., 1978, pp. 675-687.

[7] J. Carroll, J. Coleman, M. Lockwood, C. Metelko, M. Murdoch, C. Touramanis, G. Davies, A. Roberts, Monitoring nuclear reactors for safeguards purposes using anti-neutrinos, J. Phys. Conf. Ser. 598 (1) (2015) 012024.

[8] V. V. Kuzminov, N. Ja. Osetrova, Precise measurement of 14C beta spectrum by using a wall-less proportional counter, Phys. At. Nucl. 63 (7) (2000) 1292-1296.

[9] A. K. Shukla, et al., Positron emission tomography: an overview, J. Med. Phys. 31 (1) (2006) 13-21.

[10] J. E. Eberhardt, S. Rainey, R. J. Stevens, B. D. Sowerby, J. R. Tickner, Fast neutron radiography scanner for the detection of contraband in air cargo containers, App. Rad. Isot. 63 (2005) 179-188.

第4章　裂变过程

4.1　章节概要和学习目标

本章重点围绕核裂变展开，介绍了核裂变的相关概念、历史背景、过程原理等内容，提供了目前人类利用原子核中蕴藏的巨大能量的最便捷途径。本章介绍了核裂变的基本原理，基于中子相互作用阐释裂变过程，定义微观和宏观截面等概念，总结重同位素原子核行为趋势，探究裂变产物性质，以及介绍中子能谱的相关计算和分布解释。

本章的目标是：

(1)介绍核裂变的概念；

(2)为从中子相互作用的角度理解核裂变过程奠定基础；

(3)定义微观截面、宏观截面、平均自由程、中子相互作用类型以及截面与能量的关系等概念；

(4)总结重同位素原子核的行为趋势，特别是结合能和比结合能与原子质量的关系；

(5)证明通过裂变衰变的重同位素所获得的优势，即裂变产物的结合能之和大于裂变前的结合能；

(6)探索裂变产物的特性，特别是裂变的能量学，包括中子能谱的常见趋势和裂变中子产额；

(7)演示如何根据相应的中子能谱计算最可能的中子能量、特定裂变反应的平均中子产额，并介绍如何解释相应的分布情况。

4.2　历史背景：莉泽・迈特纳(1878—1968)

查德威克发现中子后，许多研究人员开始研究用这种新的中性辐射形式的辐照物质可能会发现什么。他们当时的研究重点是期待合成出新的重同位素，超越当时最重的天然元素铀和镭。莉泽・迈特纳(图4.1)曾在玻尔兹曼门下学习物理学，并与奥托・哈恩一起在德国的化学研究所研究放射性问题长达30年之久。她的物理学知识与哈恩的化学能力相辅相成，使他们在发现核裂变之前就取得了多项重要发现。在费米用中子轰击形成放射性同位素之后，迈特纳、哈恩和施特拉斯曼试图确定其中是否有可能是尚未发现的难以捉摸的超铀元素。

图 4.1　莉泽·迈特纳

1938 年,奥地利被纳粹德国吞并,迈特纳逃往瑞典。正是在这里,她与哈恩和施特拉斯曼通信,并在哥本哈根与哈恩秘密会面。此后,哈恩和施特拉斯曼重点研究了铀上的中子相互作用的放射性产物,他们怀疑这些产物是镭的同位素。然而,由于钡和镧的化学性质相同,他们得出的结论却是它们是钡和镧的沉淀物。他们发现的是钡和镧的放射性同位素,它们是铀在中子诱导下发生裂变而形成的裂变碎片,这也是人们第一次观察到这种放射性同位素。迈特纳和罗伯特·弗里施(她的侄子)首次成功地解释了这一现象。他们借鉴了基于原子核液滴描述的预测行为,借用生物学中细胞分裂过程的术语,将这一现象命名为核裂变(kernspaltung),并根据质量亏损与原子质量的关系曲线预测了异常的能量输出。

4.3　导　　论

核裂变——原子核分裂成两个(偶尔是三个)单个原子核的过程——给我们提出了一个多体问题,它的特性是高度随机的,在概率、半衰期和能量等巨大的动态范围内变化很大。因此,理解裂变过程仍然是一个非常困难的问题,缺乏完整的理论处理方法也就不足为奇了。然而,裂变对人类的影响是深远的。它从一个极端定义了元素周期表的上限和我们在周围世界中体验到的物质的范围。然而,裂变提供了目前人类利用原子核中蕴藏的巨大能量的最便捷途径。图 4.2 是用来证明核裂变存在的原始仪器的复原图。

对中子诱发裂变过程公认的定性描述是,一个已经很大的原子核吸收能量,例如,一个中子被原子核吸收。这导致产生的复合核变形到一种状态,从概念上讲,至少从这种状态开始,它的命运可以遵循两种路径:它可以继续进一步变形,导致母核完全分离(通常是)成两个较小的碎片;也可以通过另一种衰变途径来消散其激发能量。这个过程中的这一状态通常被称为过渡态。

图 4.2 核裂变首次被观测到的原始仪器的复原照片

暂且忽略单粒子对裂变的影响(即原子核内中子和质子各自能量状态的影响),原子核在过渡态的行为有两个相互竞争的集体影响:库仑斥力和强相互作用力。前者产生于组成质子的同类电荷斥力。后者是四种基本相互作用力之一,它在小于核尺度(通常<10^{-15} m)的短距离内将核子结合在一起。在概念上,强力通常是通过类比内聚表面张力来引入的,这种表面张力使液滴保持在一起,通常被称为原子核的液滴模型。相反,库仑力的作用是将原子核拉长到过渡状态。表面张力的作用是保持核的内聚力,与核的伸长形成对比。

然而,上述两种影响的一个关键区别在于,库仑斥力与质子数 Z 的平方成正比,而如图 4.3 所示,核结合能与原子质量数 A 成正比。因此,当我们在核素图上从左到右移动,质量不断增加时,就会到达库仑斥力超过原子核内聚结合力的点,因为 Z^2 的增加速度比 A 快,早期现象是核变形和伸长。由于伸长,组成原子的质子之间的距离增大,库仑能降低(与质子之间的距离 r 成反比)。相反,由于表面积随拉伸而增加,表面能也随之增加。这就导致了裂变点的出现,在裂变点,母核基本上由两个相互接触的高电荷核(碎片)组成。

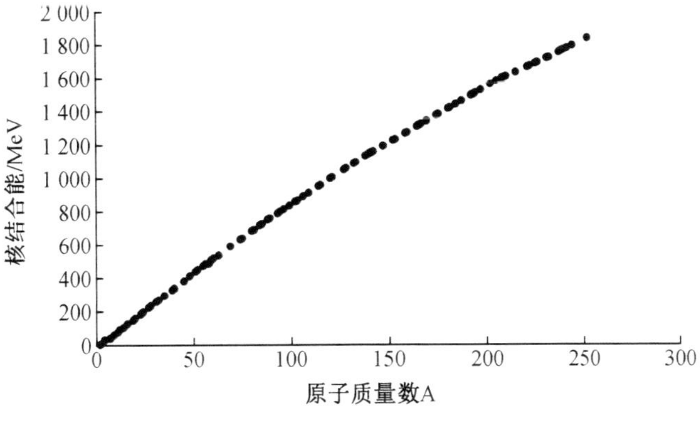

图 4.3 核结合能与原子质量数的关系

从裂变起始点到完全裂变的过程是有趣的。由于组成质子群的库仑斥力,碎片相互加速远离,在 10^{-20} s 内达到其最终动能的 90%;它们的速度达到光速的 5%,加速度相当于 $10^{26}g$。尽管裂变碎片在裂变瞬间发生了变形,但由于每个碎片的 r 减小(尽管由于每个碎片中的质子数量少得多)，它们的表面能减小，库仑能却增加了。因此，每个片段的激发都会增加。这些能量首先在裂变后的 $10^{-18}\sim10^{-13}$ s 通过发射瞬发中子耗散(这一过程通常被称为中子蒸发)，然后发射 γ 射线($10^{-14}\sim10^{-7}$ s)。

这一阶段的裂变碎片通常富含中子并具有放射性，因此很容易通过 β^- 衰变而解体。在发射 β^- 之后，碎片的子代产物可能处于高度激发态，具有足够的能量进一步发射中子。不过，这些中子的发射时间要晚一些，也就是说，相对于 β^- 衰变中间阶段的中子迅速发射而言，它们是延迟发射的，第 8 章将进一步讨论这些问题。裂变释放的大部分能量是裂变碎片的动能。

除了集体效应之外，单个核子对裂变的影响在裂变发生的概率(下文讨论)和裂变产物的质量方面也很重要。关于后者，虽然裂变可以通过基于原子核集体或整体行为的液滴模型来理解，但这预示着裂变碎片的质量彼此相近，产生对称的质量分布，反映了原子核平均分离成质量相等的两半的预期。

然而，观察到的情况并非如此。相反，碎片的质量是不对称分布的，包括 $A\approx90$ 处的轻碎片和 $A\approx140$ 处的重碎片。图 4.4 显示了 ^{252}Cf、^{235}U 和 ^{239}Pu 的情况。特别是，原子核的单粒子结构倾向于 $Z=50$ 和 $N=82$ 处的碎片，因为这是核子最稳定的排列方式之一，质子和中子都有幻数。此外，自发裂变半衰期的预测只有在考虑到单个核子行为对碎片形成的影响而进行修正时，才能与实验观察到的结果保持一致。有趣的是，自然界对裂变后质子和中子的分裂方式并没有很大的偏好。因此，由于母核的中子数量多于质子数量，从第 3 章讨论的核素图表曲线可以看出，裂变产生的裂变碎片通常也富含中子，并表现出发射中子的直接趋势，并因此倾向于发生 β^- 衰变。

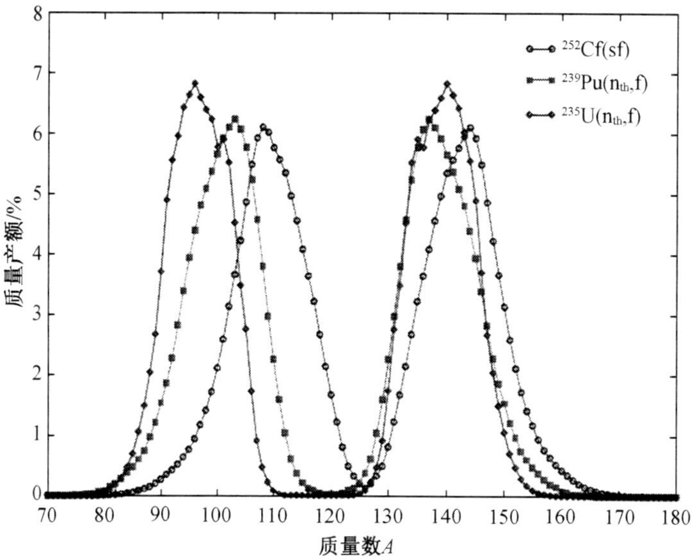

图 4.4　^{252}Cf 自发裂变以及 ^{235}U 和 ^{239}Pu 热中子激发裂变的裂变碎片质量产额与质量数 A 的关系

4.4 中子相互作用

4.4.1 微观截面的定义

与裂变和核能有关的重核是复杂的实体，其特性受到整个原子核（称为集体）和构成它们的单个核子（称为单粒子）行为的影响。在裂变的背景下，我们特别关心的性质之一是中子与原子核相互作用的概率。由于相互作用的类型有很大的不同，而且相互作用的概率取决于特定的核素和入射中子的能量，因此需要考虑的概率范围很广。

在第 1 章中，为了量化这一概念，引入了相互作用截面概念，并采用了一种形式主义，将相互作用的可能性符号化为截面积。这类似于射箭中使用的靶子，靶子（面积）越大，相互作用的概率就越大。相应的概率通常被称为截面，数学符号为 σ，单位是靶恩（b），1 b = 10^{-24} cm^2。同样重要的是，虽然我们通常遇到的截面的数量级（即几个靶恩）与原子核的大小在性质上是一致的，但相互作用概率具有量子力学性质的强依赖性，受原子核单粒子结构的影响很大。如上所述，中子的能量也会对相互作用概率产生重大影响：观察到的一个总体趋势是，截面与能量成反比变化（与中子速度 v 成 $1/v$ 的关系），在能量的狭窄范围内，某些相互作用非常有利，而在其他范围内则不然。其结果是产生被称为共振的孤立特征。

为了考虑用截面量化相互作用概率的好处，我们可以考虑如图 4.5 所示的材料样品，其面积为 dA，厚度为 dx，单位体积的原子数为 n。

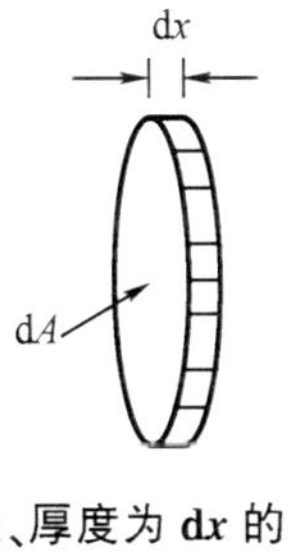

图 4.5　面积为 dA、厚度为 dx 的材料的概念样例

如果样品呈现的总目标面积（我们指的是易受相互作用影响的总核"面积"）定义为 a，则

$$a = n\sigma \mathrm{d}A\mathrm{d}x \tag{4.1}$$

相互作用概率 p 是易受相互作用影响的区域与样本物理区域的比值，其计算公式为

$$p = n\sigma \mathrm{d}x \tag{4.2}$$

这隐含地假定整个样品的原子序数密度是均匀的，而且样品是"薄"的，即连续的相互作用不可能对中子的入射能量产生影响。由此可见，截面将相互作用概率与中子在其相互作用路径上遇到的原子核密度联系起来。为了第 1 章中定义的完整性，σ 通常被特指为微观截面，因为它指的是单个原子核的特性；如果"截面"被隐含地提及，但以靶恩为单位进行

测量，那么它指的就是微观情况下的 σ。

4.4.2 中子相互作用类型

如前所述，中子与原子核的相互作用存在多种类型，每种类型都有相应的反应截面范围，用于描述特定相互作用发生的概率。例如，中子将部分能量传递给原子核并改变运动轨迹，即发生散射。或者，中子可能被原子核吸收，不再作为一个单独的实体存在。各种相互作用可归纳为与散射和吸收相关的两大类，如图 4.6 所示，并分别具有相应的微观截面 σ_s 和 σ_a。

(a) 散射　　(b) 吸收

图 4.6　散射和吸收过程示意图

散射与吸收的本质区别在于：散射后中子仍保持自由态，而吸收后中子将不再独立存在。如图 4.7 所示，散射和吸收还有许多子分类。在核工程中，我们对散射的以下子分类特别感兴趣：弹性散射——系统在相互作用前后总动能守恒；非弹性散射——中子部分动能被原子核吸收转化为内能。我们将在第 6 章讨论慢化时再次讨论这些问题。

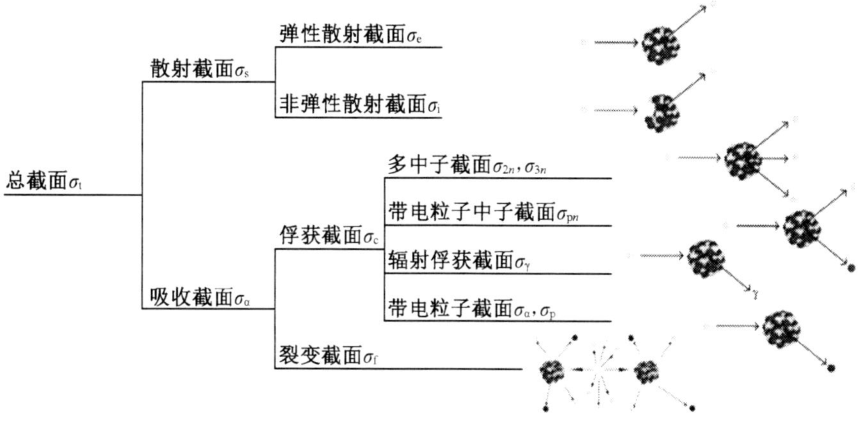

图 4.7　中子相互作用子分类的示意图

关于裂变，最令人感兴趣的是中子吸收的以下子分类：辐射俘获——原子核吸收中子后形成复合核并释放 γ 射线；裂变反应——中子被吸收后导致原子核分裂为两个裂变产物，同时释放次级中子和多种形式的辐射。

总微观截面可以定义为

$$\sigma_t=\sigma_e+\sigma_i+\sigma_c+\sigma_f \tag{4.3}$$

其中，σ_e、σ_i、σ_c 和 σ_f 分别是弹性散射、非弹性散射、俘获和裂变的截面。在大多数核工程活动中，多中子、带电粒子发射等子过程往往不太重要。

4.4.3 中子产生参数

中子被吸收后，原始原子核不再以相互作用前的形式存在。中子俘获的结果是形成一种新的同位素，虽然化学性质几乎完全相同，但几乎总是具有截然不同的核特性。在裂变过程中，新形成的同位素分裂成两个(有时是三个)碎片，每个碎片都有自己的化学和核特性。有时，在涉及裂变的核工程应用中，我们的目标是促使裂变的发生(例如在反应堆中)。如果我们希望提高俘获相互作用的可能性则情况恰恰相反，例如抑制发生反应的可能性或提供中子屏蔽。在这方面，定义俘获截面与裂变截面之比 α 是有必要的：

$$\alpha = \sigma_c / \sigma_f \tag{4.4}$$

由于为维持后续裂变反应而提供中子的可能性通常也会引起人们的兴趣，因此裂变产生的中子数与在此过程中破坏的原子核数之比 η 也很重要：

$$\eta = \bar{v}\sigma_f / \sigma_a \tag{4.5}$$

其中，$\bar{v}$ 是每次裂变产生的中子的平均数量。更仔细地考虑式(4.5)，σ_f/σ_a 反映了所有吸收相互作用中产生裂变的比例，其中隐含着 $\sigma_a = \sigma_\gamma + \sigma_f$(这里 σ_γ 代表吸收相互作用不产生裂变的概率，即辐射俘获)。

不过，上述讨论并不是说，如果裂变中产生的中子数(如 $\bar{v}$ 所示)足够多，可以抵消这一比例，那么比例小就意味着裂变的次数太少，不足以产生足够的中子来维持一连串的后续裂变反应。反之亦然。在这里，我们首次看到了裂变的多参数依赖性，这反映在裂变所依赖的各种材料、燃料和浓缩特性上。然而，我们应该牢记，我们很少面对式(4.5)所暗示的与裂变原子均匀排列相关的高度简化系统。式(4.5)中推断的截面数据的使用意味着单一数值，即一种中子能量下的单一同位素。然而，我们通常是通过对非均质反应堆系统进行复杂的计算机模拟，来考虑由多种核素、中子能量以及基本工程特征和界面(如冷却、包壳、控制棒等)组成的现实系统。

例如，表 4.1 提供了各种锕系同位素的截面数据以及 α、$\bar{v}$ 和 η 的数据。请注意以下几点：

(1)^{233}U 的 η 值最高，表明相对于本书考虑的其他同位素，它是热能下最有效的中子产生者；

(2)^{233}U、^{235}U、^{239}Pu 和 ^{241}Pu 的 η 值都很大，但对于钚同位素来说，这是因为 $\bar{v}$ 值很大，而对于铀同位素来说，这是因为俘获-裂变比值不太大；

(3)^{232}Th 和^{238}U 的中子吸收截面相对较低；

(4)^{240}Pu 具有较高的中子吸收截面，但裂变截面相对较低。

表 4.1 各种相关锕系同位素的吸收 σ_a、俘获 σ_c 和裂变 σ_f 的微观截面(热中子能量),以及相应的俘获-裂变比 σ、每次裂变的平均中子数 $\bar{v}$ 和被摧毁的每个核素的中子数 η

核素	σ_a/b	σ_c/b	σ_f/b	α	$\bar{v}$	η
^{232}Th	7.35	7.35	—	—	—	—
^{233}U	574.6	45.5	529.1	0.087	2.50	2.30
^{235}U	681.4	98.8	582.6	0.169	2.44	2.09
^{238}U	2.68	2.68	—	—	—	—
^{239}Pu	1 017.4	269.3	748.1	0.361	2.90	2.13
^{240}Pu	290	289.05	0.05	—	—	—
^{241}Pu	1 373.2	362.1	1 011.1	0.357	3.00	2.21

4.4.4 截面与能量的关系

中子的能量范围很广,如第 3 章所述,在热反应堆系统中,中子的能量范围为 0.025 3 eV ~5 MeV,甚至更高,可跨越约 8 个数量级。在这一范围内,中子相互作用的概率会发生显著变化,这从微观中子截面与能量的关系中可以看出。此外,由于原子核具有集合和单粒子两种特性,我们在截面与中子能量的关系中观察到了与这些特性相对应的特征。

例如,图 4.8 绘制了^{238}U(所有可能相互作用的总和称为总)和^{235}U(仅裂变)的中子截面数据与能量的函数关系。首先考虑^{238}U,很明显,它与能量的关系非常显著(注:数据是在 lg-lg 图上绘制的,涵盖了六个数量级的截面)。从与能量的关系中可以明显看出,一般来说,截面近似于 $1/\sqrt{E}$,其中 E 是中子能量。这种趋势表明了原子核的集体特性,在许多同位素中都能观察到。

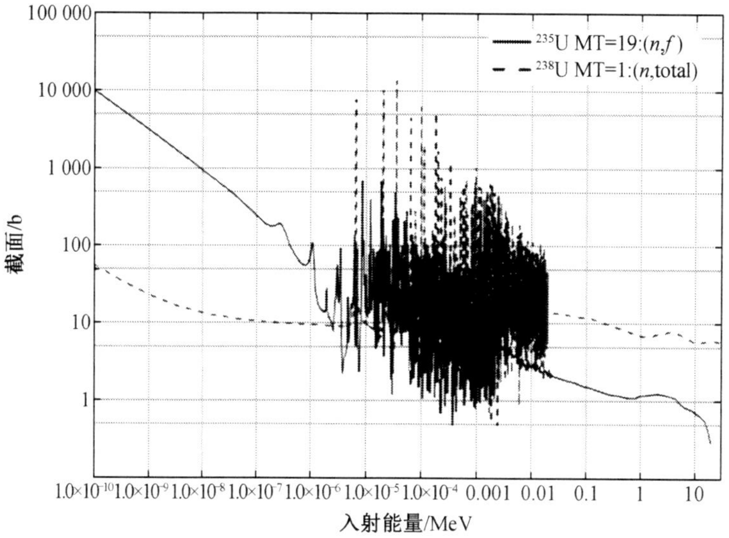

图 4.8 显微中子截面与能量的关系,^{235}U 中的 σ_f(中子激发裂变,实线)和^{238}U 中的 σ_t(总裂变,虚线)

此外,在 $10^{-5} \sim 10^{-2}$ MeV 的能量区域还有一个共振峰。这些就是前面提到的共振吸收,与相互作用可能性较高的特定能量区域有关。共振吸收的实际意义在于,在这一能量区域内存在的相互作用概率(在本例中大约高出四个数量级)远远高于两侧的情况。可以分辨出单个共振的能量区域通常被称为已分辨共振区域,而在能量较高的未分辨共振区域,共振峰的宽度大于它们之间的空间,因此无法再分辨出单个特征。

就^{238}U 而言,请注意,裂变对图 4.8 中的总量并不构成重大影响,因为如表 4.1 所示,诱导裂变的截面 σ_f 可以忽略不计。

作为比较和对照,图 4.8 还给出了^{235}U 诱导裂变的截面与能量的关系。该截面的特点是在低能量时比^{238}U 大得多,如表 4.1 中^{235}U 的热能数据比^{238}U 大百倍。^{235}U 的数据也显示出比^{238}U 更显著的能量下降,但值得注意的是,^{238}U 的共振虽然大致处于相同的能量区域,但比^{235}U 的共振要显著得多(除了个别例外情况),至少高出一个数量级。从这些截面数据的比较中可以清楚地看出,^{235}U 裂变概率在中子能量较低时达到最大。对^{238}U 和^{235}U 截面数据进行比较非常重要,因为虽然这两种同位素在裂变反应堆系统中总是同时存在,但这些数据却说明了它们在中子场中的表现为何会截然不同。

4.4.5 核反应率的定义

除了考虑反应可能发生的概率,我们还可以考虑反应可能发生的速率与时间的函数关系。这一点非常重要,因为在核电环境中,过低的反应速率将无法提供足够的能量来生产有用的电力,而过高的反应速率则会有损坏反应堆的风险。商业核能发电系统的公认目标是以尽可能稳定的水平持续生产,以实现最佳的燃料利用率和高水平的可用性。反应堆控制等其他重要要求也依赖于吸收中子的材料中的有效反应速率。

核反应率取决于发生反应的材料的物理性质以及中子群的物理性质。例如,考虑到第 4.4.1 节中介绍并在图 4.5 中描述的材料的概念样品,我们也可以用中子的密度 N 和速度 v 来描述入射到这种样品上的中子束。假设样品的面积为 dA,厚度为 dx,则在 dt 时间内通过样品的中子束体积为 dV,即

$$\text{单位时间内中子数} = N\mathrm{d}V/\mathrm{d}t \tag{4.6}$$

中子在时间 dt 中运动的距离是 $v\,dt$;用这个和面积 dA 来表示体积,得到

$$\text{单位时间内中子数} = Nv\mathrm{d}A \tag{4.7}$$

根据相互作用概率式(4.2),反应速率等于中子数式(4.7)乘以相互作用概率得到的产物:

$$\text{单位时间内中子数} = Nvn\sigma\mathrm{d}V \tag{4.8}$$

这有点复杂。不过,考虑到该表达式中原子序数密度 n 与横截面 σ 的乘积,将其概念化为给定物质量的所有横截面之和除以体积是可行的。对式(4.2)进行重新排列,意味着乘积 $n\sigma$ 与单位距离的相互作用概率有关,可以定义宏观截面 Σ 为

$$\Sigma = n\sigma \tag{4.9}$$

则反应速率可表示为宏观截面和中子通量密度 ϕ 与样品体积的乘积,有:

$$\text{反应速率} = \Sigma\phi\mathrm{d}V \tag{4.10}$$

其中,中子通量密度 ϕ 是单位时间内单位面积上的中子数,根据上面的定义,Σ 的单位是逆距离。

如前所述,我们对微观截面的主要讨论忽略了这样一个事实,即通过材料的输运会影响中子的能量,因此我们必须考虑微观截面是能量的函数,即 $\sigma=\sigma(E)$,除薄样品以外。同样,中子通量不受样品中相互作用影响的假设只适用于薄样品;对于所有其他情况,如果这一点很重要,则 $\phi=\phi(x)$,其中 x 是样品厚度:

$$\phi(x)=\phi(0)\mathrm{e}^{-\Sigma x} \tag{4.11}$$

当中子通量随距离的增加呈指数衰减时,用宏观截面描述了给定材料的衰减特性。

这可以进一步定义为

$$\Sigma=\frac{1}{\lambda} \tag{4.12}$$

引入 λ,在这里,λ 是中子的平均自由程。从定性来看,我们可以认为 λ 是中子在发生相互作用之前的平均移动距离,其中的相互作用类型是由 Σ 的具体定义中所使用的相应微观截面的性质来指定的,适用于特定的相互作用类型,如散射、裂变等。从数量上来说,λ 是入射中子通量 $\phi(0)$下降 e 倍或约 63%的距离。

在工业应用中,我们经常会遇到由多种元素化合物组成的材料,特别是在考虑到燃料、慢化剂、冷却剂和屏蔽等物质时。在这种情况下,可以通过微观截面与相应的数量密度的乘积,计算出化合物中每种同位素成分的宏观截面,如式(4.9)所示。然后将二者相加得出复合材料的相应宏观截面。

4.5 重同位素和核子结合能的概念

中子能够诱发实际显著水平裂变,并继而释放足够的中子以维持邻近核素持续裂变的同位素,仅限于铀及超铀元素的某些同位素(可裂变核素,如^{233}U、^{235}U、^{239}Pu、^{241}Pu)。正如第 1 章所讨论的,这些元素中只有极少数作为原始成分留在地壳中,因为它们都具有放射性,而且大多数都已衰变到非常严重的程度;只有^{235}U 仍具有一定程度的工业提取能力,即使在这种情况下,也需要进行大量的提纯和精炼,才能使其在能源生产中具有实际用途。

超铀同位素的原子核是目前已发现的质量最大的原子核之一,这直接影响到它们的稳定性,因此容易通过各种机制衰变,特别是裂变。本章前面介绍了核结合能与质量成比例的概念,如图 4.3 所示。然而,根据核子数进行标准化比较原子核之间的行为也很重要。这可以通过比较每种同位素的原子质量与其组成核子的质量来推导出核结合能,再除以每种情况下的核子数,从而比较容易地计算出来,如^{235}U 的案例分析 4.3 所示。如果对核素图中的所有同位素(或至少是位于稳定谷沿线的代表性同位素)进行类似计算,然后将计算结果绘制成原子质量数 A 的函数图,就可以得到比结合能与原子质量数的函数关系,如图 4.9 所示。

图 4.9 表明比结合能与质量无关。如果强相互作用力仅仅是一种加法性质,每当给定

原子核中加入一个核子时,强相互作用力就会按比例上升,那么这种独立性是可以预期的。相反,轻同位素的强相互作用力增长很快,在 $A\approx56$ 区域达到最大值(与铁有关),然后逐渐下降,直到最高质量数。后一种趋势在一定程度上反映了随着 Z 的增大,质子的斥力对核稳定性的干扰也在增大。

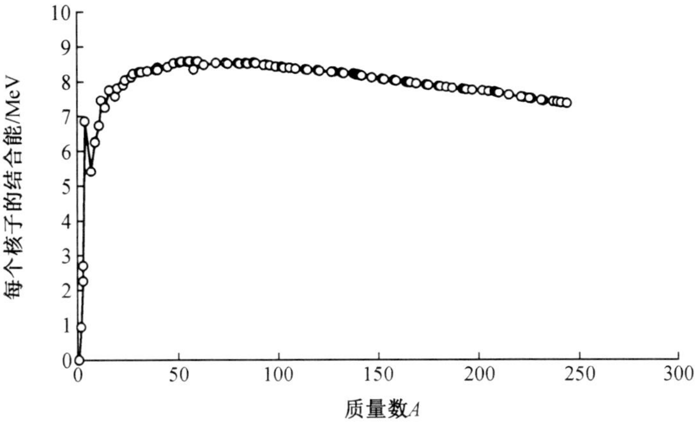

图 4.9 比结合能与原子质量数的函数关系,从 ^{2}H 到 ^{252}Cf

比结合能与原子质量的关系有两个特别值得关注的特征:一是裂变时将同位素分离成更小的组成部分可能产生的能量;二是聚变时将轻同位素合并成重同位素可能产生的能量。为了说明其中的第一种可能性,让我们考虑一下正在发生自发裂变的 ^{252}Cf 核。^{252}Cf 比结合能为 7.3 MeV,因此总结合能约为 1 838 MeV。它容易发生自发裂变,即在没有任何外部刺激的情况下发生裂变,这是一种天然的放射性衰变模式。虽然无法准确预测特定裂变事件的具体产物,但我们可以根据以往测量中已知的裂变质量不对称性(图 4.4),从碎片的质量区域方面预测一些可能性。即使是三元裂变,也几乎总是存在一个轻碎片和一个重碎片,即下面的例子:

$$^{252}_{98}Cf\rightarrow^{139}_{55}Cs+^{109}_{43}Ts+4n$$

举例来说,在这一事件中释放的能量是裂变产物的总结合能减去 ^{252}Cf 的结合能;由于 ^{139}Cs 和 ^{109}Tc 碎片的总结合能分别为 1 135 MeV 和 902 MeV,而 ^{252}Cf 的总结合能为 1 838 MeV,因此二者相差约 200 MeV。这比燃烧时原子键断裂所释放的能量高出约 8 个数量级。这也是 1938 年人类首次观测到裂变而引起巨大轰动的主要原因。

除了计算裂变释放的能量外,还可以比较直接地估算出能量在反应产物之间的大致分配方式。一个合理的出发点是假设碎片的大部分动能是由它们之间的库仑斥力产生的。这是一个合理的假设,因为考虑到碎片的质量相对于裂变事件中喷射出的其他物质而言很大。由此可见,裂变碎片的动能约占总能量的 85%,其余能量则相对平均地分配给辐射的瞬发和缓发(瞬发和缓发中子、瞬发和缓发 γ 射线、延迟 β 射线和俘获 γ 射线)。表 4.2 列出了释放约 200 MeV 的裂变事件的典型分布。显然,维持临界链式反应至少需要一个中子(平均再加上几个吸收和泄漏的中子)。其余的大部分产物会将能量传递给周围环境,在发电应用的情况下,通常是以设计优化的方式传递给反应堆冷却剂。除了一些中子的泄漏,电厂还会损失其他高穿透性辐射(如高能 γ 射线、反中微子等)。

表 4.2 ^{235}U 中热中子引起的裂变事件产物中瞬时能量沉积的近似分布

产物	能量/MeV	总和/%
碎片	170	94
瞬发中子	5	3
瞬发 γ	6	3
总和	181	100

注:在 D. G. Madland 之后,《中子诱发^{235}U、^{238}U 和^{239}Pu 裂变的总瞬时能量释放》, Nucl. Phys. A 772 (2006) 113-137。

4.6 不同的裂变模式

如果质量较大的同位素具有裂变倾向,这就引出了一个问题:为什么其中一些同位素会自发裂变,而另一些则需要刺激才能裂变?事实上,为什么超过极限质量的重核不只是裂变,还什么都不留下呢?这些问题的答案是复杂的,但我们对它的理解得益于对克服原子核内聚力所需的能量的更深入的思考。内聚力构成了一个阈值,通常称为活化能,这是克服库仑障碍所需的能量。

在这种情况下,我们不妨反过来想一想裂变事件,尽管只是假设。在这种情况下,当两个带电碎片靠得更近时,它们之间的库仑势(连同斥力)会随着距离 r 的变小而增加。库仑势 V 的表达式及其与原子序数为 Z_a 和 Z_b 的原子碎片间距 r 的反比关系见式(4.13)。

$$V=\frac{1}{4\pi\varepsilon_0}\frac{Z_aZ_be^2}{r} \tag{4.13}$$

其中,e 是电子上的电荷;ε_0 是自由空间的相对介电常数(8.85×10^{-12} F/m)。由于势能与分离度成反比,势能会增加,直到母核凝聚。该原子核的结合能由一个阱表示,当 $r<r_0$ 时,该阱与 r 的变化趋势相一致,如图 4.10 所示,其中 r_0 是凝聚原子核的半径。

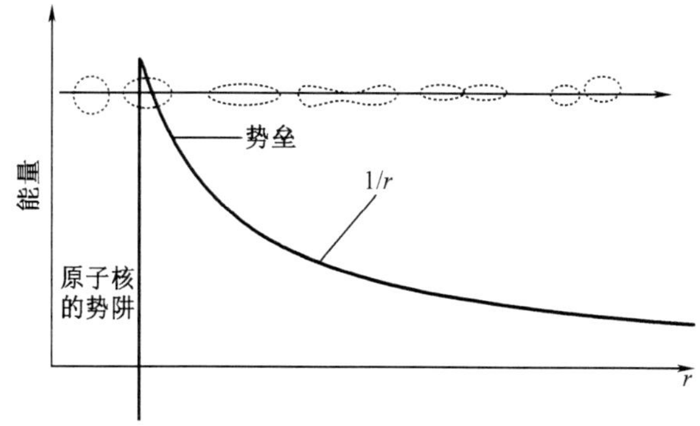

图 4.10 裂变中原子核碎裂的能量与分离示意图

在图 4.10 中,有以下三种可能的情况。

(1)一个原子核可能拥有足够的能量,使其超过库仑势垒。在这种情况下,活化能为零,没有什么能阻止原子核立即发生裂变,尽管单个核子的能级结构会产生量子力学效应的影响,但在本示例中我们将忽略这些影响。对于这一类可能存在的重同位素,即 $A>300$ 的同位素,由于其自发裂变的不稳定性,它们都没有存在足够长的时间,至少用目前的方法还无法确定。

(2)原子核的激发能量可以使其接近库仑势垒的顶端,但它没有足够的能量穿过库仑势垒。然而,作为一个按照量子力学行为的亚原子系统,它有相当大的可能性穿过库仑势垒而发生裂变。这就是自发裂变背后的机制,例如在^{252}Cf、^{244}Cm、^{240}Pu 和^{238}U 中观察到的情况。一般来说,激发能量的高低和库仑势垒的相对厚度对裂变的概率以及所观测到的半衰期有重大影响。

(3)原子核在势阱中的激发能量太低,无法产生任何明显的自发裂变,因为在这个水平上穿过相对较厚的势垒的概率太小。然而,中子(或光子)的吸收可能会使如此形成的原子核相对于势垒处于较高的位置,从而使其具有裂变的有利条件。因此,在^{235}U 和^{239}Pu 的情况中,当这些同位素通过吸收热中子分别有效地提升到^{236}U* 和^{240}Pu* 的激发形式时,就会出现中子诱发裂变。对于那些不容易受到热中子激发裂变的同位素,如^{238}U,其裂变概率可以通过更高能量的中子激发来提高。这就是所谓的高于阈值的裂变;较高的入射能量足以使中子吸收后形成的中间核具有较高的能量,与热能相比,裂变障碍的厚度会减小。

虽然把母核看成由在势能范围内预先形成的两个碎片组成是很有启发性的,但现实中的情况不太可能是这样。尽管如此,这并不影响上文所述的基于库仑势垒的处理方法对理解这一复杂现象的益处,它与人们广为接受的 α 衰变理论处理方法类似,α 粒子被认为是以某种方式预先形成的。这种势垒方法还能合理地预测半衰期,并支持活化能的概念,尽管这种分析超出了本书讨论的范围。它还有助于我们理解自发裂变和中子诱发裂变衰变途径之间的区别。因此,物质的裂变倾向可以从易受自发裂变影响的同位素和易受激发裂变影响的同位素两方面来考虑,前者的半衰期范围很大,但裂变通常只占同位素总衰变概率的很小一部分,大部分通常局限于其他分解模式,主要是 α 衰变。中子诱发裂变(也称诱导裂变)提供了建立和控制裂变链式反应的机会。对这一问题及其工业应用的讨论是本书后续章节的重点。

4.7 裂变产生中子

4.7.1 裂变过程中子能量分布

正如前面所强调的,裂变过程的随机性使我们难以对其进行全面的理论处理。这一难题也延伸到了我们对裂变中发射的中子能谱的理解上。简而言之,正如一位作者所说,裂变能谱是“大量微观过程的统计平均值”[1]。碎片质量、能量和发射中子数量分布的多样性使我们对能谱的理解局限于经验趋势，而理论基础往往仍在发展之中。

作为裂变中中子能量的第一近似值，我们可以回到麦克斯韦-玻尔兹曼分布，因为中子的能量与气体中分子的能量分布相当近似，而这一分布最初就是针对气体而得出的。这意味着具有给定能量的中子数量与发射中子的碎片的核“温度”指数成正比。然而，麦克斯韦近似通常只适用于有限的能量范围，因为它假定整个系统处于静止状态，而事实当然并非如此。因此，这种方法可以合理地描述热能范围内的能量分布，这些能量分布与利用热能中子的反应堆中的热中子分布有关。中子从特定裂变碎片上产生的情况则相当不同。如前所述，当中子从碎片中发射出来时，碎片的移动速度确实非常快，这一点需要纳入中子能谱的处理中。

早期的研究，包括 N. Feather 未发表的工作，对中子能量 N 的频谱进行了近似：

$$N(E_{n}) \propto E_{n} e^{-E_{n}/Q} \tag{4.14}$$

式(4.14)假定中子在碎片的参照系中是各向同性发射的，并且相关碎片在发射前已加速到最大动能，这与中子在裂变后大于 10^{-15} s 发射是一致的。这些假设已在实验中得到证实[2]。与麦克斯韦方法相同，Q 对应于碎片的激发态或其“温度”(尽管是量子力学背景下的温度)，从而得出

$$N(E_{n}) = 2\sqrt{\frac{E_{n}}{\pi Q^{3}}} e^{-E_{n}/Q} \tag{4.15}$$

瓦特谱[3]是包含碎片运动的麦克斯韦方法的一个进步。在这种情况下，麦克斯韦表达式通过伽利略变换从质量中心参照系转换到实验室参照系(相对论修正仅在大于 20 MeV 时才有必要)[4]：

$$N(E_{n}) = \frac{e^{-E_{W}/Q}}{\sqrt{\pi E_{W} Q}} e^{-E_{n}/Q} \sinh\left(2\sqrt{E_{n}E_{W}/Q}\right) \tag{4.16}$$

其中，E_{W} 是每个核子的碎片动能。根据这一拟合方法对各种数据进行了测试，以提供参数 E_{W} 和 Q 的值，最终得出特定同位素的具体表达式，如^{252}Cf 的情况 $E_{W}=0.359$ MeV 和 $Q=1.175$ MeV：

$$N(E_{n}) = 0.64 e^{-0.85E_{n}} \sinh\left(1.02\sqrt{E_{n}}\right) \tag{4.17}$$

图 4.11 给出了式(4.14)和式(4.15)的表达式与瓦特谱[式(4.16)和式(4.17)]的比较。

值得注意的是，瓦特谱提供了一个令人满意的模型，可与基于微观模型的更复杂的方法相媲美。通常情况下，各种系数被归纳为三个参数，即 a、b 和 c，每种同位素对应不同的参数组：

$$N(E_{n}) = c e^{E_{n}/a} \sinh\sqrt{bE_{n}} \tag{4.18}$$

图 4.12 比较了^{233}U、^{235}U 和^{239}Pu 热中子诱发裂变的能谱。从图 4.12 中可以看出，这些能谱彼此非常相似，在能量较高时才会出现最明显的差异。图 4.13 给出了^{240}Pu、^{244}Cm 和^{252}Cf 自发裂变产生的中子能量的类似数据集。在这种情况下，^{252}Cf 谱的相对硬度明显高于其他谱系，尤其是^{240}Pu，但在其他方面，广泛的相似性也是显而易见的。各种核数据库为计算各种裂变中子能谱提供了参数基础。

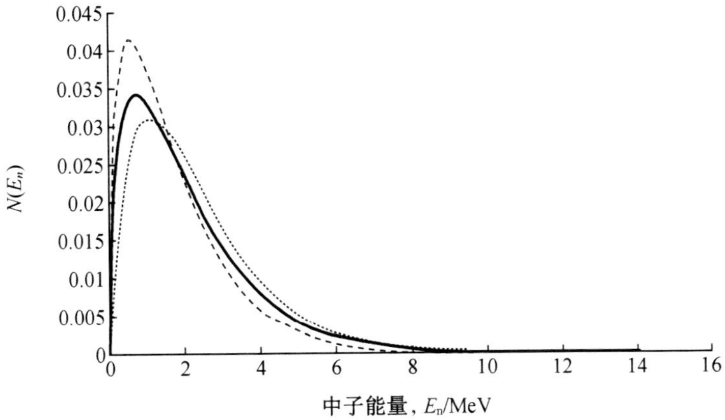

图 4.11 $N(E_n)$ 与中子能量 E_n 的分布，分别为 Feather 表达式[虚线，式(4.14)]、麦克斯韦表达式[虚线，式(4.15)]和^{252}Cf 的瓦特谱[实线，式(4.16)]

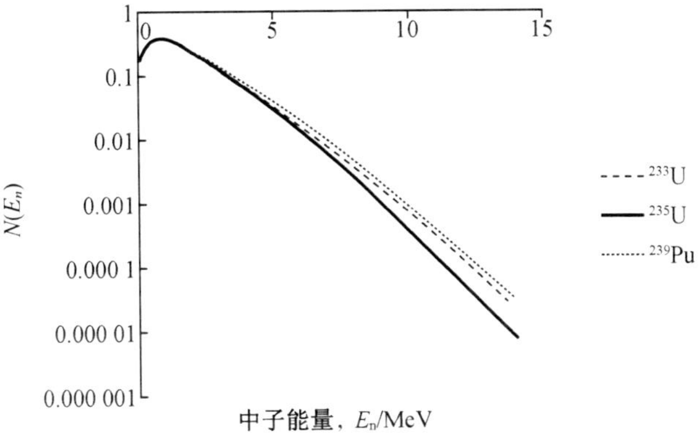

图 4.12 ^{233}U、^{235}U 和^{239}Pu 热诱导裂变的 $N(E_n)$ 与中子能量 E_n 的分布，以 lg$N(E_n)$ 与 E_n 的传统方式绘制

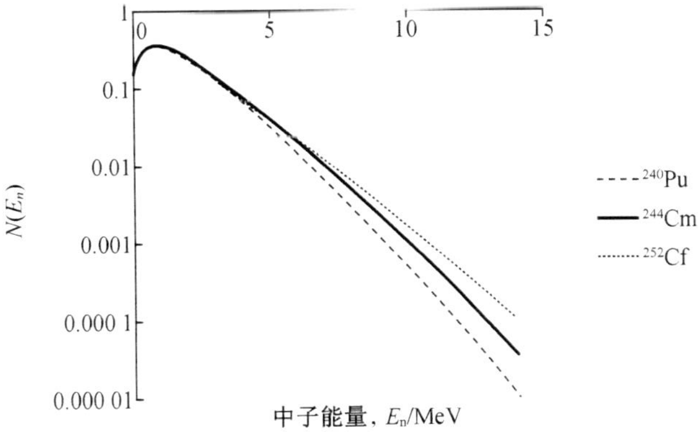

图 4.13 ^{240}Pu、^{244}Cm 和^{252}Cf 自发裂变的 lg$N(E_n)$ 与中子能量 E_n 的分布

通常从裂变中子能谱中提取的两个参数是最可能的中子能量和平均中子能量。例如，对于^{252}Cf 而言，这两个参数分别为 0.7 Mev 和 2.1 MeV。

4.7.2 平均裂变中子数

“平均裂变中子数”一词并不是专门用于裂变中子的。例如,我们可以谈论某个激发核在衰变级联过程中所发射 γ 射线的多重性。“平均裂变中子数”往往是指在特定时间窗口内发射的事件数量,窗口的宽度相对于发射率的倒数通常较短。我们可以尝试在这么短的时间内探测到这种辐射,因为相关的级联离散跃迁通常发生得非常快(尽管存在与我们无关的元稳态)。将我们的探测限制在一个短暂的、同步的时间间隔内,我们就可以筛选出时间上相关的辐射,这些辐射因为在相关核过程中起着关键的作用,彼此之间是存在联系的,而那些不相关的辐射则被排除在外。不相关的辐射源包括本底辐射和测量环境中的散射等。

每次裂变事件都是核尺度物质结构中最重要的变化之一,并产生相应数量的瞬发中子。如前所述,由于裂变是一个随机过程,我们无法准确预测特定裂变事件会释放出多少中子。不过,我们观察到,裂变中发射出的中子数量的分布对于特定同位素来说具有一定的特殊性,尽管与其他同位素的分布并不完全不同。对于诱发裂变的情况,其分布也取决于激发中子的能量,在大多数情况下表现出一种趋势,即平均裂变中子数分布的平均值与能量成线性比例。虽然相对于发射相关 γ 射线级联的同位素而言,易发生裂变的同位素要少得多,但平均裂变中子数的测量可以说并不那么简单,因为中子的探测可能更具挑战性。

对于特定类型的裂变事件,我们可以定义发射 v 个中子的概率(用传统符号 P_v 表示)。P_v 与平均裂变中子数 v 的分布称为平均裂变中子数分布。图 4.14 还提供了 ^{235}U 和 ^{239}Pu 两种热中子诱发裂变的平均裂变中子数分布比较。在这个图中,按照平均裂变中子数分布的惯例,也为每个同位素提供了相应的高斯拟合。这样就可以计算出每种同位素在裂变中发射的中子的平均数量,通常用符号 $\bar{v}$ 表示。请注意,^{239}Pu 平均发射的中子数量要明显多于 ^{235}U,这一点可以从表 4.1 中的条目和它们的 $\bar{v}$ 值分别为 2.9 和 2.5 中反映出来。图 4.15 给出了 ^{235}U 在四种较高中子能量下的相应平均裂变中子数分布,说明了导致 $\bar{v}$ 值相应增加的影响。

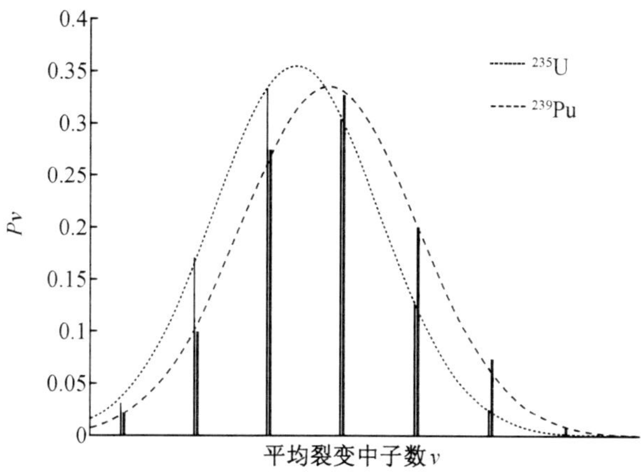

图 4.14 ^{235}U 和 ^{239}Pu 热中子诱发裂变的裂变中子概率 P_v 与平均裂变中子数 v 的关系,高斯拟合数据(分别为虚线和点划线)

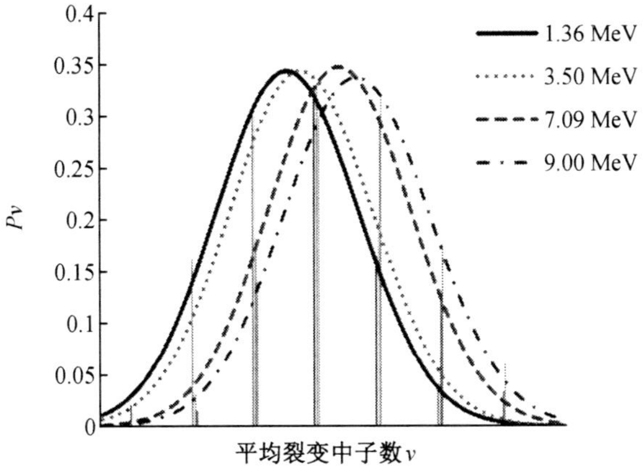

图 4.15 ^{235}U 中快中子诱发裂变的裂变中子概率 P_v 与平均裂变中子数 v 的关系，各种能量[2] 分别为 1.36 MeV、3.50 MeV、7.09 MeV 和 9.00 MeV，相应的 $\bar{v}$ 分别为 2.55、2.81、3.43 和 3.74

裂变反应产生的中子倍率的主要用途之一是管理核材料，防止其被用于非法目的，这在更广泛的核保障领域被称为材料衡算。裂变事件发射的中子在时间上的相关性使易裂变的核材料能够与其他中子辐射源隔离开来，例如 α 粒子与轻同位素反应产生的中子，这些中子源并不表示裂变，因此也不是裂变材料，由于它们与裂变事件无关，因此可以据此将它们分离出来。在实践中，“起始”事件的探测构成了一个触发器，打开了一个狭窄的定时窗口，在这个窗口内的中子事件可以与裂变事件具体相关，从而可以估计裂变材料的数量。

4.8 裂变碎片特性

相对于瞬发现象的时间尺度而言，裂变碎片在裂变后很长时间内仍处于高度动态的状态。其演化过程中的各个阶段按惯例用名称来区分[5]，初级裂变碎片是指产生瞬发中子和 γ 射线之前的同位素，原生裂变产物是指中子发射之后但 β^- 衰变之前的同位素，次生裂变产物是指 β^- 衰变第一阶段之后的同位素。就中子发射而言，一小部分（小于 10%）瞬发中子被怀疑发生在裂变起始点，它们大部分来自初级裂变碎片。根据定义，缓发中子来自 β^- 衰变后的次级裂变产物。

与裂变碎片有关的最显著特征来自放射化学分析和质谱测量。这些数据表明，裂变产物产率与质量的函数关系是不对称的，这一点在第 4.3 节中已经介绍过，图 4.4 中也有描述。碎片最大值与最小值的峰谷比可高达约 750，而对称裂变产物产率（如 ^{244}Cm 自发裂变中的 ^{121}Sn 等同位素）可低至 0.001%。为了说明裂变碎片质量不对称的程度，图 4.16 显示了 ^{244}Cm 和 ^{252}Cf 自发裂变产物产率与质量数的函数关系。

据观察，在大多数裂变情况下，裂变产物产率与质量的不对称性在本质上是相似的，但随着可裂变核素质量和激发能量的变化，会出现一些差异。质量不对称通常在低能量时最为明显（例如在热中子诱发 ^{235}U 裂变的情况下），对称产物的产率随激发粒子的能量而增加[6]。最常见的刺激粒子是中子，但其他粒子如 α 粒子、质子和光子也能刺激裂变。

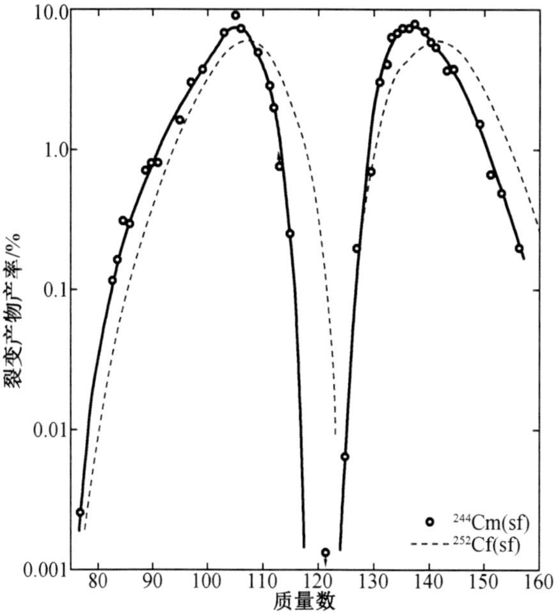

图 4.16　^{244}Cm 和 ^{252}Cf 自发裂变产物产率与质量数的函数关系

虽然一系列超铀同位素都容易发生裂变(自发裂变或中子诱发裂变),但其质量的缩放并不会导致两个碎片的质量发生预期的比例变化。就核结构而言,重碎片($A\approx139$ 区域)的中子和质子数分别以 82 和 50 的封闭核子壳为界。这表现为 $A\approx130$ 处的低质量边界,重碎片的质量被限制在该边界之上。因此,母体同位素的质量变化通常会更明显地表现为轻质碎片的质量变化,而重质碎片的质量变化则明显较小。图 4.17 显示了各种同位素的裂变产物产率与质量数的关系。

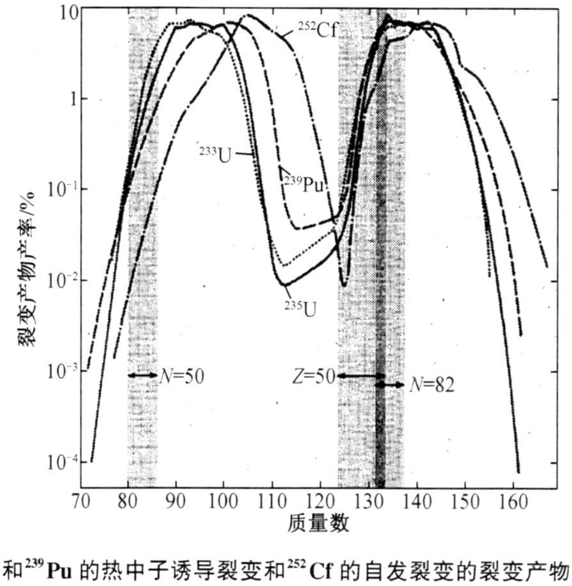

图 4.17　^{233}U、^{235}U 和 ^{239}Pu 的热中子诱导裂变和 ^{252}Cf 的自发裂变的裂变产物产率与质量数的关系

图 4.17 中所观察到的裂变碎片的质量不对称性不仅仅是基本核物理的一个有趣的微妙之处。动力反应堆的控制以及核废料的处理和处置因存在相对较少的长寿命同位素而变得复杂。其中很大一部分与裂变产物有关,它们与裂变产物产率随质量分布的最大值有很强的相关性。这些同位素包括^{85}Kr、^{90}Sr、^{104}Ru、^{135}Xe、^{137}Cs 和^{149}Sm。

案例分析

案例分析 4.1:铀的中子屏蔽特性

思考一个与计算中子在物质中的平均自由程有关的案例很有启发,因为这显示了中子的高穿透性。

考虑一块 1 cm 厚的金属铀板,它的^{235}U 已贫化,因此在本例中我们可以假定它由 100% 的^{238}U 组成。如果从一个 10^6 s^{-1} · cm^{-2} 的^{252}Cf 中子源向铀板的一侧引入中子通量,在忽略铀板和周围散射的情况下,我们预计铀板另一侧的中子通量是多少?

首先,让我们考虑一下式(4.11),为了清晰起见,在这里复制一下:

$$\phi(x)=\phi(0)e^{-\Sigma x}$$

考虑到 $\phi(0)=10^6$ s^{-1} · cm^{-2} 和 $x=1$ cm,我们需要找到 Σ,其中 $\Sigma=n\sigma$[式(4.9)]。由于金属铀的密度为 18.95 g · cm^{-3},摩尔质量为 238.03 g,则 $n=4.80\times10^{22}$ cm^{-3}。

在^{252}Cf 中子发射的最可能能量为 0.7 MeV 时,我们可以近似地得到^{238}U 的 $\sigma=\sigma_t$。从图 4.8 可以清楚地看出,在 0.7 MeV 时,σ_t 约为 10 b。因此

$$\phi(x=1\ \text{cm})=10^6\times e^{-4.80\times10^{22}\times10^{-23}\times1}$$
$$=6.2\times10^5\ s^{-1}\cdot cm^{-2}$$

根据这一结果,我们可以得出结论:入射到铀上的中子有 62% 穿透了铀,因此,虽然铀在阻止中子方面不如我们可能选择的其他材料(如第 6 章所述),但中子显然具有极强的穿透力。此外,我们还假设铀不会影响中子的能量,因此截面是恒定的,而这将会影响中子的能量。

案例分析 4.2:浓度为 5% 的二氧化铀中 1 MeV 中子的平均自由程

要计算二氧化铀(UO_2)的中子平均自由程,必须知道其密度(10.97 g · cm^{-3}),以及$^{235}UO_2$ 的摩尔质量为 267.04 g,$^{238}UO_2$ 的摩尔质量为 270.03 g。因此 1 cm^3 UO_2 的质量为 10.97 g,其中 0.55 g 为$^{235}UO_2$,10.42 g 为$^{238}UO_2$。得到,$n_{235}=1:24\times10^{21}$ cm^{-3},$n_{238}=2.32\times10^{22}$ cm^{-3},$n_O=4.90\times10^{22}$ cm^{-3}。在 1 MeV 时,^{235}U、^{238}U 和^{16}O 的总微观截面分别为 6.8 b、7.1 b 和 8.2 b。

考虑到

$$\Sigma_{\text{total}}=\Sigma_1+\Sigma_2+\Sigma_3+\cdots,$$

在这种情况下

$$\Sigma_{UO_2}=\Sigma_{235}+\Sigma_{238}+\Sigma_{O_2}=n\sigma_{235}+n\sigma_{238}+n\sigma_{O_2}$$
$$=(1.24\times10^{21}\times6.8\times10^{-24})+(2.32\times10^{22}\times7.1\times10^{-24})+$$
$$(4.90\times10^{22}\times8.2\times10^{-24})$$
$$=0.58\ cm^{-1}$$

因此，$\lambda_{UO_2}=1.74\ cm$

案例分析 4.3：计算^{235}U 的结合能

^{235}U 的原子质量为 235.04 u，由 92 个质子和 143 个中子组成。使用原子质量单位：$m_{235}=235.04\ u$，$m_p=1.007\ u$，$m_n=1.009\ u$。

因此，

$$结合能=(143\times m_n)+(92\times m_p)-m_{235}$$
$$=144.29+92.64-235.04$$
$$=1.89\ u$$

由于 $1\ u=931.5\ MeV/c^2$，则

$$结合能=1\ 760.54\ MeV$$

案例分析 4.4：裂变碎片能量分布

请看下面^{240}Pu 自发裂变的例子，即刚刚发生裂变时的情况：

$$^{240}_{94}Pu\rightarrow{}^{94}_{38}Sr+{}^{146}_{56}Ba$$

假设在裂变点，裂变释放的全部能量都作为动能分配给了裂变碎片，即没有裂变中子，那么我们来估算一下这是多少能量。^{94}Sr 有 38 个质子，^{146}Ba 有 56 个质子。电荷数为 Z_a 和 Z_b 的裂变碎片在库仑斥力作用下产生的动能（以 MeV 为单位）可写为

$$T_f=\frac{Z_aZ_be^2}{4\pi\varepsilon_0r_0(A_a^{1/3}+A_b^{1/3})}$$

其中，r_0 等于 1.2 fm，源于核半径 $r=r_0A^{1/3}$ 的表达式；A_a 和 A_b 是碎片的原子质量数；ε_0 是自由空间的介电常数，为 $8.85\times10^{-12}\ F/m$。

在这种情况下，

$$T_f=\frac{(38\times56)(1.6\times10^{-19})^2}{(1.1\times10^{-10})(1.2\times10^{-15})(94^{1/3}+146^{1/3})}=263\ MeV$$

在本分析中，我们假设 $r_0=1.2\ fm$ 为裂变产物是球形的，而在裂变点它们是变形的。通常情况下，我们使用 $r_0=1.8\ fm$ 来代替这一假设，从而得到 175 MeV 的能量。有趣的是，如果我们比较母体和裂变碎片之间的结合能差值，就会得到 190 MeV 的估计值，其中动能约占 90%。

复习指南

完成本章后,你应该:

- 了解裂变过程、裂变存在的入门理论基础以及对所观察到的现象的解释。
- 了解中子相互作用在裂变讨论中的意义,特别是微观和宏观截面的概念,以及中子平均自由路径的相关概念。
- 能够勾画出微观截面与能量、裂变碎片质量分布、裂变中子能谱和裂变中子倍率分布的函数关系。
- 能够计算核结合能、质量亏损和初级裂变碎片的动能。
- 理解平均和最可能的裂变中子能量以及每次裂变产生的平均中子数的含义。

习　题

1. 考虑一块 1 cm 厚的高密度聚乙烯板,密度为 0.95 g/cm^3,原子序数密度比为 33%的碳和 66%的氢。如果我们从一个 $10^6\ s^{-1}\cdot cm^{-2}$ 的 ^{252}Cf 中子源向板的一侧引入最可能能量为 0.7 MeV 的中子通量,那么我们预计另一侧不间断中子通量的比例是多少?(在 0.7 MeV 时,氢和碳的微观中子截面分别为 5.13 b 和 3.03 b。聚乙烯的摩尔质量为 28.05 g/mol)

2. 在室温和常压下,1 MeV 中子在轻水中的平均自由程是多少?(假定水的密度为 1 g/cm^3,摩尔质量为 18.02 g,氢气和氧气的总微观截面分别为 4.25 b 和 8.15 b)

3. 请看下面这个自发裂变的例子,就在裂变点之后:

$$^{235}_{92}U \rightarrow {}^{147}_{57}La + {}^{91}_{35}Br$$

假设在裂变中释放的全部能量作为动能分配给原始裂变碎片,估计这是多少能量,以及它所代表的结合能增益的比例。假设动能小于裂变获得的结合能,那么多余的能量去了哪里?(^{238}U、^{147}La 和 ^{91}Br 的原子质量分别为 238.050 7 u、90.934 u 和 146.928 u,^{147}La 和 ^{91}Br 的原子序数分别为 57 和 35,r_0 = 1.8 fm)

4. 根据以下 ^{235}U 和 ^{239}Pu 热中子诱导裂变的中子多重性数据,计算这些同位素每次裂变发射的平均中子数 $\bar{\nu}$(表 4.3)。

表 4.3　^{235}U 和 ^{239}Pu 热中子诱导裂变的中子多重性数据

v	P_v	
	^{235}U	^{239}Pu
0	0.031 7	0.010 9

表 4.3(续)

v	P_r	
	^{235}U	^{239}Pu
1	0. 172	0. 099 5
2	0. 336 3	0. 275
3	0. 303 8	0. 327
4	0. 126 8	0. 204 5
5	0. 026 6	0. 072 8
6	0. 002 6	0. 009 7
7	0. 000 2	0. 000 6

5. 鉴于能谱 N 是中子能量 E_n 的函数，如下所示，其中 a、b 和 c 是常数，请推导出最可能的中子能量的表达式。对于^{252}Cf 的具体情况，其中 $a = 1.176$ MeV，$b = 1.02$ MeV，$c = 0.64$ MeV，请根据你的结果确定最可能的能量。

参考文献

[1] F. H. Fr ohner, Evaluation of ^{252}Cf prompt fission neutron data from 0 to 20 MeV by Watt spectrum fit, Nucl. Sci. Eng. 106 (1990) 345-352.

[2] C. Budtz-JØrgensen, H. H. Knitter, Simultaneous investigation of fission fragments and neutrons in ^{252}Cf (SF), Nucl. Phys. A 490 (1988) 307.

[3] B. E. Watt, Energy spectrum of neutrons from thermal fission of ^{235}U, Phys. Rev. 87 (6) (1952).

[4] D. G. Madland, Theory of neutron emission in fission, in: Workshop on Nuclear Reaction Data and Nuclear Reactors—Physics, Design and Safety, Trieste, Italy, LA-UR-98-797, 1998.

[5] R. Vandenbosch, J. R. Huizenga, Nuclear Fission, Academic Press, New York, 1973.

[6] Y. Aritomo, S. Chiba, K. NishioIndependent, Fission yields studied based on Langevin equation, Prog. Nucl. Energy 85 (2015) 568-572.

延伸阅读

[1] O. Litaize, O. Serot, L. Berge, Fission modelling with FIFRELIN, Eur. Phys. J. A 51 (2015) 177-191.

[2] J. P. Lestone, Energy and isotope dependence of neutron multiplicity distributions, Report No. LA-UR-05-0288.

[3] K. P. Flynn, B. Srinivasan, O. K. Manuel, L. E. Glendenin, Distribution of mass and charge in the spontaneous fission of ^{244}Cm, Phys. Rev. C 6 (6) (1972) 2211-2214.

[4] International Atomic Energy Agency, A. C. Wahl, Mass and charge distribution in low-energy fission. Physics and chemistry of fission, in: Proceedings of the Symposium on Physics and Chemistry of Fission Held by the International Atomic Energy Agency in Salzburg, 22-26 March 1965, Vienna, 1965, pp. 317-331.

[5] D. G. Madland, Total prompt energy release in the neutron induced fission of ^{235}U, ^{238}U and ^{239}Pu, Nucl. Phys. A 772 (2006) 113-137.

第5章 锕系元素和相关同位素

5.1 章节概要和学习目标

虽然有许多具有各种物理特性的放射性同位素，但在核能方面没有必要对所有这些同位素都有透彻的了解，尽管许多同位素的半衰期太短，不值得在工程学上给予过多关注，但仍有必要进行基于好奇心驱动的研究。此外，许多半衰期长到足以引起假设性担忧的同位素在核反应堆中的形成比例不足以对核能产生重大影响；相反，它们只有在使用粒子加速器对材料进行专门轰击时才会形成。因此，在反应堆中或作为子产品形成的放射性物质数量相对较少(约 20 种)，它们的寿命足够长，需要进行管理，以保证人们的安全，避免对自然环境造成污染。

本章首先讨论的中心元素族是锕系元素，其次是衰变链中的相关同位素。从锕系元素中还衍生出一些极轻的同位素(通过三元裂变或中子俘获产生)，以及作为核链式反应裂变产物产生的中间组(后者以前被称为次级裂变产物，因为我们通常对初级 β^- 衰变后的裂变产物感兴趣)。裂变产物进一步细分为轻质和重质部分，这反映在第 4 章讨论的产率与质量的不对称上。在本章中，我们将探讨这一系列同位素，为后续章节奠定基础。

本章的目标是：

(1)向读者介绍热电反应堆运行过程中产生的相对有限但种类繁多的放射性物质，以及这些同位素的特性；

(2)鼓励读者根据主要的同位素组别对这些物种进行分类研究；

(3)确定这些同位素的天然来源(如适用)以及这些物质在核能方面的人工来源；

(4)详细说明每种情况下的同位素特性，包括衰变方式、半衰期、排放量，并酌情提及重要的子代产物；

(5)酌情强调这些同位素已经用于或将来可能用于的方向；

(6)介绍与同位素在自然环境、生物物种和放射性废物处理前景中的行为有关的值得关切的问题。

5.2 历史背景：格伦·西奥多·西博格(1912—1999)

如果说阿尔伯特·爱因斯坦是 20 世纪的理论家，那么格伦·西奥多·西博格(图 5.1)或许就是与之相当的实验家。他的成就包括，他发现了许多元素及其同位素，并在 40 岁之前就获得了诺贝尔化学奖。他的科学遗产挑战了人们对元素周期表族群结构僵化的看法，并在周期表中引入了一个新的族群：超铀元素。

图 5.1 格伦·西奥多·西博格

西博格最著名的成就可以说是发现了钚，特别是钚-239 同位素，这种同位素因被用于核武器而声名狼藉。他还与同事一起发现了碘-131（在医学上有重要用途）和镅（用于全世界数百万个烟雾探测器）。钚（以钚-238 的形式存在）也是热能的来源，它被用来为一些有史以来飞行距离最远的太空探测器提供动力。西博格合成并鉴定了地壳中由于放射性衰变而早已不存在的原始同位素，并首次制造人造同位素。

5.3 导 论

与其他发电形式相比，核能的显著特点是利用核现象而不是原子或分子过程来产生核能。这一物理特性是利用核能的机制和管理使用核能产生的废料的机制不可分割的一部分。在燃料循环的起始阶段，其核心成分是锕系元素，尤其是铀，因为铀是唯一天然存在的核裂变原生源，以同位素^{235}U 的形式存在。随后的放射性库存来自裂变、放射性衰变和中子俘获，并形成许多其他放射性同位素。一旦短寿命同位素库存衰变殆尽，剩下的就是数量相对较少、值得进一步关注的同位素。本章将重点讨论这些物质的放射性及其在核能发电中的作用。

5.4 锕 系 元 素

5.4.1 锕系元素的共同性质

如图 5.2 所示，元素周期表中锕系元素之后的一系列元素统称为锕系元素。这些元素的同位素种类繁多，而且都具有放射性；它们共同构成了已知质量最大的原子核，作为元素,它们都是密度很大的金属。虽然作为一个序列,它们具有一些共同的核特性,但也存在显著的多样性。复杂的电子结构是所有元素的共性,表现为各种各样的化合价和相关的化学性质对比。它们的化合物可以呈现出各种鲜艳的颜色,这也许是最直观的反映。

1	2	3	4	5	6	7	8	9	10	11	12	13	14	15	16	17	18
1 H 1.008																	2 He 4.0026
3 Li 6.94	4 Be 9.0122											5 B 10.81	6 C 12.011	7 N 14.007	8 O 15.999	9 F 18.998	10 Ne 20.180
11 Na 22.990	12 Mg 24.305											13 Al 26.982	14 Si 28.085	15 P 30.974	16 S 32.06	17 Cl 35.45	18 Ar 39.948
19 K 39.098	20 Ca 40.078	21 Sc 44.956	22 Ti 47.867	23 V 50.942	24 Cr 51.996	25 Mn 54.938	26 Fe 55.845	27 Co 58.933	28 Ni 58.693	29 Cu 63.546	30 Zn 65.38	31 Ga 69.723	32 Ge 72.630	33 As 74.922	34 Se 78.97	35 Br 79.904	36 Kr 83.798
37 Rb 85.468	38 Sr 87.62	39 Y 88.906	40 Zr 91.224	41 Nb 92.906	42 Mo 95.95	43 Tc (98)	44 Ru 101.07	45 Rh 102.91	46 Pd 106.42	47 Ag 107.87	48 Cd 112.41	49 In 114.82	50 Sn 118.71	51 Sb 121.76	52 Te 127.60	53 I 126.90	54 Xe 131.29
55 Cs 132.91	56 Ba 137.33	57-71 *	72 Hf 178.49	73 Ta 180.95	74 W 183.84	75 Re 186.21	76 Os 190.23	77 Ir 192.22	78 Pt 195.08	79 Au 196.97	80 Hg 200.59	81 Tl 204.38	82 Pb 207.2	83 Bi 208.98	84 Po (209)	85 At (210)	86 Rn (222)
87 Fr (223)	88 Ra (226)	89-103 #	104 Rf (265)	105 Db (268)	106 Sg (271)	107 Bh (270)	108 Hs (277)	109 Mt (276)	110 Ds (281)	111 Rg (280)	112 Cn (285)	113 Nh (286)	114 Fl (289)	115 Mc (289)	116 Lv (293)	117 Ts (294)	118 Og (294)

*镧系元素	57 La 138.91	58 Ce 140.12	59 Pr 140.91	60 Nd 144.24	61 Pm (145)	62 Sm 150.36	63 Eu 151.96	64 Gu 157.25	65 Tb 158.93	66 Dy 162.50	67 Ho 164.93	68 Er 167.26	69 Tm 168.93	70 Yb 173.05	71 Lu 174.97
#锕系元素	89 Ac (227)	90 Th 232.04	91 Pa 231.01	92 U 238.03	93 Np (237)	94 Pu (244)	95 Am (243)	96 Cm (247)	97 Bk (247)	98 Cf (251)	99 Es (252)	100 Fm (257)	101 Md (258)	102 No (259)	103 Lr (262)

图 5.2 锕系元素和镧系元素的元素周期表

在核层面上,锕系元素表现出的特性同样多种多样。许多同位素的衰变途径各不相同,它们的放射性发射能量和半衰期范围也各不相同,这也许是目前已知的最复杂的放射性物质序列。此外,虽然有些锕系元素是天然存在的,但许多锕系元素的存在是人工合成的结果,这既是有意为之,也是默认的,因为这些元素的原始丰度早已通过放射性衰变自然耗尽,钚就是一个很好的例子。相反,其他一些元素则是首次合成的,如镤。总的来说,锕、钍、镤、铀、镎、钚、镅、锔、锫、锎、锿、镄、钔、锘和铹构成了锕系元素,比铀重的元素构成了超铀元素。钍、铀、镎、钚、镅和锔是核工业应用的重点,也是人们所遇到的寿命最长的锕系元素。

如图 5.3 中的核素图所示,一些锕系元素也显示出很大的裂变截面。然而,除了铀和钚之外,锕系元素的实际用途并不广泛。在 20 世纪早期,有几种锕系元素被用于医疗用途;例如,钍以二氧化钍悬浮液的形式被用作早期 X 射线的造影剂。在大多数情况下,由于人们对这些元素的放射性危害有了更深入的了解,许多涉及这些元素的行为已经停止,因为人们已经找到了更为无害的替代品。在曼哈顿项目以及西博格及其合作者在 20 世纪 30 年代末和 40 年代初的开创性工作之前,这些元素中的一些元素及其同位素的特性尚未被确定。其中一些物质只能微量制造,而另一些物质的半衰期很短,没有任何用途。大量制造锕系元素的人为变体成本非常昂贵,而且除了放射性毒性外,作为重金属,许多锕系元素还具有化学毒性。钚的制造,特别是第二次世界大战和冷战期间的大规模铀浓缩,导致建造了一些有史以来最大的工业设施。

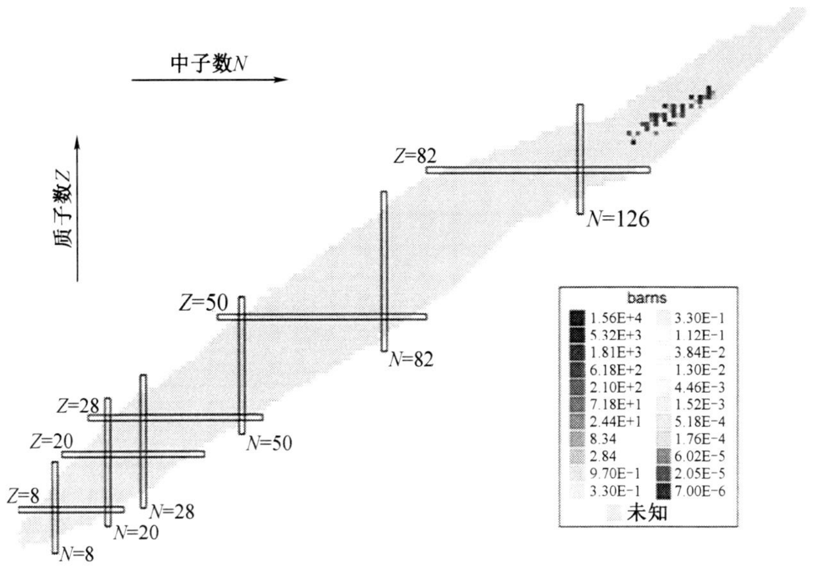

图 5.3 包括质子数与中子数的核素对比图。易裂变核素按其热中子裂变截面突出显示,并按图例进行了颜色编码("核素图–热中子裂变截面",由美国国家核数据中心/布鲁克海文国家实验室制作,经其许可转载)

除了从铀和钚中获取能量外,其他几种锕系同位素也对我们的日常生活大有裨益。^{241}Am 由 ^{241}Pu 的 β^- 衰变形成,通过 α 粒子发射进行衰变。当它与一种受到 α 粒子刺激容易产生中子的轻同位素混合时,就可以构成中子源。与铍混合的反应示例如下:

$$^{241}Am+^{9}Be\rightarrow ^{237}Np+\alpha+^{9}Be\rightarrow ^{237}Np+^{(9-x)}Be+xn \tag{5.1}$$

镅是在中子辐照铀后从钚中分离出来的。这种中子源,包括与铍和锂的混合物(分别称为镅–铍–AmBe 和镅–锂–AmLi),已被证明在中子计量和石油勘探应用中非常有用。由于 ^{241}Am 的半衰期相对较长(432 年),它还提供了一个基本恒定的 α 粒子源,可用于监测空气中大量烟雾探测器系统中由烟雾粒子引起的扰动。相反,由于需要的 α 微粒很少,因此在此类家庭应用中不会造成废物处理的问题,而且发生火灾时,也可以防止 α 微粒在环境中扩散。

^{252}Cf 是现存最重的同位素之一,其半衰期长到足以用于实际用途,它既容易发生 α 衰变,也容易发生自发裂变。虽然裂变途径在统计上并不那么突出,但正是由于这种特性,这种同位素被广泛用于核应用,如中子探测系统的测试等。如果需要裂变反应产生的中子,即在时间上相关的中子,它是一种非常有用且具有成本效益的反应堆替代品。在一般中子源应用中,它还与镅铍并用。

在上述锕系元素的其他特性中,^{252}Cf 突出了与核材料纯度有关的一个重要问题。尽管在制造过程中要尽可能提高纯度,但如果不考虑样本中不可避免的同位素杂质水平,在使用材料时可能会得出误导性结论。例如,就 ^{252}Cf 而言,轻同位素的严重污染会通过竞争(α,n)反应析出在时间上不相关的中子。此外,与所有锕系元素一样,它们的放射性会导致其成分随时间发生变化,而且在某些情况下,这种变化会相对较快。^{252}Cf 的半衰期为 2.6

年，因此在短短十年之后，驻留物质中就会出现各种其他同位素裂变产物。其中许多产物也具有放射性。

5.4.2 铀

铀存在于地壳中，其典型的同位素丰度：^{238}U 的质量分数为 99.28%；^{235}U 的质量分数为 0.71%；微量^{234}U 的质量分数为 0.005 7%。铀在 1789 年被发现，远早于 1938 年核裂变的发现，核裂变使铀在能源生产和军事应用方面备受关注。铀的含量约为银的 40 倍，其金属形态的熔点为 1 132 ℃，沸点为 3 818 ℃。固态金属铀只有轻微的放射性（主要来自 ^{238}U 的 α 衰变），通常需要戴手套处理，以限制其与皮肤的接触。与许多金属一样，当它以粉末的形式细化时，很容易燃烧，并且在剧烈撞击时会起火。粉末或粉尘形式的铀比固体形式的铀更危险，因为摄入和通过呼吸接触内部 α 粒子的风险更大。在出现铀粉尘（以及有可能通过空气传播的任何锕系元素粉尘）的环境中，松散的材料通常会用黏合剂喷雾固定，这种方法称为雾化。这大大降低了摄入的风险。此外，如果人们需要进入被含有铀或其他锕系元素的松散、干燥碎片严重污染的环境，通常会使用气垫防护服。Brugge 等[1]对天然铀的暴露途径和健康影响进行了全面调查。

除了我们即将讨论的与裂变有关的铀应用外，铀在更广泛领域的应用相对较少。铀的高密度使其被考虑用作压舱物，其高 Z 值成分使其可用于辐射屏蔽。这些应用利用了它的贫化形式（见下文），通过减少^{235}U 的含量，有效地消除了它作为生产能源的主要资源的相对价值和作为核材料的潜在风险。其高密度和起火特性使其广泛应用在常规武器（即子弹和炮弹）中。

从地壳中提取的铀的天然同位素丰度通常被称为富集度。这相当于主要同位素成分的比例：质量分数 99.28%的^{238}U、质量分数 0.71%的^{235}U 和质量分数 0.005 7%的^{234}U。^{235}U 成分的任何人为增加（^{235}U 通常是人们关注的焦点，因为它容易受激发裂变的影响）都会导致该材料被称为富集材料。低浓铀（^{235}U 占比小于 20%）与高浓材料（^{235}U 占比大于 20%）的推论和相关使用之间有很大区别。世界上运行的动力反应堆使用的是轻浓缩铀燃料循环，通常 ^{235}U 小于 5%，因为实现高浓缩水平的成本高昂，而且高浓缩材料会带来更严重的临界风险和保障问题。浓缩过程的铀副产品^{235}U 含量降至天然浓缩水平以下后，被称为贫化铀。其同位素组成通常为 0.25%~0.3% 的^{235}U。

图 5.4 举例说明了 140 个原子集合的两种富集情况，表 5.1 列出了最重要的四种铀同位素的数据。如上所述，贫化铀的用途并不十分广泛。不过，其主要同位素成分^{238}U 未来可能会被用于生产钚，以满足能源应用的需要。这将对低碳电力生产产生巨大影响，而不会受到^{235}U 天然丰度相对较低的限制，第 11 章将进一步讨论这一点。

从表 5.1 中可以看出，核工程界感兴趣的所有铀同位素的半衰期都很长。除了在模拟中，目前主要假设的是，在长期废物处置方案时，这些同位素的成分不会因放射性衰变而导致随着时间的推移显著降低。因此，低浓缩铀的相应比活度也相对较低。发射的辐射包括 α、γ 和极少量的中子辐射；中子辐射主要来自^{238}U 中的少量自发裂变（SF）。还有其他相关的铀同位素，如^{232}U 和^{233}U，它们通常是涉及钍的反应产物。本章稍后将讨论这些同位素。

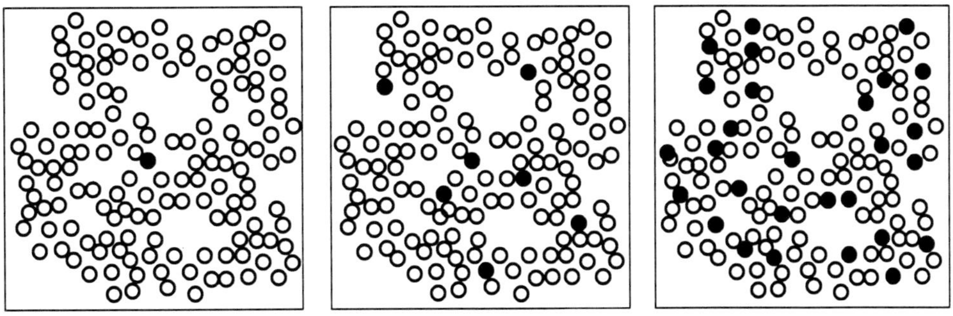

(a) 质量分数为0.71%或1:140原子^{235}U (b) 质量分数为5%或1:19原子^{235}U (c) 质量分数为20%或1:4原子^{235}U

图 5.4 铀浓缩的示意图，以各同位素原子数的比例表示

表 5.1 天然铀和贫铀同位素成分的同位素丰度和半衰期

同位素	占比(自然)/%	占比(枯竭)/%	半衰期/年
^{238}U	99.28	99.8	4.51×10^9
^{236}U	—	0.000 3	2.39×10^7
^{235}U	0.71	0.2	7.10×10^8
^{234}U	0.005 7	0.001	2.47×10^5

5.4.3 钚

世界上出现的钚几乎完全是过去60年发展的核工艺的结果。元素形态的钚是一种金属，其密度几乎是铅的两倍，是^{238}U被中子俘获后形成的。钚有几种同位素，但通常只有^{238}Pu、^{239}Pu、^{240}Pu和^{241}Pu同时存在，它们的丰度很高，半衰期很长，足以引起废物管理和退役活动的关注。

钚的偶数同位素往往会发生自发裂变，从而放出中子；就放出的中子通量而言，^{240}Pu是最突出的。^{240}Pu可用于非破坏性分析，以评估钚含量，防止这种材料的扩散。总而言之，表现出自发裂变的钚同位素被称为^{240}Pu有效质量"$^{240}Pu_{eff}$"，以说明偶数同位素通过自发裂变对中子发射的总贡献。^{240}Pu的有效质量等于产生与^{238}Pu、^{240}Pu和^{242}Pu组合相同的中子发射率所需的^{240}Pu质量：

$$^{240}Pu_{eff}=2.55m_{238}+m_{240}+1.68m_{242} \tag{5.2}$$

式中，m_{238}、m_{240}、m_{242}分别为^{238}Pu、^{240}Pu、^{242}Pu的质量[2]。

钚样品中^{240}Pu的典型同位素丰度水平往往为6%~7%。^{240}Pu自发裂变产生的中子发射率($1\ 030\ s^{-1}\cdot g^{-1}$)[3]远低于$^{252}Cf$的发射率[4]($2.314\times10^6\ s^{-1}\cdot \mu g^{-1}$)，因此$^{240}Pu$不被用作中子应用的来源，但由于$^{240}Pu_{eff}$在钚材料中无处不在，因此根据其相关中子发射来评估$^{240}Pu_{eff}$作为钚质量的标记是有用的。利用当前的中子探测系统，可以比较直接地测量$^{240}Pu_{eff}$被动的时间相关中子发射特征，即不需要外部来源。然后就可以将其与存在的材料数量联系起来。

除了^{241}Pu 外，所有钚同位素都通过 α 衰变和一些伴随的 β^- 和 γ 衰变进行衰变。α 粒子的能量在 5 MeV 能量区域，而 γ 射线辐射的能量通常较低，小于 500 keV。^{241}Pu 通过 β^- 辐射衰变为 ^{241}Am，然后再进行 α 衰变。钚的主要辐射风险来自人体内部，因为其 α 活性可能会损害人体内部组织。将有散失风险的材料密封在塑料袋中，并使用适当的个人防护设备，例如使用呼吸器、全身防护等，消除接触这些同位素的风险。

钚的主要内部辐射问题是通过吸入引起的，因为它不容易通过摄入吸收到血液中，尽管任何对环境（特别是食品）造成严重污染的怀疑都会引起重大关切。钚的吸收数据与镅的吸收数据基本相似，具有类似的风险，如在肝脏和骨骼中的滞留。虽然由于与曼哈顿计划的共同关系，钚经常与铀联系在一起，但钚在大多数方面与铀截然不同。钚的发现比铀晚 150 多年，是在第二次世界大战争夺原子弹的高峰时期被发现的，目前世界上的钚几乎全是人工合成的。偶尔与铀矿石一起出现的微量钚是例外。与铀和其他锕系元素一样，钚的化学性质因其广泛、复杂的电子结构而十分复杂；其同位素的放射性也是如此，其同位素种类繁多。金属钚的熔点为 640 ℃，沸点为 3 235 ℃。与铀不同，其强烈的 α 衰变（尤其是^{238}Pu 的衰变）导致即使相对较少的量也会产生足以引起注意的热量。自然环境中钚的人为来源包括核事故和 1996 年《全面禁止核试验条约》之前进行的核武器试验产生的沉降物。

钚具有剧毒，它长期滞留在骨骼中会干扰体内白细胞的生成。因此，对于怀疑发生了内部污染的钚事故，我们会极为严肃地对待。

最常见的钚同位素的衰变路径和半衰期见表 5.2。

表 5.2　最常见的钚同位素的衰变路径和半衰期

同位素	衰变路径	半衰期/年
^{242}Pu	α	373 300
^{241}Pu	β	14.3
^{240}Pu	α，SF	6 561
^{239}Pu	α	24 110
^{238}Pu	α	87.7

在热铀/钚（U/Pu）燃料循环运行的核反应堆中，钚的产生是不可避免的；事实上，热谱铀燃料核反应堆每天生产的电力中有很大一部分来自反应堆中产生的^{239}Pu 的裂变。^{239}Pu 是通过^{238}U 上的中子俘获和随后的双 β^- 衰变形成的：

$$^{238}_{92}U+n\rightarrow ^{239}_{92}U \xrightarrow{\beta^-} ^{239}_{93}Np \xrightarrow{\beta^-} ^{239}_{94}Pu \tag{5.3}$$

除了在核能反应堆中生产外，在 20 世纪中后期的军备竞赛中，还生产了大量用于核武器的钚。在完善原子弹的竞赛中，钚（特别是^{239}Pu）提供了一条获得裂变核素的途径，而不用像铀那样需要高能耗的同位素浓缩。由于元素与铀不同，因此钚的分离过程是一个化学过程，不是像^{235}U 那样基于微小的质量差异。冷战结束后，各方达成了削减核武器库存，特别是处置多余武器钚的协议;2000 年,俄罗斯和美国签署了《钚管理和处置协议》。

^{239}Pu 的裂变特性每天都在世界反应堆中产生效益,大约 1%的电力直接来自钚的裂变,而无须对其进行分离或回收。有一种利用新燃料中的钚替代燃料的途径,即在启动时将钚作为铀和钚的混合氧化物(MOX)加入,但目前除法国和日本使用外,这种途径并不普遍。鉴于钚的大量库存,在发电反应堆中处置这种材料在技术上仍然是可行的,这可能比长期地质处置更为可取。然而,目前核燃料生产和使用的经济性倾向于以铀为基础的一次循环。这将在第 16 章中进一步讨论。

除^{239}Pu 外,其他几种钚同位素除了作为核反应堆的能源外,还具有其他特殊用途。^{238}Pu 具有相对较高比活度的 α 辐射,可产生热量。利用这一点,可以为太空应用提供电能和热能,特别是以放射性同位素热电发电机(RTG)的形式为旅行者号、卡西尼号和几辆火星车等远距离探测器提供电能和热能。在这些应用中,^{238}Pu 符合无活动部件的要求,它不需要氧气源,并且寿命长、能量密度极高;通常通过塞贝克效应发电。在这种情况下,与钚有关的危害通常不是一个大问题,因为这种探测器一般不设计为返回地球,前提是采取了必要的预防措施,以确保一旦发生事故,RTG 外壳能够防止再入大气层时放射性扩散;特别是在 1986 年挑战者号灾难和更早的事故之后,广泛的研究集中在这一点上。基于该技术的热电池为我们了解银河系最遥远的地方提供了大量信息;除核能外,这一应用或许是钚最深远的和平应用。

5.4.4 钍

在从核能角度考虑了铀和钚之后,可以考虑裂变的锕系元素就相对较少了。对于那些容易发生裂变并因此具有发电潜力的同位素,大多数要么丰度太低,要么难以提取足够的数量使其具有经济可行性,要么其热中子裂变截面太低而无法利用。值得强调的是,在反应堆中合成的所有此类同位素,如果要在随后的反应堆运行中用作燃料,通常都需要从其所在的主乏燃料流中分离出来。这通常是通过第 13 章中讨论的液–液萃取工艺来实现的,如果以工业规模进行,这将是一项重大工程,主要是因为其放射性水平很高。钍为裂变铀同位素提供了一条替代途径,在世界上替代燃料储备(如铀、石油、天然气、煤炭等)相对稀缺的地区,钍具有吸引力。

钍在地壳中的含量相对丰富,在某些情况下,钍在铀的提取可行性较低的地方,尤其是印度,存在大量的钍。尽管钍是一种原始资源,但以钍为基础的燃料循环独立于铀/钚循环运行,需要进行前面所述的分离步骤,以产生源于钍的裂变燃料,供反应堆使用。人们非常了解钍的用途,因为人们也曾探索过将钍用于核应用,但后来因倾向于铀和钚而基本放弃。要从^{232}Th 中培育出^{233}U,就必须进行 U/Pu 循环,因为没有足够的 ^{233}U 可以独立于 ^{235}U 为钍循环提供能量。

由于全世界都希望实现电力供应的去碳化,核电开发再度兴起,这在一定程度上导致钍成为人们关注的热点。由于印度拥有丰富的钍储量,几十年来,印度已制订了基于钍的长期计划。然而,说要使用的是钍有点名不副实,因为钍的成分实际上并不具有裂变性,而是为我们提供了一条获得裂变铀同位素^{233}U 的肥沃途径。^{233}U 并不大量存在于天然铀矿床中,因为相对于同位素^{235}U和^{238}U而言,它的寿命很短,而且在 U/Pu 燃料循环中也不会大量产生。因此,它不能像^{235}U那样从铀矿石中提炼出来。相反,^{233}U可以通过中子俘获和双β衰变由^{232}Th生成,这与由^{238}U生成^{239}Pu的过程直接类似,其反应如下:

$$^{232}_{90}Th+n\rightarrow ^{233}_{90}Th\xrightarrow{\beta^-} ^{233}_{91}Pa\xrightarrow{\beta^-} ^{233}_{92}U \tag{5.4}$$

具有这种特性的同位素(^{232}Th生成^{233}U,^{238}U生成^{239}Pu)被称为可裂变核素。虽然这些同位素本身并不具有热裂变的可能性,但它们提供了一条可以间接获得裂变材料的途径。这一点意义重大,我们将在第 11 章中进一步讨论,因为^{238}U和^{232}Th的丰度远高于^{235}U。通过将这些同位素分别转化为^{239}Pu和^{233}U而获得的裂变材料,有可能成为数千年的核能来源。这与依赖丰度相对有限的^{235}U形成了鲜明对比,大多数^{235}U资源的寿命估计都小于100 年。

钍偶尔会被誉为铀和钚的“安全”替代品,因为至少在现代,钍很少与武器化联系在一起,而且钍经常通过加速器驱动系统被集成到反应堆系统设计中(至少在原则上)。根据设想,这些系统在运行时,临界链式反应会在关闭加速器后消失。然而,^{233}U在武器用途方面进行了广泛的探索,虽然可行,但由于其残留放射性,且准备方法过于笨拙,不值得进一步研究。此外,三哩岛和福岛第一核电站等影响较大的核反应堆事故突出表明,反应堆安全不仅要求在出现问题时尽可能有效地关闭临界链式反应,还要求在反应堆关闭后安全地消散燃料中裂变产物放射性衰变产生的能量。在这方面,以钍为燃料的反应堆具有同样的脆弱性,因为衰变热在裂变反应堆系统中是不可避免的,这将在第 14 章中讨论。

上文提到的与^{233}U有关的放射性来源是^{232}U分解后的衰变链产物;后者是通过^{232}Th的几个中子刺激反应形成的。这些产物在衰变到稳定的基态时会产生几种强烈的高能γ射线辐射。在处理大多数含有^{233}U的材料和受^{232}U污染的材料时,这些具有穿透力的γ射线都会带来很大的辐照风险。这与^{235}U形成鲜明对比,后者可以相对容易地以低浓缩、新鲜(即未经过辐照)铀基燃料的形式进行处理。从某种角度看,这提供了额外的、内在的防扩散能力,因为任何处理^{233}U材料的人都会冒着伤害自己的风险。相反,为真正的燃料制备目的处理这种材料所需的额外复杂性大大增加了处理过程的复杂性,并导致成本上升。第 11 章将进一步讨论与使用钍有关的关键属性。

总之,^{233}U在中子发射方面具有优势,可以在内热中子和外热中子能量下进行增殖;钍的熔点高于铀,因此在相关燃料材料中具有更大的事故耐受性;与 U/Pu 循环相比,使用钍产生的废物中钚和少量锕系元素含量(见下文)将大大降低。这一特性为长期废物管理提供了潜在的好处。对于拥有大量钍储量的国家来说,通过钍生产^{233}U燃料的途径仍然具有吸引力,尽管它是一个超过 50 年的长期能源战略的一部分。

5.4.5 镅、锔和锫

镅、锔[5]和锫是元素周期表中三种不太突出的超铀元素;它们都是合成的,就废物而言属于“小锕系元素”(MA)。它们都具有放射性,通常在屏蔽室中进行远程处理。现在人们已经开展了一些研究,探索如何从核废料中提取它们,以减少处置前的总放射性活度,第 15

章将对此进行讨论。

就锔而言，人们感兴趣的特定同位素往往是^{244}Cm，因为其他锔同位素（如^{242}Cm）的寿命相对较短，而^{243}Cm 和^{245}Cm 只产生极少量。^{244}Cm 是在核反应堆中的中子俘获反应中形成的，因此出现在与乏核燃料相关的环境和过程中。虽然其主要衰变途径是 α 衰变，但与^{240}Pu 一样，^{244}Cm 也容易发生自发裂变，其自发裂变水平为 $1.4\times10^{4}\%$。因此，^{244}Cm 产生的中子通量要大得多（^{244}Cm 为 1.08×10^{7} SF $s^{-1}\cdot g^{-1}$，而 ^{240}Pu 为 1.02×10^{3} SF $s^{-1}\cdot g^{-1}$）。这在后处理和处理乏燃料时可能会产生重大的屏蔽和临界保护问题，但也提供了验证这些介质中裂变含量的途径[6]。就长期处置而言，^{244}Cm 的 α 衰变半衰期相对较短，为 18.1 年（而 SF 的半衰期为 1.25×10^{7}年[7]）[8]。锔的用途相对较少，但已被考虑用于 RTGs，特别是在未来 ^{238}Pu 短缺的情况下（另见前面关于 ^{238}Pu 的讨论）。

镅并不天然存在于地壳中，而是通过钚俘获中子形成的，通常是在反应堆系统中，^{239}Pu 俘获两个中子成为^{241}Pu，然后 β^-衰变为^{241}Am。类似的反应方案会产生 ^{242}Am 和 ^{243}Am 同位素，但它们通常只占热中子反应堆产生的典型核镅库存的小部分。^{241}Am 是这些同位素中含量最高的一种，通过 α 粒子发射和相关的 γ 衰变生成^{237}Np，半衰期为 432 年；^{241}Am 的主要 γ 射线在 60 keV 处。

与锔不同，如前所述，^{241}Am 有几种重要用途。其低能 γ 射线发射的衰减也使它被用于厚度测量仪。由于 ^{241}Am 的比活度相对较高，因此在此类应用中只需要非常微量的 ^{241}Am。

自然环境中的镅有些来自核武器试验，而在发生过严重事故的少数反应堆场址附近可能存在局部污染。通常情况下，镅会形成一种氧化物，并且相对不溶于水，如果出现这种情况，镅会与土壤紧密结合。在钚中，^{241}Pu 的 β^-衰变会导致^{241}Am 随着时间的推移而“生长”，这可以通过湿化学 α 能谱分析或 60 keV ^{241}Am 线的 γ 射线能谱分析，作为评估这种材料年龄的依据。由于 α 射线发射和 γ 射线发射的范围较短，镅一般只在被摄入人体内时才会造成危害。通过呼吸和摄入被吸收的大部分镅将被排出体外，只有 0.05% 进入血液。其中约 10%会排到体外，其余则沉积在肝脏和骨骼中。与摄入大多数矿物质一样，这些部位的沉积量取决于个人的年龄和其他一些因素。

大多数镎同位素的寿命都太短，只具有学术意义[9]，但^{237}Np 是个例外。^{237}Np 由铀的中子俘获和 ^{241}Am 的 α 衰变形成，半衰期长达 2.14×10^{6} 年。迄今为止，对 ^{237}Np 潜在危害的关注主要集中在武器尘降物、受损裂变反应堆的流出物、后处理和钚生产设施以及作为高水平放射性废物长效成分的发生率上。^{237}Np 是在反应堆中生产的，其产量大约为钚产量的 0.1%，随着^{235}U 的浓缩而增加。它可用作通过中子轰击生产 ^{238}Pu 的原料。不过，由于^{237}Np 的半衰期较长，预计在处置后 1 万～3 000 万年，它将成为放射性废物的主要残留物。由于^{238}U 自发裂变产生的中子轰击，在自然界的铀精矿中发现了微量的^{237}Np，例如 ^{237}Np、^{238}U 的数量比例为 1.8×10^{-12}。镎的化学性质在元素周期表中有些独特，因为它能形成稳定的五价离子 NpO_2^+。在土壤和石头中，镎被认为比镅或钚更具流动性。植物对镎、锔或镅的吸收比对镎、锔或镅的吸收更为显著，而动物对镎、锔或镅的吸收被认为与钚相似。

5.5 反应堆内中子活化产物

5.5.1 氚

有关轻水反应堆系统的早期文献[10]很少讨论氚(^3H),尽管氚在这些反应堆中普遍存在,是由中子活化和三元裂变引起的。这主要是因为自这些报告发表的年代(通常是20世纪50年代末)以来,工程界的知识已经有了长足的发展,同时也有了能够提供足够低的氚检测限的技术;这就是氚污染的难以捉摸性和普遍性。

氚是氢的最重同位素,主要是在反应堆系统中通过中子活化氘核(^2H)形成的,最常见于重水(D_2O,其中 $D={}^2H$)反应堆的冷却剂和慢化剂中[11]。它也可以通过中子辐照锂、硼、氘核与氘核的轰击而形成(通常称为D-D反应),也可以作为裂变的产物:

$$^2H+{}^2H\rightarrow{}^3H+n+3.3\ \text{MeV} \tag{5.5}$$

$$^6Li+n\rightarrow{}^4He+{}^3H+4.69\ \text{MeV} \tag{5.6}$$

$$^{10}B+n\rightarrow2{}^4He+{}^3H+0.335\ \text{MeV} \tag{5.7}$$

氚主要是通过宇宙辐照氮而在大气中自然形成的,数量极少,其次是通过与^6Li、氘和陆地物质的裂变反应形成的。它能迅速形成相应的氧化物(HTO,其中 $T={}^3H$),并像水一样分散,有证据表明,由于这种形式的蒸汽压力较低,凝结相中的浓度相对较高。氚是聚变反应堆所用燃料的重要同位素成分。

在反应堆系统中,氘核要么作为重水冷却剂和慢化剂的成分存在,要么在轻水(即^1H_2O)冷却剂和慢化剂中通过中子活化氢生成氘,随后生成氚。正如预期的那样,重水反应堆中的氘途径往往比轻水系统中的氘途径更为重要;尽管存在中子通量水平、烧毁等问题。然而,硼作为中子吸收剂(在控制/关断棒中以及作为冷却剂的添加剂)的使用,以及锂作为污染物和离子交换树脂成分的存在,为轻水反应堆中氚的产生提供了替代途径。因此,与早期运行中使用的含有易受影响的^6Li同位素的天然锂成分的树脂相比,向含^7Li的树脂过渡有利于减少氚的产生。

核燃料中作为裂变产物产生的氚原则上可以通过燃料包壳迁移,但这一途径被认为是有限的,与氘途径相比,在重水反应堆中肯定是次要的。燃料中裂变产生的大部分氚只有在后处理产生的废料中或堆芯损坏事故中才有广泛释放的风险。作为氢介质中氢的潜在替代品,氚有可能存在于油、塑料、橡胶、油脂和生物组织中。在自然环境中,虽然与其他人为放射性污染源相比,氚的放射性毒性较低,但氚往往更容易在空气中传播。

氚经过 β^- 衰变成为^3He,半衰期相对较短,为12.3年。不过,它的半衰期并不非常短,因此在废物流中或作为人为污染物出现在环境中时都不会被忽视。氚 β^- 辐射的平均能量为5.7 keV,最大值为18 keV,因此穿透力不足,不会对外部辐射造成危害。相反,三价水(HTO)的形成在能量上是有利的。相关的蒸汽可以以这种形式穿透皮肤,虽然氚可以构成内部辐照源,但其浓度通常非常低,不足以引起关注。相对而言,由于氚在能量上更倾向于形成液体(例如,与高温相比),工人暴露于系统故障引起的氚污染(即与冷却剂系统的垫圈和密封件故障有关的轻微泄漏)的意义更大。然而,与氚有关的突出挑战并不是氚本身具有高危害性,而是由于其 β^- 粒子发射能量低,因此很难在环境中对其进行监测。

5.5.2 ^{24}Na

^{24}Na 是通过天然钠 ^{23}Na 的中子活化形成的:

$$^{23}_{11}Na+n\rightarrow ^{24}_{11}Na+\gamma \tag{5.8}$$

^{24}Na 是一种 β^- 辐射体,可发射最大能量为 1.39 MeV 的 β^- 粒子,其半衰期为 15 小时。尽管半衰期相对较短,但这种辐射的高能性质对快中子增殖反应堆的设计产生了影响,可将活化共晶钠钾(NaK)冷却剂与后一级冷却剂隔离开来。如第 11 章所述,钠在快堆中被优先用作冷却剂,因为它具有良好的热输运特性,同时又不是中子的有效慢化剂,因此在这些类型的反应堆中使用钠不会降低所需的快中子谱。

钠的化学反应性以及这种反应的产物(例如氢氧化钠)增加了与 ^{24}Na 有关的潜在危险。这是因为它以氢氧化物或盐的形式存在,有可能通过与皮肤、呼吸道和消化道的无保护接触而被人体吸收。因此,如果以这种方式被人体吸收,就会通过这种途径对活体组织造成内辐射危害。不过,^{24}Na 的半衰期很短,因此在体内停留时间不会超过几天。在怀疑发生大量中子辐照的核事故时,可以测量通过中子活化体内天然盐而形成的 ^{24}Na,并以此推断特定个体的辐照程度[12]。

5.5.3 ^{60}Co

^{60}Co 的半衰期为 5.27 年,通过发射 1.17MeV 和 1.33 MeV 的两种高能 γ 射线衰变。这些发射的能量相对较高,加上这种放射性同位素广泛分布于使用钴基钢的核电厂中,因此这种同位素是反应堆结构部件退役过程中常见的放射性特征。^{60}Co 的半衰期相对于退役时间尺度较短,可以证明有理由推迟拆除受污染的基础设施,直到 ^{60}Co 的放射性衰减了很大一部分,从而简化操作并降低暴露风险。^{60}Co 的同位素名称略有错误(正如许多在放射性衰变转变后发射 γ 射线的同位素一样),因为实际上是 ^{60}Ni 的激发态在 ^{60}Co 的 β^- 衰变后通过以下方式发射 γ 射线:

$$^{59}_{27}Co+n\rightarrow ^{60}_{27}Co \xrightarrow{\beta^-} ^{60}_{28}Ni+e^-+\bar{\nu}_e+\gamma \tag{5.9}$$

通过中子活化 ^{59}Co 形成 ^{60}Co 的过程,与反应堆钢结构中铁同位素的中子活化过程类似。^{60}Co 作为一种专门为此目的制造的同位素,也被用于癌症的体外放射治疗,因为它的 γ 射线能谱简单易懂,而且很容易用反应堆和粒子加速器生产出来。它也曾在处置过程中引发过一些孤立但严重的事故,通常是由于废金属行业的疏忽造成的。虽然 ^{60}Co 可能会造成摄入风险,但主要的辐射危害是其 γ 射线发射造成的外部剂量。

5.6 裂变产物

5.6.1 ^{85}Kr

^{85}Kr 的半衰期与^{60}Co 相似，为 10.76 年，通过 β^-衰变(0.69 MeV)和 γ 衰变(0.51 MeV)组合衰变成稳定的^{85}Rb。^{85}Kr 是乏核燃料中的裂变产物，但大气中的微量^{85}Kr 是宇宙辐照的自然结果。在室温下，氪是一种气体，作为一种惰性元素，它非常不活跃。^{85}Kr、氚、^{14}C 和 ^{129}I 是四种最重要的挥发性裂变产物之一。在后处理过程中，这些同位素并不局限于液态废物流中，而是由于在室温下呈气态而集中在废气系统中。同样，在堆芯损坏事故中，挥发性裂变产物也会从燃料包壳中逸出。作为一种惰性元素，^{85}Kr 的络合度相对较低，所以很难对其进行化学提取。因此，^{85}Kr 很少被生物组织中的生化过程吸收，而是在释放后迅速、均匀地分散到环境中[13]。如果摄入^{85}Kr，它将以摄入途径(如呼吸、消耗)的生物半衰期决定的速度通过人体，在驻留期间暴露于人体内部。它很容易被排到体外。因此，^{85}Kr 在人体内造成的辐射危害通常相对较小。

^{85}Kr 带来的主要风险是，如果反应堆发生严重事故，挥发性裂变产物被排放到大气中，皮肤浸泡在气体云中，可能会受到外部剂量的影响。对于是否应将 ^{85}Kr 与其他非挥发性放射性废物一起封存和处置，人们往往意见不一。不过，^{85}Kr 释放的主要情况是在后处理过程中，虽然计算可能表明人口受到的分散剂量会大大低于本底剂量，但通常会采取固定化的预防策略。

在发生了挥发性裂变产物释放但由于安全壳的原因表面上没有其他排放的核事故中(例如，考虑第 14 章中进一步讨论的三哩岛核事故)，^{85}Kr 通常是排放放射性的重要组成部分。其他挥发物通常要么在废物处理方面寿命太短而无法引起关注(如氙同位素)，要么丰度太低(如^{81}Kr)。由于^{85}Kr 的过滤和固定可能比较困难与复杂，在某些紧急情况下^{85}Kr 被储存在(收集 ^{85}Kr 的)容器或建筑物内，直到可以在受控条件下释放为止；对这种释放的控制，可以使 γ 射线成分在原本含有这种同位素的相对集中的羽流中(通常称为 γ 发光)，分散到可接受的水平。

5.6.2 ^{90}Sr

锶以四种稳定同位素的混合物形式存在，目前已合成并确定了十六种放射性同位素。^{90}Sr 的半衰期为 28.8 年，β^-辐射能量相对较高，为 0.546 MeV。自核工业诞生以来，^{90}Sr 就一直是一个放射性问题，主要与大气层核武器试验产生的尘埃有关。环境中 ^{90}Sr 的其他来源是重大核事故(第 14 章中讨论的切尔诺贝利和马雅克核事故)和核电厂向外界环境的释放(后者是最小的来源)。

^{90}Sr 作为裂变产物出现在裂变产物分布的低质量部分，与其他裂变产物相比产量较高。它的衰变会产生^{90}Y，^{90}Y 也具有放射性，会发出高能量的 β^-辐射：

$$^{90}_{38}Sr \xrightarrow{\beta^-} ^{90}_{39}Y + e^- + \overline{v_e} + \gamma \tag{5.10}$$

一般认为,在正常条件下运行的核反应堆释放锶同位素的可能性非常小,因为它包含在燃料包壳中。^{90}Sr 发出的高能辐射已被用作便携式仪器的能源,特别是用于太空和偏远地区气象站的仪器,辐射产生的热量可转化为电能[14]。

^{90}Sr 也是由寿命很短($t_{1/2}=33$ s)的裂变产物^{90}Kr 通过寿命同样很短($t_{1/2}=2.7$ min)的^{90}Rb 的 β^-衰变形成的,即

$$^{90}Kr \xrightarrow{\beta^-} ^{90}Rb \xrightarrow{\beta^-} ^{90}Sr \tag{5.11}$$

除^{90}Sr 外,在裂变形成的六种放射性锶同位素中,即使是寿命最长的同位素(半衰期分别为 10 小时和 53 天的 ^{91}Sr 和 ^{89}Sr),其存在时间也太短,不足以引起人们的关注。

^{90}Sr 进入人体[15]的主要途径是摄入。这一点可能尤为重要,因为同位素与钙元素相似,所以,它可能集中在乳制品中。这类产品被广泛消费,其地理位置往往与农业生产地相近。如果发生严重事故,假设 ^{90}Sr 被释放到大气中,一种可能的情况是^{90}Sr 在降水后沉积在地面上,要么留在植被上被动物吃掉,要么被冲入土中被浅根植物吸收。^{90}Sr 与钙的化学性质相似(尽管其质量约为钙的两倍),因此约有 80% 会通过人体,约有 20% 会留在人体内。后者可以代替钙沉积在骨骼和牙齿中,因此人们普遍称^{90}Sr 为“寻骨者”。如果 ^{90}Sr 及其子产物 ^{90}Y 被保留在这些钙化组织中,其高能 β^-辐射将成为这些组织的暴露源。众所周知,如果摄入^{90}Sr 的数量足以产生极高的辐射剂量率(通常是本底辐射剂量率的一千倍),^{90}Sr 就会增加生物罹患骨癌和白血病的风险,因此也被怀疑会增加人类罹患骨癌和白血病的风险。不足为奇的是,在正常条件下运行的核电站的相关释放量通常太低,无法测量,因此 ^{90}Sr 只在发生严重的堆芯损坏事故时才会构成风险[16]。

5.6.3 ^{90}Y

^{90}Sr 的子产物^{90}Y 也具有放射性,衰变为^{90}Zr,^{90}Zr 是稳定的。^{90}Y 的半衰期比 ^{90}Sr 短得多,仅为 64 小时,它能发射出 2.28 MeV 的高能 β^-粒子(例如,与上述^{90}Sr 的发射相比)。因此,它的放射性毒性比 ^{90}Sr 更强,同时能像 ^{90}Sr 一样在长寿命状态下有效地转移到辐照部位。作为 ^{90}Sr 的衰变产物,^{90}Y 与 ^{90}Sr 暴露于相同类型的组织,其吸收途径与钙有关,因此这些同位素的组合才是主要关注点。^{90}Y 的形成途径如下:

$$^{90}Sr \xrightarrow{\beta^-} ^{90}Y \xrightarrow{\beta^-} ^{90}Zr \tag{5.12}$$

^{90}Y 的一个不同寻常之处在于其 β^-辐射的能量非常高,相关的 β^-粒子比其他 β 污染源更能穿透个人防护设备的材料。这一点在 1979 年三哩岛核事故的清理工作中尤为突出。为解决这一问题,开发了新的仪器、远程处理能力和与消防设备不同的高密度防护服,这就是单一同位素对清理核碎片的影响。

5.6.4 ^{99}Tc

^{99}Tc 与本书讨论中涉及的几种同位素一样,几乎完全是核活动的结果,其原始丰度仅因铀矿石中的裂变而微量产生,甚至其元素名称也源自希腊语中“人工制造”一词

“technetos”。锝没有稳定的同位素，在已知的众多放射性变体中，只有三种存在的时间足够长，因此在核废料或退役方面值得关注。它们是 ^{97}Tc、^{98}Tc 和 ^{99}Tc。然而，只有 ^{99}Tc 的产量（通过裂变产物 ^{99}Mo 的衰变产生，其裂变当量为 6.06%）和半衰期（2.1×10^5 年）足以引起核电厂管理方面的关注。

^{99}Tc 是裂变碎片分布中质量较轻区域的裂变产物。它也可以用粒子加速器制造，但裂变是最常见的来源，既可以作为动力反应堆的副产品，也可以在同位素生产反应堆中专门用于医疗目的。在正常运行情况下，与其他非挥发性裂变产物一样，裂变产生的 ^{99}Tc 大部分被限制在燃料元件中。因此，环境中 ^{99}Tc 的主要来源是核后处理活动、核事故和武器试验。锝在环境中形成一种氧化物——高锝酸锝（TcO_4^-），因此很容易溶于水。尽管含有金属锝，但过锝酸盐离子具有负电价，这就使从环境中提取锝的难度变得更高。不过，由于 ^{99}Tc 的半衰期较长，因此与其他产量相近的裂变产物相比，其放射性毒性风险较低。

^{99}Tc 在人体内会造成暴露危险，但在体外的暴露风险很小。它通过能量为 0.294 MeV 的 β^- 粒子发射衰变为稳定的钌同位素 ^{99}Ru。人体通过吸入或摄入锝，其中很大一部分（50%～80%）会被血液吸收，然后沉积在甲状腺、胃和肝脏中。然而，锝在体内停留的时间并不长；由于其在水中的高溶解度，大部分锝会在不到两天的生物半衰期内被清除，绝大部分锝会在 20 天内离开人体。

5.6.5 ^{103}Ru 和 ^{106}Ru

^{103}Ru 和 ^{106}Ru 与 ^{99}Tc 一样，也是轻质裂变产物的两个例子，它们具有放射性并通过 β^- 衰变进行衰变。^{103}Ru 的半衰期非常短（40 天，β^- 辐射为 0.2 MeV），虽然在辐照后立即产生的裂变产物放射性在乏燃料中占很大比例，但衰减速度非常快，完全符合乏燃料池中辐照燃料数年的常规冷却期。而 ^{106}Ru 的半衰期更长（373 天，β^- 辐射为 0.04 MeV），这表明该同位素的任何污染都需要放置大约 10 年才能衰变到足够低的水平。钌同位素对内部造成的危害比对外部造成的危害更大，这是因为其放射性的性质和 β^- 辐射的能量相对较低；还有许多其他不稳定的钌同位素，但 ^{103}Ru 和 ^{106}Ru 的半衰期最长，因此通常是我们遇到的最多的同位素。^{106}Ru 会衰变为 ^{106}Rh，后者的半衰期很短，也会通过 β^- 粒子发射衰变。对动物的早期研究[17]表明，钌同位素在内化后往往会在主要内脏器官（肾、脾、肺）和骨骼中积累。

5.6.6 碘同位素

碘同位素与下一节讨论的铯同位素一样，都是作为裂变碎片产生的，在产率随质量的分布中属于较重的部分。然而，与大多数作为裂变产物形成的元素不同，碘在 114℃ 时从固相升华为气相；相对于核电厂的运行条件而言，这个温度较低。因此，在核环境中，碘通常呈气态，如果燃料包壳在堆芯损坏事故中受损，或在剥离燃料以便对其进行后处理时，碘就会释放出来。碘是一种卤素，具有很强的反应性，因此很少以元素形式存在，而是很容易与金属和有机物形成化合物。在发生严重的假定事故后，以这些形式（主要是盐和有机复合物）存在于环境中的放射性碘原子进入人体的主要途径是受污染的食品和乳制品。

碘在核方面的另一个重要特性是，它主要集中在人体的甲状腺中。甲状腺负责生产控制新陈代谢、生长和发育的肽类激素。这些激素含有碘,因此甲状腺会从饮食中的碘元素来合成这些化合物,而不管碘的同位素变异或是否具有放射性。显然,当环境中因核武器沉降物或反应堆事故而存在放射性碘时,放射性碘就有可能聚集在甲状腺中,并通过这种生化途径进行提纯,从而增加风险。这可能导致甲状腺相对于身体其他部位更容易受到碘辐射的影响。由于儿童的甲状腺较小,而且正在生长,细胞增殖速度高于成人,因此碘暴露的风险和癌症发病的可能性在年轻人中更为显著。众所周知,1957 年温茨凯尔(现为塞拉菲尔德)火灾(第 14 章将讨论)后发生的一种情况是,在牧场上发生严重核事故后,牛奶会因降水而受到污染,而牛奶在儿童饮食中所占的比例通常大于成人。因此,核设施的应急计划中通常会考虑采取应对措施,例如分发碘酸钾片剂。碘酸钾的作用是在发生大量泄漏时稀释人们摄入的碘流,并减少甲状腺保留的放射性碘的比例。人们强烈怀疑寿命极短的碘同位素是切尔诺贝利核事故后大部分甲状腺照射的来源,它们在一次爆炸后立即被空气传播。然而,由于其寿命很短,在这种情况下很难在环境中对其进行测量。

碘有几种放射性同位素。同位素^{131}I、^{132}I、^{133}I、^{134}I 和 ^{135}I 对内照射影响最大,虽然裂变产生的碘产量很大,但其半衰期很短(^{131}I 的最长半衰期为 8.1 天),因此在退役和废水排放方面的风险可以忽略不计。^{129}I 则不同,虽然它与其他碘同位素一样是通过 β^-发射和 γ 射线发射相结合的方式衰变的,但与它们不同的是,^{129}I 的半衰期为 1 600 万年,而且发射的 β^-粒子(约 150 keV)能量非常低,难以探测。这使 ^{129}I 的测量变得复杂,但反过来也降低了放射性风险(γ 射线发射的能量也很低)。尽管如此,由于 ^{129}I 的半衰期较长,而且在人体内的停留特性非常特殊,因此在废物管理和处置过程中必须考虑到其固定化问题。

5.6.7 铯同位素

铯同位素作为裂变产物出现在核燃料循环中,是裂变产物质量分布中质量较高的峰值的一部分。铯有多种同位素(共 32 种)。在核能方面,主要关注点往往是^{137}Cs 和 ^{134}Cs。铯的化学性质非常活跃,因此很容易形成化合物,它极易溶于水,很容易通过食物链进入人体。铯同位素可以在环境中迅速迁移,尤其是在有水的情况下。^{137}Cs 和 ^{134}Cs 都会造成内部和外部辐射风险。

^{137}Cs 的半衰期约为 30 年,并通过 β^-辐射衰变为 ^{137m}Ba 的蜕变态。由于 ^{137m}Ba 的比活度非常高(半衰期为 2.6 分钟),而且会产生一个 662 keV 的高能 γ 射线光子,因此后者的衰变通常是人们最感兴趣的。这一特性有一些好处,因为它导致 ^{137}Cs 被用于核燃料循环以外的许多应用,包括仪器校准和医疗放射治疗。因此,尽管环境中存在的大多数 ^{137}Cs 主要是由于武器试验和切尔诺贝利核事故的尘降造成的,但也可能是由于为医疗用途制造的铯源的排放、事故、误用和不慎处置造成的,尽管程度要低得多。^{137}Cs 和 ^{134}Cs 发出的 γ 射线能量相对较高,非常适合使用高分辨率 γ 射线能谱系统进行评估。

^{134}Cs 的半衰期(2.1 年)比^{137}Cs 短,但其衰变方式与 ^{137}Cs 类似,都是 β^-衰变和高能 γ 射线发射(后者的能量为 1.6 MeV)。因此,在发生事故和无意释放后不久,接触该同位素的风险很大,但就退役和废物管理而言,该同位素通常已经衰变。鉴于它们的半衰期不同,在自然环境中测得的这些同位素的相对比例可用于根据铯在自然环境中停留的时间来推

断铯污染的来源。当多年前的武器试验产生的污染(现在几乎完全由 ^{137}Cs 构成)与最近由 ^{137}Cs 和 ^{134}Cs 构成的环境污染相混淆时,这一点就非常有用。

5.7 总　　结

表 5.3 概述了本章讨论的所有同位素实例的数据,包括半衰期、主要衰变途径和相关风险因素。

表 5.3　本章讨论的同位素的半衰期、主要衰变路径(能量单位为 MeV)和风险因素

同位素	半衰期	主要衰变路径 (以 MeV 为单位的发射能量)	风险因素
^{3}H	12.3 年	$\beta^-(0.019)$	内部吸入
^{24}Na	14.97 小时	$\beta^-(1.39)$	快中子增殖反应堆,内部剂量风险
^{60}Co	5.3 年	$\gamma(1.33, 1.17)$	所有使用钢的反应堆系统
^{85}Kr	10.7 年	$\beta^-(0.687)$	就像裂变反应堆释放的气体
^{90}Sr	29 年	$\beta^-(0.546)$	骨骼和骨髓
^{90}Y	64 小时	$\beta^-(2.28)$	骨骼和骨髓
^{99}Tc	2.13×10^5 年	$\beta^-(0.293)$	甲状腺、胃和肝脏
^{103}Ru	40 天	$\beta^-(0.04)$	主要器官和骨骼
^{106}Ru	372.6 天	$\beta^-(0.0394)$	主要器官和骨骼
^{129}I	1.6×10^7 年	$\beta^-(0.15)$	甲状腺
^{131}I	8.04 天	$\beta^-(0.606)$	甲状腺
^{134}Cs	2.07 年	$\beta^-(0.658), \gamma(1.6)$	内部和外部暴露
^{137}Cs	30.17 年	$\beta^-(0.512), \gamma(0.662)$	内部和外部暴露
^{241}Am	432 年	$\alpha(5.49)$	内部风险;肝和骨
^{238}Pu	87.7 年	$\alpha(5.49)$, SF	内部风险;肝和骨
^{239}Pu	2.4×10^4 年	$\alpha(5.15)$	内部风险;肝和骨
^{240}Pu	6.6×10^3 年	$\alpha(5.16)$, SF	内部风险;肝和骨
^{241}Pu	14.35 年	$\beta^-(0.0208)$	内部风险;肝和骨

案例分析

案例分析 5.1：^{235}U 富集的初步估计

目前，天然^{235}U 的富集水平是长期放射性衰变的结果。在没有大量中子流刺激^{235}U 裂变的情况下，^{235}U 通过 α 衰变变成^{231}Th，半衰期为 7.04×10^8 年。

可以通过考虑前几章所述的半衰期来找到，但这次的丰度现在对应的是 N（质量分数为 0.71%），而 20 亿年前的丰度对应的是 N_0。因此

$$N=N_0e^{-\lambda t} \text{ 和 } \lambda=\ln 2/t_{1/2}$$

在这种情况下 $\lambda=3.1\times10^{-17}\ s^{-1}$，因此我们得到 $0.71=N_0e^{-3.1\times10^{-17}\times6.3\times10^{16}}$

重新排列，

$$N_0=0.71/0.14=5.07$$

然而，我们必须记住，^{238}U（铀的另一个主要成分）也在衰变，独立于^{235}U，通过 α 衰变，半衰期为 4.47×10^9 年。再对^{238}U 进行计算：

$$\lambda=4.9\times10^{-18}\ s^{-1}\text{，因此我们得到 }99.29=N_0e^{-4.9\times10^{-18}\times6.3\times10^{16}}$$

重新排列，

$$N_0=99.29/0.73=136.01$$

所以，以百分比计算，$^{235}U=\dfrac{5.07}{5.07+136.01}\times100=3.6\%$，类似的$^{238}U=96.4\%$。

案例分析 5.2：^{134}Cs 和^{137}Cs 的相对比例

面对受到武器试验和切尔诺贝利事故中受核泄漏影响的土壤样本，其中铯的比例与^{134}Cs 和 ^{137}Cs 相关，我们能推断出污染的来源吗？

鉴于切尔诺贝利核电站$^{134}Cs/^{137}Cs$ 原平均同位素比值为 0.524 ± 0.006，如果在事故发生后不久测得^{134}Cs 浓度为 $0.28\pm0.04\ Bq\cdot m^{-3}$，$^{137}Cs$ 浓度为 $(5.0\pm0.1)\ Bq\cdot m^{-3}$，那么我们就可以确定源自武器试验的 ^{137}Cs 污染情况如下：

测量比率 $=0.056\pm0.008$，根据上述测量结果确定为

$$\text{测量比例}=\Sigma^{134}Cs_{\text{贡献}}/\Sigma^{137}Cs_{\text{贡献}}$$

在这个例子中，所有武器试验对^{134}Cs 的影响都为零，因为我们将假定所有 ^{134}Cs 都已衰变，因为大多数大气试验停止得更早，而且其半衰期为 2.1 年。因此，这就变成了：

$$\text{比率}={}^{134}Cs_{\text{切尔诺贝利}}/({}^{137}Cs_{\text{切尔诺贝利}}+{}^{137}Cs_{\text{测验}})=0.056$$

我们有两个公式：

$${}^{134}Cs_{\text{切尔诺贝利}}=0.524\,{}^{137}Cs_{\text{切尔诺贝利}}$$

$${}^{134}Cs_{\text{切尔诺贝利}}=0.056\times({}^{137}Cs_{\text{切尔诺贝利}}+{}^{137}Cs_{\text{测验}})$$

$$0=0.468\,{}^{137}Cs_{\text{切尔诺贝利}}-0.056\,{}^{137}Cs_{\text{测验}}$$

所以，

$$^{137}Cs_{测验} = 8.36\,^{137}Cs_{切尔诺贝利}$$

因此，

$$^{137}Cs_{切尔诺贝利} + {}^{137}Cs_{测验} = 5.0$$
$$^{137}Cs_{切尔诺贝利} = 0.534\ Bq \cdot m^{-3}$$
$$^{137}Cs_{测验} = 4.47\ Bq \cdot m^{-3}$$

复习指南

读完本章后，你应该：

- 了解核工程学科涉及的一系列特定同位素的衰变路径、在人体内的存留和放射性特性。
- 理解锕系元素、超铀、裂变产物和中子活化产物等关键词的区别。
- 了解半衰期、辐射发射能量、裂变当量和化学特性的不同对这些同位素在环境中和摄入后的特性的影响。
- 了解与这些同位素在核电厂工艺和环境中的发现、特性和行为有关的一些历史文献。

习　　题

1. 计算 1 g 氚和 1 g ^{137}Cs 的比活度。请评论与这些同位素有关的相对暴露风险；它们在哪些方面相似，在哪些方面不同？氚的原子质量为 3.016 u，^{137}Cs 的原子质量为 136.907 u，半衰期分别为 12.3 年和 30.17 年。

2. 我们今天的 ^{232}Th 丰度的自然水平并不总是相同的，因为在没有大量中子流刺激 ^{233}Th 产生的情况下，^{232}Th 通过 α 衰变而衰变，半衰期为 1.4×10^{10} 年。如果目前地壳中 ^{232}Th 的平均丰度是每千克 9.6 mg，那么 20 亿年前的丰度是多少？

3. ^{133}I 出现的地方会造成严重的放射性毒害。研究 ^{133}I 的特性，从而描述为什么你会得出这样的结论。无论是否如此，请说明为什么它在发生严重事故时会引起关注，以及为什么我们不能轻易地从环境中的同位素测量中得出结论。

4. 就摄入而言，^{85}Kr 一般不会引起严重关切。请结合 ^{85}Kr 的半衰期、被人体隔离的倾向及其辐射，解释为什么会出现这种情况。

5. 解释为什么 ^{237}Np 是一种长期核能特别感兴趣的同位素。

参 考 文 献

[1] D. Brugge, J. L. de Lemos, B. Oldmixon, Exposure pathways and health effects associated with chemical and radiological toxicity of natural uranium: a review, Rev. Environ. Health 20 (3) (2005) 177-193.

[2] F. H. DuBose, Calorimeter-based adjustment of multiplicity determined 240Pueff: known-α analysis for the assay of plutonium. N-TRT-K-00020, Savannah River Nuclear Solutions, 2012.

[3] Y. Kimura, M. Saito, H. Sagara, C. H. Yan, Evaluation of proliferation resistance of plutonium based on spontaneous fission neutron emission rate, Ann. Nucl. Energy 46 (2012) 152-159.

[4] R. C. Martin, J. B. Knauer, P. A. Balo, Production, distribution and applications of californium-252 neutron sources, Appl. Radiat. Isot. 53 (4-5) (2000) 785-792.

[5] J. D. Navratil, W. W. Schultz, The production, recovery, properties and applications of americium and curium, JOM J. Miner. Met. Mater. Soc. 45 (2) (1993) 32-34.

[6] N. Miura, H. O. Menlove, The use of curium neutrons to verify plutonium in spent fuel and reprocessing waste, LA-12774-MS, 1994.

[7] W. C. Bentley, Alpha half-life of ^{244}Cm, J. Inorg. Nucl. Chem. 30 (8) (1968) 2007-2009.

[8] D. M. Barton, P. G. Koontz, The spontaneous fission half-life of ^{244}Cm, J. Inorg. Nucl. Chem. 32 (3) (1970) 769-775.

[9] R. C. Thompson, Neptunium—the neglected actinide: a review of the biological and environmental literature, Radiat. Res. 90 (1982) 1-32.

[10] A. W. Kramer, Boiling Water Reactors, Addison-Wesley, New York, 1958.

[11] D. G. Jacobs, Sources of tritium and its behaviour upon release to the environment, ORNL/NSIC-37, US Atomic Energy Commission TID-24635, 1968.

[12] R. H. Mole, Sodium in man and the assessment of radiation dose after criticality accidents, Phys. Med. Biol. 29 (11) (1984) 1307-1327; H. Mizuniwa, et al., Dose evaluation to workers at JCO criticality accident based on the whole body measurement of sodium-24 activity and area monitoring, J. Atom. Energy Soc. Jpn. 43 (1) (2001) 56-66.

[13] P. Taylor, A survey of methods for separating and immobilising krypton-85 arising from a nuclear fuel reprocessing plant, AECL-10252, 1990.

[14] J. G. Morse, Energy for remote areas, Science 139 (3560) (1963) 1175-1180.

[15] B. L. Larson, K. E. Ebner, Significance of strontium-90 in milk. A review, J. Dairy Sci. 41 (12) (1958) 1647-1662.

[16] O. G. Raabe, Three-dimensional models of risk from internally deposited radionuclides, in: O. G. Raabe (Ed.), Internal Radiation Dosimetry, Medical Physics Publishing, Madison, WI, 1994, pp. 633–658 (Chapter 30).

[17] R. C. Thompson, et al., Physiological parameters for assessing the hazard of exposure to ruthenium isotopes, AEC Research and Development, [TID-4500, HW-41422], Hanford Atomic Products Operation, Richland, WA, 1956.

第6章　慢　　化

6.1　章节概要和学习目标

本章在协调低中子能量下的有利裂变截面概率与对比裂变中发射的高能中子的背景下,引入了中子慢化的概念;介绍了目前使用最广泛的慢化剂材料,并对其性质进行了定性和定量趋势的讨论;考虑了中子慢化的微观基础,其中包括讨论中子在慢化剂材料中的散射运动学;对世界核反应堆中使用的主要慢化剂材料的性能进行了比较和对比。

本章的目标是:

(1)定义中子经济性的基本概念;

(2)介绍了中子慢化剂散射截面和吸收截面数据的定性趋势;

(3)引入并推导了散射后中子能量、慢化剂原子质量与散射角之间的关系;

(4)引入中子能量与散射相互作用数之间的关系;

(5)对目前主流使用的慢化剂材料的优缺点进行比较;

(6)对慢化剂材料的主要性能进行定量比较;

(7)定义碰撞参数、微分散射截面和经验散射定律。

6.2　历史背景:詹姆斯·查德威克(1891—1974)

詹姆斯·查德威克(James Chadwick)(图6.1)先在曼彻斯特大学和欧内斯特·卢瑟福(Ernest Rutherford)一起工作,第一次世界大战后在剑桥工作。当时,卢瑟福正在研究带 α 粒子的原子衰变生成质子。两人共同假设了中性亚原子粒子存在的可能性,以解释原子结构中的一些不一致之处,以及早期初步发现原子核可能由什么组成。早些时候,瓦尔特·博特(Walther Bothe)和赫伯特·贝克尔(Herbert Becker)用 α 粒子轰击铍时,观察到一种不寻常的辐射形式,这种辐射被认为具有"很强的穿透能力"。与此同时,弗雷德里克(Frédéric)和伊雷娜·约里奥-居里(Irène Joliot-Curie)观察到,当来自铍的相同辐射入射到含氢物质上时,附近容器中的电离度增加;观测结果与质子被神秘辐射从物质中喷射出来一致。

图 6.1　詹姆斯·查德威克

查德威克利用电离室进行实验，他观察到质子被铍辐射从胶体中射出，同样，原子核也可以从各种物质中射出，如氦、锂和碳等。这一点从它们在电离室气体中引起的显著电离程度可以看出，因为观察到的反冲产物的范围远远大于类似基于 γ 射线光子康普顿散射的假设所能实现的范围。查德威克意识到，这是一种由相对较大质量的实体组成的辐射，而不是像以前认为的那样，是 γ 射线光子。他根据神秘辐射的质量推导出了质子和其他反冲的最大速度表达式。通过比较质子的最大范围和其他因素，查德威克推断出神秘辐射的质量与质子的质量近似。然而，他也观察到它很容易穿过一块厚厚的铅，因此它不可能是由质子组成的，也不符合任何其他已知形式的辐射。因此，它一定是广受欢迎的“中子”。

查德威克因发现中子而获得 1935 年诺贝尔物理学奖。这对理解原子核的结构产生了深远的影响。中子可以用来分解最重的同位素，就像裂变中一样。查德威克的发现解决了与我们对原子核的理解有关的许多理论难题，并完成了现在普遍接受的由中子和质子组成的原子核模型。

6.3 导　　论

热中子动力反应堆与快中子谱系统以及聚变原型堆之间的一个重要设计区别，就在于慢化剂的存在。需注意，慢化剂通过降低中子的能量来提高裂变的概率而非机械性能的改变。在使用低浓缩燃料运行的热中子反应堆中，使用慢化剂将裂变中子的初始能量转移到热中子谱中，在此区域更可能发生裂变。

正如第 4 章所讨论的，在考虑裂变过程时，裂变中发射的大多数中子都是快速产生的，与之相反，微观裂变截面随着中子能量的增加而迅速下降，如 $1/v$，其中 v 是中子的速度。为了调和这一点，通常使中子群与某种物质相互作用，以降低中子的动能，用来做这件事的物质叫作慢化剂。虽然还有其他方法可以在没有慢化剂的情况下建立链式反应（例如，通过大幅提高浓缩程度），但大多数现代发电反应堆都需要产生大量的热量，因为这有利于发电效率、燃料的利用，以及最终运行电厂的经济效益。这对热容量和材料强度方面有更高的要求，因此往往倾向于选择低浓缩燃料。此外，正如我们将在第 12 章中了解到的，浓缩是核燃料循环中一个昂贵的组成部分，对经济可行性有很大的影响。此外，如果可以使用低浓缩燃料，对核材料扩散的担忧也会减少。

因此，慢化剂在核反应堆中的主要作用是将裂变中子的能谱向较低的能量方向移动，这样可以使裂变截面变得更有利；在实现这一目标的过程中，每个相互作用的概率都会提高（即中子慢化），而不是增加可能导致裂变的相互作用的数量（可能通过更大的富集度来实现）。因此，使用慢化剂是非常重要的：它使低浓度的燃料能够用于发电，否则是不可能的。

6.4 中子经济性的概念

在第 8 章中，我们将考虑反应堆的中子寿命以及其他基本反应堆原理。但在本章全面讨论慢化之前，预习一下这一关键点是有益的。“中子经济性”是一个有用且灵活的概念，将在本章中多次出现，尤其是在比较和对比不同反应堆设计时。它简化了我们对核反应堆内中子群行为的几个基本原则的理解。

在裂变反应堆中，实际上只有一个中子源：在堆芯中正在进行核反应的燃料核。

这些过程可以根据四个特定的现象进行细分：

（1）如^{235}U 和^{239}Pu 等可裂变核素的诱发裂变；

（2）如^{238}U 和^{240}Pu 等同位素的自发裂变；

（3）由少量锕系元素 α 粒子发射驱动的[α，n]反应，少量锕系元素的丰度随着燃烧而增加，其中一个例子是第 5 章讨论的锔同位素^{244}Cm；

（4）高能 γ 射线（通常大于 8 MeV）的相互作用，直接或作为相关现象的结果刺激中子（光中子）的发射；这个过程被称为光裂变。

对于在运行中的反应堆，中子的主要来源是诱发裂变；它既产生了瞬发中子，也产生了缓发中子，即那些在给定的原子核裂变后立即产生的中子，以及那些在 β 衰变后的一段时间分别产生的中子。第 4 章中讨论过，每个裂变事件中释放出的中子平均数 $\bar{\nu}$，是发生裂变的同位素的特性之一；对于^{235}U 和^{233}U 每次裂变产生的平均中子数为 2.5，而对于^{239}Pu，它是 2.9，这是由热中子引起的裂变。

如果考虑到易裂变核素不发生裂变的倾向（可以通过每破坏一个核素所发射的中子数 η 来推断），那么根据表 4.1，易裂变核素就可以按照 η 进行排序：$\eta(^{233}\mathrm{U}) = 2.30$，$\eta(^{239}\mathrm{Pu}) = 2.13$，$\eta(^{235}\mathrm{U}) = 2.09$。这项分析虽然很简单，但它说明了一个事实，即核燃料的组成部分中正在发生裂变的特定核素可以对特定反应堆设计的中子经济性产生显著影响，尤其是因为它是主要的中子来源。然而，同样重要的是，要认识到这种贡献不是来自单一的同位素，而是来自多种同位素，而且这种多样性的性质会随着燃料在运行期间产生的能量而改变；这种变化被称为燃耗。例如，在铀燃料反应堆中，还有不可避免地来自^{239}Pu 的贡献，这是由于^{238}U 的中子俘获引起的。还会有相对较小的快中子裂变，主要来自^{238}U。

在考虑核燃料中的中子来源之后，我们还需要考虑显著的中子吸收体，以便继续讨论中子经济性。中子从反应堆中损失的几个过程可以被描述为吸收或泄漏。我们已经考虑了一个例子,它与一个可裂变核吸收中子但没有发生裂变的情况有关;中子被吸收并从系统中消失。$^{236}U^{*}$的激发态是由^{235}U上的中子吸收而不是裂变形成的,这就是一个例子;还有其他吸收体,中子吸收在慢化剂和冷却剂中是两个主要的例子。由于微观吸收截面随能量的变化明显,因此也需要考虑到这一点的影响。

从另一个方面来说,在反应堆中泄漏并不是无限的,也就是说,存在物理边界来定义反应堆芯的物理范围,在此范围内可以实现自持链式反应。不可避免地,一些中子会越过这些边界而不再返回,因此,它们也从反应堆中消失了。显然,反应堆芯中所选材料的相互作用特性对中子泄漏有显著影响,同样,堆芯的表面积与体积之比也对中子的泄漏和从系统中丢失有影响。

在考虑反应堆设计与中子经济性的相互作用时,可以采用以下一般原则。

(1)选择的裂变核素和燃料浓缩程度会影响中子吸收。到目前为止,大多数动力反应堆都基于^{235}U,因此在选择主要同位素方面缺乏灵活性。尽管在第 11 章中讨论了从可裂变核素中进行增殖的相关进展,但这种情况仍将持续。通常,提高铀浓缩会产生更多的中子(因为有更多的裂变相互作用),从而提高吸收。值得注意的是,更强的中子谱(即更高的能量)会导致给定的裂变核素产生的中子数量增加。然而,微观裂变截面随中子能量的增加而减小的反作用也需要考虑到。

(2)反应堆的设计、几何形状以及选择的中子慢化剂、冷却剂和结构组件材料会影响我们所说的中子消耗。当这些选择导致的损失相对较低时,中子经济性可能足以为反应堆能够容纳的燃料浓缩水平提供一定的灵活性,包括低浓缩水平和天然浓缩的燃料。相反,如果中子消耗相对较高,反应堆可能受到限制,只能使用需要人工浓缩的燃料。

值得再次强调的是,中子经济性并不是决定燃料浓缩程度的唯一因素:提高负载因子、燃耗以及优化燃料装载周期也是促使燃料浓缩至高于天然水平的因素。浓缩设施的广泛使用让世界上大多数动力反应堆能够利用这些好处,尽管前面强调了与浓缩有关的经济因素。

6.5 慢化剂的理想特性

几乎所有的物质都或多或少地对中子有一定的慢化作用(甚至包括我们自己)。然而,很少有替代品能够满足核反应堆中复杂且常常相互冲突的工程需求。对慢化剂材料的要求包括具有低原子质量、高中子散射截面、低中子吸收截面以及在长时间使用期间暴露于高水平辐射的情况下仍能保持性能稳定等基本要求。这些要求的核心在于中子与材料发生的散射和吸收相互作用。下面几节将探讨这些问题。

6.5.1 中子散射相互作用

大多数中子能够不受干扰地穿过物质,是因为相对于原子的大小,原子核的规模很小。

然而,也有一些粒子离原子核足够近,从而被强核相互作用散射。这导致中子改变方向,并与原子核交换一些能量,后者通常是静止的,或者相对于相互作用前中子的能量状态来说是靠近原子核的。如果在相互作用前后的动能总和相等,那么这种相互作用就被称为弹性散射。如果相互作用显著,以至于大量的能量被交换,这可能使靶核跃迁至激发态,甚至改变其核结构。在这种情况下,相互作用后的动能总和相对于相互作用前的总和有所减少,这种相互作用被称为非弹性散射。弹性散射是热中子堆中子慢化剂中最理想的相互作用,因为它会发生能量转移。

6.5.1.1 慢化剂中子微观截面的变化趋势

本章稍后将对微观弹性散射截面和吸收截面进行定量比较。在考虑这些问题之前,先来探讨一下在动力反应堆中使用的主要慢化元素截面的定性趋势是有益的。这些元素包括氢和氘(以及构成轻水和重水中的氧),还有碳(构成石墨的主要成分)。图 6.2 和图 6.3 分别给出了这些同位素的微观弹性散射截面和相应的吸收截面的比较。

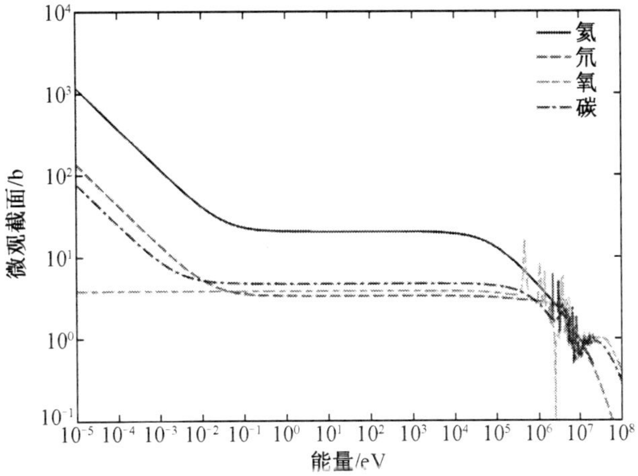

图 6.2　中子在氢、氘、氧和碳上弹性散射的微观截面作为中子能量的函数

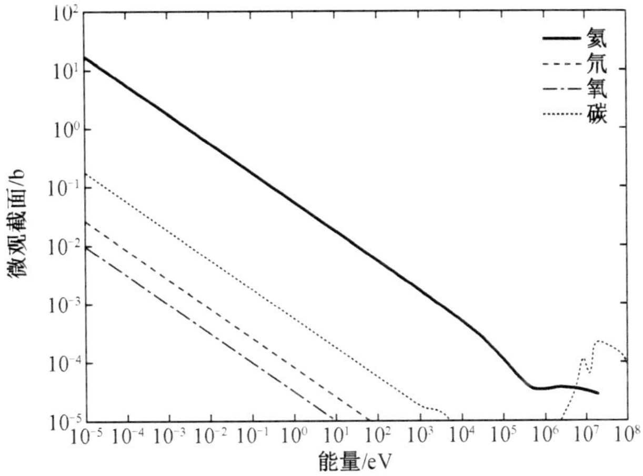

图 6.3　中子在氢、氘、氧和碳上吸收的微观截面作为中子能量的函数

图 6.2 中弹性散射截面与中子能量的关系表明，在与裂变中子相关的大部分中子能量范围内（即 0.025 3 eV～0.1 MeV）散射截面与中子能量无关。在这个范围内，氢的散射截面最为显著，其他同位素的散射截面彼此相似，但在整个范围内，散射截面约为氢的十分之一，最高可达 0.1 MeV。超过这个能级，截面迅速下降并相互收敛，在 0.5 MeV 以上的氧和碳中存在一些共振结构。

图 6.3 中微观吸收截面与中子能量的关系与相应的散射情况有很大不同。观察到所有同位素随能量增加而快速减小（注意，图 6.2 和图 6.3 中的坐标为 lg−lg）。在整个能量范围内，吸收截面大小由高到低依次为氢、碳、氘和氧。氢比碳大两个数量级，碳比氘大十倍。

从上述考虑可以清楚地看出，由于中子散射截面是缓慢变化的，所以没有必要过分关注中子散射截面与慢化介质中能量的关系。相反，氢的高吸收截面确实值得进一步考虑，特别是在热中子能量范围内。同样明显的是，由于中子慢化，所有情况下中子吸收在热能范围内是最显著的。因此，在慢化之后，这可能是对中子经济性受到最显著负面影响的地方。

6.5.1.2 原子质量和碰撞参数的依赖性

最有效的能量传递发生在原子核的质量和从原子核散射出来的中子质量对称时。对于那些具有最少中子和质子数的元素，对称是接近的，因此低质量同位素能最有效地慢化中子。

最佳的能量传递场景是中子与氢原子（质子）的原子核正面碰撞。在最佳情况下，中子与质子的近乎完美的质量对称导致中子突然停止，而质子则以接近入射中子的能量和动量从氢原子中喷射出来。从宏观上看，这类似于台球或台球中母球在与球正面碰撞后突然停止；后者以同样的速度以 π 角向母球的方向反冲（尽管在这个类比中有摩擦损失）。交互前后的场景如图 6.4 所示。

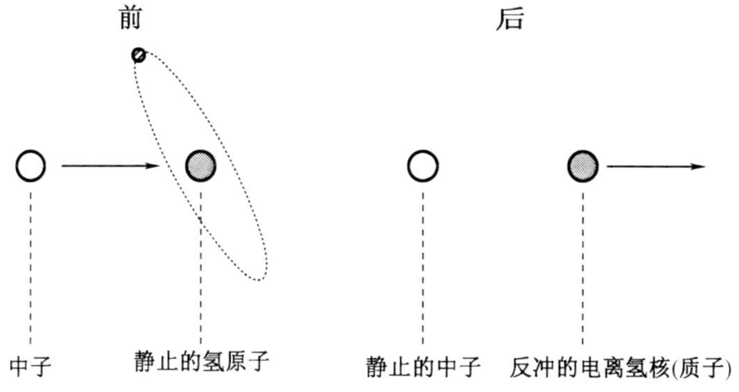

(a) 一个中子在一个氢原子上的背靠背散射示意图

图 6.4 在弹性散射前后（未按比例），一个中子在一个氢原子和在一个质量更大的原子核上的背靠背散射示意图

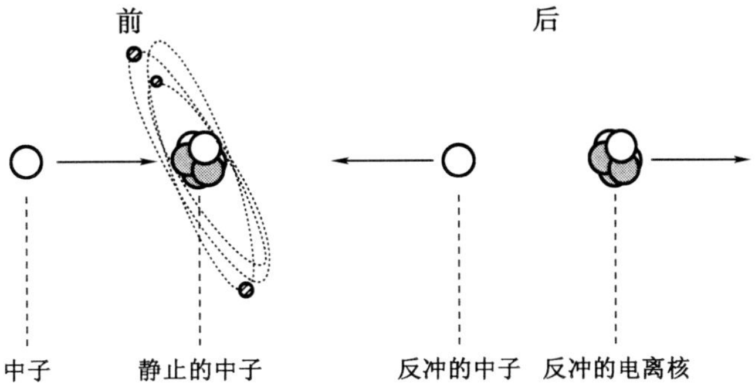

(b) 一个中子在一个质量更大的原子核上的背靠背散射示意图

图 6.4 （续）

对于高效的中子慢化，如轻同位素提供的慢化，有两个很重要的原因。首先，每次相互作用的能量传递效率越高，中子慢化所需的相互作用次数就越少。其次，它能确保中子在紧凑型反应堆设计中所需的小体积内被慢化。前者对于减少中子吸收和相关的中子消耗至关重要，因为每次相互作用都会伴随中子被吸收而不是散射。慢化的小体积有助于减少泄漏的可能性。

就能量传递而言，上述的背靠背散射方案是最有效的。然而，这也是相对不可能发生的，中子散射轨迹也不可能被限制只发生在正面。将散射前后的能量和动量相等，得到如下表达式（参见案例分析 6.1）：

$$E' = \left[\frac{A^2 + 2A\cos\theta + 1}{(A+1)^2}\right]E \tag{6.1}$$

其中，E 为中子散射前的动能；E' 为散射后的动能；A 为散射核素的原子质量；θ 为相对于中子在质心参考系下入射角的散射角。对于背靠背散射能量传递的最佳情况，$\theta=\pi$ 和 $\cos\theta=-1$ 使式（6.1）变为

$$E' = E\left[\frac{(A-1)^2}{(A+1)^2}\right]_{\theta=\pi} \tag{6.2}$$

其中，$\alpha=[(A-1)/(A+1)]^2$ 在某些文献中被称为碰撞参数。如果考虑氢的场景，$A=1$ 的情况，那么明显的，对于背靠背散射，式（6.2）简化为 $E'\approx 0$，因为在质子质量与中子质量近似相等的合理假设下，$\alpha\approx 0$。这意味着中子在一次相互作用后就会静止（注意，它的能量实际上不能低于周围环境的热平衡，即在 293 K 时 $E'=0.025\ 3$ eV）。液态氢不适合作为慢化剂，因为它的沸点约为 20 K，而且极易爆炸。含氢物质，如聚乙烯和水，由于其显著的氢含量和上述的高效散射动力学，构成了极好的慢化剂。

6.5.1.3 中子微分截面和经验散射定律

当在第 4 章中引入微观中子截面的概念时，我们考虑了一些相互作用的类型，例如吸收、俘获、裂变等，其中入射中子在相应的过程中被消耗。对于弹性散射，考虑到它与中子慢化的直接关系，情况略有不同，因为相对于入射方向和散射后的能量 E'，中子的散射角度 θ 有多种可能的结果。到目前为止我们所考虑的弹性散射的微观截面 σ_s，是所有可能的最

终结果的积分,用 E' 表示为

$$\sigma_s(E)=\int_0^{\infty}\sigma_s(E-E')\,\mathrm{d}E' \tag{6.3}$$

其中,$\sigma_s(E\to E')$ 表示在能量 E 处,中子散射到能量为 E' 的可能性。在这里,E' 被定义为介于 E' 和 $E'+\mathrm{d}E'$ 之间。需要注意的是,$\sigma_s(E)$ 是通过对许多个体、无约束散射相互作用的平均观测值来测量的实验值。式(6.3)可以表示为

$$\sigma_s(E)=\int_0^{\infty}\frac{\mathrm{d}\sigma_s}{\mathrm{d}E'}\mathrm{d}E' \tag{6.4}$$

其中,$\sigma_s(E\to E')$ 通常称为微分散射截面。这是一个重要的概念,因为我们经常关心粒子在特定方向或最终能量下散射的可能性。

用更具体的散射角变量 θ 表示 $\sigma_s(E\to E')$,式(6.4)可以进一步表示为

$$\frac{\mathrm{d}\sigma_s}{\mathrm{d}E'}=\frac{\mathrm{d}\sigma}{\mathrm{d}\Omega}\cdot\frac{\mathrm{d}\Omega}{\mathrm{d}E'}=\frac{\mathrm{d}\sigma}{\mathrm{d}\Omega}\cdot\frac{\sin\theta\mathrm{d}\theta\mathrm{d}\varphi}{\mathrm{d}E'} \tag{6.5}$$

其中,$\mathrm{d}\Omega=\sin\mathrm{d}\theta\mathrm{d}\varphi$ 是在球极坐标系中定义的质心参考系中立体角的微分;φ 是方位角。由式(6.1)可知,散射后的能量 E' 与 φ 无关。在这种情况下,$\mathrm{d}\theta$ 定义了在 $0\leqslant\varphi\leqslant2\pi$ 球面上环的宽度以及宽度上可能的散射中子的方向,如图 6.5 所示。

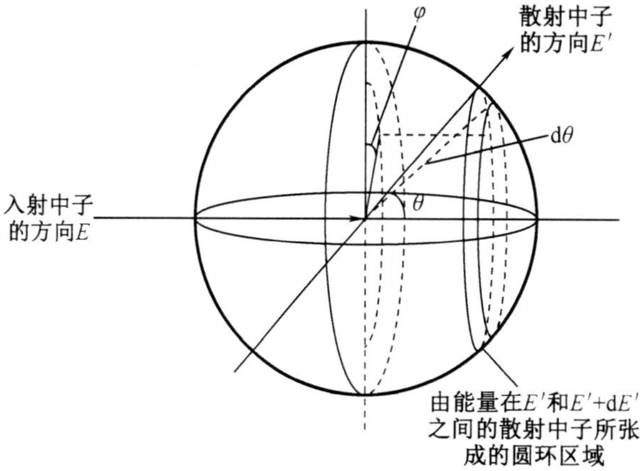

图 6.5　球极坐标下中子散射的示意图

图中,相对于入射角的散射角为 θ,微分散射截面的定义为中子在 θ 和 $\theta+\mathrm{d}\theta$ 之间的角,因此散射后的能量为 E' 和 $E'+\mathrm{d}E'$。

式(6.1)对 θ 求导得

$$\frac{\mathrm{d}E'}{\mathrm{d}\theta}=-\frac{2A\sin\theta}{(A+1)^2}E \tag{6.6}$$

代入式(6.5)得

$$\frac{\mathrm{d}\sigma_s}{\mathrm{d}E'}=-\frac{\mathrm{d}\sigma_s}{\mathrm{d}\Omega}\cdot\frac{\pi(A+1)^2}{AE} \tag{6.7}$$

在质心参考系中,中子的散射方向没有偏好,即散射是各向同性的。这通常称为经验

散射定律的一个性质。因此,根据式(6.7)所示,$d\sigma_s/d\Omega$ 作为 E 的函数是常数,因此 $d\sigma_s/dE'$ 也是常数。

如果 $d\sigma_s/dE'$ 是 E' 的函数,那么我们得到如图 6.6 所示的相关性,特别是在这个例子中对于氢的情况。这包括一条斜率为零的直线,从 $\theta=\pi$ 和 $E'=E$(对于氢原子,$E'=0$)开始,一直延伸到能量转移的最小可能值(对应于入射角 $\theta=0$ 和 $E'=E$)。从图 6.6 中可以看出,在多次散射相互作用后平均中子能量是最大能量和最小能量之和的一半;对于图 6.6 所示的氢,是 $\overline{E}'=E/2$。因此,当中子与构成氢核的质子相互作用时,它将平均损失一半的能量。

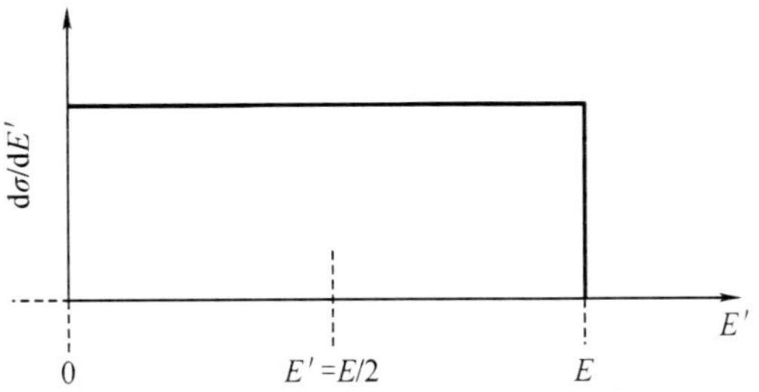

图 6.6 在质心参考系中,氢的中子散射截面随散射能量(角)的函数示意图

中子与散射核发生正碰并通过一次散射相互作用而达到慢化的情况,相对于其他可能的散射轨迹而言是一种罕见的情况,这在本节前面的内容中已经讨论过。大多数在慢化剂中通过散射而慢化的中子,通常是通过一系列的多次相互作用而实现的。尽管这是一系列的相互作用,但发生得非常迅速。在平均的情况下考虑使中子达到慢化所需的相互作用的大致数目,是有指导意义的。

要做到这一点,需考虑以下情况:由于在氢原子的每次散射相互作用中,中子平均会失去一半的动能,那么一个中子在经历了 n 次入射能量为 E 的散射相互作用后,其平均动能 $\overline{E'_n}$ 可以表示为

$$\overline{E'_n}=\left(\frac{1}{2}\right)^n E \tag{6.8}$$

在这种情况下,重新排列以获得将中子能量降至 $\overline{E'_n}$ 所需的平均相互作用次数,得到以下表达式:

$$n=1.44\ln\frac{E}{\overline{E'_n}} \tag{6.9}$$

假设初始能量为 $E=1$ MeV,最终能量为 $\overline{E'_n}=0.025\ 3$ eV,则得到 $n\approx25$。这说明了氢在慢化中子方面是非常有效,在 25 次相互作用中将中子的速度从 1.4×10^7 m/s 降低到 2 200 m/s。

为了进行比较,以 ^{238}U 作为相关和对比:^{238}U 原子核相对于中子的质量大得多,导致在每次散射相互作用中,中子只能将一小部分能量(<2%)传递给 ^{238}U 的原子核。在图 6.4(b)这个例子中,中子保留了大部分的能量,中子反冲的方向与质量更大的原子核相反。

将 $A=238$ 代入式(6.2),得到 $E'=0.98E$ 的最小散射中子能量,因为在这种情况下,就

中子和与之相互作用的铀核的质量而言，并不对称。这给出了散射后的平均能量 $\overline{E'}=0.99\ E$。与式(6.9)类似，将平均碰撞参数设为0.99，并以与前面示例中使用的入射和最终能量相同的方式进行求解，则需要约1 740次相互作用才能使相同的1 MeV中子慢化。

上面的例子并不一定意味着，由于慢化所需的相互作用数量较多，热中子所需的体积会急剧增大；为了估算这一点，需要考虑不同材料的散射平均自由程以及中子在慢化过程中的随机路径。然而，尽管考虑了中子吸收截面和特定的几何形状，由于需要更多的相互作用才能达到慢化，^{238}U 的泄漏和吸收通常比氢的情况更常见。

6.5.2 特定/常见慢化剂的特性

表6.1总结了最广泛使用的慢化剂材料中相关同位素的主要核性质。这些包括：轻水的组成元素氢、重水的组成元素氘、轻水和重水中的氧，以及石墨中的碳。

表6.1 不同慢化剂组分同位素特性

慢化同位素	$\sigma_c(n,\gamma)$/b		σ_s(n,elastic)/b		α	$\overline{E'}/E$	n(1 MeV 中子的慢化)
	Thermal	1 MeV	Thermal	1 MeV			
Hydrogen(^1H)	0.332	0.000 03	30.27	4.25	0	0.5	25
Deuterium(^2H)	0.000 51	0.000 006	4.26	2.87	0.11	0.56	30
Carbon(^{12}C)	0.003 86	0.000 02	4.94	2.60	0.72	0.86	116
Oxygen(^{16}O)	0.000 19	0.000 1	3.96	8.15	0.78	0.89	150

注：表6.1不同慢化剂组分同位素的中子俘获微观截面为 $\sigma_c(n,\gamma)$，热能和1 MeV能量的弹性散射为 α，$\overline{E'}/E$ 为每次碰撞的能量损失分数和 n 为使能量为1 MeV的中子慢化所需的碰撞次数。

6.5.2.1 轻水

轻水储量丰富，价格低廉，并且对于其传热和流动的热物性质的研究有超过200年的工程知识。在热中子反应堆中，它通常被用作中子慢化剂，同时也是主要的冷却剂。在这种配置下，它在所需的能量范围内提供了有利的中子散射截面（在其组成元素是氢和氧的情况下）、高比热容和牛顿流体流动。轻水的使用使反应堆设计更紧凑，具有可预测的控制特性，特别是在由于功率突然增加而在水中形成气泡的情况下；这是一个重要的安全属性，将在第8章进行更详细的讨论。

轻水作为慢化剂的主要缺点是，相对于碳（石墨）或氘（重水）等替代的慢化剂元素，氢在热中子能量下的俘获截面很高，如表6.1中的数据所示。氢上的中子通过 $^1H(n,\gamma)^2D$ 反应生成氘，并构成中子的不良吸收。与用水有关的另一个操作方面是，水中矿物杂质的辐射可能导致污染。因此，有必要使用高度纯化形式的轻水，以最大限度地减少这种情况的发生。

6.5.2.2 重水

从概念上讲，用氘代替轻水中的氢来构成重水，会产生一种与轻水具有非常相似的热物性质(如沸点、临界点、密度、流体流动等)和有益于中子相互作用性质的介质。特别是,氢比氘的热中子俘获截面大几百倍,而与较高质量的替代品相比,中子和氘的质量对称性在很大程度上得到保留。这在中子经济性方面具有直接的好处,因为去除氢会消除一个主要的中子吸收源。因此,使用重水作为慢化剂的反应堆可以利用与轻水反应堆类似的蒸汽循环原理,但它们可以采用更广泛的燃料浓缩比。

重水反应堆的主要缺点是价格昂贵,因此在使用中必须节约。同时,如第5章所述,由于中子活化会产生氚,这可能会因其放射性而构成环境问题。大多数用重水进行慢化的反应堆设计,都将重水作为与慢化剂分离的主冷却剂,并采用基于轻水的二回路冷却剂循环。有关其他反应堆设计的详细信息,请参阅第10章。

6.5.2.3 石墨

石墨是第一种用于核反应堆系统的慢化剂,从费米(Fermi)的CP-1堆开始,一直到早期的材料生产和发电反应堆设计。它仍然是目前在英国几乎所有在运行的发电反应堆中使用的慢化剂。尽管它与目前正在建造的商业发电反应堆相比已经过时,但它与未来正在考虑的几个先进概念有关。

与重水中氘的情况类似,石墨中的碳具有较高的微观中子散射截面和较低的热中子吸收截面等主要优点。虽然作为慢化剂的效率不如氢或重水,但其质量相对较低。与重水的情况类似,较低的吸收截面在中子经济性方面具有优势。在早期的核能时代,提纯技术尚未广泛应用,通常采用天然浓缩的燃料,因此反应堆系统的中子经济性相对较低。

石墨作为一种固体材料既有优点也有缺点。从积极的一面来看,它可以构成燃料的载体,使燃料的装载相对容易,从而在反应堆装载时,无需对整个冷却剂系统减压,这对于燃料在燃耗期受到限制的情况尤其重要。这通常是由金属燃料的辐射损伤引起的,需要更频繁地更换核燃料,而在今天是不必要的。如今,石墨慢化反应堆在装载时频繁地进行燃料更换的情况比较少见,因为大多数反应堆现在使用富集氧化燃料,可以在更长的时间内实现更高的燃耗水平。此外,对低燃耗特性的辐照燃料的回收需求也较少。从不利的一面来看,石墨容易受到辐射损伤。

在一些早期的核反应堆(现已废弃)中,这种缺陷表现为结构变形和势能的储存,后者需要谨慎管理以避免失控的温度上升。还有一个缺点是,反应堆寿命结束时,无法像使用液体慢化剂那样将石墨轻易地运输出去,因此在大型发电反应堆中需要大量石墨。随着时间的推移和反应堆的使用,石墨会受到辐射损伤,这会降低其结构完整性和作为慢化剂的效能,而且石墨本身也会变得放射性。这给反应堆的使用寿命带来了限制,因为无法在原地更换大型石墨慢化剂。

尽管存在这些缺点,但石墨作为慢化剂使反应堆能够设计和使用气体冷却剂,特别是二氧化碳和氦气。这样的设计相对于水冷/水慢化反应堆具有较高的热力学效率,因为气体冷却剂的出口温度不受液体冷却剂临界点的限制。对于未来需要在高温下以高效率使用气体冷却剂的设计,石墨虽然通常以慢化剂材料的形式出现,但它在集成复合燃料设计中具有很大的潜力。

案例分析

案例分析6.1:中子能量与散射角度的关系

在质心参考系中,可以把一个中子与原子核的弹性散射大致看作如图6.7所示的情形。

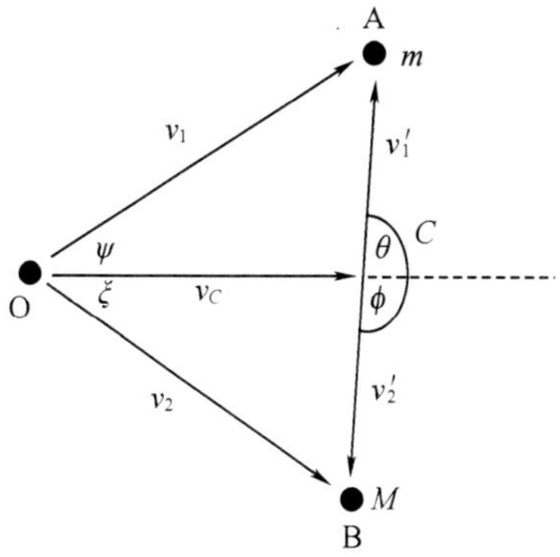

图6.7 中子与原子核弹性散射相互作用的示意图,在实验室坐标系中碰撞的位置是O,相互作用后中子和原子核的位置分别是A和B

其中,m是中子的质量;M是散射核的质量;质心系的速度是v_C;实验室坐标系中的中子和慢化核的速度分别是v_1和v_2;中子的初速度是u,中子在质心系中的速度是v_1'。为了说明这个问题,在质心参考系中假设了各向同性散射,这对于大多数核反应堆应用来说是合理的。在这个推导过程中,隐含的假设是速度的方向是相对于质心方向定义的,例如,根据v_1',散射中子的方向θ被定义为与质心方向成一定角度。

由于碰撞前中子的动量和碰撞后散射中子与反冲核的动量在质心参考系中是守恒的,因此可以将它们相等,如下:

$$mu=(m+M)v_C$$

$$v_C=mu/(m+M)$$

其中假设原子核最初是静止的。

中子在质心参考系中的速度是$u-v_C$,因此:

$$v_1'=Mu/(m+M)$$

考虑到中子的轨迹形成的角OCA,余弦定理给出了中子散射后的速度:

$$v_1^2=v_C^2+v_1'^2-2v_Cv_1'\cos(\pi-\theta)$$

由于$\cos(\pi-\theta)=-\cos\theta$,因此

$$v_1^2=v_C^2+v_1'^2+2v_Cv_1'\cos\theta$$

用u代入v_C和v_1'得

$$v_1^2=\left(\frac{mu}{m+M}\right)^2+\left(\frac{Mu}{m+M}\right)^2+\frac{2mMu^2\cos\theta}{(m+M)^2}=(m^2+M^2+2mM\cos\theta)u^2/(m+M)^2$$

用 $m\approx 1$ u 和 $M\approx A$ u 替换，并定义中子的入射能量为 E，其散射后的能量为 E'，其中 $E=mu^2/2$，$E'=mv_1{}^2/2$，则

$$E'\approx\frac{A^2+2A\cos\theta+1}{(1+A)^2}E$$

案例分析 6.2：估算中子慢化所需散射的次数

进一步讨论式(6.3)，对于 $A>1$ 的慢化剂，n 次碰撞后的 $\overline{E'}$ 分别由散射后的最小能量 αE 和最大能量 E 之和的一半给出，其中 E 是入射中子的能量。

$$\overline{E'_n}=E\left(\frac{1+\alpha}{2}\right)^n \tag{6.10}$$

因此，

$$n=\frac{\ln E/\overline{E'_n}}{\ln 2/(1+\alpha)} \tag{6.11}$$

这是中子能量从 E 降低到平均值 $\overline{E'}$ 所需的碰撞次数。

目前使用的慢化剂大多是由多种组分组成的化合物，如轻水和重水，因此有必要根据每种同位素组分的 α，通过相应的宏观截面加权，推导出相应的碰撞参数 $\overline{\alpha}$ 的平均值。这通过相应的宏观截面考虑了每个组分的慢化影响。表 6.2 列出了轻水、重水和二氧化铀的分析结果，以供比较。

另一种广泛的、通常更准确的方法是考虑产生 $\ln E/\overline{E'_n}$ 的平均值所需的碰撞次数，其中 $u=\ln E/E'$ 被称为惰性(lethargy)。在这种情况下，

$$n=\frac{u}{\xi} \tag{6.12}$$

ξ 是每次碰撞的平均对数能降；这是选择慢化剂的一个性质，其中[1] $\xi=1+[\alpha/(1-\alpha)]\ln\alpha$；Narita 和 Narita[2] 提供了进一步的替代方案的全面总结。

表 6.2 是基于式(6.2)和裂变谱平均截面计算的水、重水与二氧化铀的平均碰撞参数 α、每次碰撞的能量损失分数和使能量为 1 MeV 的中子慢化所需的碰撞次数。

表 6.2　碰撞次数

慢化剂	$\overline{\alpha}$	$\overline{E'}/E$	n
H_2O	0.03	0.51	26
D_2O	0.35	0.67	44
UO_2	0.87	0.94	270

复习指南

完成本章后,你应该:

- 在解决微观裂变截面的低能优势与裂变发射高能中子之间不一致性的基础上,理解热谱动力反应堆中慢化的必要性。
- 能够从自然丰度、慢化剂材料的相态、中子散射特性、吸收截面和原子质量等方面总结中子慢化剂的理想特性。
- 了解商用热谱动力反应堆中使用的主要慢化材料是什么,并能够总结每种材料的优缺点。
- 理解如何推导出中子能量与原子质量和散射角度之间的关系,以及获得平均中子能量和估算使中子慢化所需的散射相互作用次数的公式。
- 理解并能够绘制出不同中子能量下散射截面和吸收截面的定性趋势,并且能够根据各慢化剂物质所包含的同位素来比较和对比它们的相对尺度。
- 能够描述慢化与原子质量、散射截面差异和经验散射定律的物理基础。

习　　题

1. 混凝土是核反应堆系统中一种普遍使用的材料,例如用于地板和通常作为安全壳主要的一部分。

在这个例子中,混凝土被定义为由以下成分组成:三钙硅酸盐($3CaO \cdot SiO_2$)、二钙硅酸盐($2CaO \cdot SiO_2$)、三钙铝酸盐($3CaO \cdot Al_2O_3$),四钙铝铁氧体($4CaO \cdot Al_2O_3 \cdot Fe_2O_3$)还含有一定量的自由水和结合水,其含量取决于其状态。请为这些化合物中的主要同位素计算 $\overline{E'}/E$ 值。假定每个情况下的主要同位素是该物质中稳定且最丰富的同位素。因此,就可能由于水合而存在的轻水的慢化作用进行讨论。

2. 在质心系中,绘制出在弹性散射后,截面变化率随中子能量的变化关系图,但不限于氢的情况。对于能量为 $\overline{E'}$ 且 $A \to \infty$ 的单次散射相互作用,平均中子能的数学极限是什么?

3. 导出将快中子从能量 E 慢化到能量 $\overline{E'_n}$ 所需的散射次数的一般表达式。

因此,计算以下几种同位素(^{23}Na、^{184}W 和 ^{208}Pb)的中子,使其初始能量为 2.1 MeV 的中子慢化所需的散射次数。

当这些材料用于冷却快堆或作为辐射屏蔽时,你能得出什么结论?

4. 中子在石墨样品中经历弹性散射,并以恒定的距离在每次相互作用之间进行随机运动。

如果到第一次相互作用点的绝对距离是 $\lambda\sqrt{z\pi/6}$,其中 z 是相互作用的次数,λ 是中子的平均自由程,给定石墨密度为 2.26 g/cm^3,那么能量为 1 MeV 的中子的慢化距离是多少?这个计算中的关键假设是什么?

5. 第 4 章定义了 1 cm^3 材料中的反应速率为 $\Sigma\phi$,其中 Σ 是宏观截面,ϕ 是中子通量。如果中子通量为 10^{16}/(cm^2 · s),假设中子通量完全慢化,在轻水中由于氢成分而俘获的中子占总通量的百分比大概是多少?

将其与重水中氘组分的速率进行比较,从而对抵消氢俘获损害所需的富集度变化进行讨论。

轻水和重水的密度分别为 1 g/cm^3 和 1.11 g/cm^3,轻水和重水的摩尔质量分别为 18.015 g/mol 和 20.028 g/mol,氢和氘在热能下的微观俘获截面分别为 0.33 b 和 5.1×10^{-4} b。

参考文献

[1] S. Glasstone, M. C. Edlund, The Elements of Nuclear Reactor Theory, D. Van Nostrand Co., Inc., Princeton, NJ, 1952.

[2] M. Narita, K. Narita, Average number of collisions necessary for slowing down neutrons, J. Nucl. Sci. Technol. 26 (9) (1989) 819-825.

第7章　冷却和热工水力相关概念

7.1　章节概要和学习目标

本章介绍了与冷却有关的基本概念和与核能有关的基本热过程。核能最吸引人的特点之一,是反应堆构成了高密度的热能来源,只需要间歇换料。当核能首次被引入时,第一批动力反应堆几乎可以直接取代之前的燃煤和燃油发电厂。

当前,电气化正在快速发展,但继续在市中心附近使用产生烟雾的化石燃料发电站变得不受欢迎,核裂变反应堆提供了一种无烟雾的替代方案,不需要每天运送大量燃料。这是一个重要的优势,不仅在与特定站点相关的基础设施要求方面,而且在长期运营成本预测方面,都将继续带来收益。

因此,第一代核电站经常使用辅助系统(如热交换器、蒸汽发生器、冷却剂循环等),这些系统与早期化石燃料发电站使用的系统类似,但经过调整以适应更高的功率密度。只有随着经验的积累,人们才能认识到使用不同冷却剂和不同循环的好处。值得注意的是,参照前一章,在相当多的情况下,冷却剂既起着传热介质的作用,又起着中子慢化剂的作用。

本章的目标是:

(1)复习热力学定律;

(2)介绍热机的通用概念以及热机在理论和实际运行中的物理限制;

(3)介绍卡诺循环是效率最高的假设热机;

(4)介绍朗肯循环作为描述核反应堆系统中传热函数运行的实用简化;

(5)复习核反应堆系统中最常用的液体冷却剂的使用,包括它们的物理特性、优点和缺点;

(6)复习使用最突出的气体冷却剂;

(7)复习使用更多特殊的冷却剂的方式和想法;

(8)介绍汽轮机作为核动力反应堆系统中最广泛使用的能量转换技术的功能;

(9)从维持核燃料安全状态的角度,介绍导热和传热的概念;

(10)介绍热工水力学的一些基本概念,特别是关于沸腾的概念。

7.2　历史背景:塞缪尔·昂特迈耶二世(1912—2001)

早期的轻水核反应堆是加压的,以防止堆芯沸腾和气泡的形成,因为人们预计,冷却剂(同时也作为中子慢化剂)因受热激发的密度变化可能导致反应堆故障和过热。塞缪尔·昂特迈耶二世(图 7.1)在这方面的重要贡献是意识到蒸汽气泡的形成实际上可能提供一个稳定和自我控制的环境。他进行了一系列沸水反应堆实验项目代号 BORAX(Boiling Reactor Experiment),并发明了他所谓的蒸汽形成中子反应堆及其操作方法[1]。

图 7.1　塞缪尔·昂特迈耶二世

昂特迈耶二世意识到,如果过热的轻水反应堆中确实形成了气泡和蒸汽,那么核反应实际上就会减慢,而轻水反应堆的设计初衷是由于慢化剂密度的下降而导致反应性下降。1953 年,他证明了在运行的反应堆中沸腾是一个稳定的条件,而且,沸腾增加导致功率降低的特性可以用来控制功率的增加。与加压系统相比,这提供了几个优势,包括能够在较低的压力下运行,消除了对蒸汽发生器或压力容器的要求。它还减少了冷却剂泄漏的风险,因为有更少的管道、更少的焊缝、更少的大直径管道和没有蒸汽发生器管道。目前全世界有 78 座基于这一原理建造的反应堆。

7.3　导　　论

由于许多原因,冷却对核电站的运行至关重要。最主要的原因是安全:即使是一个小的裂变反应堆也有可能在短时间内产生大量的热量。如果不进行冷却,就可能对反应堆燃料造成重大且不可逆转的损害,导致燃料变形,并可能破坏包壳,有释放放射性物质的风险。在最极端的情况下,燃料甚至可能融化。与反应堆完整性有关的另一个问题是,当反应堆关闭时,需要吸收和消耗燃料中剩余放射性物质产生的热量,这通常需要在反应堆停止运行后的几天到几周内进行主动冷却。显然,对于用于发电的反应堆系统而言,除了安全需要之外,一个重要的要求是能够将反应堆产生的热量输送到一个可以转换为有用功的地方。这通常涉及发电,但也可以通过直接使用高压蒸汽来实现。根据设计基础,在一些反应堆设计中,如压水堆和重水慢化反应堆,冷却也确保慢化剂保持在液相。冷却还可以使燃料保持在低于其晶体结构可能发生显著变化的温度,从而避免可能导致的变形。为确保温度保持在反应堆组件和包壳已知发生氧化的温度以下,有效的冷却也是必要的。

一些早期的核反应堆很小,功率很低,即小于 1 兆瓦,因此不需要主动冷却,也就是说,介质需要通过独立的动力系统输送到整个反应堆堆芯。然而,这并不是说在某种程度上不需要冷却,而是这些系统总是被设计成要么从自然通风中获得热量,要么从某种流体的自然循环中获得热量,其优点是它们的功率输出被限制在一定程度上,不需要更复杂的安排。随着材料生产和发电需求的增长,辅助冷却剂通过反应堆堆芯的运输成为必要。由于更高的传热效率,特别是当采用加压冷却剂时,由于更高的工作温度,可以达到更高的效率,从而可以实现更高的功率输出,达到 10 MW 以上。为了实现这些发展,有必要将一些相关系统作为大多数核电站冷却回路的一部分加以整合。这些在第 1 章讨论通用核反应堆时已经提到,在第 10 章讨论具体的主流反应堆设计时将进一步考虑它们。虽然规格和额定值因给定的反应堆设计而异,但大多数核反应堆有一些共同的特征:

(1)稳压器:该组件在冷却剂系统中建立高压,主要是压水堆,并能在压力变化发生时予以调节,避免引起显著的变化或不稳定。

(2)蒸汽发生器:提供了与堆芯接触的冷却剂和产生有用功的物质之间的接口,这是间接循环反应堆设计所需要的。

(3)冷却剂泵(通常在气冷设计中称为循环风机):这些通常是由一个独立的备用电源供电的,它们使冷却剂能够在反应堆冷却剂系统中运输,尽管考虑到未来的一些设计利用自然循环。

(4)给水系统:这是冷却剂系统的二次侧,它产生电力,并提供接口,使废热通过出口排放到海洋或大型水库,或通过冷却塔的冷凝排放到环境中。

(5)核反应堆还经常使用各种冷却剂处理系统、干燥器、冷凝系统和再循环器,以确保冷却剂保持在最佳状态,并与反应堆冷却剂系统的各个部分兼容。

7.4 基本术语

詹姆斯·瓦特观察到水壶的盖子被蒸汽的压力掀开的假想场景可能并不真实发生,但却说明了一种物质是将热量转化为有用功所必需的。这可以总结为:接收和排出热能必需需要工质的存在,然后可以将一部分热能用于有用功。

进行这种转换的系统称为热机。在瓦特的水壶里,工质是水。水仍然是世界上大多数大大小小的热机(包括许多核反应堆)的首选工质。水便宜、储量丰富且无害。非常重要的是,水具有很大的比热容,也就是说,相对于相同质量的其他流体,需要大量的热量来提高它的温度。瓦特和其他人在 18 世纪和 19 世纪初观察到,为了从热能中提取能量来做功,通

常需要将能量从一种形式转换为另一种形式。他们还指出,必须尽可能高效地做到这一点。在核能方面,通常需要几个转换阶段:

(1)能量主要在裂变中产生——核能。

(2)核能主要通过裂变碎片的相互作用转化为热能,但也通过中子和其他裂变产物与周围环境的相互作用转化为热能。设计核反应堆的一个重要目标是确保尽可能多的能量被工质吸收,以便将其输运到可以转化为动能的地方。

(3)通常通过发电机将动能转化为电能。

电力通常是终点,因为这种形式的能源具有通过电缆在地上或地下方便有效地运输的优点。除了运输和家庭供暖的某些方面外,电力几乎可以满足发达社会的所有能源需求。现在,交通和家庭供暖也在迅速转向利用低碳电力,而不是继续依赖化石燃料。例如,未来汽车的广泛电气化将不可避免地部分依赖核反应堆产生的电力,以及其他来源的电力。

相比之下,最早的核反应堆设计所产生的热量是其主要目的(生产核材料)的副产品。当时工质的作用主要是确保堆芯裂变产生的热量被引导出核电站,以防止对燃料和反应堆基础设施的破坏,因此,当时和现在一样,反应堆冷却的主要设计目标是安全。除了那些使用水的,一些最早的反应堆设计是用空气冷却的。这些物质在没有被进一步利用的情况下被喷射到大气中。正如本章将要描述的,环境(或者称为环境介质)在热机热力学中起着重要的作用。

第一批发电核反应堆是在热机属于外燃机的时候发明的,也就是说,热源在工质外部,而不是内部,在过去的200年里,热机得到了大量的发展和优化。这些发展在20世纪三四十年代以燃煤和蒸汽为基础的发电站时期达到顶峰。因此,第一批被用来做有用功(而不是生产核材料)的反应堆,往往只是与从化石燃料发电厂的使用和经验中衍生出来的预先存在的蒸汽发生装置设计相匹配。

随后,随着高能量密度热源的运行经验的积累,冷却剂回路的设计变得更加复杂并专用于核电站,其与核动力冷却剂循环的一个区别是,没有与燃料直接产生的热烟气等效物,这类似于外燃机中的主要工质。因此,核动力反应堆经常使用两种工质的组合:

(1)主冷却剂:作为燃料通过其包壳产生的热量的传递介质。

(2)二次侧工质:与电力转换装置接触的传热介质。

热量通常通过热交换器(通常称为蒸汽发生器,特别是在气冷反应堆的情况下)从反应堆一次侧传递到二次侧。沸水反应堆是这种方法的一个例外。

特定反应堆系统的冷却剂循环设计和性能对其热效率有重要影响。由于这反过来又对该站的长期经济可行性有重大影响,因此冷却方法的选择可以构成反应堆设计可行性的关键特征。在许多反应堆中,冷却系统的部件往往是电站设备中最大和最明显的部分。这是将集中供应的热量从反应堆堆芯输送出去所必需的能力。

7.5 基本热力学

7.5.1 热力学定律和气体定律

在考虑核动力反应堆系统的冷却时,回顾热力学定律是很重要的,其代表了这些系统和所有相关热机的基本性能限制。

热力学第一定律指出:动能和热能是可以互换的,但能量既不能产生也不能消灭。热力学第一定律在热源和冷源之间的净能量传递方面为所有热机的运行建立了一个重要的界限。

第二定律对所有基于热机原理,特别是核动力反应堆的电站设计具有特别重要的意义。热力学第二定律指出:对于两个相互接触的物体,热量会从温度较高的物体流向温度较低的物体,直到二者的温度相等。

第二定律实际上是关于系统无序性的陈述。另一种说法是,与自发的自然过程相关的无序(或熵)必然增加。因此,如果能量以热的形式被用来做有用功(如压缩活塞或使汽轮机转动),这就构成了局部熵的减少。假设熵的净增加(由热力学第二定律推断)总是存在的,这可以通过与向周围散发的热量相关的无序增加来保证。这就引出了我们更熟悉的第二定律表述:用热机的全部热能做功是不可能的。

这种对热力学第二定律的解释意味着热机不可能100%高效;事实上,它们的效率往往比这低得多;如果100%的效率是可能的,那么熵就会降低,类似于一个热的热源以牺牲一个相连的冷热源的能量为代价而变热,这是不可能的。这一限制对核动力反应堆以及所有基于热机的能量转换的发电站具有重要的商业和安全影响。

本章讨论的系统利用工质(通常是流体)状态的变化,其中热量可以引起压力、体积和温度的变化。提供给工质的任何热量将包括对周围环境所做的外部功加上该物质内能的任何变化的总和。给一定体积的工质提供热量,使其膨胀;通常是它对周围环境做功。上述第二定律的一个例证是,做功的物质必须保持膨胀。因此,它必须保留一些热量作为内能来做到这一点。然而,这并不体现在工作的完成上。物质的内能是由它的温度推断出来的,它描述了物质将其内能作为熵的函数向周围环境输出的趋势。

为了定量地探讨这个问题,首先考虑气体在等温条件下的行为(即恒温)。波义耳定律表明理想气体的压强 P 和体积 V 的乘积是恒定的,

$$PV=\text{constant} \tag{7-1}$$

如图7.2所示,描述了在孤立的气体体积中引起体积变化的情况。

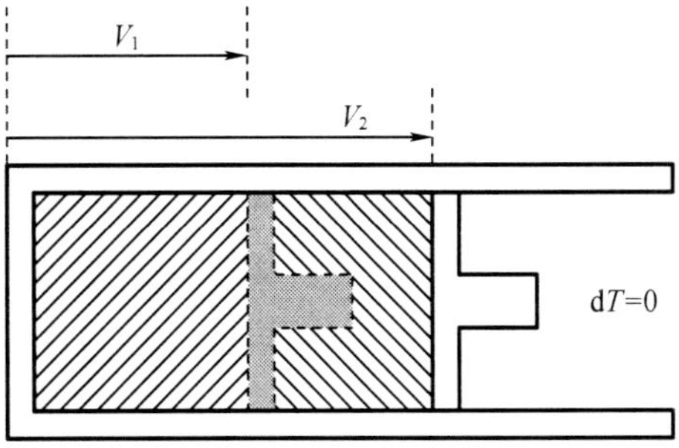

图 7.2 气体体积为 V_1 到 V_2 的密封绝缘圆柱体中等温膨胀(即在恒温下)的示意图

这说明了体积从 V_1 变化到 V_2,如果气体的温度恒定,压强从 P_1 到 P_2 也会有相应的变化。根据波义耳定律,有

$$P_1V_1 = P_2V_2 \tag{7-2}$$

r 被定义为膨胀比:

$$r = \frac{P_1}{P_2} = \frac{V_2}{V_1} \tag{7-3}$$

对于定压或定容情况,查尔斯定律适用于体积 V 与温度 T 之比或压力 P 与温度 T 之比为常数的情况,例如:

$$\frac{V}{T} = \text{constant} \tag{7-4}$$

和

$$\frac{P}{T} = \text{constant} \tag{7-5}$$

温度以绝对温度为单位。结合波义耳定律和查尔斯定律:

$$\frac{PV}{T} = \text{constant} \tag{7-6}$$

可以用 P_i、V_i 和 T_i 来描述流体的状态 i,则有

$$\frac{P_iV_i}{T_i} = \text{constant} \tag{7-7}$$

然而,我们也知道,在标准温度和压力下,1 mol 的理想气体占有相同的体积。将式(7-6)和式(7-7)中的常数定量联系起来,同样也可以与气体常数联系起来,$R = 8.31$ J/mol · K。因此,现在可将理想气体定律定义为

$$PV = nRT \tag{7-8}$$

其中,n 为摩尔数;P 的单位是 Pa;V 的单位是 m^3。

工质在温度 T 下的等温膨胀阶段所做的外功 W(图 7.2)使体积发生变化。所做的功可以通过力与距离乘积的基本关系求得。它们可以分别由压强和体积变化除以膨胀引起的体积变化得到,则有:

$$W = \int_{V_1}^{V_2} P\mathrm{d}V \tag{7-9}$$

代入波义耳定律和理想气体定律,W 与膨胀比的关系式为

$$W = nRT\int_{V_1}^{V_2} \frac{dV}{V} \tag{7-10}$$

$$W = nRT\ln r \tag{7-11}$$

因此,假设我们有一个膨胀比的估计值,式(7-11)提供了一种评估由于气体响应于供热而膨胀所做功的方法。

值得注意的是,需要考虑到气体的基本性质,在核电站的热循环中,产生的蒸汽处于很大的压力下,并且表现为非理想气体。因此,热力学性质不能在此基础上推导出来,而通常是从实验数据中插值得出的。

7.5.2 热机

我们可以把热机看成是一个把热能转化为动能,反之亦然的机器。这样动能就可以用来做有用功了,这里的有用意味着动能可以用来完成一些理想的功能。在日常使用中有各种各样的热机设计,如汽车上的内燃机和在冰箱、冰柜中带来制冷的压缩机。然而,我们将集中讨论蒸汽轮机,因为它们被广泛用于将热量从核反应堆堆芯传递到发电机,从而产生电力。

值得注意的是,在某些热机中,膨胀后的工质经常被排到周围环境中,并在系统中消失;以机动车和蒸汽机车中的内燃机为例。在这种情况下,在前者中,热气体通常直接从气缸中排出,而在后者中,膨胀后的蒸汽通常从活塞中损失。这就满足了热力学第二定律关于熵增加的需要,同时也说明了在这些情况下没有转化为有用功的热能的两个例子。例如,通过低压汽轮机或作为分布式过程热量的供应,可以进一步优化这种能量的有用性。然而,这构成了从工质中提取热量的效率的提高,而不是违反第二定律。

蒸汽发生器利用一种物理过程,将热量通过工质(或通常称为冷却剂)从温度较高的热源传递到温度较低的水槽。这会导致冷却剂的压力和体积的变化。这种变化使汽轮机转动,从而通过轴向发电机作机械功以产生电力。

为了使热能在工质上的作用机械化,以便在较长的时间内持续地提供有用功,即动力,通常需要按顺序重复一些操作。一个操作序列的优点是它可以无限地重复,否则,能源的供应将是间歇性的,其使用效率极低。在这种情况下,序列被称为循环。不同类型的循环有两个主要区别:理想循环和实际循环。理想循环代表了在没有摩擦和热损失的情况下可能达到的理论上的最佳情况,例如,通过热传导和对流。这些不能在实践中实现,例如:卡诺循环和奥托循环。相反,实际循环表示可以在热机中实现的实际过程。理想循环为比较实际循环的性能提供了理论依据;根据定义,实际循环总是比相应的理想循环效率低。

7.5.3 卡诺循环

卡诺循环是与外燃机设计相比较的一种理想循环。奥托循环是与内燃机设计相比较的理想循环。卡诺循环描述了具有最佳工作条件的理想冷却剂和其性能的最大理论效率。作为一种理想循环,其性能在实践中无法复制。

卡诺循环描述了热量从热源到冷源的传递，其中一些能量被引导用于做有用功。这个循环包括四个独立的阶段：两个膨胀阶段和两个压缩阶段。热源通常被指定为温度 T_1，冷源被指定为温度 T_2，其中 $T_1 > T_2$。虽然它代表了理论上的最优，但其相应的效率在现实中无法实现，可以使用许多实际例子来说明卡诺循环的原理。最常见的例子是活塞作用于气缸中的气态工质，如图 7.3 所示。卡诺设想活塞是与曲柄相连的原动机，通过曲柄提供必要的旋转运动来提升特定的动力。

卡诺循环的四个阶段如下：

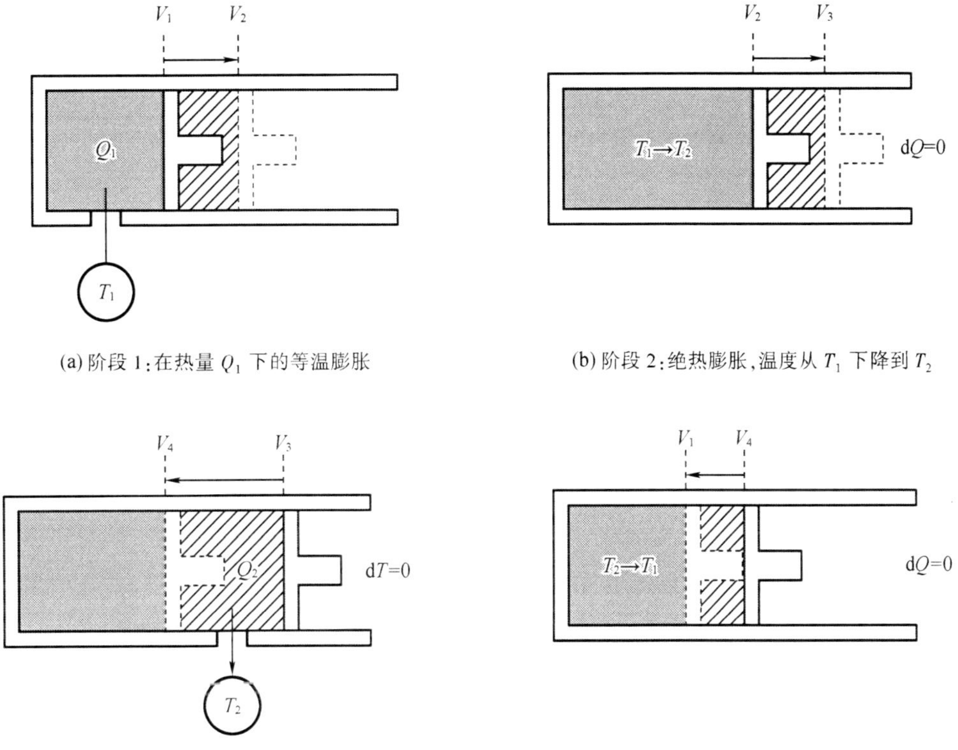

(a) 阶段 1：在热量 Q_1 下的等温膨胀

(b) 阶段 2：绝热膨胀，温度从 T_1 下降到 T_2

(c) 阶段 3：等温压缩，Q_2 耗尽

(d) 阶段 4：绝热压缩，温度从 T_2 上升到 T_1

图 7.3　卡诺循环的四个阶段

阶段 1：来自热源的热量被提供给气缸中的工质。这使得物质从 V_1 膨胀到 V_2，从而对周围环境做功。气体的热力学能增加了 Q_1。然而，由于气缸在这个阶段是打开的，温度保持恒定在 T_1；因此称为等温膨胀。如图 7.3(a) 所示。

阶段 2：将气缸密封并完全绝热，这样就不会再从工质中吸收或损失热量。物质继续绝热膨胀，也就是说，在这一阶段，能量既没有损失也没有从系统中获得。体积从 V_2 增加到 V_3，导致温度从 T_1 下降到 T_2。如图 7.3(b) 所示。

阶段 3：周围环境对系统做功，使活塞将气体从 V_3 压缩到 V_4。由于气缸再次打开，能量 Q_2 减少。如图 7.3(c) 所示。

阶段 4：最后，气缸再次密封，周围环境继续作用于工质，使其从 V_4 压缩到 V_1，没有能量交换，从而使其返回到起始温度 T_1。如图 7.3(d) 所示。

为了计算卡诺循环的效率，必须确定活塞在膨胀状态下所做的功与提供给气缸使其膨胀的总热量之比。后者用 Q_1 表示。所做的功 W 就是吸热和散热量之差，$W=Q_1-Q_2$。利用产生相应膨胀比 r 所需能量的推导式[式(7-11)]，吸热 Q_1 和散热 Q_2 可以定义为

$$Q_1=nRT_1\ln\frac{V_2}{V_1} \tag{7-12}$$

$$Q_2=nRT_2\ln\frac{V_3}{V_4} \tag{7-13}$$

由于阶段 1 和阶段 3 的膨胀比相同，效率 η 可以表示为

$$\eta=\frac{W}{Q_1} \tag{7-14}$$

其中，$Q_1-Q_2=nR(T_1-T_2)\ln r$，则

$$\eta=\frac{T_1-T_2}{T_1} \tag{7-15}$$

式(7-15)在热机设计中具有重要意义，因为它规定了最优的理论效率与热源和冷源的温度之差成正比。在大多数热机中，这些分别对应于入口和出口的温度。因此，为了优化这种发动机的效率，有必要在这些发动机之间建立尽可能大的温差。此外，式(7-15)符合热力学第二定律，因为要获得 100%的效率，出口温度必须为绝对零度(第二定律不允许，并且在物理上无法实现)。

在实际中不能实现卡诺循环有几个原因。首先，不可能设计出完全绝热的圆柱体；其次，汽缸壁总是会发生一些加热，因此会损失一些热量。同样，在各个相应的阶段，圆柱体的开启和密封不可能分别达到完美的等温和绝热条件。这也会降低实际效率，而不是上面推导出的最佳效率。

许多热机利用一种工质，这种物质存在于该物质的液-气相边界上。在这种情况下，冷却剂不再表现出理想气体的特性，有必要考虑到与物质相变相关的能量。这对应于与冷却剂的蒸发和冷凝有关的能量(即潜热)。具体来说，在阶段 1 吸收潜热使冷却剂汽化，并在阶段 3 释放潜能。此外，为了达到等温，这些阶段的压力也是恒定的。在理想情况下，效率与上面的卡诺循环[式(7-15)]相同，但在设计热循环时，必须考虑到潜热交换。

7.5.4 朗肯循环

在实际应用时，通常通过一个单独的冷凝器来改进卡诺循环的基于蒸汽的适应性。这具有通过一个主动冷凝阶段延长第 3 阶段的效果。在这里，蒸汽被压缩到循环开始时的初始体积，即阶段 1。然后需要热量将凝结水提高到阶段 1 的起始温度 T_1。这个要求降低了循环的效率，进一步低于理想的卡诺循环的效率。这确保了跨液相边界操作的膨胀的实际效益是可以利用的，特别是在驱动活塞和汽轮机等机械系统中。

7.6 工质和冷却剂的性质

7.6.1 理想要求

卡诺指出,工质必须具有以下性质:

(1)能够吸收和排出大量的热能。

(2)能够在其使用的发动机的性能范围内适应压力和温度的变化。

(3)化学性质应在发动机的性能要求范围内保持稳定。

此外,当外部热源是与堆芯密切接触的核反应堆时,该物质还需要:

(4)由于构成该物质的同位素的低中子俘获截面,对中子活化具有低敏感性。这要求在使用前从物质中除去易受这种活化影响的微量污染物。

(5)与使用该慢化剂的特定反应堆设计的慢化剂相一致。这可能是一个复杂的要求,因为在一些反应堆设计中,冷却剂和慢化剂是同一种,因此冷却剂也需要有有效的慢化特性。在其他情况下,需要避免冷却剂的无意慢化,否则会使反应堆控制和中子经济性复杂化(我们将在第8章中讨论)。在快堆中,要避免慢化,通常需要具有非常低慢化性能的冷却剂。

(6)中子吸收截面应尽可能低,以避免冷却剂中的中子损失,从而最大限度地减少反应堆系统中中子经济性降低。

通过选择具有高比热容、高导热性和稳定流动特性的物质来满足要求(1)。要求(2)是通过选择一种不会因压力/温度循环而解离的物质来实现的。要求(3)有效地排除了大多数易燃、显著非牛顿性的物质(即那些表现出非线性流动特性的物质)、易被化学分解或导致反应器部件广泛腐蚀的物质。要求(4)通过使用脱矿冷却剂(如去离子水),以及从用于长期反应堆控制的冷却剂添加剂中去除易受中子活化的同位素来实现。要求(5)因为低可燃性、化学稳定性和无腐蚀性的冷却剂通常被广泛使用。如果选择的物质是轻水,则很难避免要求(6),特别是轻水在其他方面具有许多显著的优势。在这种情况下,对中子经济性的影响通常通过增加燃料的浓缩来抵消。显然,和大多数工程应用程序一样,由于不能同时满足所有需求,因此需要寻求折中方案。

对于由两个通过中间蒸汽发生器交换热能的冷却剂回路组成的间接反应堆系统(如第1章所述),一回路冷却剂在整个一回路中几乎总是保持在相同的物理状态下。蒸汽发生器传递给二回路冷却剂的热量通常作用于轻水,以促进二回路中蒸汽的产生。这通常用于多级涡轮系统。这种安排也有例外,可以直接使用主蒸汽,这将在第10章中讨论。

在这种情况下,当介质作为一回路冷却剂保持在液相时,其主要功能是吸收热量和传热。因此,高比热容作为我们寻求冷却剂的一个突出的性能特征。表7.1总结了与核能相关的各种冷却剂的热物性参数,表7.2给出了典型反应堆运行条件的热物性参数。

表 7.1 各种冷却剂的典型热物性参数[2-4]

冷却剂	比热容/(kJ·kg^{-1}·K^{-1})		密度/(kg·m^{-3})	黏性系数		临界点	
	c_p	c_v		动力黏性系数/(×10^{-6}·m^2·s^{-1})	运动黏性系数/(×10^{-6}·Pa·s)	T_C/K	P_C/MPa
水(PWR)	4.183[b]	4.156 5[b]	997.05[c]	0.89[c](0.12)	82.57	647.096	22.064
重水(CANDU)	4.227 7[b]	4.215 2[b]	1 104.36[c]	0.99[c]	1 095[c]	643.847	21.671
二氧化碳(AGR)	1.22	0.655[b]	23.09	1.68	38.78	304.250	7.390
氦气	5.19[b]	3.12[b]	—	—	—	5.195	0.228
钠	1.383[d]	1.262[d]	927	7.42[d]	688.27[d]	—	—
钠钾	1.277	—	845[d]	0.60	507	—	—
铅	0.147 3[f]	—	10 670[f]	0.25	2 702.59	—	—
铅铋	0.150[g]	—	10 300	0.32	3 270[g]	—	—

注:大多数参数在相应反应器回路的温度和压力下会发生变化(可用的反应器类型数据在括号中显示)。

[a]http://www.peacesoftware.de/einigewerte。

[b]293 K 和 1 atm。

[c]298 K 和 1.01 atm。

[d]371 K。

[e]通常是 22%的钠,78%的钾。

[f]约为 600 K。

[g]400 K。

表 7.2 典型反应堆运行条件的热物性参数

冷却剂	冷却剂温度/K		冷却剂压力/10^6 Pa		工作质量流量/(kg·s^{-1})	工作体积流量/(m^3·s^{-1})
	进口	出口	进口	出口		
水(PWR)	565	596	15.83	15.51	19 200[5]	27.71
水(BWR-5)	551	559	7.14	7.03	13 670	17.99
重水(CANDU)	539	583	11.25	9.89	7 700	9.89
二氧化碳(AGR)	612	912	4.10	16.70	4 067[6]	176.14

7.6.2 液体冷却剂:轻水和重水

水(这里指的是轻水 H_2O 和重水 D_2O)几乎具有理想的热物理性质,可以用作核反应堆动力系统中的冷却剂。水与非超临界蒸汽循环相关,在非超临界蒸汽循环中,一回路的出口液相温度和压力低于其临界点。从工业革命开始,几百年来的操作经验都与水作为冷却剂有关。涵盖了水的液体、蒸汽和过热形式,最终形成了今天使用的高效多级蒸汽循环。然而,这种经验是来源于在蒸汽发生器中使用水作为冷却剂,其热源通常是来自燃煤或燃油燃烧过程的热烟气的供应,而不是核反应堆。

根据卡诺的建议(第7.5.1节),水具有高比热容($4\ 200\ J\cdot kg^{-1}\cdot ℃^{-1}$),反映了其具有吸收和散出大量热量的能力。它在大多数当前热机设计的性能范围内具有化学稳定性,并且不易燃。除重水外,轻水数量可观,费用不高,尽管需要考虑到大多数相关的基于反应器的循环的净化和去污费用。轻水和重水的临界点(考虑到目前的讨论仅限于非超临界冷却剂循环)都足够高,可以使水在一定压力下/反应堆运行压力下保持液相,同时产生足够的热力学效率。这是在压水堆主冷却剂回路中使用的基本要求。非常重要的是,假设一个反应堆工厂位于半无限的轻水来源区域,如海洋、湖泊或大河,水构成了冷凝器系统的自然可用的冷源。在这方面,构成这些冷源的水的温度设定了反应堆冷却剂系统的环境限制水平。

水作为冷却剂的一个好处是来自于它的流变特性,特别是它在液相中存在的剪切应力和剪切速率之间的线性牛顿关系。这使得它在大范围的流量和循环制度下使用时具有很大的灵活性和可预测性。这一特性也为一些新的反应堆设计提供了利用水来满足自然循环要求的条件,在事故情况下,减少强制循环。

然而,作为反应堆冷却剂,水确实有一些缺点。例如,重水和轻水容易形成氚,正如在第6章中讨论的它的慢化性质。通常还需要使用高度净化的水,以避免杂质因中子活化而意外污染,特别是在沸水堆中。随着时间的推移,这些杂质可以从反应堆冷却剂系统进入,包括制造过程中的残余颗粒碎片或腐蚀产物。水与某些钢接触时也具有腐蚀性。为了减轻这种情况,尽可能使用耐腐蚀材料,特别是构成反应堆压力容器和管道的材料。当构建冷却剂回路时,采用具有较高清洁度的水,以避免切屑和制造碎屑造成不必要的污染。

水的另一个重要的缺点是它的临界点。这限制了它作为未来反应堆发展的主冷却剂的使用,除非它以超临界形式使用,否则通常需要通过提高一次出口温度来获得更高的热力学效率。通过提高涡轮入口温度[在式(7-15)中 T_1]来提高卡诺循环效率在非超临界水条件下受到限制(表7.1)。众所周知,超临界水具有强烈的腐蚀特性,因此,在这些反应堆设计中,要么需要其他主冷却剂替代,要么需要耐腐蚀的材料来用于超临界冷却剂回路。这将在第11章深入讨论。对于现有的使用液相水作为主要冷却剂的反应堆工厂来说,临界点对可以实现的热力学效率设定了一个硬性的物理限制。虽然热力学效率只是影响核电厂运行效率的几种因素之一,但后者对装置的经济可行性有很大影响。运行效率是电厂在其最佳功率水平上负载时间的函数。这反映在高容量系数上,并受益于高水平的操作可用性和热力学效率的结合。容量系数是轻水反应堆的一个优势。

蒸汽通过沸腾产生,并在热机中作为工质使用,因此产生了一些与蒸汽的使用相关的专业术语。当水分解为原子或单个分子时,它是看不见的,被称为干蒸汽。如果没有完全蒸发或冷却,液滴存在,使其可见,在这种情况下它被称为湿蒸汽。在保留一些水粒子的状态下,产生蒸汽所需的热能较少。这种状态用具有干度的蒸汽定量地描述。干度是蒸汽的质量与蒸汽和水的总质量之比。干燥但与产生蒸汽的水接触的蒸汽称为饱和蒸汽。继续加热饱和蒸汽导致其温度上升,在这种情况下,它被称为过热蒸汽,因为在这种状态下,它的温度高于汽化点的温度。

7.6.3 气体冷却剂

对于冷却剂和慢化剂并非同一物质的反应堆设计,与轻水反应堆的情况不同,有许多冷却剂需要考虑。单独的专用冷却剂的要求与水基冷却剂/慢化剂的组合特性形成鲜明对比,因为不再需要冷却剂具有相应的慢化特性。因此,对这些反应堆设计的冷却剂的要求通常是使它们具有低的中子散射和吸收截面。这通常会把反应堆设计的重点转向在典型反应堆运行条件下处于气相的冷却剂。在气体反应堆冷却剂的发展背后有一个重要的历史背景。当需要频繁地从反应堆堆芯中取出核燃料以从中提取核材料时,由于早期金属燃料材料的燃烧限制,选择固体慢化剂,如石墨,因为它们具有灵活性。这比关闭反应堆、等待衰变热消退、给系统减压、移除压力容器部件进入内部的过程要方便得多。然而,这导致反应堆堆芯比大多数水慢化反应堆要大得多。

将液体冷却剂输送到反应堆堆芯是十分复杂的,正如这种系统的最极端指数所证明的那样;例如,苏联的 RBMK 反应堆设计(在第 10 章进一步讨论)。

在这种情况下,气体冷却剂提供了一种方便的替代方案,假设所讨论的气体便宜且丰富,那么气体在整个系统中的添加可以更容易和更经济地实现。气体冷却剂的另一个优点是,在反应堆设计处于 20 世纪技术发展高峰的时候,加热的气体出口几乎直接取代了传统蒸汽发生器厂(尽管温度较低)通常来自化石燃料厂的热烟气。这使得建立的蒸汽发生器可以作为早期气冷反应堆蒸汽发生器的基础。

对液体和气体的反应堆冷却剂有几个共同的要求:不可燃性、化学稳定性、低中子活化敏感性和良好的热物理性能(特别是高热容量和导热性)。相对于液体冷却剂,气体较低的密度通常要求较高的流速,以达到相似的传热速率。根据定义,气体冷却剂为气态,因此不可能像大多数液体冷却剂(特别是水)那样,由于汽化而从系统中损失高容量冷凝水,这有效地提高了与临界点相关的卡诺效率的温度上限,从而消除了热力学效率方面的一个重要约束。当然,在更高的工作温度下,还有其他工程限制需要考虑,例如燃料包壳的完整性和高温气体对反应堆部件的作用等。然而,气冷反应堆通常比水核反应堆具有更高的热力学效率,主要是因为它们的工作温度更高。

不再将反应堆用于发电和核材料生产,这在很大程度上降低了补充燃料的必要性。相反,反应堆运行的重点已经转向更高的燃耗、更长的燃料装载间隔时间和更短的换料中断时间,以优化发电时间的比例。这导致了轻水反应堆技术在世界范围内的广泛采用,气冷反应堆的受关注度逐渐降低。今天,英国仍然是气冷技术的主要倡导者。然而,目前正在考虑的几个未来反应堆设计的一个中心主题是实现更高的热力学效率。实现这一目标的其中一个途径是使用气体冷却剂,以提高出口温度。气体冷却剂在未来可能会提供一些目前尚未被广泛利用的优势,这些将在第 11 章中进一步详细讨论。

核电厂高昂的建造成本和天然气在发电成本方面的激烈竞争,使得研究注意力转向直接利用裂变反应堆产生的热量[7]。这与继续采用下游发电系统形成鲜明对比,并使得它们损失转换效率。这种方法的一个重要应用是,例如,在药品生产时用作原料的散装化学产品的生产中。反应器排出的气流将被用作过程热源,直接驱动化学过程。以这种方式使用,反应堆工厂可以取代现场的化石燃料工厂,提供电能和热能,具有低碳和极少需要换料的优势(如果在小型模块化反应堆设计的背景下)。

气体冷却剂的另一个优点是,与使用石墨慢化作用和轻水冷却剂组合的反应堆设计相比,气冷反应堆缺乏额外的慢化剂,这可能导致相对较高的慢化剂与燃料比。而其可能导致的在液体冷却剂运行不稳定,将在第 8 章和第 14 章中讨论。这在与反应堆功率意外变化相关的非能动安全要求方面代表了一个重要的设计优势。

7.6.3.1 二氧化碳

考虑到上面讨论的注意事项,在现有的几种气体反应堆冷却剂中,二氧化碳可能是目前使用最普遍的。虽然有几个国家在 20 世纪六七十年代探索了使用二氧化碳的气冷反应堆,但最常见的设计是先进气冷反应堆(AGR),使用低浓度的二氧化铀燃料、二氧化碳冷却剂和石墨慢化剂。这些反应堆取代了英国上一代的二氧化碳冷却反应堆,该反应堆基于包裹在镁合金中的天然富集金属燃料(镁诺克斯)建成。这两种设计将在第 10 章进一步讨论。

参考表 7.1,二氧化碳的比热容和密度明显低于水的比热容和密度。虽然与轻水系统(Sizewell B 压水反应堆)相比,它的质量流量较低,但体积流量大约是水冷电厂(即基于 AGR 的压水堆)流量的 6 倍。二氧化碳冷却反应堆通常需要现场专用的气体生产设施和气体循环风机来达到这样的流量。

为了利用本章前面描述的朗肯循环的好处,用二氧化碳冷却的核反应堆几乎总是在双回路、间接配置中使用。气体作为主冷却剂,轻水是用于二回路冷却剂。冷却剂系统两侧是反应堆蒸汽发生器。通常,每个反应堆堆芯配置几个蒸汽发生器。虽然二氧化碳相对不活泼,但在高温下它可以与石墨和一些钢发生反应。二氧化碳中诱导放射性的主要来源是^{13}C的微量杂质(纯度为 1.11%,无放射性),这些杂质由于中子活化而变成^{14}C;^{14}C是寿命相对较长的 β^-发射极[8]。

7.6.3.2 氦气

氦也被考虑用作反应堆冷却剂[9,10]。它满足上述规定的大部分要求,并且作为惰性气体,它具有化学性质稳定的优点。此外,它具有优于二氧化碳的传热性能。然而,对于气冷反应堆,迄今为止阻碍其广泛使用的重要因素是,相较于二氧化碳,氦气的使用成本更高。

对于未来反应堆的发展,重点是提高工作温度以达到更好的热力学效率。除了传热优势外,氦气在更高的温度下(约 850 ℃)比二氧化碳具有更高的化学稳定性。然而,理论分析表明,在这种极端温度下,杂质有可能从堆芯部件和材料(主要是石墨)中释放到冷却剂中。这些必须从这些系统的氦气中除去[11]。

7.7 新型冷却剂

7.7.1 钠

对于快堆中的冷却剂应用,最大限度地减少中子的慢化是至关重要的,液态金属由于其传热特性而被长期使用;液态钠及其变体已成为广泛的选择[12,13]。钠是一种温度相对较低的液体(熔点 370 K),它具有金属的有效热物理性质,而且相对便宜。它具有快堆冷却剂所必需的低中子散射特性(以确保这种冷却剂对中子通量的任何慢化都最小化)。它还具有低中子吸收截面,从而限制了中子活化或对中子经济性有害影响的可能性。钠的沸点较高(1 156 K),因此提供了一个相当广泛的温度范围的操作。

然而,钠与水容易发生反应,因此有必要采取一定措施,以尽量减少钠与水分接触的可能性。从放射学角度看,钠在中子辐照下会活化成^{24}Na。这种同位素的半衰期相对较短,约为 15 小时,通过 β^-衰变生成^{24}Mg(如第 5 章所述),除此之外,钠相对没有活化问题。像许多反应堆冷却剂一样,钠必须以高纯度的形式使用,需要一个专用的净化装置以避免微量杂质的活化。净化装置是不透明的,这要求使用其他方法来代替传统的相机使用来评估工厂的过程。液态钠具有固有的正向空泡效应倾向,这将在第 14 章进一步讨论。钠既可以单独使用,也可以作为与钾共晶合金(熔点较低的金属混合物)使用,钠和钾的比例通常分别为 22%和 78%。

7.7.2 铅

与钠相比,由于铅可以与空气和水接触,同样适用于快堆应用[14,15]。例如,将蒸汽发生器安置在主容器附近的设计选项对于铅是可行的,而对于钠则不可能。铅和铅铋共晶合金已被作为快堆冷却剂;后者主要用于俄罗斯核潜艇。然而,铋的显著中子活化产生高放射性的^{210}Po 产物,以及铋的稀缺性,使人们的关注点又回到铅上。铅的熔点(约为 600 K)明显高于铅铋合金(通常为 396 K),但其相对较高的沸点(2 022 K)意味着可以在不沸腾时获得足够的操作空间。

铅具有化学毒性,与不锈钢反应强烈。只有在与铅接触的钢上添加氧化铁层,加上严格的温度控制措施,限制流动和净化操作,才能防止由此产生的腐蚀。仅流量限制一项就会导致功率密度受限,进而限制反应堆的整体容量。与钠一样,铅是不透明的,需要特殊的使用技术(特别是因为它非常致密和具有腐蚀性)。

7.8 蒸汽透平

今天用于发电的大多数大型核反应堆都使用蒸汽透平。虽然大约300年前,基于汽化工质(低压蒸汽)推动活塞做功的往复式发动机可以说是最早使用的热机,但高压蒸汽将热量转化为动能利用了透平的优势。透平有许多优点,包括:

(1)减少了维护和修理的需求;

(2)发电机轴直接驱动;

(3)大大减少了被润滑油污染蒸汽的概率;

(4)减少振动,因此能够在非常高的速度下运行,从而提高蒸汽进口压力;

(5)系统是完全封闭的,从而最大限度地减少了干扰或事故发生的可能性;

(6)能够实现大发电功率,同时具有小巧紧凑的外形尺寸;

(7)利用蒸汽在多级(即高压级到低压级涡轮机)充分膨胀的能力,从而实现高效率;

(8)减少蒸汽的消耗。

从概念上讲,透平是一个直接连接到轴上的转子,使它绕轴旋转。这个轴的旋转是用来发电的,通过一个发电机组,位于涡轮中心。工质在受热膨胀后高速流动,将其能量传递给转子。能量以热能和动能的形式从蒸汽中传递出来。由于吸收了热量,因此透平出口的温度比进口低,并且由于动能的转化,出口的蒸汽速度比进口低。

大量的研究和开发已经应用于转子的设计,特别是它们的材料的性能和表面的纹理,以提高能量从工质转移到转子的效率。第一批透平的设计,如拉瓦尔透平[16](图7.4)。在这种设计中,蒸汽通过喷嘴的锥形开口迅速膨胀。这确保了当蒸汽被喷射到叶片上时,蒸汽被充分膨胀,这些叶片被加工成与进入蒸汽的方向一致的角度的转子。

图7.4 拉瓦尔透平的叶轮和喷嘴部件

汽轮机最大的优点是,与往复式发动机不同,往复式发动机的工质通常在一个循环后散发到周围环境中,膨胀的蒸汽通过一个转子的叶片可以被喷射到后续的转子上,形成一个转子的出口,或下一个转子的“喷嘴”。现代的转子由复杂的叶片组成,其中一些是固定的,一些是移动的。现代核电站中使用的大多数透平都是冲动-反动式涡轮机,很容易通过透平叶片的间距来识别。这样的汽轮机之所以被称为透平,是因为其转动既受到进入涡轮机的高速蒸汽作用于其入口处叶片所产生的冲动力驱动,也受到蒸汽离开动叶片时产生的反作用力驱动。这就产生了一种反向推力,类似于一根没有系绳的软管从高压水流中反弹的方式。

多级汽轮机的每一级都包括转子、定子、一组固定叶片和一组移动叶片。每一级从经过的蒸汽中提取少量能量,然后将其排出到下一级。以这种方式从膨胀的工质中逐渐吸收能量,降低整个汽轮机的总压降,从而最大限度地减少蒸汽的损失。

汽轮机通常分为高压部分和低压部分。高压部分包括一组相对较小直径的涡轮叶片。直径逐渐增加(明显的汽轮机组的高度增加),因为蒸汽通过之前,它被排到低压部分。低压部分的叶片直径比高压阶段大得多,这是因为随着能量被提取,蒸汽压力降低,体积膨胀。

透平不同部分材料和叶片形状的选择是重要的设计因素,经过优化,以确保透平能够承受高温,并最大限度地减少蒸汽泄漏通过叶片而不进行有用功的可能性。透平有一些缺点,透平叶片的脆弱性和对其运行所必需的高真空的要求可能是最重要的问题(如图 7.5 所示,为维修期间暴露的相对现代的汽轮机系统的示例)。

图 7.5　英国兰开夏郡 Heysham Ⅱ 先进气冷核电站的透平照片

7.9　基础热工水力学

核热工水力学分析的目标是让我们了解核反应堆系统中基于流体的部件的热响应情况,以确保在操作、性能和安全方面做出正确的决策。与传统热源相比,核燃料的高功率密度意味着有足够的能量超过燃料、包壳和冷却剂的温度限制,如果不恰当管理,可能会导致严重后果。

正如在第 14 章中进一步描述的那样,反应堆系统的设计和运行遵循多重屏障原则。例如,第一道屏障由核燃料芯块及燃料包壳构成,第二道屏障包含压力容器及一回路承压边界，第三道屏障为安全壳，以此类推。一般来说，热工水力考虑评估给定设计承受预期但意外的反应堆行为变化（即瞬态）的能力，反应堆系统设计承受的事故和超出设计基础的事故。这些考虑使我们能够确定工程安全和性能是否达到要求。最重要的是，反应堆运行的必要性是保持冷却，热工水力学提供了关于什么条件可能导致包壳表面与冷却剂失去接触，从而导致燃料温度迅速升高的可能性的见解。

发电反应堆通常是大型的非均质系统。它们包括许多不同的材料，一系列的开放空间，收缩和流动路径，有许多可能影响流体流动和行为的界面。这种几何复杂性，加上不同的运行环境，和各种流动形式，构成了一个复杂的系统，其系统很难用少数几个变量的方程来描述。大多数情况下，基于经验关系式的计算机模拟是必要的。针对可能发生的各种情况和需要响应的情况，包括稳态运行和事故，已经制定了各种各样的规范制度。值得注意的是，有几个场景，例如，与严重瞬态和超出设计基础的事故有关的不能通过实验来复制，不能达到所需的精度，而且很少能被复制。因此，模拟环境对于预测此类响应至关重要。通常情况包括：

（1）稳态运行，估计功率输出；

（2）正常运行性能范围内的瞬态变化，即未预期为严重事故前兆的事件；

（3）自然循环；

（4）严重事故，通常涉及冷却剂的损失，特别是与关键回路元件的性能有关。

7.9.1 导热系数和传热系数

与大多数其他以热机为基础的发电系统不同，核反应堆中的燃料在作为宏观物理层面使用后基本保持不变，但其同位素组成以及在微观层面的材料特性发生了变化。至关重要的是，尽管核反应堆中有足够的能量，有可能破坏包壳并对内部燃料造成损害，但核燃料保持完整是至关重要的。在这方面，冷却剂的作用很简单：它必须确保来自燃料的热量传递足以保持燃料的温度低于其最大允许限制。因此，冷却剂的物理性质和提供冷却剂的方式可以对最大裂变速率产生直接影响，从而影响反应堆的功率输出；最常使用的方式是强制对流，即冷却剂通过处于湍流状态的反应堆堆芯。

图7.6为非均质反应堆堆芯的简化部分示意图，其中燃料、包壳和冷却剂通道描绘了冷却剂的垂直流动，放大部分展示了燃料、燃料与包壳之间的间隙以及包壳本身。在燃料中，裂变产生热量并提高温度。在燃料元件的中心温度是最高的，在燃料的边缘是最小的，热量易从燃料中散失；温度通常描述为从中心到燃料外边界的距离的函数，即到圆柱形燃料元件中心的距离。热量从燃料传导到包壳，包壳在正常运行下没有热生成过程。热量 q 在一维空间内每单位面积通过给定材料传导的速率由热流的傅里叶表达式 $\mathrm{d}q/\mathrm{d}t$（单位时间每单位面积的能量）给出，即

$$\frac{\mathrm{d}q}{\mathrm{d}t}=-k\frac{\mathrm{d}T}{\mathrm{d}x} \tag{7-16}$$

其中，$\mathrm{d}T/\mathrm{d}x$ 是温度梯度，表示从高温度到低温度的距离 x；k 是材料的导热系数。这反映了能量传导的速率与温度梯度成正比，热量的流动方向与温度梯度相反，从热流体到冷流体，

这与第 7.5.1 节给出的热力学第二定律的第一个陈述是一致的。在这种情况下,假设 k 是一个常数,特别是在核反应堆运行的温度下,它实际上会随着温度发生很大的变化;随着时间的推移,燃料及其尺寸的长期变化也会对它产生影响。如图 7.6 所示,在燃料和包壳之间也有一个非常窄的间隙(对于新燃料组件通常约为 0.1 mm)。尽管是窄的,但热导率相对较差,因此它的影响是很显著的。此外,由于燃料膨胀和使用,这种间距逐渐减少,这可能导致它失去其均匀性。当气态裂变产物释放到该间隙空间时,成分也会发生变化;这些因素也会影响从燃料到包壳的热量传导,使其难以预测。如果对燃料体积进行归一化处理,表面温度和燃料的热通量是已知的,那么就可以根据燃料的尺寸(通常是直径)来确定其内部温度;这样就可以根据燃料材料的尺寸和成分(热导率)来估计最大允许燃料温度。

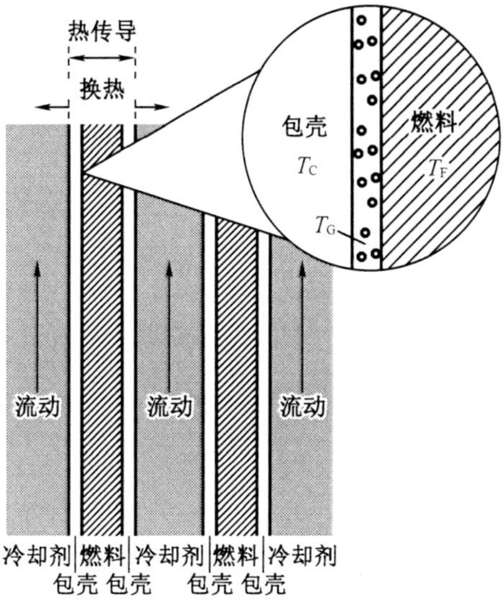

图 7.6　非沸腾反应堆堆芯的一部分示意图,显示燃料元件垂直排列,包壳和冷却剂(液体或气体)通过燃料元件之间的通道垂直向上流动(大大简化,不按比例)。燃料和包壳的温度以及它们之间的间隙分别定义为 T_F、T_C 和 T_G。

来自燃料裂变反应的热能通过包壳传递到冷却剂,冷却剂以流体的形式存在,以便能量能够有效地输运出去。从燃料表面到冷却剂的对流传热过程遵循牛顿冷却定律,其中热流密度为

$$\frac{\mathrm{d}q}{\mathrm{d}t}=h\Delta T \tag{7-17}$$

式中,ΔT 为受热面与冷却剂的温差;h 为换热系数。

尽管有老化和温度依赖性的影响,但对燃料和包壳导热性的经验测定相对简单,传热系数取决于冷却剂的流动特性,例如,它的密度、比热容、导热系数、流速、黏度等,以及发生传递的流动路径的尺寸。因此,根据所讨论的特定流态,传热系数通常是从经验关系式中推导出来的。计算模拟包壳通常用于帮助估计传热效率,特别是在预计传热效率可能发生显著变化并可能影响燃料完整性的特殊情况下。上述表达式[式(7-17)和式(7-16)]表示导热系数和传热最简单的线性形式;真正的应用程序可能需要更复杂的开发。然而,它们

确实表明了一个重要的基本原理:较大的温度差对于大量传递热量是必要的。

7.9.2 沸腾传热

沸腾通常发生在加热条件下液体从气泡而变成蒸汽时。沸水在核反应堆中很重要,因为世界上大多数可运行的反应堆都使用水(不论是轻水还是重水)作为冷却剂。因此,在设计基础温度范围内水存在沸腾的可能性。此外,两种设计(BWRs 和 RBMKs)通过与反应堆堆芯接触直接使用沸腾蒸汽,而大多数设计在给水(二级)阶段产生蒸汽。在这里,我们关注的是反应堆堆芯沸腾的重要性,而不是核电站的后续部分,因为它直接影响反应堆系统的性能。

减轻事故的一个共同点,特别是在压水堆中,是避免冷却剂在包壳-冷却剂界面的损失,以确保冷却可以一直保持。这可能会很复杂,因为热能从有温度的受热表面传递到引起沸腾的液体的依赖关系不是连续的。相反,液体表现出影响传热效率的分为几个行为阶段,这些阶段提供了许多重要的定义。下面将参考图 7.7 和图 7.8 描述这一点,图 7.7 展示了沸腾的五个阶段,图 7.8 是热通量与受热表面温差 ΔT 和液体饱和温度(称为沸腾曲线)的关系图。

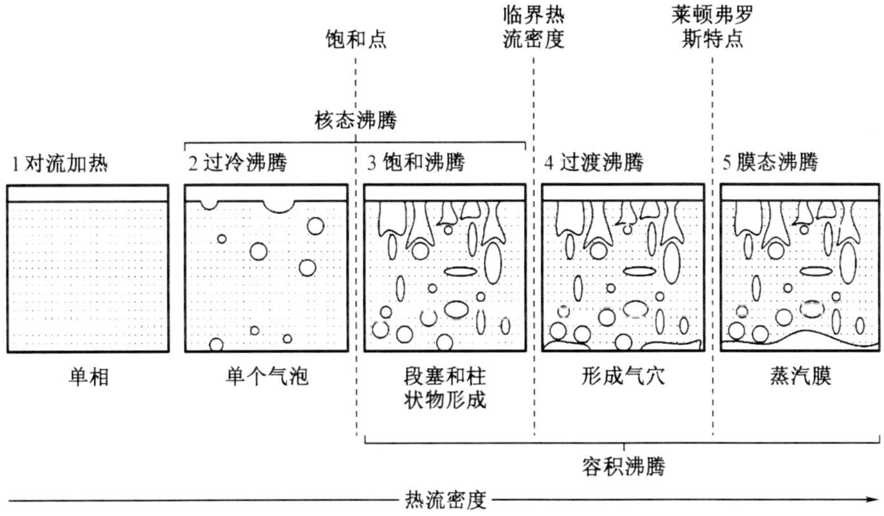

图 7.7 沸腾的五个阶段,假设容器底部有一个受热表面,整体呈方形,液体-蒸汽界面朝向容器顶部。热流密度从左到右递增,从第 1 阶段到第 5 阶段,临界热流密度出现在核态沸腾和过渡沸腾之间,莱顿弗罗斯特点位于过渡沸腾和膜态沸腾之间。

换热的各个阶段可以通过中子冷却定律来描述,如:

$$\frac{\mathrm{d}q}{\mathrm{d}t}=h(T-T_s) \tag{7-18}$$

式中,$\mathrm{d}q/\mathrm{d}t$ 为单位面积热流密度;T 为受热表面温度;T_s 为液体的饱和温度(沸点);h 为传热系数。在包含液体和蒸汽的两相混合物中,在给定通道中被液体空泡所占据的程度上可以有一个范围。因此,空泡份额 α 定义为流道中被气相占据的面积 A_v 与混合物 A_v+A_l 的

面积之比为

$$\alpha=\frac{A_{\rm v}}{A_{\rm v}+A_{\rm l}} \tag{7-19}$$

式中，干度（或干度分数）可以定义为静态干度$\chi_{\rm st}$（气相质量分数与混合物质量分数之比）和流动干度χ（相对于混合物的蒸汽流量），定义为

$$\chi_{\rm st}=\frac{m_{\rm v}}{m_{\rm v}+m_{\rm l}} \tag{7-20}$$

$$\chi=\frac{\dot{m}_{\rm v}}{\dot{m}_{\rm v}+\dot{m}_{\rm l}} \tag{7-21}$$

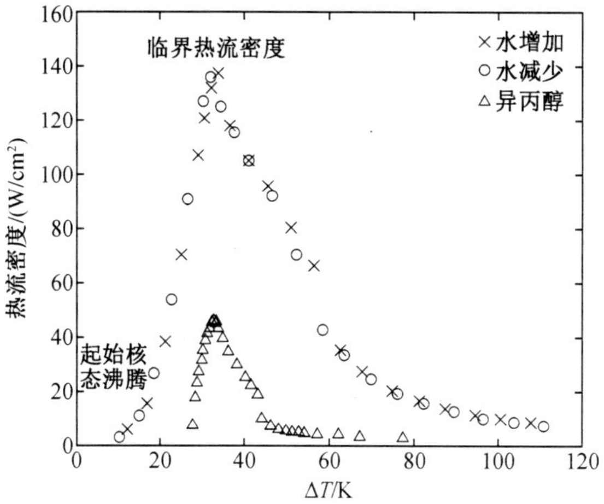

图 7.8　蒸馏水在 0.1 MPa 压力下和异丙醇在 0.12 MPa 压力下的沸腾曲线（热源与饱和温度之间的热流密度与超温的关系 ΔT）

$\dot{m}=\dot{m}_{\rm v}+\dot{m}_{\rm l}$ 是总质量流量。通常，与质量相关的项是用流体所占横截面积和密度来表示的，这取决于两相组成的方式。图 7.9 为横截面所示管道中两相介质的这种评估的定性说明。通常，液体含量很低的混合物被认为是高干度的；汽轮机通常需要高干度的蒸汽来提高传热效率，并防止由于携带高速液体的作用而导致汽轮机部件过早腐蚀和失效。

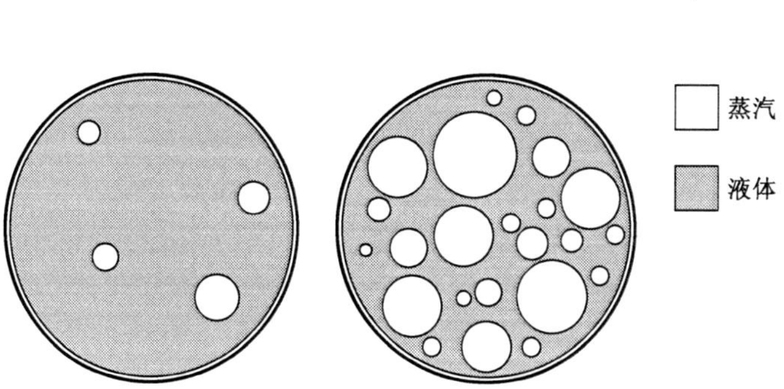

图 7.9　在管道横截面中液体-蒸汽流动的情况下，低（左）和高（右）含气率的示意图

传热过程随着温度的变化而急剧变化，这主要是由于含气率的变化，反映在 h 的变化中。在每个阶段，h 经常使用各种经验相关性，特别是用于分析事故期间的冷却剂相行为[17]，但这些超出了本节的范围。

为了进一步探讨沸腾传热动力学，我们考虑了由水平表面从下面加热的停滞流体的情况。这就是所谓的池沸腾。

7.9.2.1 对流加热

当液体的温度低于其沸点时，称为过冷。当它被加热时，它从热源（通常是在沸腾和核能的情况下与液体密切接触的表面）吸收能量。这种能量通过热流在整个液体中传递（自由对流），导致液体在液-汽界面处汽化。在远离热源的一点与气相的界面逐渐增加了蒸汽压，这对应于图 7.7 中的第 1 阶段，其中介质仅以单相（液体）的形式存在，热流密度随着温度的升高而增加（图 7.8），直至 $\Delta T \approx 20$ K。

7.9.2.2 核态沸腾

超过 $\Delta T \approx 20$ K 的区域表示核沸腾的开始，即从图 7.8 中标记为核态沸腾起始点，从图中梯度的增加可以明显看出传热的增加。在这里，与液体接触的受热表面的温度大于液体饱和温度 T_s。首先，在这一阶段，由于温度过剩在 4 K$<\Delta T<$10 K，气泡在成核位置形成。例如，这些可能来自表面上的空泡，这些空泡是由于这些特定位置比周围表面稍微疏水而产生的。当气泡获得足够的浮力时，持续的加热会使气泡脱离被加热的表面；然后，它们有可能上升到液-气界面（如果有的话），并将它们的蒸汽释放到周围环境中，或者，在途中破裂。它们是否破裂取决于周围散装液体相对于 T_s 的温度。气泡与受热表面的分离会在表面产生湍流。这会引起流体的混合，并通过对流增强热量传递，从而增加热通量。

在这种状态下，过冷沸腾描述了汽化发生在靠近供热表面的状态（图 7.7 中的第 2 阶段）。液相仍然具有吸收热量的能力，其特征是液体的区域比其他区域具有更高的含气率，即空泡的非均匀分布。由于过冷状态的影响，在局部成核区域形成的气泡向体内迁移并破裂。气泡要存活，其内部的压力必须大于其周围液体的压力。因此，内部蒸汽的温度需要高于外部液体的温度。在这种情况下，蒸汽被称为过热；在受热表面发生过热导致气泡形成，但在此阶段的过冷足以导致气泡破裂。

随着热传递的进行，液体的温度升高，达到了一个极限，超过这个极限，能量进一步的增加只会导致液体向蒸汽的相变，而不是液体的温度升高。这时，液体将达到沸点。因此，饱和液体是吸收了最大能量的液体，饱和温度和饱和压力是发生沸腾的温度和压力。饱和液体的沸腾称为饱和沸腾。如图 7.7 中的第 3 阶段和图 7.8 中温度从 20 K$<\Delta T<$35 K 的区域所示，其特征是均匀的空泡分布。在这个阶段，沸腾状态与过冷沸腾状态形成对比，在过冷沸腾状态下，气泡单独上升，然后破裂。

7.9.2.3 过渡沸腾

当表面温度 T_s 超过 10~30 K 时，气泡形成的速度会增加，以至于一些气泡会合并。这就产生了更大的由几个空泡组成的团块，这些空泡在到达液汽界面的柱状结构中上升。这些构成了蒸汽到达周围环境的有效途径，但相反，它们阻碍了气泡在受热表面的混合，这种混合增强了传热。随着加热的进行,在受热表面的某些区域开始形成蒸汽。因此,在传热继续进行的同时,增加的速率减小,对应于图 7.7 中的第 4 阶段。这个阶段被称为过渡沸腾,跨越了核态沸腾和膜态沸腾阶段。

7.9.2.4 偏离核态沸腾、临界热流密度和沸腾危机

如前所述,由于气泡形成引起受热表面附近产生湍流增强了混合,因此核态沸腾导致传热增加。然而,形成的蒸汽(如第 4 阶段)最终聚集在一起,在整个表面形成一层薄膜,使其与液体绝缘(第 5 阶段)。发生这种情况的热流密度被称为临界热流密度(CHF),因为在这一点上,通过对流进行的热传递被蒸汽膜的绝热作用突然启动。现在热传递依赖于蒸汽中的对流和薄膜上的辐射效应的结合,这比液相中的强制对流效率要低得多,因此加热表面温度会突然升高。这对应于图 7.8 中 $\Delta T \approx 35$ K 时的最大值,标记为 CHF。

此时称为沸腾危机,状态为膜态沸腾。膜的形成标志着核沸腾的结束或脱离核沸腾(DNB)。例如,我们观察到,在沸水薄膜升高的表面上的液滴比在温度较低且没有薄膜的表面上的液滴需要更长的汽化时间。对传热的限制被称为莱顿弗罗斯特效应。在 CHF 点之后,最低温度点是莱顿弗罗斯特点。在图 7.8 中,水的温度为 $\Delta T > 100$ K。

如上所述,沸腾动力学对核反应堆系统具有重要意义。例如,DNB 会导致燃料包壳表面干化,没有液体与外壳接触的状态。这导致在冷却剂包覆界面处的传热减少(如图 7.7 中的第 5 阶段)。在包壳-冷却剂界面处的这种散热损失将导致燃料温度的急剧升高。如果不通过燃料和包壳的设计或应急堆芯冷却系统的响应来缓解这种情况,可能会造成危险。

7.9.3 流动

除了沸腾现象外,反应堆系统中的传热还受到冷却剂被动(自然)和主动(强制)流动的显著影响;事实上,计划外的流量损失本身就是一个非常严重的冷却问题。由于空泡化产生两相流的可能性,产生了许多流动形式。这些会影响反应堆冷却剂系统的性能。

假设水平流道如图 7.10 所示,表现为分层流动。在这里,液体沿着容器的下部流动,气相在其上方流动。液体的流速和蒸汽的流速之间的显著差异会导致二者之间的界面处产生湍流。在更高的流速下,气液界面的扰动表现为波状流动。随着流量的增加,可以形成多种形式。这些构成了一种趋势,从更安静、低流速的分层流动到分散流动,在分散流动中,液体以雾的形式分散在蒸汽中。

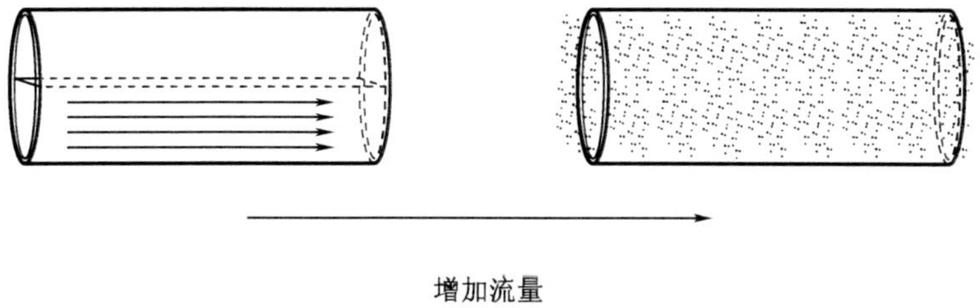

图 7.10 水平管道段中两相流动的极端形态,从低流量时的分层流动(左)到高流量时的分散流动(右)。分层流动只适用于水平流道。

下面具体分析垂直流动机制与流型图。

在反应堆堆芯的工程背景下,轻水堆非均匀堆芯的垂直冷却剂流动行为具有特殊重要性,这主要源于其与燃料基体或燃料通道内向上流动的冷却剂直接相关。在此构型中,热量传递并非通过水平表面,而是经由燃料元件包壳构成的垂直边界实现。该体系中的单相液体流动(固态)具有不可压缩特性,并存在层流至湍流的转捩现象——由于湍流可实现更高的传热效率,稳态运行时多呈现湍流状态。而在稳态工况下,因体相液体中的核化现象和气体冷凝作用,汽液两相流可能广泛存在。沸腾工况作为压水堆的重要事故场景被重点研究,而对于沸水堆而言,则是其固有稳态运行特征。

垂直两相流通常根据流动形态分为均相流(泡状流)和非均相流(搅混流)。均相流出现在含气率较低的情况下,此时单个气泡之间几乎没有相互作用。随着空泡含量的增加,气泡间相互作用增强,形成更大的气腔并逐渐充满管道。最终,仅在管壁和气腔之间残留一层极薄的液膜,且气腔长度超过管道直径。达到这种状态时,这些气腔被称为气弹,其通常具有半球形端部,也被称为泰勒气泡。此时,低含气率下存在于液相中的均匀气泡分布状态已完全消失。

这种气弹流(弹状流)通常出现在小管径管道中。当流道较宽导致流动连续性丧失时,气液两相会发生分离,形成交替的气腔和液塞,这种流态称为搅混流。在此状态下,介质呈现非均匀特性,流动被气体弹状流分割。当含气率更高时,会发展为半环状流,此时液体流动呈现间歇性,并被蒸汽空腔分隔。显然,在此状态下,含气率的大幅波动会导致压力脉动,进而造成混合和传热速率的显著差异。

当气体流速较高时,离散的气泡团会聚并形成连续空腔,从而形成环状流。在此流态下,蒸汽沿管壁薄液膜形成的流道流动;随着流速进一步提高,液膜表面会剥离出丝状液流进入气相核心区,形成气携液滴的环雾流。当流速超过临界值时,液相将完全以雾滴形式传输(雾状流),最终达到干涸状态,此时蒸汽干度接近100%,液相完全消失。如图7.11所示,在特定工况条件下,锅炉管道内可能同时存在上述所有流态。

鉴于上述不同流态对混合与传热过程的显著影响,工程实践中常需预测流型转变的临界条件及其演变规律。需特别指出的是,这些流型转变并非截然可分,其转变过程受多重因素影响,且不同工况下的测量难度存在显著差异。典型的测量手段包括:X射线成像、闪光摄影法,以及近年发展的激光衰减技术。实验数据往往在预设的转变区间呈现离散分布,而非形成明确边界。尽管如此,通过系统分析仍可建立以气体和液体流量[通常表示为质量流率,单位:$kg/(s \cdot m^2)$]为自变量的流型分布图。图7.12即为该类流型图的典型示例。

7.9.4 事故情景和安全性

在上述章节中介绍的两相流场景的分析与安全性和纵深防御的保证十分相关(在第14章中进一步讨论)。这三个结构屏障——燃料包壳、反应堆压力容器及一回路承压边界和安全壳,很容易受到相变引起的热负荷和压力负荷的影响。热工水力计算用于评估以确保这种负荷不超过限制的余量。

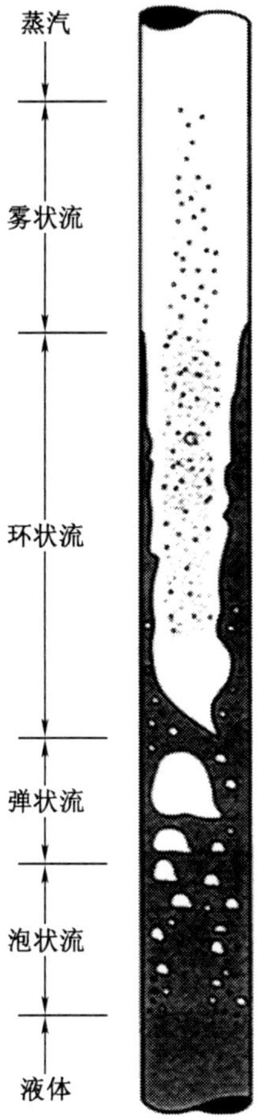

图 7.11 垂直蒸汽发生器管内蒸汽-水流动的演化

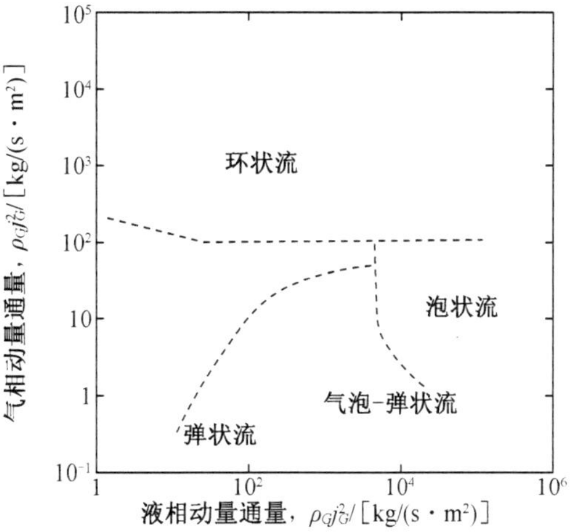

图 7.12 空气-水混合物在直径 3.2 cm 的垂直管道中的流型图

注:图中显示了现实观察到的过渡边界,在大气压下验证了空气-水流动和高压下的蒸汽-水流动。

早期的发电核电站在设计时缺乏当今计算机具备的复杂建模能力,而且从运行经验和实验研究中获得的知识基础也远远不够。因此,这些系统的设计在安全性和操作性能标准方面十分严格,以适应当时对热工力学的理解。它们首先通过逐步启动测试和测量程序进行操作。

当前最先进的技术利用了大量的数据,例如,对所有关键部件(如蒸汽发生器、冷却剂泵、上腔室和反应堆堆芯)进行专门测试,以此推断应急堆芯冷却系统设计的适用性。这些更详细的热水力分析功能使早期回路设计安全分析中固有的保守性得以保留,这在以前是不可能的。

7.9.5 目前的热力学挑战

目前,热工水力的挑战集中在现有反应堆的需求和为未来开发的设计;冷却剂行为和反应堆反应的综合性能非常重要,所以每一个新的开发或设计变化都需要这样的分析。实验复制现象的复杂性和成本凸显了计算机建模的优势。

在先进反应堆的背景下,超临界轻水反应堆的设计成为研究的焦点。研究主要聚焦于选择包壳和冷却剂回路的材料,并探索在这些系统中实现自然循环的可能性。还需要改进对特殊冷却剂湍流传热的理解,特别是用于亚临界加速器驱动系统和液态金属快堆的铅铋共晶冷却剂。熔盐反应堆的设计和性能是先进反应堆分析的另一个研究范围,它提出了重大的热工水力挑战。

在现有的反应堆设计领域,与自然循环中的流动不稳定性有关的挑战主要在于沸腾和冷却剂回路,通道流动以及热工水力和中子现象的耦合,例如,复杂瞬态的影响,等等。新的燃料几何形状也在探索,以提高燃料性能、发电和增加燃耗。例如,通过优化燃料通道布置的表面与体积比,以增强燃料在较低温度下的传热。这对于提高轻水冷却设计的功率密度和提高安全裕度非常重要。

热工水力的一个重要领域是严重事故的分析,特别是与基于瞬态刺激问题的冷却剂损失情景、轻水反应堆的阀门故障和泄漏率有关,大多数经验模型都是在比实际反应堆系统小的测试设备上开发的。

因此,利用从这些试验设施获得的数据进行计算模拟所依据的这些计算模型的缩放,并对全尺寸发电厂进行了验证。同样与安全有关的是,目前需要研究多相流,特别是两相过程,例如与临界热流、离核沸腾、干燥和反应堆燃料通道中的多相流特性有关的两相过程。

案 例 分 析

案例分析 7.1:比热容和简单膨胀过程的比较

在这个例子中,我们考虑一个基于气态工质的简单热膨胀过程。将提高气体温度所需的能量与使相同气体对活塞产生等温膨胀所需的能量进行比较。考虑一个简单的活塞,质量为 1 kg,横截面积为 0.63 cm^2,方向在垂直平面上,在 981 $cm \cdot s^{-2}$ 的重力作用下。如图 7.13 所示。

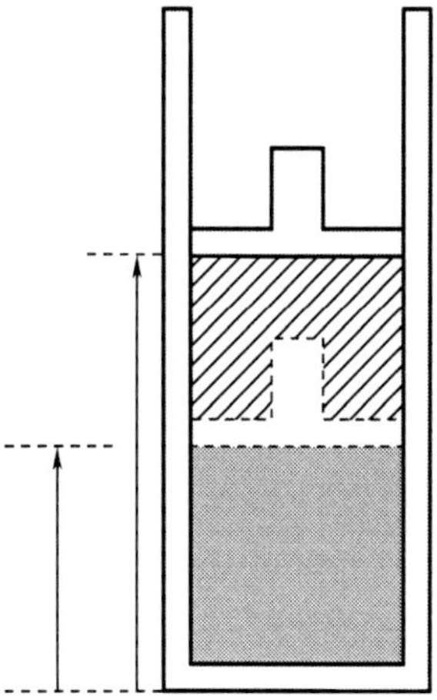

图 7.13　活塞在重力作用下在垂直平面上运动的示意图

在这种情况下,活塞下方气缸中所含的工质是 2 cm^3 的空气。空气的密度 ρ 为 1.23 $kg \cdot m^3$,定压时的热容 c_p 为 1 $kJ \cdot kg^{-1} \cdot K^{-1}$。活塞内的空气因供热而膨胀,在本例中,供热将活塞的温度从 293 K 提高到 493 K。空气的热膨胀系数 β 为 $3.43\times10^{-3}\ K^{-1}$。为了说明这一点,我们假设活塞和缸壁之间无摩擦,活塞和缸壁之间的密封是完整的,并且没有热量通过缸壁或活塞传导。让我们来确定这样一个活塞上的膨胀可能需要的距离,并计算一下提高气体温度所需的能量与做功所需的能量的相对比例。

为了计算用于提高空气温度的热量 ΔQ:

$$\Delta Q = mc_p\Delta T$$

因此,$m=\rho\times V=1.23\times2\times10^{-6}=2.46\times10^{-6}$ kg,$\Delta T=200$ K。

$$\Delta Q=4.92\times10^{-4}\ \text{kJ}$$

为了计算温度升高引起的膨胀 ΔV,我们需要考虑在恒压下体积增加的分数 $\Delta V/V$ 与温度变化 ΔT 成正比,其中比例常数为热膨胀系数 β,

$$\Delta V=V\beta\Delta T=2\times10^{-6}\times0.003\ 43\times200=1.37\times10^{-6}\ \text{m}^3$$

这相当于活塞移动了 2.18 cm 的距离。所以做的功 W 是力和距离的乘积,

$$W=1\times9.81\times0.021\ 7=2.14\times10^{-4}\ \text{kJ}$$

因此,在活塞上做功所需的能量是提高气体温度所需能量的约 2.3 倍,这说明了气体所做功因加热而膨胀的好处。

案例分析 7.2:热传导方程

为了推导出热传导方程,我们考虑每单位时间内物质每单位体积的内能 U 的变化(速率)与该物质的比热容 c_v 和密度 ρ 有关。

$$\frac{\mathrm{d}U}{\mathrm{d}t}=\rho c_v \frac{\mathrm{d}T}{\mathrm{d}t}$$

由于物质中产生热量,内能增加(在目前的情况下,由于裂变),由于热损失,导致它下降。在这种情况下,我们将采用这样的惯例,即每单位体积的能量产生率记为 H,并且这在整个燃料中均匀分布。单位时间每单位体积损失的热量 q 与热通量有关,热通量是一个矢量。对于一维(x),回到式(7-16),热通量为

$$\frac{\mathrm{d}q_x}{\mathrm{d}t}=-k\frac{\mathrm{d}T}{\mathrm{d}x}$$

因此在三维空间中,写 $\frac{\mathrm{d}q_x}{\mathrm{d}t}=q_x'(x,y,z)$,和 $\underline{\nabla}=\frac{\partial}{\partial x}\underline{\hat{i}}+\frac{\partial}{\partial y}\underline{\hat{j}}+\frac{\partial}{\partial z}\underline{\hat{k}}$,$\underline{q'}=q_x'\underline{\hat{i}}+q_y'\underline{\hat{j}}+q_z'\underline{\hat{k}}$。

$$\underline{q'}=-k\underline{\nabla}T$$

为了确定给定体积的热流,我们假设 $\underline{q'}=\underline{q'}(x,y,z)$ 变化缓慢,因此可以用泰勒级数来近似,为了回忆方便,它可以使函数 $f(x)$ 在 $x=a$ 处可微,可以这样近似为

$$f(x)=f(a)+\frac{\dot{f}(a)}{1!}(x-a)+\frac{\ddot{f}(a)}{2!}(x-a)^2+\cdots$$

因此对于 q_x',举例来说,在原点附近只有两项,$a=0$,

$$q_x'(x)=q_x'(x)+\left(\frac{\partial q_x'}{\partial x}\right)_0 x$$

对于图 7.14 所示的情况,从 x 方向离开单质体积的热流等于 $x+\Delta x$ 处的通量减去 x 处的通量,

$$q_x'(x+\Delta x)-q_x'(x)=q_x'(x)+\left(\frac{\partial q_x'}{\partial x}\right)_x\Delta x-q_x'(x)=\left(\frac{\partial q_x'}{\partial x}\right)_x\Delta x$$

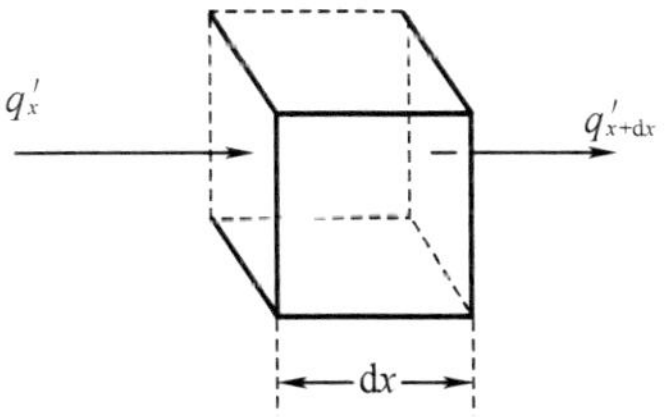

图 7.14 通过厚度为 dx 的单元的热通量

推广到单位体积的三维空间,则有:

$$\underline{q'}=\frac{\partial q_x'}{\partial x}\underline{\hat{i}}+\frac{\partial q_y'}{\partial y}\underline{\hat{j}}+\frac{\partial q_z'}{\partial z}\underline{\hat{k}}=\underline{\nabla}\cdot\underline{q'}$$

并且:

$$\underline{q'}=-\underline{\nabla}\cdot k\underline{\nabla}T$$

为给出热力学能、热产生和热损失变化的热传导公式,

$$\rho c_v\frac{\mathrm{d}T}{\mathrm{d}t}=H+\underline{\nabla}\cdot k\underline{\nabla}T$$

案例分析 7.3:核燃料元件的径向温度分布

通常我们对核反应堆的稳态很感兴趣,所以热传导公式可以简化为

$$H=-\underline{\nabla}\cdot k\,\underline{\nabla}T$$

如果我们假设径向对称,也就是说,传导只在径向上发生,那么在柱极坐标系中,

$$H=-\frac{k}{r}\frac{\mathrm{d}}{\mathrm{d}r}\left(r\frac{\mathrm{d}T}{\mathrm{d}r}\right)$$

可以先对 r 积分,然后对 T 积分,

$$\int_0^r \mathrm{d}\left(r\frac{\mathrm{d}T}{\mathrm{d}r}\right)=-\int_0^r \frac{Hr}{k}\mathrm{d}r$$

$$r\frac{\mathrm{d}T}{\mathrm{d}r}=-\frac{Hr^2}{2k}+c$$

在 $r=0$ 时,$\mathrm{d}T/\mathrm{d}t=0$,所以 $c=0$,因此,

$$\frac{\mathrm{d}T}{\mathrm{d}r}=-\frac{Hr}{2k}$$

燃料元件的径向点 r 和元件的半径 a 之间的积分,

$$\int_r^a \mathrm{d}T=\frac{H}{2k}\int_a^r r\mathrm{d}r$$

$$T(a)-T(r)=\frac{H}{2k}(r^2-a^2)$$

$$T(r)=T(a)+\frac{H}{2k}(a^2-r^2)$$

因此,我们已经发现,在轴向没有传导的圆柱形燃料体积中,温度 T 与半径 r 呈抛物线关系。它被表面温度 $T(a)$ 所抵消。这是一个解决复杂问题的简单方法,因为我们假设轴向没有传导,导热系数是恒定的,而实际上,它与温度有很大的关系。然而,如果已知燃料元件的产热速率、导热系数、表面温度和燃料半径,则可以确定各种相关参数,如燃料中心温度和单位半径的最大加热速率(图 7.15)。

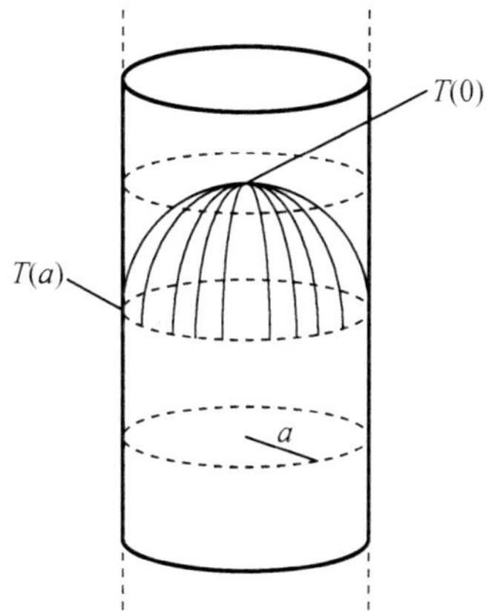

图 7.15　通过半径为 *a* 的圆柱形燃料元件截面的热流密度

复习指南

读完本章后,你应该:

- 了解核动力反应堆的功能从原理上受热力学定律的约束,并以热机的基本原理为基础。
- 了解卡诺循环和朗肯循环的理论极限和过程。
- 能够总结热机中工质的理想要求。
- 了解在核动力反应堆的一回路、二回路以及(相关情况下)三回路作为工质使用的相关实际选择。
- 了解对冷却剂的要求,了解相关实例及其适用性的背景。
- 汽轮机的概念操作。
- 了解热工水力学的基本原理,特别是对热工分析、沸腾传热、流动及其与事故预防和安全分析的相关性的背景要求。
- 了解热导率和传热系数在反应堆系统设计中的相关性。

习 题

1. 对于包含与环境温度一致的进口(出口)温度约为 293 K 的系统,绘制进口温度从 293 K 到 893 K 的卡诺效率图。因此,无论如何,假设在这种情况下的工质是水,确定非超临界系统可能的最大卡诺效率。

2. 如果热机的膨胀比是 3.9,在这种情况下,工作流体是理想气体,如果最终压力为 2×10^5 Pa,膨胀前的压力是多少?对于工作流体不是理想流体,而是遵循 $PV^{1.15}$ = 常数的情况,在循环膨胀阶段之前对压力的影响是什么?

3. 假设一个均匀的两相(气液)流动路径的空泡份额 α,其中蒸汽占据的面积占总面积的 95%。因此,假设液态水的密度为 1 g/cm^3,蒸汽的密度为 6×10^4 g/cm^3,估计静态干度 χ_{st}。你如何用蒸汽的质量百分比来描述这个状态?

4. 从你们所读到的和你们自己的研究中,描述流动模式的相状态,静止的和流动的质量,在反应堆堆芯中,在全功率下,会受到冷却剂快速和显著损失的影响,但那是在设计基础之内。

5. 假设二氧化铀在 600 K 时的比热容为 0.3 $J\cdot g^{-1}\cdot K^{-1}$,由于干燥,传热系数从 0.975 $kW\cdot m^{-2}\cdot K^{-1}$ 降低到 0.6 $kW\cdot m^{-2}\cdot K^{-1}$,计算直径和长度为 1 cm 的燃料球团在 1 s 内的温升。已知数据如下:

入口温度:286 ℃;包壳温度:345 ℃;UO_2 = 10.97 g/cm^3。

参考文献

[1] S. Untermyer, Steam forming neutronic reactor and method of operating it, filed: 28 June 1955, US 2936273 A.

[2] P.Z. Rosta, Specific Heat and Enthalpy of Liquid Heavy Water, AECL-3689, 1971.

[3] See for example: Yu. Plevachuk, et al., Some physical data of the near eutectic liquid lead-bismuth, J. Nucl. Mater. 373 (2008) 335-342.

[4] See for examples: W.J. O'Donnell et al., The Thermophysical and Transport Properties of Eutectic NaK Near Room Temperature, ANL/FPP/TM-237, 1989.

[5] G. Meyer, E. Stokke, Data for Sizewell B, in: Description of Sizewell B Nuclear Power Plant, NKS/RAK-2 (97) TR-C4, 1997, http://www.nks.org/en/nks_reports/view_document.htm? id=111010111119605.

[6] E. Nonbøl, Data for Torness, in: Description of the Advanced Gas-Cooled Type of Reactor (AGR), NKS/ RAK-2(96)TR-C2, 1996, http://www.nks.org/en/nks_reports/view_document.htm? id=111010111119559.

[7] G. A. Filippov, R. G. Bogoyavlenskii, N. N. Ponomarev-Stepnoi, A. O. Gol'tsev, Modular high-temperature helium-cooled nuclear reactor with spherical fuel elements for electricity and hydrogen production, At. Energy 96 (3) (2004) 152-158.

[8] M.-S. Yim, F. Caron, Life cycle and management of carbon-14 from nuclear power generation, Prog. Nucl. Energy 48 (2006) 2-36.

[9] H. G. Lyall, A comparison of helium and CO2 as reactor coolants, J. Nucl. Energy 26 (1972) 49-60.

[10] H. Petersen, The properties of helium: density, specific heats, viscosity and thermal conductivity at pressures from 1 to 100 bar and from room temperature to about 1800 K, Risø Report No. 224, Danish Atomic Energy Commission, 1970.

[11] Investigation of chemical characteristics of primary helium gas coolant of HTTR (high temperature engineering test reactor), Nucl. Eng. Des. 271 (2014) 487-491.

[12] F.A. Kozlov, V.N. Ivanenko, Sodium-coolant for nuclear plants with fast reactors, At. Energy 80 (5) (1996) 318-324.

[13] G. H. Balmer, Fire safety considerations related to the large scale usage of sodium, IChemE Symp. Ser. 33 (1972) 79-89.

[14] Nuclear Energy Agency, Handbook on Lead-Bismuth Eutectic Alloy and Lead Properties, Materials Compatibility, Thermal Hydraulics and Technologies, NEA6195, https://www.oecd-nea.org/science/reports/2007/nea6195-handbook.html, 2007.

[15] Y. Sakamoto, J.-C. Garnier, J. Rouault, C. Grandy, T. Fanning, R. Hill, Y.

Chikazawa, S. Kotake, Selection of sodium coolent for fast reactors in the US, France and Japan, Nucl. Eng. Des. 254 (2013) 194-217.

[16] E. S. Lea, E. Meden, The De Laval steam-turbine, Proc. Inst. Mech. Eng. 67 (1) (1904) 697-714.

[17] See for example the recommended correlations given in L. S. Tong, J. Weisman, Thermal Analysis of Pressurised Water Reactors, American Nuclear Society, ISBN: 0-89448-038-3, 1996.

第 8 章　反应堆基本原理

8.1　章节概要和学习目标

本章围绕核反应堆原理展开,介绍了反应堆的控制原理以及运行过程中产生的各种影响,为反应堆控制和运行提供重要的理论基础;主要介绍了反应堆控制的时域范围、中子群体动态、反应性相关概念;介绍了瞬发中子和缓发中子在反应堆控制方面的重要性;描述了反应堆反馈机制及反应堆毒物构成等内容,讨论了反应堆启动、稳态运行、停堆后和重启过程中出现的各种影响。

本章的目标是:

(1)介绍需要反应堆控制的时域范围;

(2)介绍动态中子群的概念以及它们如何影响反应堆系统;

(3)定义增殖因子,包括无限和有限反应堆以及现有的各种等效定义,并引入中子生命周期;

(4)解释四因子和六因子公式的基础;

(5)介绍反应堆动力学的背景并定义瞬时和缓发中子效应;

(6)描述各种短期效应和反应堆反馈机制;

(7)定义反应堆毒物的构成,并讨论反应堆启动、稳态运行、停堆后和重启过程中出现的各种影响;

8.2　历史背景:海曼·乔治·里科弗(1900—1986)

海曼·乔治·里科弗(图 8.1)领导了紧凑型压水反应堆的开发,该反应堆最初用于美国的核动力舰艇和潜艇。他控制了美国海军核推进计划长达 30 年(包括建造 200 多艘核潜艇),并在航运港核电站的开发中发挥了重要作用(这是美国第一座以商业方式发电的反应堆)。为了表彰他的成就,他于 1973 年被授予四星海军上将,是美国海军历史上服役时间最长的军官。

图 8.1　海曼·乔治·里科弗

里科弗出生在波兰，他的家人于 1906 年移民到美国，当时他还是个孩子。他在开发用于船舶推进的核反应堆方面发挥了重要作用。这样的反应堆需要紧凑并能够产生蒸汽（首次利用核能），需要由锆和铪等材料制成的组件，这些材料所需要的技术在当时是很新颖的。里科弗以历史性、勤奋工作的能力以及对最高安全、质量和设计完整性的严格要求而闻名，他的一些研究仍然是当今核工程堆芯领域的重要内容。

8.3　导　　论

第 2 章描述了世界上第一个核反应堆（CP-1）的开发，通过该反应堆实现了第一个自给自足的核链式反应。为了维持链式反应，控制是必不可少的，因为虽然核反应堆中可用的能量是巨大的，但只有在顾及周围的材料和基础设施的情况下，它才能以尽可能恒定的速度逐渐获得，才能用于能源的生产。反应堆控制的目标原则上很简单：我们希望防止链式反应超出反应堆的性能范围而失控，但反过来也要防止其熄灭。安全是反应堆控制的首要要求，以确保运行中的反应堆的放射性库存与生物圈保持隔离[1]。但在运营环境中，由于仔细控制而实现的持续运行在容量系数、维护停堆计划方面带来了好处，并且还最大限度地减少了工厂运行中动态、意外变化的可能性，这些变化可能会对反应堆组件施加不必要的压力。

自从 CP-1 实现第一次链式反应以来，人们已经对核反应堆外部刺激引起的各种响应现象进行了大量了解。在这种情况下，反应堆行为的一些特征可能是违反直觉又相互依赖的。同时，控制的重点已经从仅仅维持连锁反应发展到确保达到恒定的功率输出水平，以实现燃料的高效和均匀燃耗。对这些问题的讨论是本章的重点。

8.4 反应堆的控制域

在第 7 章中,简单地说,核反应堆被认为是外部热机中传统热源的同类替代品。在该比较中,有人提出,反应堆中的一回路冷却剂可能与传统的化石燃料发电厂中的烟气对应。在蒸汽品质、给水供应(向二回路供水)和主控制(整个冷却剂回路的完整性)方面,两种热源的控制要求都存在类似的优先级。然而,与核反应堆的运行相关的一些非常不同且通常更复杂的控制问题,以及此类发电厂特有的控制响应的一些非线性,是可以跨时间和空间域进行考虑的。

8.4.1 时间

8.4.1.1 长期控制

与大多数其他热能相比,核反应堆运行的一个关键区别在于,燃料会长时间运行,数月、数年,有时甚至数十年。频繁换料是不可取的(因为这会导致发电的严重中断),特别是因为现在世界上相对较少的反应堆拥有或利用该设施在运行时进行燃料补充。因此,对反应堆进行长期控制的方法,即数周和数月,对于确保安全、可预测、不间断和稳定的发电以及高效的燃料消耗至关重要。同样,在给定运行期间的所有废物(包括裂变产物和次锕系元素)运行时都包含在燃料元件中,并且在燃料卸载之前不会被获取。这与大多数其他传统发电厂运行的持续燃料输入/排放基础形成鲜明对比。一些裂变产物和次锕系元素对反应堆的性能有积极贡献,而另一些则有负面影响;特别是,有些将中子引入系统,而另一些则可能有较大的中子吸收截面。这些同位素的丰度随时间和功率而变化,因此可能取决于反应堆燃料的近期运行情况。因此,需要了解、管理和考虑这些同位素对反应堆控制的影响。一些同位素是可裂变的,并在堆芯内做出贡献,而其他同位素在链式反应停止后很长一段时间内(大约几天和几周)以及可能在重新启动开始时继续为堆芯的功率输出做出贡献。在正常运营和紧急情况下,这也必须加以考虑。

8.4.1.2 短期控制

在稳态下运行的核反应堆是处于动态平衡状态的系统;中子是连续产生和吸收的,尽管上面总结了长期效应。稳态运行期间的控制目标是保持恒定的总体中子数,以实现恒定的发电水平,并避免不可预见的短期瞬态反应性变化。虽然这些变化并不涉及整个反应堆的完整性(反应堆的设计目的是在称为设计基础的预期性能范围内满足其影响),但对秒和分钟量级的短期控制机制有一个重要的要求,这些机制利用负反馈机制来减轻瞬态的影响。这减少了例如对操作员过度干预和对已安装系统的不必要驱动的要求。从安全的角度来看,还需要采取多种保护性控制措施,以便在需要时快速停堆,并在停堆后保持反应堆处于安全状态。根据第 4 章中的讨论,中子截面可能高度依赖于中子能量。在本章中,中子种群进一步探讨了中子种群对中子行为及其在核芯中生命周期的影响。在一个可能存在宽谱中子能量,且结构通常复杂、非均质的反应堆系统中,可以有广泛的共生反馈机制在起作用。其中一些有助于控制反应堆,而另一些则阻碍反应堆。

8.4.2 空间

当中子的产生和消耗是在无边界限制的体积中时,反应堆系统的概念最容易理解;这被称为无限反应堆。然而,真正的反应堆必须具有严格的物理限制,不仅要容纳它,还要集成对其运行至关重要的必要结构基础设施和仪器。因此,为了确保安全、高效和平衡地使用整个反应堆堆芯的燃料,有必要在空间范围内及时控制中子通量。通常,目标是优化堆芯范围内的中子通量,并避免不必要的峰值,这可能导致反应堆部件的局部过热和应力。迄今为止运行的所有商用动力反应堆都使用固相核燃料,包括非均相空间布置,相对于周围的基础设施保持静止。这由容器中的液体或气体冷却剂或通过单个管道(液体燃料、熔盐反应堆是一个例外,第 11 章总结了)中对此进行了渗透。这非常强调堆芯中燃料的静态空间分布和最佳中子通量分布的性质。一些影响,最明显的是燃料中大量强中子吸收体的影响,可以导致中子通量空间分布随时间变化;这也需要得到控制和管理。

8.5 种群动态和不断变化的中子种群

8.5.1 有效增殖因子

反应堆中的中子种群与任何由大量具有繁殖或衰亡能力的实体组成的系统没有什么不同;当前一代中的数量受前几代事件的影响。例如,可以考虑以地球上的人口进行类比,其中人口的唯一来源是出生,而唯一的下降是死亡。在这个例子中,人口随时间的变化率与生产率(出生率)和迁移率(死亡率)之间的差异有关,

$$\text{人口变化率}=\text{出生率}-\text{死亡率} \tag{8.1}$$

显然,如果出生率大于死亡率,那么人口就会增长,因此增长率是正的,反之亦然。对于稳态情景,根据定义,总体不会改变。因此,变化率为零,并且,

$$\text{出生率}=\text{死亡率} \tag{8.2}$$

如果我们将当前一代的种群规模(我们推断出一个特定的时间)与上一代的种群规模进行比较,那么我们可以通过增殖因子来描述种群的变化率,使得,

$$\text{增殖因子}=\frac{\text{当前一代人口}}{\text{上一代人口}} \tag{8.3}$$

顺便说一句,考虑一下英国的人口:2011 年为 6 320 万,2001 年为 5 880 万。因此,在这种情况下,增殖因子为 1.08。它大于 1,这反映了 2011 年英国人口相对于 2001 年有所增加的事实。在核工程中,增殖因子的常规表示法是 k。通常,需要考虑三种不同的情况:

$$k=1 \tag{8.4}$$

描述中子群没有变化的情况。这类似于出生率和死亡率相等的形式,如式(8.2)。在这种情况下,中子群的状态称为临界状态。如果,

$$k>1 \tag{8.5}$$

中子数量增长,反应堆的状态称为超临界状态,如果,

$$k<1 \tag{8.6}$$

中子数量下降,这种状态被称为亚临界状态。

在核反应堆中,中子存在多种来源。这些将在本章后面探讨。然而,一旦建立了链式反应,中子的主要来源就是裂变核素的受激裂变;最常见的是^{235}U。中子通过吸收从反应堆中损失(假设所讨论的反应堆是无限的,因此从概念上讲,中子不会因泄漏而损失)。这个过程如图 8.2 所示。

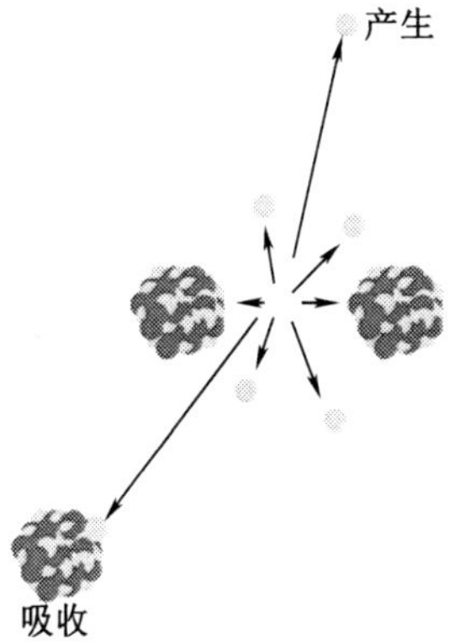

图 8.2　裂变核留下 2 个裂变碎片、6 个中子并显示了 2 个裂变碎片的命运的示意图:一个中子被相邻的核吸收,另一个通过随后的裂变产生。为了清楚起见,裂变中发出的其他辐射被忽略了

对于反应堆内中子的情况,式(8.7)可以类比式(8.1)写成,

$$中子变化率=中子产生率-中子吸收率 \tag{8.7}$$

如果中子群不随时间变化,就像式(8.2),

$$中子产生率=中子吸收率 \tag{8.8}$$

对于这种情况,并参考第 4 章中的讨论,当前产生的裂变速率单位体积等于中子通量 ϕ 和宏观裂变截面 Σ_f 的乘积。当前一代的中子数量与每单位体积的中子产生速率成正比。这是每次裂变产生的中子数 ν 与裂变速率的乘积,

$$中子产生率=\nu\Sigma_f\phi \tag{8.9}$$

根据定义,在无限介质中,不会发生泄漏,前一代的中子数必须等于已吸收的中子数。因此,吸收率为

$$中子吸收率=\Sigma_a\phi \tag{8.10}$$

通过将无限反应堆的增殖因子 k_∞ 定义为式(8.9)与式(8.10)的比率,可以得到,

$$k_\infty = \frac{\nu \Sigma_f}{\Sigma_a} \tag{8.11}$$

上述分析隐含了两个重要但有点不切实际的假设。首先,在无限的、假设的反应堆介质中,宏观截面和中子通量不随位置变化,从而假设了一个均匀的成分;其次,这些参数也随能量而变化,但在这个阶段假设它们在这方面也是不变的,因此

$$\Sigma(E,r) = \Sigma, \phi(E,r) = \phi$$

正如第6章所述,运行中的反应堆内产生的中子主要源自诱发裂变过程。因此,这些中子是以“快中子”形式释放的,即其能量分布相较于周围环境介质明显偏高。尽管如第4章所述,存在中子吸收截面的中间共振现象(特别是^{238}U),但中子仍是在慢化状态时被吸收的概率最大。然而需要强调的是,慢化过程几乎总是由大量独立相互作用构成。因此,吸收可能发生在任意能量区间,其发生概率随相应截面与能量的函数关系而变化。由此可见,单个中子可能经历多种潜在作用路径,这些路径可以从反应堆内中子循环的角度加以考量。

8.5.2 中子循环

确定给定中子群的增殖状态的理想方法可能是跟踪每个中子,从裂变中诞生,到以后某个时间以较低能量状态被吸收,在相应能量下考虑相关的中子截面。为了解释中子相互作用的概率性质以及它们可能与之相互作用的多种同位素,需要多次进行此操作。在此过程中中子的输运取决于它们相互作用的几何结构和环境成分。

在蒙特卡洛方法中也有类似的方法。这种方法的好处是将中子轨迹上的能量依赖性影响联系起来,在这种情况下,从裂变到吸收,表明了随能量变化而发生的变化。然而,为了说明中子循环的概念,一种普遍的方法是首先考虑中子能量的三个领域:快中子区、共振中子区和热中子区。

图8.3提供了中子生命周期的示意图,从裂变到吸收。作为一个循环,我们可以从任何一点考虑其中的中子,但通常从裂变事件开始。表8.1也总结了这个周期。

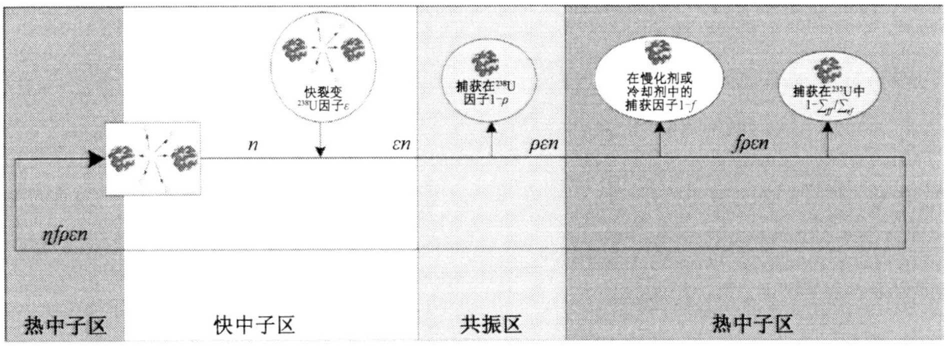

图8.3 反应堆中的中子生命周期示意图(该图中使用的符号在表8.1中定义)

表 8.1 无限反应堆系统的中子能量用于定义费米四因子公式[式(8.12)]中对中子种群的各种影响的估计

中子能量域	对中子群影响的描述	增殖因子 k_∞ 相关联的因子
快中子 E_n>0.5 MeV	中子源于裂变,其中大部分具有快中子能量,如图 4.11 所示的瓦特分布。相对于较低能量下的相互作用可能性,当中子为快中子时,概率最高的相互作用是散射,尽管少数特定同位素存在吸收共振的影响。这导致裂变产生的中子被慢化,并在循环中能量持续降低。散射相互作用既不会向系统中引入更多中子,也不会导致中子损失,因此不影响中子群体数量。然而,在此能量范围内,^{238}U 可能发生阈上裂变(即 E_n>1 MeV)。每次裂变会产生 2~3 个中子(数量随能量增加而增加[2])。这种效应对增殖因子的正向贡献由快中子增殖因子 ε 描述;它是循环中裂变产生的总中子数与热裂变事件产生的中子数之比。因此,假设初始裂变事件引入 n 个中子,在循环的快中子区域结束时,中子数为 εn,$\varepsilon>1$,反映了这种贡献的正效应	快中子增殖因子 ε
共振中子 E_n:1~300 eV	第 4 章描述了某些同位素(尤其是锕系元素)的中子吸收截面存在许多共振峰。随着中子能量因慢化而降低,与这些共振峰相关的吸收变得显著。这构成了一个吸收器,中子被从中子群体总数中移除,无法再引发裂变,这对于^{238}U 尤其重要。然而,由于此范围内的中子能量现在低于裂变阈值,不会导致裂变(裂变会增加中子群体)。相反,中子吸收产生^{239}U。^{238}U 的共振吸收由共振逃脱概率 ρ 描述。它定义为逃脱共振吸收、得以继续进入循环下一阶段的中子群体所占的比例。由于吸收导致中子从群体中损失,该参数小于 1,即 $\rho<1$	逃脱共振吸收概率 ρ
热中子 0.025 3 eV	在这种情况下,热中子能量的中子吸收截面达到最大。在此能量范围内,存在三种相互竞争的过程: (1)中子可能被构成慢化剂、冷却剂、反应堆燃料及其结构的同位素俘获,这些中子因此从群体中损失。由于慢化剂和冷却剂的组成随反应堆设计而异,该效应也因所选反应堆系统的不同而有显著差异。 (2)中子被^{235}U 吸收,但不导致裂变。 (3)中子被吸收并引起^{235}U 裂变。 这些现象对中子数目的影响反映在两个因子中: 其一,热利用因子 f 定义为被^{235}U 吸收的中子数与被反应堆系统吸收的总中子数之比;$f<1$。 其二,导致裂变的中子数由再生因子 η 描述,它是^{235}U 裂变产生的中子数与被^{235}U 吸收的总中子数之比	热利用因子 f $f=\Sigma_{aF}/\Sigma_a$ 再生因子 η $\eta=v(\Sigma_{fF}/\Sigma_{aF})$

综上所述,式(8.11)中给出的增殖因子 k_∞ 的定义可以进行修改,以明确地解释这些影响,从而得出所谓的四因子公式,使得

$$k_\infty = \varepsilon p f \eta \tag{8.12}$$

为避免疑问,这里强调的是,到目前为止,中子因泄漏而从反应堆中损失的情况已被忽略。因此,这里的 k_∞("k 无穷")的定义反映了它与无限反应堆概念的关联。

根据它们的等效截面关系更详细地考虑上面定义的因子是有指导意义的。

宏观横截面用于吸收发生在反应堆堆芯的某个位置(例如冷却剂、慢化剂、基础设施和燃料等)可以定义为 Σ_a。对于单独的燃料,它通常被区分为 Σ_{aF}。热利用因子 f 等于比率 Σ_{aF}/Σ_a。

同样,将燃料中裂变和吸收的宏观裂变截面分别定义为 Σ_{fF} 和 Σ_{aF},η 为产生裂变的平均中子数 ν 和宏观裂变横截面与吸收截面的乘积之比:$\dfrac{v\Sigma_{fF}}{\Sigma_{aF}}$。宏观裂变截面用于反映给定燃料混合物中各种裂变核素可能发生裂变的现实。

上面介绍的每个因子的具体值因反应堆设计而异。一般来说,η 的影响最大,为 60%~70%。这是因为它描述了热裂变中子的注入,这通常是稳态运行中对中子群的最强影响。热利用系数 f 通常具有第二大影响,约为 30%。它结合了两个主要影响因素的影响:首先,由于动力反应堆往往与低浓缩燃料有关,因此不可避免地存在很大一部分 ^{238}U 与构成中子源的扩散中子靠近。其次,冷却剂、慢化剂和控制基础设施对核电站的功能至关重要,但它也不能幸免于中子的吸收。快裂变因子 ε 通常很小(大约 2%),但相比之下,^{238}U 的丰度和吸收共振的大小可以产生 85%~90% 量级的共振逃逸概率 ρ。

如上所述,到目前为止,我们已经考虑了无限反应堆的假设情况,因为这使得系统泄漏引起的中子损失可以忽略不计。然而,真正的反应堆系统并不是无限的,而且存在实际的工程要求,这些要求使得某些堆芯形状优于其他形状。这意味着我们没有完全的设计灵活性,无法通过选择反应堆几何形状来最大限度地减少中子泄漏。例如,就空间利用而言,最好的选择是球体(具有最小的表面积与体积之比),但这很少是一个实用的选择,因为需要基础设施来协助燃料装载和回收以及控制杆插入,这些要求倾向于轴对称设计。因此,大多数反应堆堆芯是圆柱形的,因为更容易安排控制/停堆棒及相关机械装置的插入。考虑到泄漏,可以修改图 8.2 以说明图 8.4 所示的概念,其中除了吸收外,还包括离开反应堆有限边界的中子的额外中子吸收。

反应堆的设计旨在通过使用将中子反射回堆芯的材料来最大限度地减少泄漏,并且还通过配置堆芯以在其边缘区域布置富集度更高的燃料元件,以促进这些区域对裂变核素的更多吸收。尽管如此,一些中子确实离开了堆芯,且无法返回,它们被称为泄露。此外,中子既可能在快中子阶段(即慢化之前)泄漏,也可能在慢化之后热中子阶段泄漏。前者取决于中子慢化所需的时间(τ_{th},一个称为热中子年龄的参数),而后者取决于中子在被吸收之前扩散的距离(L_{th},扩散长度)。τ_{th} 或 L_{th} 越大,表示快中子或热中子的泄漏量越大。

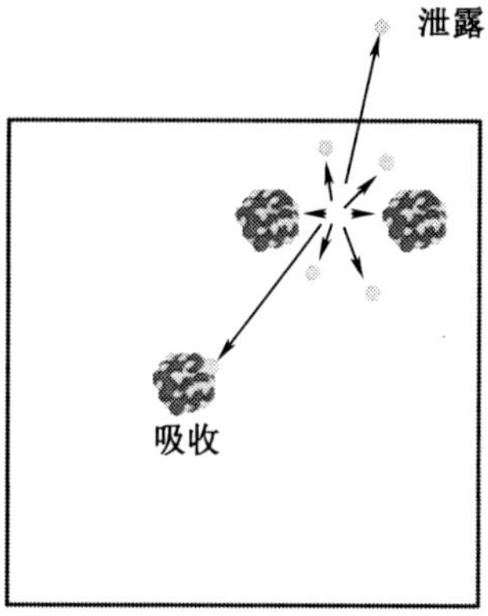

图 8.4　裂变核的示意图，留下 2 个裂变碎片和 6 个中子。一个中子显示被邻近的核吸收，另一个从系统中泄漏

为了将这两种情况加入到我们对增殖因子[式(8.12)]的描述中，我们引入了另外两个项：快中子不泄漏概率 P_{NLf}，它描述了快中子不泄漏的可能性。P_{NLth} 是热中子不泄露概率。与其他因子一样，不泄漏概率也随反应堆设计而变化，每个量级都约为百分之几。综上所述，通过将所谓的费米四因子公式与不泄漏概率相结合，可以定义有效增殖因子 k_{eff}，从而得出六因子公式：

$$k_{eff}=\varepsilon\rho f\eta P_{NLf}P_{NLth} \tag{8.13}$$

或者

$$k_{eff}=k_{\infty}P_{NLf}P_{NLth}$$

8.5.3　缓发中子的重要性

第 4 章介绍了核裂变的定性动力学，特别是定义了在裂变中发射中子的分类，称为瞬发裂变。这些中子中的大多数在加速离开裂变点时被高度激发的裂变碎片极快地发射出来，其余的被认为是在裂变点出现的。瞬发中子产生得如此之快，以至于几乎无法辨别裂变发生时间与其发射之间的延迟，范围从 10^{-18} ~ 10^{-13} s 不等。

虽然裂变中释放的绝大多数中子是瞬发的(通常占释放的 99%以上)，但在裂变碎片的第一次 β^- 衰变之后，有可能从次级裂变产物中释放中子。与一些裂变碎片的半衰期相比，这种衰变过程不是长期的，但在裂变的时间尺度上，它们确实引入了重要的滞后源。因此，如果反应堆的运行基于维持临界所需的中子包括瞬发比例和缓发的小部分，则可以实现一定程度的控制，如果我们只依靠瞬发中子，则不可能实现这种控制。反应堆中这一重要的中子群体组成部分由被称为缓发中子的粒子构成。

通过概念性说明，我们可以考虑一个仅基于瞬发中子维持链式反应的反应堆(它是瞬发临界反应堆)，并将其与依赖于缓发中子分量的反应堆进行比较，该反应堆用于完善达到临界值所需的种群。前者几乎是一个理论场景，因为正如我们稍后将讨论的那样，它构成了一个不可控制的案例，只是在少数严重的临界性事故(例如 1986 年的切尔诺贝利与 1961 年的 SL-1)和早期的临界实验中意外出现的。

为阐明缓发中子对反应堆控制系统的定性调节优势，请参考图 8.5 中以左侧 k_{eff} 标度展示的两种情况。图中水平虚线表示中子群体处于平衡状态的临界状态:虚线上方对应超临界状态,下方对应次临界状态。左图显示,当所有中子均为瞬发中子时,其数量已足以达到 $k_{eff}=1$ 的临界状态;而右图则表明,必须依靠缓发中子份额才能补足达到临界所需的中子数量。正是对这一微量组分的依赖,使得右侧系统相较于左侧具有可控性。由于存在 β 衰变过程,缓发中子份额的变化速率比瞬发中子缓慢得多,这使得反应堆中子对裂变率变化的响应受限于该因素(β 衰变)所决定的响应时间特性。为简化起见,左侧未标注缓发中子份额,但无论堆芯是否达到瞬发临界,缓发中子始终存在贡献。左侧达到瞬发临界工况的关键特征在于:仅靠瞬发中子组分就足以实现 $k_{eff}=1$ 的临界状态,无需依赖缓发中子;而右侧系统则不具备这一特性。

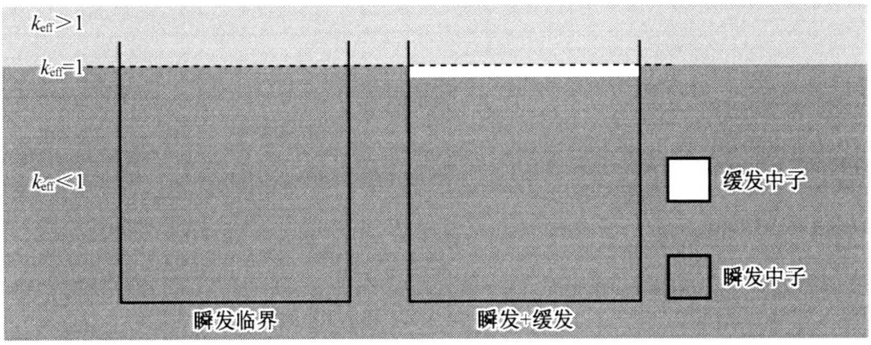

图 8.5 示意图表示说明了仅由瞬发中子(瞬发−临界状态)组成的临界反应堆状态与同时包含瞬发中子和缓发中子的反应态的比较

为了说明缓发中子在定量背景下的作用,有必要考虑中子从生产(裂变)到消耗(吸收)的时间特征。由于我们对其与时间的关系感兴趣,因此我们首先考虑中子群 N 随时间 t 的变化率,

$$\frac{\mathrm{d}N}{\mathrm{d}t}=\frac{\mathrm{d}P}{\mathrm{d}t}-\frac{\mathrm{d}L}{\mathrm{d}t} \tag{8.14}$$

其中 $\mathrm{d}P/\mathrm{d}t$ 和 $\mathrm{d}L/\mathrm{d}t$ 分别是产生率和损失率。通常会引入一个描述倍增因子 k 和临界状态之间差异的无量纲参数,该参数称为反应性 ρ,其中,

$$\rho=\frac{k-1}{k} \tag{8.15}$$

分子 $\Delta k=k-1$ 定义为过剩倍增因子,ρ 通常以千分之一百分比或者每十万分之一(pcm)来测量。如果我们考虑一下中子在裂变事件中产生和被另一个原子核吸收之间的时间 l,这可能与中子 λ 的平均自由程(在第 4 章中介绍)和中子 v 的平均速度有关,因此,

$$l=\frac{\lambda}{v} \tag{8.16}$$

其中,l 称为瞬发中子寿命。这隐含地假设介质是无限的,因此吸收是中子的唯一归宿。当然,一些中子可能会很快被吸收,而另一些中子可能需要更长的时间才能屈服;寿命 l 是这些极端值的平均值。此外,我们已经在第 4 章中讨论过,裂变中子通常很快,并且大多数在

慢化时被吸收。因此,中子的速度在其生命周期中会有很大变化,但习惯上不考虑每对相互作用之间的速度,而是定义两个极端,它们加在一起构成平均寿命 l。它们是:中子被慢化所需的时间 t_s(称为漂移或慢化时间)和它在吸收前以慢化状态存在的时间(扩散时间 t_d)。式(8.16)的平均寿命为

$$l=t_s+t_d \tag{8.17}$$

平均寿命的两个组成部分都可以估计,尽管只是近似的。从减速时间开始,在第 6 章中,我们了解到,在石墨(碳)中,平均需要约 120 次散射才能将中子从 1 MeV 减慢到 0.025 3 eV(热),每次相互作用的平均能量损失约为 14%。我们还知道石墨的平均自由程为 5 cm,因此我们可以估计 t_s 的量级为 0.01 ms(在轻水中为 0.001 ms)。相比之下,对 ^{12}C 的吸收进行类似的计算,扩散时间 t_a 可以估计为大约 1 ms(在轻水中为 0.1 ms)因此可以得出结论,中子扩散的时间远远长于它们被减速的时间,t_d 远大于 t_s,因此,

$$l\approx t_d \tag{8.18}$$

这在图 8.6 中示意性地说明了这一点,其中描绘了中子的寿命,从裂变产生到减速,最后到吸收前的扩散阶段。在这个不按比例缩放的插图中,水平范围与时间粗略地相关联。

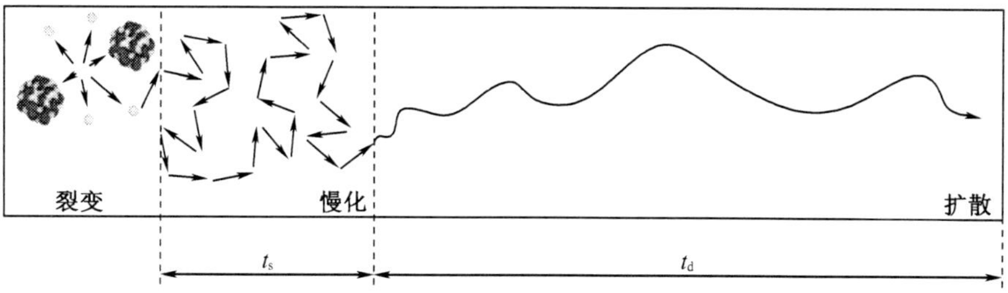

图 8.6　裂变产生的中子的示意图,中子减慢并扩散,直到其吸收点

缓发中子的影响可以用单能群中子数守衡方程的简化版本来理解,忽略泄漏。这在第 9 章中得到了充分说明,这里包括在热中子通量 $\phi=Nv$ 方面,慢化剂和燃料组合的宏观吸收截面,Σ_a 和单位体积中子的产生率 S,它表示中子数随时间的变化,即中子产生的速率(S)和中子被吸收的速率 $\Sigma_a\phi$,因此

$$\frac{1}{v}\frac{\mathrm{d}\phi}{\mathrm{d}t}=S-\Sigma_a\phi \tag{8.19}$$

因此,

$$\frac{1}{v}\frac{\mathrm{d}\phi}{\mathrm{d}t}=\rho\varepsilon\nu\Sigma_f\phi-\Sigma_a\phi \tag{8.20}$$

其中,和以前一样,ε 是快中子增殖因子;v 是每次热中子诱导裂变产生的平均中子数;ρ 是共振逃脱概率。所有三个因素的乘积对应于每次裂变的中子数量(快中子和热中子),这些中子在 ^{238}U 共振吸收中逃脱俘获并被慢化。这乘以裂变率 $\Sigma_f\phi$,等于 S。参考 k_∞ 的定义,根据第 8.5.2 节,根据 f 和 η 的定义编写为

$$k_\infty=\rho\varepsilon\left(\frac{\Sigma_a F}{\Sigma_a}\right)\left(v\frac{\Sigma_{fF}}{\Sigma_{aF}}\right) \tag{8.21}$$

化简得：

$$k_{\infty}=\varepsilon\rho v\left(\frac{\Sigma_{\mathrm{fF}}}{\Sigma_{\mathrm{a}}}\right) \tag{8.22}$$

因此,式(8.20)变为：

$$\frac{1}{v}\frac{\mathrm{d}\phi}{\mathrm{d}t}=k_{\infty}\Sigma_{\mathrm{a}}\phi-\Sigma_{\mathrm{a}}\phi \tag{8.23}$$

因式分解并代入 $v=\lambda/l$ 和 Σ_a $1/\lambda$ 得到

$$\frac{\mathrm{d}\phi}{\mathrm{d}t}=\left(\frac{k_{\infty}-1}{l}\right)\phi \tag{8.24}$$

式(8.24)在核工程中很突出,因为它提供了一条概念上简单的途径来说明核反应堆的响应灵敏度。求解它得到时间 t 的中子通量,即瞬发中子寿命 l,

$$\phi(t)=\phi(0)\mathrm{e}^{\frac{k_{\infty}-1}{l}t} \tag{8.25}$$

其中 $T=l/(k_{\infty}-1)$ 是中子数增加 e 倍所需的时间,通常称为反应堆周期。如果热中子反应堆设计的 l 的相应估计值被代入式(8.25)中,并考虑忽略缓发中子贡献的反应性微小增加的情况,则中子通量以及反应堆功率的不可控增长将是显而易见的。

缓发中子作用对延长中子数的倍增时间(周期)所做的贡献。缓发中子由许多不同的同位素贡献;这些被称为缓发中子先驱核。要考虑它们对周期的集体影响,必须根据按半衰期分组的先驱核来考虑中子贡献的平均时间。

对所有可能进行全面分析是一项复杂的工作。幸运的是,对按半衰期分组的最突出贡献者的简要处理提供了令人满意的概念评估。值得再次强调的是,这些同位素被正式归类为次级裂变产物,它们通常经历瞬时中子发射,这是 β^- 衰变的第一阶段,并且随后易于进一步发射中子;中间的 β^- 衰变是瞬时中子发射和缓发中子发射之间“缓发”的最重要来源。缓发中子的影响是通过修改我们对中子寿命的定义来满足的,这样它就不再局限于瞬发中子,还包括那些缓发中子。(表 8.2)

表 8.2 ^{235}U 的缓发中子半衰期和相对产额

组	半衰期/($t_{1,2}$/s)	周期/(τ_i/s)	相对产量/β	每次裂变的绝对产率/中子数	裂变中子产率/β_i
1	54.5	78.6	0.04	0.000 68	0.000 28
2	21.8	31.5	0.21	0.003 57	0.001 47
3	6.0	8.7	0.19	0.003 23	0.001 34
4	2.2	3.2	0.41	0.006 97	0.002 89
5	0.5	0.7	0.13	0.002 21	0.000 92
6	0.2	0.3	0.02	0.000 34	0.000 14
总计	—	—	1.00	0.017 00	0.007 04

如果缓发中子的份额是β,那么包括这些的中子寿命 $\bar{l}$可以写成,

$$\bar{l}=\underbrace{(1-\beta)l}_{\text{瞬发中子}}+\underbrace{\sum_{i=1}^{6}\beta_i(\tau_i+l)}_{\text{缓发中子}} \tag{8.26}$$

其中,瞬发分量等于根据缓发中子份额调整的中子总数,其中周期为 $T=\bar{l}/(k_\infty-1)$,式(8.26)描述了每个缓发中子具有寿命。传统上,分配了六个组,定义如下:

$$\sum_{i=1}^{6}\beta_i=\beta \tag{8.27}$$

不出所料,每种不同的裂变核素都有一组不同的先驱核组[3],但^{235}U(由于它在热反应堆中的形成和消耗,在较小程度上为 ^{239}Pu)仍然与目前运行的动力反应堆最相关。表 8.2 给出了^{235}U 先驱核组的示例数据,其中总的绝对缓发中子产额为每次裂变 0.017 个中子,或约为 0.7%。

式(8.26)中的缓发分量,根据表 8.2 进行调整,得出平均中子寿命为 $\bar{l}=0.09$ s。这导致反应堆周期相对于仅考虑瞬发中子的情况发生了非常显著的变化,变化了约 1 000 倍,从而使系统更加可控。式(8.26)可以进一步简化,$\tau_i \gg l$ 相比,瞬发分量非常小,因此,

$$\bar{l}\approx\sum_{i=1}^{6}\beta_i\tau_i \tag{8.28}$$

8.6 短期效应和反应堆反馈机制

8.6.1 正反馈和负反馈图解

在核动力反应堆中,目标始终是确保安全、持久的核能转化为热能。然而,作为一个大型系统在动态平衡状态下运行并产生大量的热量和电离辐射,反应堆在整个运行期间会经历预期以及偶尔非预期的物理变化。这些变化包括温度、同位素组成和几何形状。此外,反应堆中使用的材料(最常见的是冷却剂和慢化剂)的相态可能在微观尺度(如与第 7 章讨论的成核作用相关的液-汽相变)和宏观尺度(即沸腾)上受到影响。所有反应堆的设计和操作都以确保此类变化很小。然而,如果系统的自然响应是负反馈(即引起变化的动作会因该变化而减少),那么针对此类变化控制反应堆就会变得简单。与核反应堆中的反应性行为相关的因素有很多,与这些相关的反馈机制并不总是直观的。

为了说明反馈在控制中的重要性,图 8.7 提供了一个简单的例子,一个人试图沿着一条直线(通常作为行走行为的一部分在潜意识中完成的动作)相关联。在负反馈示例中,描述了可能被认为是正常行为的行为,每当人们意识到自己正在远离线路时,他们就会改变方向。为了实现这一点,为了本例的目的,他们从远离自己所遵循的路线的方向前进时行走的距离中减去 50%。因此,他们的路径在线路两侧表现出的方差迅速下降,以有效和准确地跟随线路。相比之下,在正反馈示例中,情况恰恰相反,该人每次增加 50%,并且方差迅速升级。在物理世界中还有其他关于正反馈的有用例子,例如电子系统中的谐振结构

(振荡器)或谐振激励下的结构系统(例如 1940 年塔科马海峡大桥坍塌的情况)。

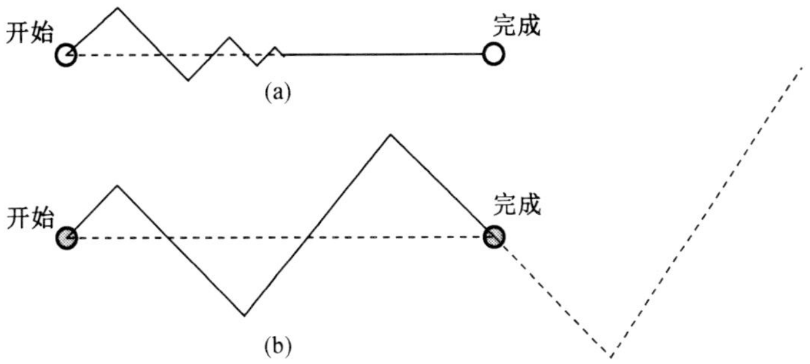

图 8.7 通过行人走直线的类比可以清晰对比正负反馈机制的区别:在负反馈示例(a)中,行人每次偏离直线后,将后续步长缩减 50%并调整方向,仅需 5 次迭代即可将轨迹偏差控制在±3%以内;而在正反馈示例(b)中,行人每次反而增加 50%步长,导致轨迹偏离幅度呈指数级扩大

8.6.2 临界性控制的一些特性

大多数裂变动力反应堆由非均匀排列的燃料元件组成,其中充满了慢化剂,慢化剂可以是固体或液体。这使得在相对低富集度的燃料中实现临界链式反应。慢化剂原子数与燃料原子数的比值(慢化剂与燃料比)是理解反应堆对慢化剂物理变化的响应的重要参数。这方面的例子可能包括:如果由于辐射损伤,慢化剂的密度随着时间的推移而逐渐降低,慢化剂随温度膨胀或者慢化剂发生相变。与最后一个例子相关的一个常见场景是液相慢化剂的液-汽相转变。本节的一般假设是此类变化很小。为了说明这一点,人们通常认为裂变核素的临界质量随水稀释的变化关系[4],认识到存在不止一个裂变核素(即铀燃料堆芯中的 ^{239}Pu)会使情况比这里想象的要复杂得多。这种依赖性,就临界质量与临界半径而言,适用于裸露和带反射层堆。值得注意的是,这在核能的背景下是一个极端情况,从均质金属到相对较低稀释度的范围,但它说明了观察到的一些趋势的科学依据。到目前为止,我们对反应性讨论的隐含前提是,反应堆的各种成分(如燃料、慢化剂和冷却剂)的相和密度都不会随时间快速变化。在目前运行和建设的商用动力反应堆中,燃料用于固相。然而,液体冷却剂和冷却剂/慢化剂组合的广泛使用,特别是在轻水反应堆中,需要考虑可能导致密度变化并影响慢化剂与燃料比的情况。

8.6.2.1 空泡反馈

可以说,与反应堆慢化剂相关的密度变化中,最具重要性的莫过于液体中空泡(气泡)的形成。这类空泡通常产生于燃料与液态慢化剂/冷却剂交界的固体表面。该现象通常被称为"空泡效应",并涵盖了第 7 章中介绍的多种特殊沸腾类型。反应性的正向变化可能导致燃料温度升高,进而通过空泡的快速形成显现出来。

为降低此类工况下的人工控制难度,现代反应堆设计致力于利用具有负反馈特性的结构——即空泡效应能够自发抵消引发该效应的反应性扰动。然而,这类反馈机制往往呈现多重复杂性:其作用原理可能违背直觉,且通常涉及多种相互冲突的物理效应的同时作用。通过研究轻水稀释工况下临界质量的变化规律(需特别指出,轻水作为冷却剂与慢化剂双重功能的介质,目前仍是全球核反应堆的主流选择),即可深入理解这种复杂性的物理本质。

在未稀释状态下，可裂变材料在最小半径时对应的质量即为裸临界质量。稀释效应将从此基准点开始影响临界质量。反射层通过将泄漏中子反射回活性区从而提升中子密度，由此形成反射临界质量（该值恒小于裸临界质量，如图 8.8 中下方曲线所示）。当体系质量低于未稀释临界质量（对应更小半径）时，中子泄漏率过高将导致裂变链式反应无法自持。

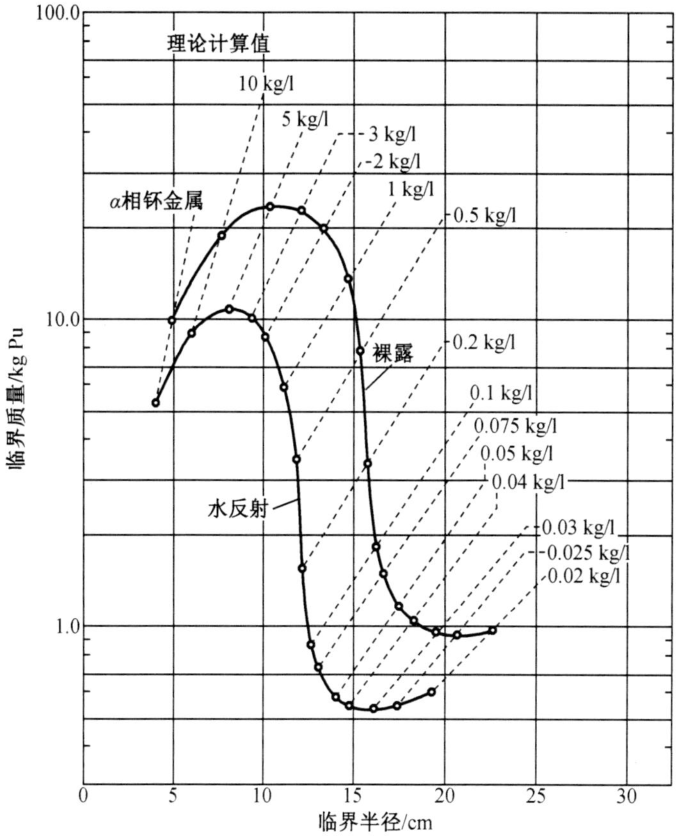

图 8.8　水分散裂变材料球体的临界质量与临界半径（估计值）。上部曲线适用于裸露的球体，下部曲线适用于浸入浅水中的球体

稀释作用会产生双重效应：

（1）增大可裂变原子间距，降低中子与核燃料的碰撞概率；

（2）增强慢化效果，从而改变中子相互作用特性。

在低稀释度（临界半径较小）情况下，稀释作用产生双重效应：①中子泄漏率增加；②中子能谱软化。由于初始缺乏慢化作用，后者会增强共振吸收。这两种机制（泄漏与吸收）均导致中子损失增加，因此维持链式反应所需的临界质量随之增大。随着稀释度持续增加（慢化作用相应增强），共振吸收逐渐减弱（因中子能量过低而不再显著），同时中子能量逐渐接近裂变截面的有利能区。这导致临界质量先达到峰值后快速下降至最小值。若继续增加稀释度，氢俘获中子将占据主导，临界质量转而上升。

大多数热谱动力堆采用低富集度核燃料，且因慢化剂分散分布而处于较高稀释度状态。因此，图 8.8 中超过临界质量峰值的高稀释度区域（尤其是临界质量小于 1 kg 的区间）

具有最重要的控制意义。

图 8.8 中最小值左侧区域(临界半径<15 cm)对应欠慢化反应堆状态,右侧区域(临界半径>15 cm)则对应过慢化工况。现考察一个与图 8.8 中无反射层上曲线相符的临界堆芯案例(临界质量 1 kg,稀释度 0.04 kg/L)。当反应性瞬态增加导致温度上升并产生空泡时,空泡形成会降低有效稀释度——因为蒸汽泡的产生等同于慢化剂原子数密度的下降,这种情况类似于临界半径的减小。由此产生的中子能谱相较于固态(无空泡)状态热化程度降低,进而减小了裂变概率。由于堆芯向左移动进入次临界区(慢化作用减弱而可裂变物质总量不变),系统转为次临界状态,反应性随之下降。因此,在欠慢化反应堆系统中,空泡效应最终导致负反馈结果,此类慢化剂-燃料布置被称为具有负空泡系数特性。这种对反应性短期上升引发的空泡形成的自调节响应,正是工程设计所追求的。

在稀释度为 0.02 kg/L 的最小值右侧过慢化区,空泡形成对慢化能力的削弱作用与欠慢化工况相当。然而,就慢化剂与燃料原子数比(慢化剂-燃料比)而言,由于系统本身处于过慢化状态,中子能谱硬化的调整空间较为有限。但空泡形成确实会降低氢对中子的吸收,使系统内留存的中子数量较空泡前增多。由此导致堆芯状态左移,越过临界线进入超临界状态。若不加以控制,将形成"反应性上升→空泡增加→反应性再上升"的正反馈循环。这种难以控制的特性具有高度危险性,因此过慢化反应堆系统通常呈现正空泡系数特征。

在核反应堆系统中,反应性引入所导致的空泡效应虽然是空泡反馈的主要表现形式,但慢化剂-燃料比的任何改变都可能引发关键性的控制问题。具体而言,空泡的形成主要源于以下三种机制:首先,液态慢化剂中停堆棒和控制棒的快速动作;其次,冷却剂流动过程中产生的湍流扰动(这一现象在应用化容系统的反应堆中表现得尤为显著);最后,低反应性价值的控制组件在液态慢化剂中的插入操作(例如控制棒驱动机构的相关部件)。基于核安全设计的基本原则,轻水堆通常都设计具有负空泡反馈系数这一重要特性。然而,在实际运行过程中,需要特别关注以下几个关键安全要素:第一,作为长期反应性控制手段的可溶毒物(即化学补偿剂)的浓度配置必须进行专门的安全评估;第二,高浓度毒物区域内产生的空泡可能会削弱系统预设的负反馈效应;第三,在功率瞬态工况下,这种现象有可能引发潜在的正反馈风险,需要特别防范。关于这些现象的详细机理分析,请参见图 8.9(a)和图 8.9(b)所示的欠慢化与过慢化两种工况下的空泡反馈特性对比示意图。

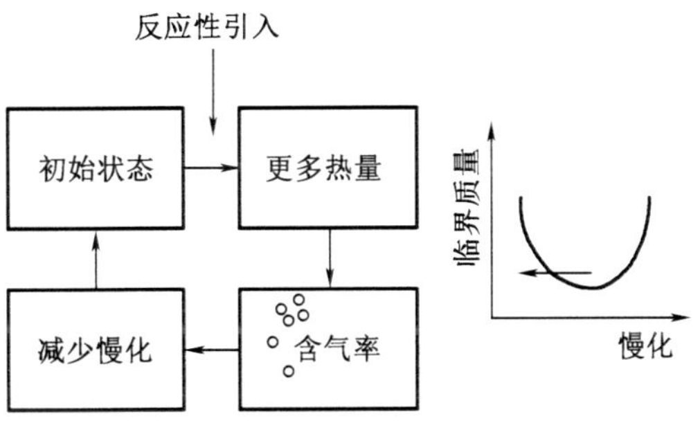

(a) 慢化不足情况

图 8.9　欠慢化和过慢化情况的空泡反馈行为的临界质量与慢化量(例如慢化剂与燃料比)的示意图

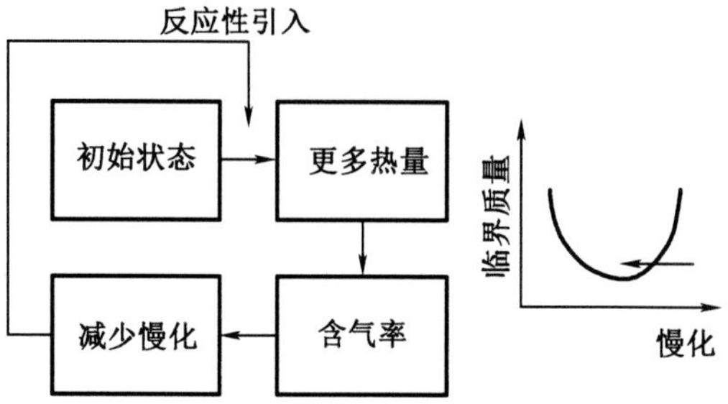

(b) 过慢化情况

图 8.9(续)

8.6.2.2 热反馈

虽然空泡反馈可能是反应堆对反应性变化最直观的响应,特别是因为它在切尔诺贝利事故后受到了广泛关注,但温度变化引起的反馈也同样重要。这些反馈通常与四个组成部分相关联:燃料、慢化剂、冷却剂,在较小程度上与反应堆结构有关。因此,核反应堆的热反馈反应性状态通常根据反应堆是冷态(即近期未运行)还是热态(近期运行过)来区分的。反应性 ρ 的温度系数 α 定义为每单位温度的反应性变化,其中,

$$\alpha=\frac{\mathrm{d}\rho}{\mathrm{d}T}=\frac{1}{k}\frac{\mathrm{d}k}{\mathrm{d}T} \tag{8.29}$$

通常以 $\mathrm{pcm}\cdot\mathrm{K}^{-1}$ 为单位测量,回想一下 $\rho=\Delta k/k$。正温度系数表示反应性随温度升高而增加,而负系数则表示相反。由于反应性的增加通常伴随着功率的上升,进而导致温度升高,因此与负温度系数相对应的非能动安全响应是反应堆设计的一个重要目标。例如,为燃料、慢化剂等每个组件分配相应的温度系数。

对于反应堆系统的四个组成部分(燃料、慢化剂、冷却剂、结构材料),温度主要引发三种我们关注的现象,其影响程度各不相同:

(1)中子俘获共振截面的多普勒展宽。这通常与燃料以及 $^{238}\mathrm{U}$ 和 $^{239}\mathrm{Pu}$ 中的共振峰有关。

(2)中子群能量分布随温度的变化,通常称为能谱硬化或能谱软化。

(3)温度变化导致密度变化。

这些现象很重要,因为如第 4 章所述,反应速率与微观截面和原子序数密度的乘积成正比[式(4.10)];鉴于上面列出的潜在变化,二者都可能发生改变。

8.6.2.3 多普勒展宽

当在第 4 章中引入微观截面的概念时,我们提出了一个隐含的假设,即原子与中子发生作用时,原子是静止的,因为只考虑了中子入射到相关物质上的速度。然而,根据速度的麦克斯韦分布,与中子相互作用的物质中的原子将受到热运动的影响。这在宏观上表现为物质的温度,并导致在与物质相关的吸收能谱中观察到的离散谱线展宽。

因此,相对于在没有热运动的情况下理论上预期的值,在特定能量下吸收的概率降低,而宽度(它扩展到较低和较高能量的范围)增加。在中子吸收的背景下,这表现为微观吸收

横截面的能量依赖性共振区域中线结构的展宽。这在核工程中被广泛称为多普勒展宽。图 8.10 显示了基于^{58}Ni 中子俘获共振模拟的展宽效应示例。

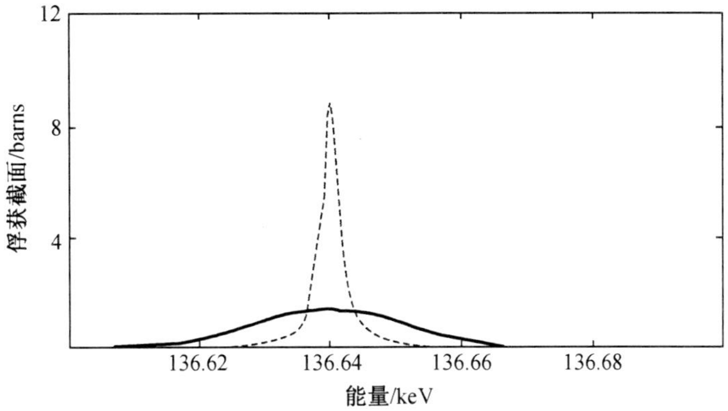

图 8.10 ^{58}Ni 的中子俘获截面作为能量的函数,在没有多普勒展宽(虚线)和基于麦克斯韦速度分布(实线)的多普勒展宽建模

多普勒展宽的影响并不是温度效应导致偏离理论上的最佳值,因为通过实验测量的横截面已经隐含了测量温度下的展宽效应。相反,其真正意义在于温度变化所引发的改变,以及这种改变反过来对反应性的影响,进而对展宽程度产生影响。例如,反应性的增加通常会导致温度升高,从而导致展宽的增加。结果,落在共振范围内的中子能量范围也会增加,因此被吸收的中子数量也会增加。

这在非能动安全方面特别有益,因为^{238}U 截面的共振结构使反应堆中的燃料特别容易受到多普勒展宽的影响。相关系数通常称为燃料温度系数或瞬时温度系数。引入反应性将导致燃料温度几乎瞬间升高。随之立即发生的^{238}U 共振多普勒展宽会增加中子的消耗,从而降低反应性。这是一个非常重要的反应堆设计特征,因为相较于慢化剂或冷却剂,燃料在反应性增加时的升温速度更快。

8.6.2.4 能谱硬化

到目前为止,已经假设热中子反应堆中的中子被慢化剂慢化,也就是说,在 293 K 的温度下,构成一个平均能量对应于麦克斯韦能量分布的平均能量 kT 的中子能谱。显然,对于冷态反应堆来说,实际温度很可能会围绕此值有所变化,这取决于周围环境的温度,因为在转向稳态运行功率时,反应堆的温度会升高。由于中子群只能被慢化到与慢化剂温度平衡的水平,因此从冷到热的转变会导致中子能谱硬化。这被观察到为中子能量分布从冷态慢化后向上移动。

虽然概念上很简单,但确定能谱硬化的影响可能很复杂。例如,需要考虑多种同位素:标准铀燃料反应堆启动时的^{235}U 和 ^{238}U,具有不同程度的裂变和吸收敏感性。然后,经过一段时间的运行,^{239}Pu 的影响也将开始变得明显。它的行为与 ^{238}U 不同,因为^{239}Pu 的分辨共振区约在 0.3 eV 时的能量较低。

就六因子公式而言,能谱硬化的主要影响是有效裂变中子数 η。反应堆从一个清洁、冷态(即不存在^{239}Pu)开始升温时,温度引起的能谱硬化会导致^{235}U的中子吸收相对于^{238}U减少(这可以从图4.8的截面数据中看出),从而引起裂变减少,进而导致中子产生减少。这导致η随温度的升高而降低,从而产生负的慢化剂温度系数。^{239}Pu是从^{238}U中的俘获增殖到反应堆系统中的,由于上述共振结构,^{239}Pu中的吸收随着能谱硬化而增加,但^{239}Pu的裂变概率随中子能量降低而增大。通常,前者(吸收增加)大于后者(裂变概率减小)导致稳态运行中反应堆的η总体增加并产生正的慢化剂温度系数。然而,该效应对温度变化的响应速度远低于燃料中的温度效应(燃料多普勒效应)。值得注意的是,温度系数还取决于所使用的慢化剂类型。

8.6.2.5 温度的密度效应

反应堆系统中使用的材料的膨胀和收缩会导致中子能谱的变化,进而引起截面(特别是与慢化剂相关的截面)的变化。从冷态到热态的转变导致慢化剂的密度因膨胀而降低。宏观截面下降是由于原子数密度的降低,这可以表现为反应堆系统中中子泄漏的增加。反应堆内中子数的相应减少导致裂变速率下降,因此反应堆中的密度效应通常与负反馈相关,并且具有负的反应性系数。

8.7 长期效应和反应堆中毒

8.7.1 中毒的原理

大多数裂变产物的半衰期较短,因此在形成后不会在反应堆中长期存在。在那些持久的裂变产物中,相对于绝大多数裂变产物,少数具有非常大的中子吸收截面的特殊性质。这对反应堆的长期控制尤为重要,因为与反应堆装载尚未达到临界状态(以下简称"清洁")的新燃料的状态相比,这些同位素构成了新的、动态的中子吸收体。这与反应堆的运行共生,因此功率越大,裂变速率就越高,裂变产物的产生速率就越高,包括那些具有异常大中子吸收截面的裂变产物。由于这些同位素可以累积到足以改变反应堆堆芯中中子数目的程度,因此它们通常被称为反应堆毒物。

反应堆毒物往往富含质子。一旦它们吸收了中子,它们就会转化为稍重的同位素,中子吸收截面急剧减小。由此产生一个重要后果是中子吸收导致毒物被消耗;这在中子数和反应性方面引入了补偿效应。有些毒物本身也具有放射性;因此,在没有中子通量的情况下,也就是说,如果反应堆停堆,这种变体会随着时间的推移而衰变。中子毒物的这种复杂性反映在它们表现出随时间的非线性变化关系,尤其是在反应堆停堆后。这些同位素的动态丰度会导致反应堆在关闭后不久重新启动所需的反应性与之后一段时间所需的反应性明显不同,因为在后一种情况下,毒物已经有足够的时间衰变。我们将以^{135}Xe和^{149}Sm的情况为例,因为它们是迄今为止裂变产物产率和吸收截面方面最突出的同位素。表8.3总结了这些同位素的相关物理性质。

表 8.3 反应堆毒物 ^{135}Xe 和 ^{149}Sm 的突出物理性质

同位素	来源	生产途径	热中子吸收截面[5,6]/b	放射性衰变途径
^{135}Xe	主要裂变 ^{135}Te 衰变链	$\gamma_I = 6.1\%$ $\gamma_{Xe} = 0.3\%$ β^-衰变为^{135}I $t_{1/2} = 6.58$ h	2.65×10^6	β^-衰变为^{135}Xe, $t_{1/2} = 9.14$ h
^{149}Sm	裂变 ^{149}Pm(^{149}Nd)衰变链	$\gamma_{Pm} = 1.4\%$ β^-衰变为^{149}Pm $t_{1/2} = 2.21$ d	4.0×10^4	稳定

8.7.2 ^{135}Xe

^{135}Xe 是核反应毒物最突出的例子,因为它具有巨大的中子吸收截面。^{135}Xe 及其母体^{135}Te 都属于裂变碎片质量分布的 $130<A<150$ 高质量分数,而 ^{135}Te 的产额相当可观。此外,^{135}Xe 具有放射性,其半衰期足够长,使其在反应堆运行期间积聚,并且在反应堆停堆后仍可在堆芯中保留一段时间。

相对少量的^{135}Xe(产额为 0.3%)作为初级裂变产物产生。然而,产生的 ^{135}Te 大约是^{135}Xe 的 20 倍,因此这构成了^{135}Xe 的主要来源。与许多裂变产物一样,^{135}Te 富含中子,并会通过 β^-衰变,衰变为^{135}I。然后,^{135}I 随后再通过 β^-衰变(半衰期为 6.58 小时)衰变为^{135}Xe。^{135}Xe 的半衰期很短(β^-衰变,$t_{1/2} = 9.14$ 小时),因此自然界中几乎不存在^{135}Xe,除了一些短暂、微量的、可能来自自然界中^{238}U 自发裂变的产物。^{238}U 的地质浓度太稀,核燃料装入反应堆辐照之前,燃料中并不存在^{135}Xe。^{135}Te 衰变链可以概括为

$$ {}^{135}_{52}Te \xrightarrow{\beta^-} {}^{135}_{53}I \xrightarrow{\beta^-} {}^{135}_{54}Xe \xrightarrow{\beta^-} {}^{135}_{55}Cs \xrightarrow{\beta^-} {}^{135}_{56}Ba \tag{8.30} $$

装载了不含任何毒物的新燃料的反应堆称为清洁反应堆。这将其与最近运行过并因此含有毒物的堆芯区分开来,后者被称为脏污堆芯。^{135}Xe 有两个来源(裂变和 ^{135}I 的 β^-衰变)和两个吸收源(放射性衰变和中子吸收)。需要强调的是,^{135}Xe(2.75×10^6 b)的中子吸收截面相对于其母核同位素和子核同位素(与衰变或中子俘获有关)的吸收截面更大,以至于当这些过程发生时,^{135}Xe 被消耗,中子吸收影响也实际上消失了。因此,我们可以直观地看到控制 ^{135}Xe 浓度的因素,如图 8.11 所示。

像^{135}Xe(氙是最重要的例子)这样的毒物的存在与否会影响核反应堆的中期控制要求,并且存在多种相互竞争的影响。例如,^{135}Xe 的形成取决于裂变速率(即反应堆功率)和时间。它的消耗取决于时间、现存的中子量和中子吸收率(这也取决于反应堆功率)。

裂变形成^{135}Xe 和中子吸收消耗仅在反应堆运行时发生,而其放射性衰变与反应堆状态无关。因此,反应堆毒物的影响延伸到核反应堆的整个运行范围之外。为了进一步说明这一点,我们可以考虑反应堆运行的四种场景:启动、稳态运行、停堆和重启。

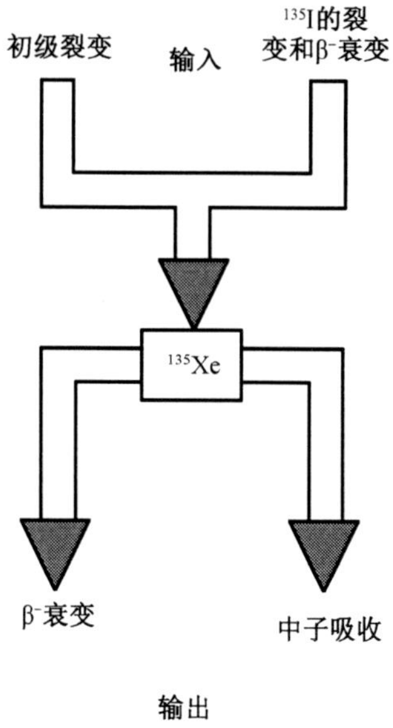

图 8.11　运行中的反应堆中控制 ^{135}Xe 浓度的动态平衡示意图

8.7.2.1　启动

在启动阶段,反应堆堆芯没有毒物,只包含新燃料(通常是二氧化铀,由^{238}U 和 ^{235}U 的低富集度混合物组成)。因此,不需要对毒物对中子的吸收进行说明,因为此时不存在与毒物吸收相关的吸收源。

在启动后的最初几天,^{135}I 的浓度增加(^{135}Te 的半衰期为 19.2 秒,短到足以让我们将碘同位素视为衰变链的起点)。通过 ^{135}I 的衰变,^{135}Xe 的浓度通常在 30 小时后达到平衡状态。如图 8.11 所示,此时 ^{135}Xe 的增长持续进行,直到足以导致中子俘获的衰变和消耗速率等于其形成速率。在这个动态积累期间内,^{135}Xe 的浓度升高吸收的中子数量也会动态增加,因此必须调整反应堆的控制来解决这个问题。例如,这可以通过逐渐撤回控制棒来补偿 ^{135}Xe 的吸收来实现。

8.7.2.2　稳态运行

此时(通常为 t>30 小时)在恒定功率水平和中子通量下,^{135}Xe 的产生速率(通过初级裂变,但主要是由于^{135}I 的衰变)等于消耗(通过 β^-衰变和中子吸收)。因此,^{135}Xe 丰度保持不变。通过控制棒插入的反应性余量也是恒定的,因此原则上不需要进一步调整反应堆控制参数。

8.7.2.3　停堆

由于^{135}I 的衰变,^{135}Xe 在反应堆中持续产生(其半衰期相对于功率调节时间尺度较长)。然而,中子通量的缺失消除了消耗^{135}Xe 的两条主要路线之一(图 8.11 中的中子吸收)。去除这个消耗项会导致 ^{135}Xe 的浓度在几个小时内增长,当它通过 ^{135}I 产生的等于其自身的衰变时达到最大值。超过此时间点后,^{135}Xe 会根据其自身的半衰期衰减。

8.7.2.4 重启

需要在关闭后不久按照 $t<10$ 小时的时间跨度快速重新启动反应堆,然后需要比在关闭时保持反应堆运行所需的更多的剩余反应性来消除氙的影响。这是因为当中子吸收停止消耗时,氙会发生积聚(假设之前有一段持续的稳态运行期)。

通常,$t>40$ 小时的间隔会导致相对于停堆时刻所需的反应性降低。如果经过相对较长的时间(通常为 4~5 天),那么所有^{135}Xe 都将衰变,使反应堆恢复到 ^{135}Xe 的“清洁”状态。

8.7.3 ^{149}Sm

^{149}Sm 对反应堆控制的影响在理论上与^{135}Xe 相似,但不同之处在于 ^{149}Sm 虽然具有非常大的热中子俘获截面,但其本身是稳定核素。因此,它不会像 ^{135}Xe 那样通过放射性衰变消耗,另一个区别是 ^{149}Sm 的吸收截面显著小于^{135}Xe。

^{149}Sm 的直接裂变产率可以忽略不计,因此完全由裂变产物^{149}Nd 的 β^-衰变在反应堆中形成,如下所示:

$$^{149}_{60}\text{Nd} \xrightarrow{\beta^-} {}^{149}_{61}\text{Pm} \xrightarrow{\beta^-} {}^{149}_{62}\text{Sm} \tag{8.31}$$

与随后的^{149}Pm 衰变为 ^{149}Sm 相比,^{149}Nd 衰变为^{149}Pm 是 100% 且快速的($t_{1/2}$ = 1.73 小时)。因此,根据预测^{149}Sm 浓度随时间变化的平衡态模型,通常将钷同位素视为链的起点。图 8.12 提供了描述 ^{149}Sm 形成和消耗的示意图。

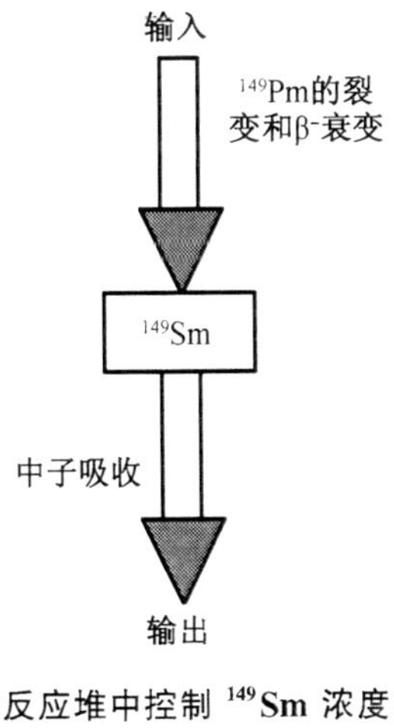

图 8.12 运行中的反应堆中控制 ^{149}Sm 浓度的动态平衡示意图

^{149}Sm 浓度随时间的变化取决于生产速度和消耗速度,如下:

^{149}Sm 浓度率 = ^{149}Sm 通过^{149}Pm 衰变产生率 − ^{149}Sm 中子吸收率 (8.32)

^{149}Pm 的产生率包括它从裂变中产生的速率减去它通过式(3.3)的推导得出衰变的速率(包括裂变产额的影响),

$$\frac{\mathrm{d}N_{\mathrm{Pm}}}{\mathrm{d}t} = \gamma_{\mathrm{Pm}}\Sigma_{\mathrm{f}}\phi_{\mathrm{th}} - \lambda_{\mathrm{Pm}}N_{\mathrm{Pm}} \tag{8.33}$$

其中 N_{Pm} 是 ^{149}Pm 的数量，γ_{Pm} 是 ^{149}Pm(0.014 个原子裂变)的裂变产额，λ_{Pm} 是 ^{149}Pm 的衰变常数。当 $N_{Pm}(0)=0$ 和 t 从时间零开始积分时，得到，

$$N_{Pm}(t)=\frac{\gamma_{Pm}\Sigma_f\varphi_{th}}{\lambda_{Pm}}[1-e^{-\lambda_{Pm}t}] \tag{8.34}$$

同样，^{149}Sm 的变化率包括：

$$\frac{dN_{Sm}}{dt}=\lambda_{Pm}N_{Pm}-\sigma_c N_{Sm}\varphi_{th} \tag{8.35}$$

其中 N_{Sm} 是 ^{149}Sm 原子核的数量，σ_c 是其微观热中子俘获截面。将式(8.34)代入式(8.35)并求解 N_{Sm}，得到，

$$N_{Sm}(t)=\gamma_{Pm}\Sigma_f\varphi_{th}\left[\frac{1}{\sigma_c\varphi_{th}}(1-e^{-\sigma_c\varphi_{th}t})-\frac{1}{(\sigma_c\varphi_{th}-\lambda_{Pm})}(e^{-\lambda_{Pm}t}-e^{-\sigma_c\varphi_{th}t})\right] \tag{8.36}$$

图 8.13 展示了无毒性初始状态的反应堆中，^{149}Sm 浓度(N_{Sm})在三种不同中子通量水平下随时间的变化关系。

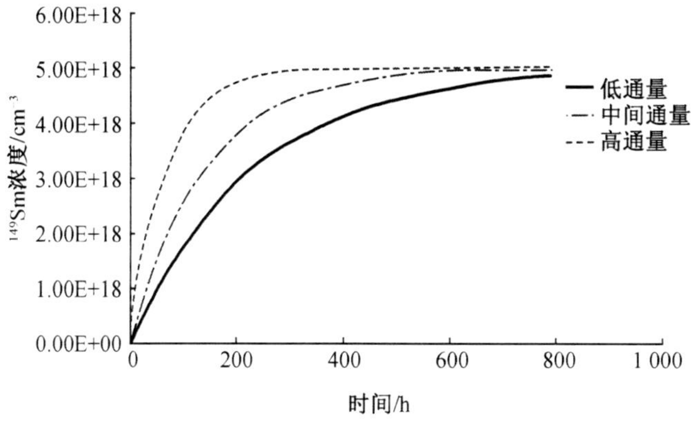

图 8.13　对于三种不同通量(功率)水平，清洁反应堆的反应堆启动后^{149}Sm 浓度与时间的关系图

在图 8.13 中，很明显，达到^{149}Sm 的平衡浓度的速率取决于中子通量(通量越大，达到平衡能级的速度就越快)。平衡能级 N_{Sm}^{eq} 与中子通量无关，并且是在 $t\to\infty$，

$$N_{Sm}^{eq}=\frac{\gamma_{Pm}\Sigma_f}{\sigma_c} \tag{8.37}$$

修改上面为^{149}Sm 情况提供的叙述，我们可以得到以下结论。

8.7.3.1　启动

假设一个没有毒物的清洁反应堆，反应堆在没有任何剩余钐同位素的情况下启动。

^{149}Pm 立即开始从 ^{149}Nd 的衰变中产生，但它的半衰期(相对而言)比 ^{135}Xe 中涉及的衰变链长得多。因此，^{149}Sm 需要更长的时间才能达到平衡浓度(约 800 小时或者 1 个月)的平衡浓度，其间相应地调整控制棒插入以补偿毒性的增长。

8.7.3.2 稳态运行

此时(通常为 $t>800$ 小时) ^{149}Sm 的生产率及其消耗量相等。因此,反应堆可以继续运行,而无需进一步调整控制棒。

由于^{149}Pm 的产率和 ^{149}Sm 中的中子俘获截面小于 ^{135}Xe 的情况,因此所需反应性裕量低于以氙为主导毒性的情况。

8.7.3.3 停堆

停堆时,通过中子俘获的消耗停止,但通过^{149}Pm 衰变的持续产生;因此 ^{149}Sm 的浓度增加。由于 ^{149}Sm 稳定,其浓度随着 ^{149}Ppm 浓度的下降而稳定下来。

由于^{149}Pm 的半衰期相对较长,其衰减过程比 ^{135}Xe 体系缓慢,相比之下,由于 ^{149}Sm 的稳定性,停堆后稳定水平保持不变。

8.7.3.4 重启

停堆后 24 小时内快速重启,^{149}Sm 的毒性水平与停堆前相当。停堆超过 50 小时重启,因^{149}Pm 持续衰变产生^{149}Sm,需额的外反应性补偿。然而,需要强调的是,尽管^{149}Sm 毒效应持久,但因前述截面及产额特性,其毒性强度显著低于^{135}Xe。

由于无中子通量时^{149}Sm 无法被消耗,且^{149}Pm 生产停止,一旦产生^{149}Sm 中毒,该状态将持续至燃料整体更换。

^{149}Sm 浓度在运行期间和停堆后随时间的变化如图 8.14 所示。^{149}Sm 浓度(N_{Sm})在停堆后随时间的变化关系为

$$N_{Sm}(t)=N_{Sm}(t_s)+N_{Pm}(t_s)(1-e^{-\lambda_{Pm}(t-t_s)}) \tag{8.38}$$

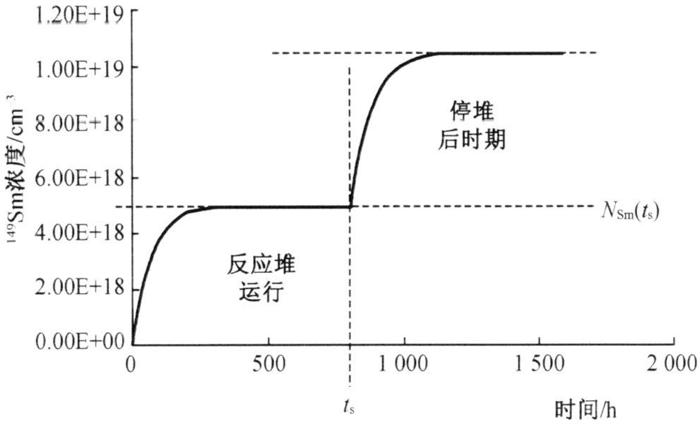

图 8.14 清洁反应堆的反应堆启动后和关闭后(在 $t=t_s$关闭)的^{149}Sm 浓度与时间的关系图

案例分析

案例分析 8.1:估计热利用因子 f

给定热利用因子 f 的定义,

$$f=\frac{\Sigma_{aF}}{\Sigma_a}$$

为了获得用轻水慢化的反应堆的功率估算,有必要考虑燃料和冷却剂/慢化剂的成分。考虑以下信息:

(1)该反应堆包含 85 t UO_2 形式的燃料,平均富集度质量分数为 3%,同时采用轻水作为慢化剂与冷却剂的一体化介质。

(2)对于本示例分析目的,控制棒/停堆棒的结构与仪表系统等部件可忽略不计。

(3)堆芯包括由水灌注的燃料组件,这可以通过假设堆芯和冷却剂是 UO_2 和 H_2O 的均匀成分的混合物来简化,在包壳材料对中子的吸收可以忽略不计。

(4)堆芯尺寸直径为 3.0 m,高度为 4.3 m,体积为 30.4 m^3。

(5)^{235}U、^{238}U、UO_2 和 H_2O 的摩尔质量分别是 235.04 g/mol、238.05 g/mol、270.03 g/mol 和 18.02 g/mol。

(6)^{235}U、^{238}U、氢和氧的微观吸收截面分别为 $\sigma_{235}=684$ b、$\sigma_{238}=2.7$ b、$\sigma_H=0.329$ b、$\sigma_O=0.19$ mb(约为0)。

(7)UO_2的密度为 10.97 $g\cdot cm^{-3}$,水的密度为 1.00 $g\cdot cm^{-3}$。

上述表达式可以表示为 $\Sigma_a=\Sigma_{aF}+\Sigma_{aH_2O}$,

$$f=\frac{\Sigma_{aF}}{\Sigma_{aF}+\Sigma_{aH_2O}}$$

其中 $\Sigma_{aF}=n_{235}\sigma_{235}+n_{238}\sigma_{238}$,$\Sigma_{aH_2O}=n_H\sigma_H$ 并且 n 是相应元件截面的数密度。σ 是相应的热中子微观吸收横截面。

由于假设物质 Z 的质量 M_Z 的数密度 n_Z 可以写成 $n_Z=n_A M_Z/Vm_Z$,在表达式中体积 V 和 N_A 可以抵消,

$$f=\frac{\left(\frac{M_{235}}{m_{235}}\right)\sigma_{235}+\left(\frac{M_{238}}{m_{238}}\right)\sigma_{238}}{\left(\frac{M_{235}}{m_{235}}\right)\sigma_{235}+\left(\frac{M_{238}}{m_{238}}\right)\sigma_{238}+\left(\frac{M_H}{m_H}\right)\sigma_H}$$

因此,由于 85 t UO_2包含 3.15×10^5 mol,3%(2.55t)包含 9 450 mol 的 $^{235}UO_2$和 97%(82.45 t)3.06×10^5 mol 的 $^{238}UO_2$。85 t UO_2占用 7.75 m^3,留下 22.65 m^3(22.65 t)的 H_2O(即 1.25×10^6 mol)。代入表达式 f,

$$f=\frac{9\ 450\times684+3.06\times10^5\times2.7}{9\ 450\times684+3.06\times10^5\times2.7+2\times1.25\times10^6\times0.329}$$
$$=\frac{7.29\times10^6}{8.11\times10^6}$$
$$=0.90\text{ 或 }90\%$$

案例分析 8.2：无毒性初始状态反应堆启动下^{135}Xe浓度随时间变化的数学推导

^{135}Xe 浓度随时间的变化率可以写成：

^{135}Xe 浓缩率 = ^{135}Xe 通过^{135}I 的产生率 + ^{135}Xe 通过裂变的产生率 − ^{135}Xe 衰变率 − ^{135}Xe 中子吸收率

因此，回想一下式(3.3)的衰变方程，产生速率是产额 γ_{Xe}、宏观裂变截面 Σ_f 和热中子通量 φ_{th} 的乘积，宏观俘获截面是 $\sigma_{cXe}N_{Xe}$，

$$\frac{dN_{Xe}}{dt}=\lambda_I N_I+\gamma_{Xe}\Sigma_f\phi_{th}-\lambda_{Xe}N_{Xe}-\sigma_{cXe}N_{Xe}\phi_{th}$$

所以：

$$N_{Xe}(\lambda_{Xe}+\sigma_{cXe}\phi_{th})+\frac{dN_{Xe}}{dt}=\lambda_I N_I+\gamma_{Xe}\Sigma_f\phi_{th}$$

因为 $N_I(t)=N_I(0)e^{-\lambda_I t}$，

$$N_{Xe}(\lambda_{Xe}+\sigma_{cXe}\phi_{th})+\frac{dN_{Xe}}{dt}=\lambda_I N_I(0)e^{-\lambda_I t}+\gamma_{Xe}\Sigma_f\phi_{th}$$

这比简单的两种同位素的情况稍微复杂一些，但通过定义 a、b 和 c 等术语来简化 $a=\lambda_{Xe}+\sigma_{cXe}\phi_{th}$，$b=\lambda_I N_I(0)$，$c=\gamma_{Xe}\Sigma_f\phi_{th}$。因此：

$$aN_{Xe}+\frac{dN_{Xe}}{dt}=be^{-\lambda_I t}+c$$

这与案例分析 3.2 一样得到解决，

$$N_{Xe}(t)=\frac{b}{(a-\lambda_I)}(e^{-\lambda_I t}-e^{-at})+\frac{c}{a}(1-e^{-at})$$

$$N_{Xe}(t)=\frac{\lambda_I N_I(0)}{(\lambda_{Xe}+\sigma_{cXe}\phi_{th}-\lambda_I)}[e^{-\lambda_I t}-e^{-(\lambda_{Xe}+\sigma_{cXe}\phi_{th})t}]+\frac{\lambda_{Xe}\Sigma_f\phi_{th}}{(\lambda_{Xe}+\sigma_{cXe}\phi_{th})}[1-e^{-(\lambda_{Xe}+\sigma_{cXe}\phi_{th})t}]$$

该描述适用于所有启动情景，包括无裂变产物状态和含毒物状态。对于“无裂变产物”的启动工况，由于不存在裂变产物，因此 $N_I(0)=0$，则

$$N_{Xe}(t)=\frac{\gamma_{Xe}\Sigma_f\phi_{th}}{(\lambda_{Xe}+\sigma_{cXe}\phi_{th})}[1-e^{-(\lambda_{Xe}+\sigma_{cXe}\phi_{th})t}]$$

$N_{Xe}(t)$ 随时间的变化如图 8.15 所示，对比了三种不同中子通量水平下的情况。这表明，随着通量的增加，^{135}Xe 浓度更快地达到平衡，且平衡浓度值相应增加。

再次使用^{135}Xe 浓度随时间的变化率，采用与案例分析 8.2 相同的符号：

$$\frac{dN_{Xe}}{dt}=\lambda_I N_I+\gamma_{Xe}\Sigma_f\phi_{th}-\lambda_{Xe}N_{Xe}-\sigma_{cXe}N_{Xe}\varphi_{th}$$

在 $t=t_s$ 停堆之前，假设已达到平衡，$\frac{\mathrm{d}N_{\mathrm{Xe}}}{\mathrm{d}t}=\frac{\mathrm{d}N_{\mathrm{I}}}{\mathrm{d}t}=0$，因此，由于裂变形成并通过放射性衰变而损失的^{135}I 的浓度 N_{I}的变化率为

$$\frac{\mathrm{d}N_{\mathrm{I}}}{\mathrm{d}t}=\gamma_{\mathrm{I}}\Sigma_{\mathrm{f}}\phi_{\mathrm{f}}-\lambda_{\mathrm{I}}N_{\mathrm{I}}$$

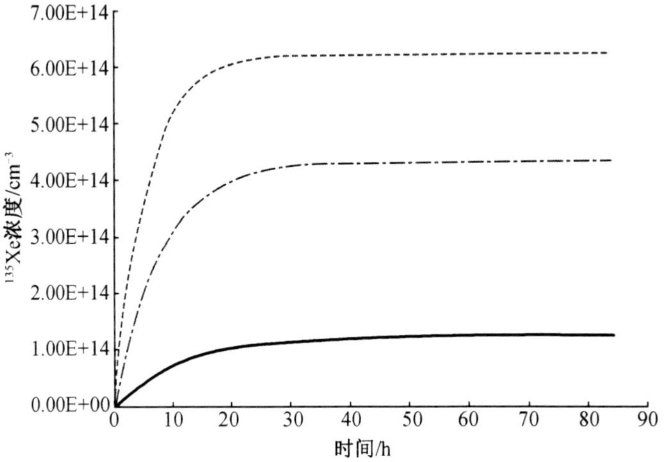

图 8.15　三种不同中子通量的 ^{135}Xe 浓度 $N_{\mathrm{Xe}}(t)$ 与时间的关系图

在停堆点，平衡^{135}I 浓度为

$$N_{\mathrm{I}}(t_s)=\frac{\gamma_{\mathrm{I}}\Sigma_{\mathrm{f}}\phi_{\mathrm{th}}}{\lambda_{\mathrm{I}}}$$

同样，对于^{135}Xe，

$$N_{\mathrm{Xe}}(t_s)=\frac{(\gamma_{\mathrm{I}}+\gamma_{\mathrm{Xe}})\Sigma_{\mathrm{f}}\phi_{\mathrm{th}}}{\lambda_{\mathrm{Xe}}+\sigma_{c\mathrm{Xe}}\phi_{\mathrm{th}}}$$

停堆后，由于热中子通量 $\phi_{\mathrm{th}}=0$，^{135}Xe 通过裂变的产生过程及其中子吸收消耗过程均终止，因此^{135}Xe 浓度变化速率的被积函数简化为

$$\mathrm{d}N_{\mathrm{Xe}}=\lambda_{\mathrm{I}}N_{\mathrm{I}}\mathrm{d}t-\lambda_{\mathrm{Xe}}N_{\mathrm{Xe}}\mathrm{d}t$$

因为 $N_{\mathrm{I}}(t)=N_{\mathrm{I}}(t_s)\mathrm{e}^{-\lambda_{\mathrm{I}}t}$，所以：

$$\mathrm{d}N_{\mathrm{Xe}}=\lambda_{\mathrm{I}}N_{\mathrm{I}}(t_s)\mathrm{e}^{-\lambda_{\mathrm{I}}t}\mathrm{d}t-\lambda_{\mathrm{Xe}}N_{\mathrm{Xe}}\mathrm{d}t$$

$$N_{\mathrm{Xe}}(t)=\frac{\lambda_{\mathrm{I}}N_{\mathrm{I}}(t_s)}{(\lambda_{\mathrm{Xe}}-\lambda_{\mathrm{I}})}(\mathrm{e}^{-\lambda_{\mathrm{I}}t}-\mathrm{e}^{-\lambda_{\mathrm{Xe}}t})+N_{\mathrm{Xe}}(t_s)\mathrm{e}^{-\lambda_{\mathrm{Xe}}t}$$

停堆后，当所有^{135}I 衰变完毕导致^{135}Xe 停止生成时，^{135}Xe 浓度遵循放射性衰变定律 $N_{\mathrm{Xe}}(t_s)=N_{\mathrm{Xe}}(t_s)\mathrm{e}^{-\lambda_{\mathrm{Xe}}t}$。图 8.16 展示了三种不同中子通量水平下停堆后^{135}Xe 浓度的变化趋势。

$$N_{\mathrm{Xe}}\mathrm{e}^{\lambda_{\mathrm{Xe}}t}\Big|_0^t=\frac{\lambda_{\mathrm{I}}N_{\mathrm{I}}}{\lambda_{\mathrm{Xe}}}\mathrm{e}^{\lambda_{\mathrm{Xe}}t}+\frac{\gamma_{\mathrm{Xe}}\Sigma_{\mathrm{f}}\phi_{\mathrm{th}}}{\lambda_{\mathrm{Xe}}}\mathrm{e}^{\lambda_{\mathrm{Xe}}t}\Big|_0^t$$

$$N_{Xe}(t)=\frac{\lambda_I N_I}{\lambda_{Xe}}(e^{\lambda_{Xe}t}-1)+\frac{\gamma_{Xe}\Sigma_f\phi_{th}}{\lambda_{Xe}}(e^{\lambda_{Xe}t}-1)$$

$$N_{Xe}(t)=(e^{\lambda_{Xe}t}-1)\left(\frac{\lambda_I N_I}{\lambda_{Xe}}+\frac{\gamma_{Xe}\Sigma_f\phi_{th}}{\lambda_{Xe}}\right)$$

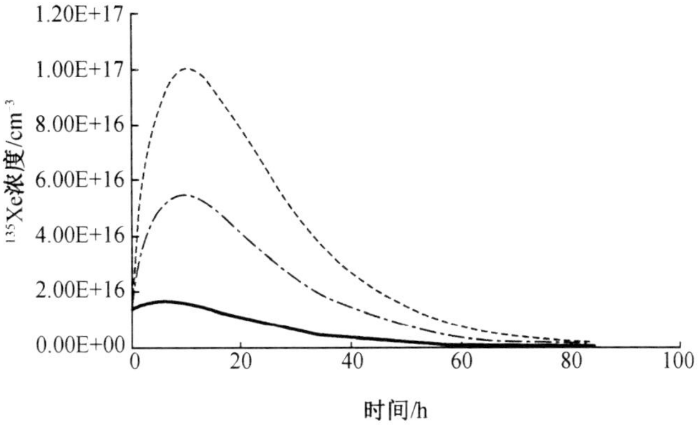

图 8.16 ^{135}Xe 浓度 $N_{Xe}(t)$ 与关机后时间的关系图

案例分析 8.3:轻水的 t_s 和 t_d 的估计值以及 $t_s \gg t_d$ 的示例

在第 6 章中,引入了中子通过一系列散射相互作用减速的概念,而在本章中定义了瞬发中子寿命:$l=t_s+t_d$。对于氢的情况,研究表明每次碰撞平均传递中子一半的能量。已知如果初始能量(例如 1 MeV)、最终能量(0.025 3 eV)和慢化范围内的平均宏观散射截面 $\overline{\Sigma}_s$,则可以计算中子慢化所需的时间 t_s。基于每次碰撞能量损失的对数能降 ξ(第 6 章)和散射相互作用发生率 $\overline{\Sigma}_s v$,其中 v 是热中子的速度,Glasstone 和 Edlund[7] 描述了在时间 dt 内能量损失 dE 时,归一化能量损失(故带负号)等于碰撞率、时间间隔与 ξ 的乘积:

$$-\frac{\mathrm{d}E}{E}=\xi\Sigma_s v\mathrm{d}t$$

重新排列以包括 v 与 E 的依赖关系并进行积分:

$$\int_0^t \mathrm{d}t=-\frac{1}{\xi\Sigma_s}\sqrt{\frac{m}{2}}\int_E^{E'}\frac{1}{E^{3/2}}\mathrm{d}E$$

$$t_s=\frac{\sqrt{2m}}{\xi\Sigma_s}\left(\frac{1}{\sqrt{E'}}-\frac{1}{\sqrt{E}}\right)$$

对于轻水的情况,$\bar{a}=0.03$ 因此 $\xi=0.89$,$\overline{\Sigma}_s\approx1.2$ cm,$t_s\approx0.01$ ms。

对于扩散时间 t_d,假设热中子的平均速度 v 为 2 200 m/s,并且如果慢化剂-燃料组合的宏观散射截面 Σ_a 已知,则:

$$t_d=1/_{\Sigma_a}v$$

对于本例,假设扩散介质为轻水,并已知氢和氧的热中子俘获截面分别为 329 mb 和 0.19 mb,$\Sigma_a=2.28\ \mathrm{m}^{-1}$ 得到 $t_d\approx0.2$ ms。

由此可见在此轻水示例中 $t_d \gg t_s$,因此的瞬发中子寿命可以近似为:$l \approx t_d$。

案例分析 8.4:瞬发临界热中子反应堆对小反应性变化的响应特性

瞬发临界无限介质的瞬发中子数 $N(t)$ 随时间的变化关系可以用式(8.25)表示:

$$N(t)=N(0)\mathrm{e}^{\frac{(k_\infty-1)}{l}t}$$

其中 l 是瞬发中子寿命,周期为 $T=l/(k_\infty-1)$。

让我们考虑一下在轻水反应堆、石墨慢化反应堆和重水反应堆在运行 5 s 后插入 1 pcm 的非常小的反应性对中子数的影响,每个反应堆的 $f=0.95$。根据案例分析 8.4,热中子速度 $v=2\ 200$ m/s,

$$l \approx t_d = \frac{(1-f)}{\Sigma_{\mathrm{aMv}}}$$

给定密度(ρ)、热中子的微观吸收截面(σ_a)和分子量(M),可以计算参数(忽略氧相对较小的吸收截面)(表 8.4)。

表 8.4 参数

慢化剂	ρ/g·cm^{-3}	σ_a/b	M/g·mol^{-1}	Σ_aM/m^{-1}	l/ms	T/s
轻水	1.00	0.329	18.02	2.200	约 0.01	约 1
石墨	1.70	3.86×10^{-3}	12.00	0.033	约 0.69	约 69
重水	1.11	5.50×10^{-4}	20.03	0.002	约 11.36	约 1 140

因此,5 s 后轻水堆的中子数 $n(t)$ 相对于初始时刻的比值为

$$\left(\frac{N(5)}{N(0)}\right)_{\mathrm{LWR}}=\mathrm{e}^5\approx150$$

也就是说,在 5 s 内增加了 150 倍。

对于石墨和重水反应堆,每次碰撞的能量损失减少导致瞬发中子寿命更长,因此反应堆周期更长。

案例分析 8.5:缓发中子份额对反应堆响应的影响

根据案例分析 8.5,在缓发中子成分($\beta=0.09$)条件下,轻水堆运行 5 s 后插入 1 pcm 微小反应性,对中子群有什么影响?

根据前面的讨论:

$$N(t)=N(0)\cdot\mathrm{e}^{\frac{(k_\infty-1)}{\bar{l}}t}$$

其中 $\bar{l}$ 是包含缓发中子分量的平均中子寿命。

轻水堆周期 $T=\bar{l}/(k_\infty-1)$ 变为 2.5 h 而不是 1 s,因此,根据案例分析 8.5 中考虑的比率,为

$$\left(\frac{N(5)}{N(0)}\right)_{\text{LWR}} \approx 1.0006$$

也就是说,中子数量增加了 0.06%。

复 习 指 南

完成本章后,你应该:

- 理解核反应堆控制涵盖多个时间尺度:从初级裂变产物衰变的极短时间,到反应堆毒物积累与消耗的长期过程。
- 认识反应堆控制与中子群体密切相关,其特征取决于中子引入堆芯的多种途径及移出机制。
- 掌握运行态动态平衡系统中,无限均匀介质内单能(热能)中子通量随时间的变化规律,该变化由中子产生与吸收速率决定。
- 知晓瞬发中子寿命可细分为慢(热)化时间与吸收前存续时间(扩散时间),且后者通常远大于前者。
- 能定性解释缓发中子对中子群体的贡献是控制核反应堆系统的关键。
- 理解核反应堆系统的各类反馈机制,以及正/负反馈的核心概念。
- 了解铀燃料裂变堆的两种主要毒物(^{135}Xe/^{149}Sm),掌握其影响反应堆运行的机理,并认知由此引发的典型反应性动态特性。

习　　题

1. ^{135}Xe 达到平衡所需的时间部分取决于^{135}I 在以天然浓缩二氧化铀为燃料的反应堆中达到平衡所需时间。利用你第 3 章所学概念中关于长期平衡的知识,写下描述^{135}I 浓度变化率的一阶微分方程,并求解它,得到浓度 $N_1(t)$ 的表达式。最后,利用下面给出的数据,确定达到平衡状态下 99%浓度所需的时间。

2. 推导出 ^{149}Sm 浓度随时间变化的表达式,如下所示:

$$N_{\text{Sm}}(t)=\gamma_{\text{Pm}}\Sigma_{\text{f}}\phi_{\text{th}}\left[\frac{1}{\sigma_{\text{c}}\phi_{\text{th}}}(1-e^{-\sigma_{\text{c}}\phi_{\text{th}}t})-\frac{1}{(\sigma_{\text{c}}\phi_{\text{th}}-\lambda_{\text{Pm}})}(e^{-\lambda_{\text{Pm}}t}-e^{-\sigma_{\text{c}}\phi_{\text{th}}t})\right]$$

证明清洁反应堆启动时,$N_{\text{Sm}}(0)=0$,且平衡浓度为第二个式子:

$$N_{\text{Sm}}(0)=0, N_{\text{Sm}}^{\text{eq}}=\frac{\gamma_{\text{Pm}}\Sigma_{\text{f}}}{\sigma_{\text{c}}}$$

3. 假设核石墨的密度为 1.7 g · cm^{-3},热利用因子为 0.9,碳的原子质量为 12 u,热中子谱上的平均微观吸收截面为 2.99 mb,石墨推导慢化反应堆的扩散时间。解释你观察到的轻水反应堆的相同估计值的任何差异,以及它们可能对反应堆设计产生的影响。

4. 给定下面给出的^{233}U的缓发中子分数，计算反应性增加1%的相应反应堆周期，并评论与^{235}U周期相比获得的结果差异的根源。^{233}U中的绝对延迟中子分数为每次裂变0.007 4个中子或0.3%。（表8.5）

表8.5 ^{233}U缓发中子数

组	半衰期/($t_{1/2}$/s)	周期/(τ_i/s)	相对产量 /β	每次裂变的绝对产额/中子数	裂变中子产额 β_i
1	55.1	79.5	0.09	0.000 67	0.000 27
2	20.7	29.9	0.27	0.002 00	0.000 80
3	5.3	7.7	0.23	0.001 70	0.000 68
4	2.3	3.3	0.32	0.002 37	0.000 95
5	0.6	0.9	0.07	0.000 52	0.000 21
6	0.2	0.3	0.02	0.000 14	0.000 06
总计	—	—	1.00	0.007 41	0.002 96

5. 解释为什么负的燃料温度反馈系数与正的慢化剂温度反馈系数的组合可能是可取的，但反之则不可取。

参 考 文 献

[1] H. van Dam, Physics of nuclear reactor safety, Rep. Prog. Phys. 11 (1992) 2025-2077.

[2] K. H. Bockhoff (Ed.), Nuclear Data for Science and Technology: Proceedings of the International Conference, 6-10 September 1982, Antwerp, 1982, p. 18.

[3] R. J. Tuttle, Delayed neutron data for reactor-physics analysis, Nucl. Sci. Eng. 56 (1) (1975) 37-71.

[4] E. D. Clayton, Anomalies of nuclear criticality, Pacific Northwest National Laboratory, 2010. PNNL-19176, revision 6.

[5] G. Leinweber, et al., Neutron capture and transmission measurements and resonance parameter analysis of samarium, Nucl. Sci. Eng. 142 (2002) 1-21.

[6] D. Santry, R. D. Werner, Neutron capture cross-section of ^{135}Xe, J. Nucl. Energy 27 (1973) 409-413.

[7] S. Glasstone, M. C. Edlund, The Elements of Nuclear Reactor Theory, MacMillan, London, 1952.

第 9 章　反应堆方程和中子输运基础概念

9.1　章节概要和学习目标

本章重点在于推导反应堆方程，并阐述与中子输运基础相关的内容，以理解实现自持链式反应所需的反应堆设计与材料组成。目前全球 400 多个核动力反应堆的运行能力证明，人类已成功设计出高效的裂变材料与辅助系统配置，通过这些配置，我们可以利用核能来满足稳态电力供应需求。然而，这需要相对复杂的人工干预和概念创新。

尽管中子输运行为很少能被归类为“简单”，但通过分析中子群体平衡的影响因素，仍可得到概念性解释。这最终归结为几何结构与材料组成两大核心要求的平衡关系。对于均匀材料与简单几何构型，此类问题的求解是可行的，但实际动力堆必然具有非均匀性和高度复杂性。本章将从数学的角度重新审视中子产生、吸收与泄漏的基本概念，同时不脱离其物理本质。此外，还将简要介绍单能稳态场景下的中子输运过程。

本章的目标是：

(1)通过描述中子数守恒的文字方程，引入中子产生、泄漏与吸收的关系；

(2)介绍中子流密度、中子流、扩散系数的概念，以及中子泄漏与中子通量之间的关系；

(3)基于弱角度依赖性的中子通量假设，将上述文字方程转化为算术表达式；

(4)定义中子扩散方程；

(5)说明如何通过稳态假设将中子扩散方程简化为基于材料参数的反应堆方程；

(6)展示反应堆方程在多种几何构型(尤其是无限平板)下的解法，并由此总结材料与几何设计的要求；

(7)解释如何考虑轻同位素上中子散射的各向异性；

(8)介绍中子输运的基本概念，以及稳态、单能场景的单速中子输运方程的推导。

9.2　历史背景：约翰·冯·诺伊曼(1903—1957)

约翰·冯·诺伊曼(图 9.1)的成就浓缩了 20 世纪 30 年代末与核时代初期，特别是曼哈顿计划相关的智慧，他被同时代的人视为天才。

诺伊曼在匈牙利就读于布达佩斯最好的学校之一——法索福音高中。他学习了化学工程和数学。他在第二次世界大战前离开了欧洲，随后在美国普林斯顿大学工作。他因成果多产而闻名，通常每月发表一篇关于各种数学和相关理论物理问题的论文。这些领域包括量子理论、博弈论和当时受大卫·希尔伯特研究启发的领域。他还以非凡的记忆力而闻名，例如能够在聚会上讲述整卷书，并且喜欢在工作时播放非常激昂的音乐。

图 9.1　约翰·冯·诺依曼

最重要的是，在核能的背景下，诺依曼与乌拉姆、西拉德和泰勒一起开创了概率模拟的蒙特卡洛方法，他设计了著名的“冯·诺依曼架构”，其核心是将程序和数据存储在同一内存空间。这一架构至今仍以他的名字命名，并构成了现代计算机系统的基础。

9.3　导　　论

核动力反应堆是大型、精密设计的系统，由各种材料、液体和气体组成。它们的成分主要由根据其核特性选择的特殊物质组成，这些物质与根据其热物理或结构属性选择的其他材料一起使用。反应堆的结构不可避免地会产生一系列界面，在这些界面上，中子的输运特性可能会发生巨大变化。如解析这些变化以优化反应堆性能并确保安全运行，这通常是设计的核心目标。

然而，为了深入理解反应堆运行，我们通常会建立相当理想化的假设环境，但这些环境与真实的反应堆情况有很大不同。考虑到中子能量范围、截面能量依赖性以及时间变量的复杂性，完全理解非均匀核反应堆中的中子行为仍然是一个重大的数学挑战。核反应堆系统中的中子输运理论对于只想从概念上理解其重要性的读者来说可能具有挑战性。但通过合理简化仍可保留关键物理洞察。本章对中子数守恒的概念进行了总结，进而推导出中子扩散方程、反应堆方程，然后介绍了中子输运的一些基本概念。

9.4　反应堆材料组成与几何结构的联系

在探讨中子群体涨落机制（裂变堆运行的核心）之前，需明确数学描述的工程目标。从定性的角度来看，我们已经知道，所涉及材料的性质，无论是设计上的还是反应堆结构和操作要求的必要条件，都对是否可能产生自持的链式反应有很强的影响。例如，考虑环境介质、中子散射(慢化)和中子吸收的影响。同样,反应堆系统的尺寸和形状也会影响慢化和泄漏的程度,进而决定是否有可能实现自持的链式反应。因此,从分析中,我们希望了解材料和几何结构是如何相互关联的,以实现稳态中子产生与功率输出。

数学处理多变量问题时,常采用微元法将非线性变化近似为线性,再通过积分累加(微积分基础)。此处我们寻求建立中子群体与各影响参数的简化关系式,从而得到数值特解或解析通解。此类推导通常需基于材料组成、各向同性等假设。

9.4.1 中子数守恒和扩散方程

在给定体积中,中子密度变化率$\partial N/\partial t$($N=\phi/v$)等于体积中产生的中子数减去泄漏数,再减去被吸收的数:

$$\frac{1}{v}\frac{\partial\phi}{\partial t}=\text{产生率}-\text{泄漏率}-\text{吸收率} \tag{9.1}$$

式(9.1)中各项的常规表示法为:S 表示单位时间单位体积的中子产生速率,吸收速率是宏观中子吸收截面与中子通量 $\Sigma_a\varphi$ 的乘积,泄漏速率等于$-D\nabla^2\phi$,其中 D 是扩散系数。因此,中子扩散方程可以写成

$$\frac{1}{v}\frac{\partial\phi}{\partial t}-D\nabla^2\phi+\Sigma_a\phi=S \tag{9.2}$$

对于与时间无关的情况,$\partial\phi/\partial t=0$,在中子主要来源是裂变的反应堆中,则 $S=v\Sigma_f\phi$ 使得,

$$D\nabla^2\phi+(v\Sigma_f-\Sigma_a)\phi=0 \tag{9.3}$$

除以 D,我们得到反应堆方程(或亥姆霍兹方程),

$$\nabla^2\phi+B^2\phi=0 \tag{9.4}$$

其中 B 是中子产生、吸收和扩散的函数,

$$B^2=\frac{(v\Sigma_f'-\Sigma_a')}{D} \tag{9.5}$$

其中,B^2 被称为曲率。

9.4.2 反应堆方程的解析解:无限大平板

虽然各种反应堆几何形状在设计上都是可行的[1],但从概念上讲,求解反应堆方程的最简单、最具说明性的方法之一是无限大平板模型。这是 x 维度中厚度为 d 的平面,在 y 和 z 维度上是无限的。通常,假设材料成分是均匀的,因此中子通量在 y,z 方向恒定,并且由于两侧边界相同,通量在平板中心线两侧是对称的。这些边界通常被称为自由表面,在本例中定义为 $x=\pm d/2$。因此,板的位置使其中心位于 $x=0$ 上,以便它在两侧从$-d/2$ 延伸到 $d/2$。对“自由”的引用意味着假设离开穿过这种边界的中子不会散射回板中,如图 9.2 所示。

由于在 y 和 z 维度上的无限延伸性,这些维度上的依赖性已被消除,因此在这种情况下,式(9.2)简化为 x 和时间 t 的函数。为了获得通量 ϕ 作为距离 x 和时间 t 的函数的解,通常的方法是根据两个单独函数的乘积来分离这些变量,这里它们被定义为 X 和 Y,因此,

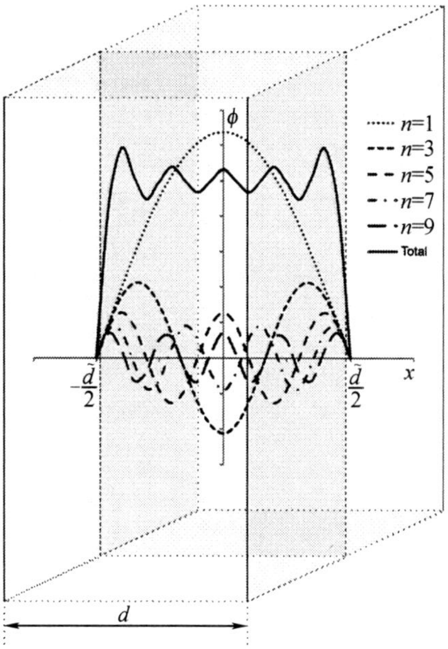

图 9.2　宽度为 d 的均匀裂变材料板的距离 x 与中子通量 ϕ 的关系图

$$\frac{1}{v}\frac{\partial\phi}{\partial t}-D\frac{\partial^2\phi}{\partial x^2}+\Sigma_a\phi(x,t)=S(x,t) \tag{9.6}$$

其中,我们定义 $\phi(x,t)=X(x)Y(t)$,并代入式(9.6),则

$$\frac{X(x)}{v}\frac{\partial Y}{\partial t}-Y(t)D\frac{\partial^2 X}{\partial x^2}+\Sigma_a X(x)Y(t)=S(x,t) \tag{9.7}$$

除以 $X(x)$ 和 $Y(t)$,我们得到

$$\frac{1}{vY}\frac{\partial Y}{\partial t}-\frac{D}{X}\frac{\partial^2 X}{\partial x^2}+\Sigma_a-S(x,t)=0 \tag{9.8}$$

参考反应堆裂变背景下源项的定义,其中,对于式(9.3)的情况,现在用 x 和 t,$S(x,t)=v\Sigma_f\phi(x,t)$,习惯上将其表示为

$$\frac{1}{Y}\frac{\partial Y}{\partial t}-\frac{v}{X}\left[D\frac{\partial^2 X}{\partial x^2}+(\Sigma_a-v\Sigma_f)X(x)\right]=0 \tag{9.9}$$

由于第一项只是时间 t 的函数,而第二项是距离 x 的函数,因此我们可以将每一项写成等于常数 λ 的单独表达式,

$$\frac{dY}{dt}=-\lambda Y \tag{9.10}$$

$$D\frac{d^2X}{dx^2}+(v\Sigma_f-\Sigma_a)X(x)=-\frac{\lambda}{v}X(x) \tag{9.11}$$

式(9.10)可以通过积分求解,给定时间为零时的通量表示为 $Y(0)$。这给出了通量随时间 t 的依赖关系(以尚未确定的常数 λ 表示):

$$Y(t)=Y(0)e^{-\lambda t} \tag{9.12}$$

空间依赖性表达式(9.11)的解更复杂,但由于它具有式(9.4)的形式,因此它适合通过本征值问题进行求解,

$$\frac{d^2X_n}{dx^2}+B_n^2X(x)=0 \tag{9.13}$$

在式(9.13)中,我们暂时将 B_n 视为一个包含式(9.11)中所有项的参数。如果考虑式(9.14)中形式的一般解,

$$X(x)=A_1\cos Bx+A_2\sin Bx \tag{9.14}$$

这是根据要求通量在平板范围之外下降到零的边界条件来分析的,即 $X(x)\neq0, -\tilde{d}/2<x<\tilde{d}/2$,那么,

$$X\left(\frac{-\tilde{d}}{2}\right)=A_1\cos^{B\tilde{d}/2}-A_2\sin^{B\tilde{d}/2} \tag{9.15}$$

或者

$$X\left(\frac{-\tilde{d}}{2}\right)=A_1\cos^{B\tilde{d}/2}+A_2\sin^{B\tilde{d}/2} \tag{9.16}$$

这里的波浪号表示通量下降到零位置的估计值是近似值,因为它将略微延伸到板周围的真空中;$(\tilde{d}-d)/2$ 对应于与此现象相关的所谓外推距离。

组合式(9.15)和式(9.16)要求通量同时在板的两侧下降到零,

$$A_1\cos^{B\tilde{d}/2}=0, A_2\sin^{B\tilde{d}/2}=0 \tag{9.17}$$

显然,如果 A_1 和 A_2 都为零,这将得到对所有 x 都有 $X(x)=0$ 这个数学上成立但平凡的解。分别引用余弦和正弦函数,突出了这些表达式满足的周期性,或者 $A_1=0$ 或 $A_2=0$ 的情况,因此本征函数是,

$$X(x)=A_n\cos\frac{n\pi x}{\tilde{d}}, n=1,3,5,\cdots$$

或者,

$$X(x)=A_n\sin\frac{n\pi x}{\tilde{d}}, n=2,4,6,\cdots \tag{9.18}$$

本征值被定义为

$$B_n^2=\left(\frac{n\pi}{\tilde{d}}\right)^2 \tag{9.19}$$

在反应堆中,我们关注对称解。这些仅针对余弦情况给出,因此我们得出了一系列模态(实际上是傅里叶级数),以 $\phi(x,t)=X(x)Y(t)$,

$$\phi(x,t)=\sum_{n\text{odd}}A_n e^{-\lambda_n t}\cos\frac{n\pi x}{\tilde{d}} \tag{9.20}$$

图9.2中给出的中子通量 ϕ 与 x 的变化关系,对于前五种模式以及它们的总和。该图

旨在表示 $t=0$ 之后不久、任何随时间衰减的迹象显现之前的状态。请注意,系数 A_n 是按照此类级数推导得出的:

$$A_n = \frac{2}{\tilde{d}} \int_{-\tilde{d}/2}^{\tilde{d}/2} \phi_0(x) \cos B_n x \mathrm{d}x \tag{9.21}$$

相应的项在表 9.1 中作为 n 的函数给出。

表 9.1　代表性本征值 B_n、相应的系数 A_n 和空间变量 $\cos n\pi x/\tilde{d}$

n	$B_n=\frac{n\pi}{\tilde{d}}$	$A_n = \frac{2}{\tilde{d}} \int_{-\tilde{d}/2}^{\tilde{d}/2} \phi_0 \cos B_n x \mathrm{d}x$	$\cos \frac{n\pi x}{\tilde{d}}$
1	$B_1=\pi/\tilde{d}$	$4\phi_0/\pi$	$\cos\frac{\pi x}{\tilde{d}}$
3	$B_3=3\pi/\tilde{d}$	$-4\phi_0/3\pi$	$\cos\frac{3\pi x}{\tilde{d}}$
5	$B_5=5\pi/\tilde{d}$	$4\phi_0/5\pi$	$\cos\frac{5\pi x}{\tilde{d}}$
7	$B_7=7\pi/\tilde{d}$	$-4\phi_0/7\pi$	$\cos\frac{7\pi x}{\tilde{d}}$
9	$B_9=9\pi/\tilde{d}$	$4\phi_0/9\pi$	$\cos\frac{9\pi x}{\tilde{d}}$

回到式(9.10)并使用式(9.11),可以定义 λ,即时间本征值

$$\lambda_n = vDB_n^2 - (v\nu\Sigma_f - v\Sigma_a) \tag{9.22}$$

由于随着 n 的增加,系数 B_n 也随之增加,因此时间本征值也随之增加。这意味着,根据式(9.12)中的负指数项,高阶模式比低阶模式衰减得更快。因此,我们倾向于主要关注与 B_1^2 相关的仍然存在的基本模式,这被特称为几何曲率 B_g^2,

$$B_g^2 = \left(\frac{\pi}{\tilde{d}}\right)^2 \tag{9.23}$$

9.4.3　考虑轻同位素的各向异性散射

有趣的是,我们反应堆方程对泄漏的考虑,特别是就扩散系数 D 的定义而言,假设中子在实验室参考系中是分散各向同性的。对于重散射体来说,这是一个令人满意的近似值,但中子由于与轻同位素的相互作用而表现出各向异性,当然,轻同位素作为慢化剂和冷却剂的一部分在反应堆中很丰富。与较重的同位素相比,轻同位素上的散射有可能导致更大

的能量转移、靶核反冲和慢化(如第 6 章所述)。较重同位素的最大能量转移水平是有限的,因此观察到(相对于轻同位素)具有更强的各向同性;而在轻同位素上,中子有更大的倾向被散射到前向。当然,这种散射过程是随机的,有必要考虑平均散射角。这通常由相应的余弦,$\bar{\mu}_0$ 参数化。如案例分析 9.4 和图 9.3 所示,以下表达式:

$$\bar{\mu}_0=\frac{2}{3A} \tag{9.24}$$

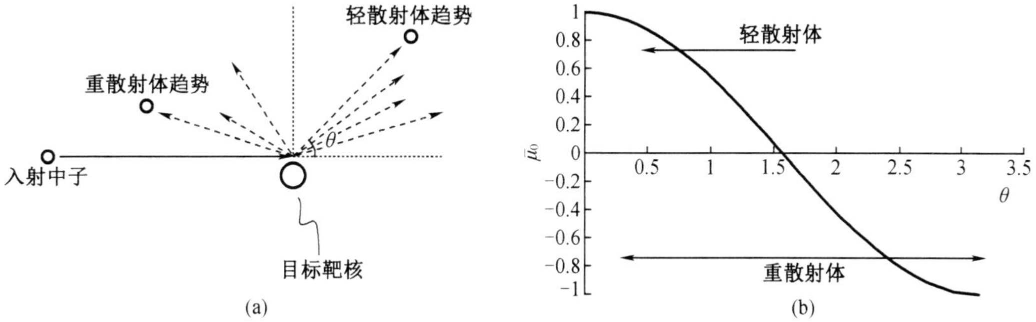

图 9.3 中子从原子核散射的示意图(*a*);散射角 *θ* 和散射角余弦依赖性与 *θ* 的关系(*b*)

我们现在可以回到轻同位素上中子散射的各向异性。在实验室参考系中,偏向于前向散射的偏差(在各向同性情况下未考虑)将导致前向的平均自由程大于 Σ_t 的倒数所推断的自由程。这在数学上表现为宏观散射截面 Σ_s 受到平均散射角余弦的影响。因此,引入了对宏观散射截面的修正,通常称为输运截面 Σ_{tr},使得

$$\Sigma_{tr}=\Sigma_s(1-\bar{\mu}_0) \tag{9.25}$$

因此,假设 $\Sigma_s \gg \Sigma_a$,则修正了扩散系数

$$D=\frac{1}{3\Sigma_{tr}} \tag{9.26}$$

显然,给定式(9.24)对于各向异性极值,中子散射在轻同位素上的前向极化会增加扩散,从而增加泄漏,而对于更大的各向同性 $A\to\infty$ 和 $D\to 1/3\Sigma_s$。这突出了反应堆设计中一个重要的材料依赖因素。请注意,对于化合物,通常包括每个组成元素的相应平均散射角余弦值,包含在各自对总宏观散射截面的贡献中。对于含氢物质,通常使用实验值[2]。

9.4.4 临界条件

方程(9.23)中表达的几何曲率 B_g^2 描述了当中子是唯一中子源时,中子通量的空间分布形态(大小和形状)。在瞬态(随时间变化)场景下,若无额外中子源,通量贡献会因吸收和泄漏而随时间衰减。基础模型表现出最长的时间依赖性,这反映在该模型的时间本征值 λ_1 是最小的。

当费米和他的团队通过逐渐撤回“控制棒”达到首次临界时,他们在撤回的每个阶段观察到中子监测器上的中子通量短暂增加。然后,这些中子通量会逐渐衰减,其衰减方式在

质量上与本章前面探讨的时间本征值所描述的相一致。尽管在数量上并不精确,因为 CP-1 几何不是 9.4.2 节中用作示例的理想化裂变板。最终,当控制棒抽出达到某个位置时,其中通量不再随时间变化,而是保持恒定,因为^{235}U 裂变发射的中子足以维持进一步的裂变。正如我们从第 4 章前面的讨论中了解到的那样,这与 $k_{eff}=1$ 所表征的临界状态相对应。然而,费米和他的团队的这一痛苦的回忆提醒了我们另一个可能更具体的受控核临界迹象,由于反应是自我维持的,因此此时的中子通量与时间无关。

这个观点适用于第一种模式的表达式,因为这是维持时间最长的模式,所以要求时间独立性,即 $n=1$ 情况下的本征值[式(9.20)]为零,因此 $\lambda_1=0$。这产生了与材料属性相关的 B_1的相应表达式,因此称为材料曲率 B_m:

$$B_m^2=\frac{\nu\Sigma_f-\Sigma_a}{D} \tag{9.27}$$

较大的材料曲率(意味着较大的 $\nu\Sigma_f$、较小的吸收截面和/或较小的扩散常数)表明材料具有更有利的临界倾向。较小的几何曲率(形状因素除外)更有利于达到临界,因为这意味着更大的 d,因此堆芯更大。然而,堆芯的材料成分及其大小和形状显然是相互关联的因素,只有这二者的结合得到满足时,临界才成为可能。当满足曲率相等时,满足此条件:

$$B_m^2=B_g^2 \tag{9.28}$$

对应于 $k=1$,因此,对于推断出 $B_m^2>B_g^2$ 超临界性的情况,即 $k>1$,反之,如果 $B_m^2<B_g^2$,则表明处于次临界状态。

回到式(9.12)的时间依赖性,现在可以用更熟悉的术语来表示,因为可以省去变量分离符号。基本通量模式的时间本征值是反应堆周期的倒数,$\lambda=1/T$,可以写成:

$$\phi(t)=\phi(0)\mathrm{e}^{-t/T} \tag{9.29}$$

9.5 中子输运机制和概念

虽然中子输运的范围超出了本文的预期水平,但给读者留下“扩散能解释可能出现的所有中子种群情景的印象”是不合适的。从根本上说,扩散假设组成一个群体的中子具有速度,其中相应矢量的角度分布是各向同性的。如果考虑单个速度矢量,则可以对中子分布进行更完整的评估,也就是说,这些向量的方向作为变量包含在我们的分析中。

正如我们在扩散和定义中子通量密度的背景下所采取的方法一样,我们首先将自己的思维限制在一个有限的范围内。各种所研究的量,如中子数、通量等,将被定义为多个相关变量的函数。这些参数部分与空间相关,部分则更为复杂,下文将逐一讨论。有趣的是,在采用一组更全面的因变量时,传统的空间定义(仅限于几何)必须被相空间定义所取代,这使得可以同时考虑位置和速度相关的变量。这是必要的,因为在无限大的反应堆中,根据定义,没有边界或界面,可以合理地假设中子通量对角度的依赖性较弱,在这种情况下,中子输运可以近似为仅由扩散引起。然而,在系统中,中子输运经常是各向异性的,那么这种更全面的方法是可取的。

为了直观地说明这个概念,图9.4提供了微元体积和影响微元体积中中子数的各种机制的插图。请注意,由于现在的目标是考虑方向性,因此需要更广泛地使用矢量表示法。

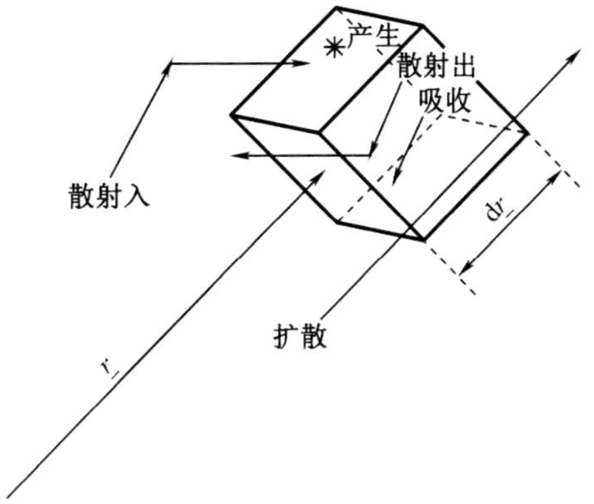

图9.4 一个维度为 $d\underline{r}$ 在 $\underline{r}$ 的元素体积,描述了其中中子数变化的各种机制

9.5.1 小体积内影响中子密度的机制

首先,我们可以考虑中子进入上述微元体积以及离开该体积的各种机制:

(1)产生:这是最明显的贡献;中子是通过诱导裂变产生的,在较小程度上,自发裂变和 α、n 反应产生。这个贡献通常被分配为符号 S[式(9.2)],根据第8章,它与每次裂变发射的中子数 ν 和宏观裂变截面 Σ_f 的乘积有关。

(2)扩散:中子进入该体积并从中流出。这一过程也被称为流或流动。

(3)散射(进入):中子的轨迹也可能由于体积外的散射相互作用而改变。这种相互作用导致它们进入体积,从而导致体积中中子的数量增加。

(4)散射(散出)和吸收:同样,中子可以在体积内散射,导致它们散射出去。这与宏观散射截面 Σ_s 有关。中子也可能由于在体积中的吸收而丢失,这取决于宏观吸收截面 Σ_a。这两种机制都会导致指定体积中子的净损失。

9.5.2 因变量和相空间的概念

在总结了对中子数守恒的基本影响之后,有必要先在没有任何假设的情况下考虑它们所依赖的变量。特别是,由于不再假设各向同性,除了与位置相关的变量(标量)外,我们还应该包括与速度相关的变量(矢量)。简而言之,我们需要考虑中子的运动方向,因此有:

(1)位置:体积元素定义为定位处的维度 $d\underline{r}$。

(2)方向:除了物理空间之外,该微元还定义了一个围绕方向 $\hat{\underline{\Omega}}$ 的立体角微元 $d\hat{\underline{\Omega}}$。后者是由中子速度指定的单位矢量,即 $\hat{\underline{\Omega}}=\underline{v}/|\underline{v}|$。

(3)能量 E 和时间 t。

在这个阶段可以做出两个重要的假设。首先,如果假设给定环境中的中子都具有相同的能量,则可以消除能量依赖性 E。这称为单速近似。考虑到之前的讨论,关于可能的中子能量范围及其对中子截面的影响可能看起来有点大。然而,反应堆设计的一个目标通常是塑造特定的中子能谱(例如热谱或快谱),并且可以通过对一组指定能量进行平均来调整横截面数据,并取得合理的成功。此外,在需要扩展这种简化的情况下,可以附加额外的能量分组以获得离散的能量相关描述。其次,我们可以像以前一样假设一个稳态中子群,这将是持续的、临界的链式反应的特征,从而忽略对时间的依赖性。

9.5.3 中子密度、矢量通量和密度

可以定义在上述相空间中位于 $\underline{r}$ 处、方向为 $\underline{\hat{\Omega}}$ 的微元体积内的中子密度(neutron density):

$$N(\underline{r},\underline{\hat{\Omega}}) \tag{9.30}$$

这样,如果将该体积元内的中子数乘以体积元尺寸 $\mathrm{d}\underline{r}$ 和 $\mathrm{d}\underline{\hat{\Omega}}$,就可以得到中子数。相应地,总中子密度可以通过所有方向上的积分给出。

$$N(\underline{r}) = \int_0^{4\pi} N(\underline{r},\underline{\hat{\Omega}})\,\mathrm{d}\underline{\hat{\Omega}} \tag{9.31}$$

中子通量 $\phi(\underline{r})$ 根据第 8 章的讨论,

$$\phi(\underline{r}) = vN(\underline{r}) \tag{9.32}$$

还需要定义每单位面积、每单位时间沿特定方向传播的中子数。这与中子通量 $\phi(\underline{r})$ 不同,因为方向是指定的。因此,它通常被称为角中子通量 $\phi(\underline{r},\underline{\hat{\Omega}})$,所涉及的中子是“相同”的,因此它们彼此关联,如

$$\phi(\underline{r}) = \int_0^{4\pi} \phi(\underline{r},\underline{\hat{\Omega}})\,\mathrm{d}\underline{\hat{\Omega}} \tag{9.33}$$

进一步,式(9.3)可得出

$$\phi(\underline{r},\underline{\hat{\Omega}}) = N(\underline{r},\underline{\hat{\Omega}})v\underline{\hat{\Omega}} \tag{9.34}$$

还需要定义中子密度 $\underline{J}(\underline{r})$,它是所有在方向 $\underline{\hat{\Omega}}$ 上、在立体角微元 $\mathrm{d}\underline{\hat{\Omega}}$ 内(覆盖整个 4π)的单个角中子流密度 $j(\underline{r},\underline{\hat{\Omega}})\,\mathrm{d}\underline{\hat{\Omega}}$ 的总和。$\underline{J}(\underline{r})$ 是向特定方向流动的中子净数,和中子通量单位相同。根据前面的讨论,中子流密度通过菲克定律与中子通量的梯度相关:

$$\underline{J}(\underline{r}) = -D\,\underline{\nabla}\phi(\underline{r}) \tag{9.35}$$

其中 D 是扩散系数,$\underline{\nabla} = \frac{\partial}{\partial x}\underline{\hat{i}} + \frac{\partial}{\partial y}\underline{\hat{j}} + \frac{\partial}{\partial z}\underline{\hat{k}}$,$D = \frac{1}{3}\Sigma_{tr}$。

9.6 单群输运方程的发展

在定义了基本变量、因变量并解释了与能量和时间相关的假设之后,我们可以回到本节前面描述的组成机制的总结,并为它们关联一些定量含义。

9.6.1 产生

从发生在相空间微元体积中的中子产生开始，可以合理地假设这种贡献是各向同性的，即裂变在整个 4π 中均匀产生中子；因此 s（产生中子的角密度）只是位置的函数。中子在整个 4π 中产生，因此 $S(\underline{r})$ 是总和，然后

$$s(\underline{r})=\frac{S(\underline{r})}{4\pi} \tag{9.36}$$

其中，$S(\underline{r})=\nu\Sigma_f\phi(\underline{r})$。

9.6.2 扩散

扩散机制与角中子通量的散度有关，根据前面的讨论和推导，对应于

$$\underline{\hat{\Omega}}\cdot\underline{\nabla}\varphi(\underline{r},\underline{\hat{\Omega}}) \tag{9.37}$$

9.6.3 散射入

散射导致中子轨迹发生变化，导致其进入 $\mathrm{d}\underline{\hat{\Omega}}$。这种贡献取决于中子在相互作用之前的方向，用 $\underline{\hat{\Omega}}'$ 表示（与作用后的方向 $\underline{\hat{\Omega}}$ 相对）。因此散射前的中子密度为 $N(\underline{r},\underline{\hat{\Omega}}')$。相互作用速率是中子速度 v、宏观散射截面 Σ_s 和矢量通量的乘积，为了考虑所有可能的先前轨迹，有必要在 $\underline{\hat{\Omega}}'$ 上进行积分，如，

$$\mathrm{d}\underline{r}\mathrm{d}\underline{\hat{\Omega}}\int\Sigma_s(\underline{\hat{\Omega}}'\to\underline{\hat{\Omega}})\varphi(\underline{r},\underline{\hat{\Omega}}')\mathrm{d}\underline{\hat{\Omega}}' \tag{9.38}$$

重要的是，从概念的角度来看，$\Sigma_s(\underline{\hat{\Omega}}'\to\underline{\hat{\Omega}})$ 是第 6 章中介绍的微分中子散射截面，在这种情况下是从 $\underline{\hat{\Omega}}$ 到 $\underline{\hat{\Omega}}'$ 的散射截面。如果假设散射在实验室参照系中是各向同性的，那么

$$\Sigma_s(\underline{\hat{\Omega}}'\to\underline{\hat{\Omega}})=\frac{\Sigma_s}{4\pi} \tag{9.39}$$

9.6.4 散射出和吸收损失

控制散射和吸收损耗的相互作用速率是中子速度 v 和总宏观截面 Σ_t 的乘积，其中 $\Sigma_t=\Sigma_s+\Sigma_a$。每单位时间内从该体积中损失的中子数量为

$$\nu\Sigma_t\varphi(\underline{r},\underline{\hat{\Omega}})\mathrm{d}\underline{r}\mathrm{d}\underline{\hat{\Omega}} \tag{9.40}$$

现在，将上面定义的每一个项相加，得到稳态、单速中子输运方程

$$-\underline{\hat{\Omega}}^{-}\cdot\varphi(r,\underline{\hat{\Omega}})+\int\frac{\Sigma_s}{4\pi}\underline{\varphi}(\underline{r},\underline{\hat{\Omega}}')\mathrm{d}\underline{\hat{\Omega}}'-\nu\Sigma_t\underline{\varphi}(\underline{r},\underline{\hat{\Omega}})+\nu\Sigma_f\int\underline{\varphi}(\underline{r},\underline{\hat{\Omega}})\mathrm{d}\underline{\hat{\Omega}}=0 \tag{9.41}$$

其中，在这种情况下，总宏观横截面 Σ_t 与位置和能量无关。

案例分析

案例分析 9.1：均质介质中中子流的关系推导

如果中子通量变化很慢，则可以推导出中子流和中子通量之间的近似值，这对于确定中子泄漏和中子通量之间的关系非常重要。

中子在所有三个维度上散射进入和离开一个体积元，单位面积单位时间的输入和输出之间的差值就是流密度。这可以先针对一个维度确定，然后拓展到所有空间。本案例分析的堆芯几何结构如图 9.5 所示。

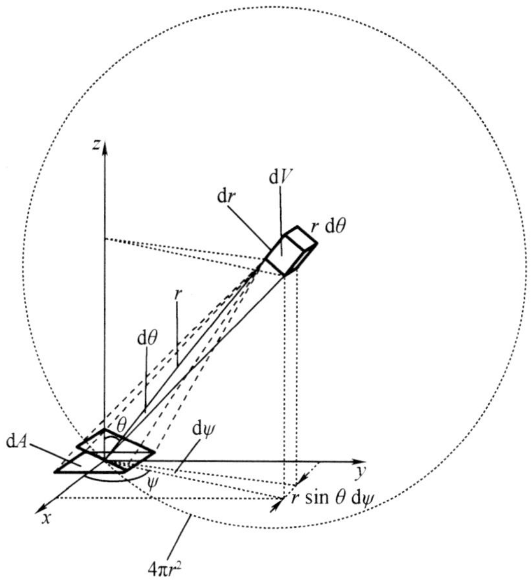

图 9.5　描绘元素体积 dV 和表面积 dA 的元素的示意图，该元素与垂直方向成 θ 角，与 x 轴成 ψ 角

在位置 r 处单位体积的散射相互作用率是相应的宏观散射截面 Σ_s 与 $\underline{r}$ 点通量 $\phi(r)$ 的乘积。因此，微元体积 dV 中的散射率为

$$\Sigma_s \phi(\underline{r}) \mathrm{d}V$$

如果我们在以原点为中心的 x-y 平面上定义一个面积为 dA 的元素，那么从 dV 在 $\underline{r}$ 处散射到 dA 的总中子通量所占的比例是 r 相对于垂直方向所形成的角度所对应的面积的比值

$$\frac{\mathrm{d}A\cos\theta}{4\pi r^2}$$

中子在离开 dV 和到达 dA 之间仍然有可能发生散射相互作用，因此有必要以相应的朗伯-比尔定律形式进行转换。因此，该比例变为

$$\frac{e^{-\Sigma_s r}dA\cos\theta}{4\pi r^2}$$

以及体积微元 $dV\approx r^2\sin\theta\,dr\,d\theta\,d\psi$，进一步参考图 9.5，注意 $d\theta$ 和 $d\psi$ 的微小角度近似，使得 $\sin d\theta\approx d\theta$ 和 $\sin d\psi\approx d\psi$。因此，中子通过 dV 在负 z 方向穿过 dA 的速率是

$$\frac{\Sigma_s e^{-\Sigma_s r}\phi(\underline{r})dA\ \sin\theta\cos\theta\,dr\,d\theta\,d\psi}{4\pi}$$

要得到从上到下（即负方向）穿过 z 平面的中子散射总速率，必须通过 $0\leqslant\theta\leqslant\pi/2$（从垂直方向到 $x-y$ 平面）积分，然后穿过整个 $x-y$（即 $0\leqslant\psi\leqslant2\pi$）超过 $0\leqslant r\leqslant\infty$，通过面积 A（产生相应的中子流）J_{z-}，

$$J_{z-}=\frac{\Sigma_s}{4\pi}\int_0^{2\pi}\int_0^{\frac{\pi}{2}}\int_0^{\infty}e^{-\Sigma_s r}\phi(\underline{r})dA\sin\theta\cos\theta\,dr\,d\theta\,d\psi$$

案例分析 9.2：中子流和中子通量之间的近似关系推导

虽然给定平面的净中子流等于输入和输出部分之差，但我们没有一个通用的形式来表示中 $\phi(r)$。如果我们假设 $f(x)$ 随 r 变化缓慢，那么在很小的距离上，我们可能会假设 ϕ 与 r 成线性关系。使用麦克劳林级数，函数 $f(x)$ 在 $x=0$ 时可以近似如下：

$$f(x)\approx f(0)+\frac{x}{1!}\left(\frac{\partial f}{\partial x}\right)_0+\frac{x^2}{2!}\left(\frac{\partial^2 f}{\partial x^2}\right)_0+\frac{x^3}{3!}\left(\frac{\partial^3 f}{\partial x^3}\right)_0+\cdots$$

若将考虑范围限制在线性情况，其中通量原点 ϕ_0，如图 9.5，我们可以令 $\phi(\underline{r})$

$$\phi(\underline{r})\approx\phi_0+x\left(\frac{\partial\phi}{\partial x}\right)_0+y\left(\frac{\partial\phi}{\partial y}\right)_0+z\left(\frac{\partial\phi}{\partial z}\right)_0$$

将上式改写为球坐标形式，如图 9.5，$x=r\sin\theta\cos\psi$，$y=r\sin\theta\sin y$ 和 $z=r\cos\theta$，

$$\phi(r)\approx\phi_0+r\sin\theta\cos\psi\left(\frac{\partial\phi}{\partial x}\right)_0+r\sin\theta\sin\psi\left(\frac{\partial\phi}{\partial y}\right)_0+r\cos\theta\left(\frac{\partial\phi}{\partial z}\right)_0$$

通常，在必要的数学中，与 ψ 相关的项在积分限 $0\leqslant\psi\leqslant2\pi$ 下积分结果为零，这简化了部分方向流密度 J_{z-}，

$$\begin{aligned}
J_{z-}&=\frac{\Sigma_s}{4\pi}\int_0^{2\pi}\int_0^{\frac{\pi}{2}}\int_0^{\infty}\left[\phi_0+r\cos\theta\left(\frac{\partial\phi}{\partial z}\right)_0\right]e^{-\Sigma_s r}\sin\theta\cos\theta\,dr\,d\theta\,d\psi\\
&=\frac{\Sigma_s}{2}\int_0^{\frac{\pi}{2}}\int_0^{\infty}\left[\phi_0+r\cos\theta\left(\frac{\partial\phi}{\partial z}\right)_0\right]e^{-\Sigma_s r}\sin\theta\,d\theta\,dr\,d\theta\\
&=\frac{\Sigma_s}{2}\int_0^{\frac{\pi}{2}}\int_0^{\infty}\phi_0\sin\theta\cos\theta e^{-\Sigma_s r}+r\left(\frac{\partial\phi}{\partial z}\right)_0e^{-\Sigma_s r}\sin\theta\cos^2\theta\,dr\,d\theta\\
&=\frac{\Sigma_s}{2}\int_0^{\infty}\frac{\phi_0}{2}\sin^2\theta e^{-\Sigma_s r}-\frac{r}{3}\left(\frac{\partial\phi}{\partial z}\right)_0e^{-\Sigma_s r}\cos^3\,dr\Bigg|_0^{\frac{\pi}{2}}\\
&=\frac{\Sigma_s}{2}\int_0^{\infty}\frac{\phi_0}{2}e^{-\Sigma_s r}+\frac{r}{3}\left(\frac{\partial\phi}{\partial z}\right)_0e^{-\Sigma_s r}dr\\
&=\frac{\Sigma_s}{2}\left[-\frac{\phi_0}{2\Sigma_s}e^{-\Sigma_s r}+\frac{1}{3}\left(\frac{\partial\phi}{\partial z}\right)_0\left(-\frac{re^{-\Sigma_s r}}{\Sigma_s}-\frac{e^{-\Sigma_s r}}{\Sigma_s^2}\right)\right]\Bigg|_0^{\infty}
\end{aligned}$$

$$J_{z-}=\frac{\phi_0}{4}+\frac{1}{6\Sigma_s}\left(\frac{\partial\phi}{\partial z}\right)_0$$

类似的，

$$J_{z+}=\frac{\phi_0}{4}-\frac{1}{6\Sigma_s}\left(\frac{\partial\phi}{\partial z}\right)_0$$

因此，净 z 方向中子流密度 $J_{z+}-J_{z-}$，将这一结果推广到所有三个维度(x,y,z)，并考虑第 9.4.3 节讨论的实验室系中的各向异性（通过输运截面 Σ_{tr} 修正），得到扩散系数 $D=1/(3\Sigma_s)$，从而有：

$$\underline{J}(\underline{r})=-D\,\underline{\nabla}\phi(\underline{r})$$

案例分析 9.3：中子密度和扩散

如果我们考虑中子在一个尺寸为 $dx\times dy\times dz$ 的立方体体积中扩散，那么它们可以扩散进入的面有三个，即面积分别为 $dxdy$、$dydz$ 和 $dxdz$ 的三个面；同样，它们可以扩散穿出的面也有三个（这些面的面积与进入面相同，但分别位于它们穿入面在 dz、dx 或 dy 方向上的另一侧）。为了确定通过该体积的中子净数量，通常考虑中子电流密度 $\underline{J}$ 在 x 方向上的分量。该分量穿过位于 x 处、面积为 $dydz$ 的表面，其数量与 $\underline{J}$ 的 J_x 分量相关，即 $J_x dy\,dz$，而在 $x+dx$ 处流出体积的中子数量是

$$\left(J_x+\frac{\partial J_x}{\partial x}dx\right)dy\ dz$$

因此，通过 $dydz$ 的净数源于上述两个表达式之差，

$$\left(J_x+\frac{\partial J_x}{\partial x}dx\right)dy\ dz-J_x dy\ dz=\frac{\partial J_x}{\partial x}dx\ dy\ dz$$

推广到三维空间，

$$\frac{\partial J_x}{\partial x}\underline{\hat{i}}+\frac{\partial J_y}{\partial x}\underline{\hat{j}}+\frac{\partial J_z}{\partial x}\underline{\hat{k}}=\underline{\nabla}\cdot\underline{J}(\underline{r})$$

$$\underline{\nabla}\cdot\underline{J}(\underline{r})=-D\,\nabla^2\phi(\underline{r})$$

$$\nabla^2=\frac{\partial^2}{\partial x^2}+\frac{\partial^2}{\partial y^2}+\frac{\partial^2}{\partial z^2}$$

案例分析 9.4：平均散射角余弦与原子质量之间的关系

在实验室的参考系中，中子发生散射的靶核同位素的质量 A 与中子散射前方向 $\hat{\Omega}'$ 和散射后方向 $\hat{\Omega}$ 之间的夹角 θ 的关系，可以用该角度的余弦来描述。根据基础的矢量代数，

$$\hat{\Omega}'\cdot\underline{\hat{\Omega}}=\cos\theta$$

因为 $\hat{\Omega}'$ 和 $\hat{\Omega}$ 是单位矢量。传统上使用余弦的平均值 $\bar{\mu}_0$ 来考虑散射各向异性对中子平均自由程的影响。这使得宏观中子散射截面 Σ_s 能够针对各向异性散射（对于轻同位素占主导地位）的影响进行调整，以反映在此情况下前向散射更可能发生，从而导致前向散射方

向的平均自由程比其他方向更长的事实。

为了确定$\bar{\mu}_0$,将宏观散射截面Σ_s定义为余弦μ_0的函数,即$\Sigma_s(\mu_0)$。在各向同性情况下,由于散射在入射中子轨迹两侧对称,截面为$\Sigma_s/4\pi$。将余弦μ_0与$\Sigma_s(\mu_0)$的乘积在+1到-1的范围内(对应$0\leqslant\theta\leqslant\pi$)进行积分,并归一化到各向同性情况,即可得到平均余弦:

$$\bar{\mu}_0 = \frac{4\pi}{\Sigma_s}\int_{-1}^{1}\mu_0\Sigma_s(\mu_0)\,d\mu_0$$

对于各向同性的情况,当$\Sigma_s(\mu_0) = \Sigma_s/4\pi$时,

$$\bar{\mu}_0 = \int_{-1}^{1}\mu_0 d\mu_0 = 0$$

并且$\Sigma_{tr} = \Sigma_s(1-\bar{\mu}_0) = \Sigma_s$。

在质心参考系中,中子被原子核散射是各向同性的这一假设是合理的;而在实验室参考系中,各向异性则很明显,特别是对于轻同位素。在实验室坐标系中,相对于入射方向的散射角可以定义为θ_L,对应的在质心坐标系中为θ_C,考虑中子散射相互作用后的运动学时,分析两个平面是有用的:与入射方向成直角的平面(与速度的正弦分量相关)和平行平面(与余弦分量相关)。至于散射角,速度的大小分别定义为实验室与质心坐标系的$v_L{'}$和$v_C{'}$,使得与中子入射方向正交的平面为

$$v_L'\sin\theta_L = v_C'\sin\theta_C$$

而在平行于入射方向的分量上,其区别在于质心速度V_C引起的偏移:

$$v_L'\cos\theta_L = V_C + v_C'\cos\theta_C$$

其中$V_C = m_n v_L/(m_n+M)$,m_n是中子的质量,M是散射核的质量,v_L是入射中子的速度大小。对于$m_n=1$和$M=A$的情况,并结合上述表达式可得:

$$\tan\theta_L = \frac{A\sin\theta_C}{1+A\cos\theta_C}$$

回到上面的$\bar{\mu}_0$表达式,因为在质心坐标系中假设散射是各向同性的,所以作为θ_C函数的截面为$\Sigma_s/4\pi$。质心系和实验室系中的微观截面[$\sigma_L(\theta_L)$和$\sigma_C(\theta_C)$]的关系如下:

$$\sigma_C(\theta_C)\sin\theta_C d\theta_C = \sigma_L(\theta_L)\sin\theta_L d\theta_L$$

$$\bar{\mu}_0 = \frac{1}{2}\int_0^{\pi}\sin\theta_C\cos\theta_L\,d\theta_C$$

从这个表达式中,通过$\tan\theta_L$将θ_L与θ_C联系起来,并使用恒等式$\sin^2\theta+\cos^2\theta=1$,我们得到

$$\cos\theta_L = \frac{1+A\cos\theta_C}{\sqrt{A^2+1+2A\cos\theta_C}}$$

代入表达式$\bar{\mu}_0$,可得

$$\bar{\mu}_0 = \frac{1}{2}\int_0^{\pi}\frac{\sin\theta_C(1+A\cos\theta_C)}{\sqrt{A^2+1+2A\cos\theta_C}}d\theta_C$$

这可以通过代入$u=\cos\theta_C$来解决,然后通过分部积分来求解,最终得到:

$$\bar{\mu}_0 = 2/3A$$

有时会使用以下近似值：$\bar{\mu}_0 \approx 1/A$。

案例分析9.5：实际反应堆几何构型

可裂变材料平板可能是用于说明反应堆方程解的最简单几何构型。然而，由于 $-d/2 \leqslant x \leqslant d/2$ 定义的自由表面存在显著的泄漏，它在实践中并没有最有效地利用空间或裂变材料。更实用的几何形状包括圆柱体和立方体。但就能源系统的结构要求（包括燃料、停堆棒、控制棒及冷却剂基础设施的布置）而言，其实际应用性较低。

对于半径为 g 高度为 h 的直圆柱体，将圆柱极坐标（半径 r 和高度 z）的拉普拉斯算子代入式(9.4)的反应堆方程中，可得出以下表达式：

$$\frac{\partial \phi^2}{\partial r^2} + \frac{1}{r}\frac{\partial \phi}{\partial r} + \frac{\partial \phi^2}{\partial z^2} + B^2 \phi = 0$$

与无限大平板的情况类似，通量 ϕ 可分离变量，这次分离为 R 和 Z，

$$\phi(r,z) = R(r)Z(z)$$

其中这将导致分别关于 R 和 Z 的两个独立方程，各自等于常数 α^2 和 β^2，并满足 $\alpha^2 + \beta^2 = B^2$：

$$\frac{\partial^2 R}{\partial r^2} + \frac{1}{r}\frac{\partial R}{\partial r} = -\alpha^2 R(r) \tag{9.42}$$

$$\frac{\partial^2 Z}{\partial z^2} = -\beta^2 \tag{9.43}$$

与无限大平板的情况类似，Z 的式(9.43)的解形式如下：

$$Z(z) = A_1 \sin \beta z + A_2 \cos \beta z$$

我们要求通量是非负的（负通量是不符合物理的）且在 z 上是对称的，正弦波不符合，因此 $A_1 = 0$。此外，通量需要符合边界条件，即在定义的圆柱体高度 h 稍外处通量为零，即其中 $\phi(z) = 0, z = \pm\tilde{h}/2, Z_n(z) = \cos n\pi/\tilde{h}$ 本征值 $\lambda_n^2 = (n\pi/\tilde{h})^2$ 由于非负性的约束，取最低阶模 $Z_1(z) = \cos \pi/\tilde{h}$ 和 $\lambda_1^2 = (\pi/\tilde{h})^2$。

若令 $x = \alpha r$ 进行变量替换，则关于 R 的解可被简化

$$\frac{\mathrm{d}F}{\mathrm{d}r} = \frac{\mathrm{d}F}{\mathrm{d}x} \cdot \frac{\mathrm{d}x}{\mathrm{d}r} = \alpha \frac{\mathrm{d}F}{\mathrm{d}x}$$

并通过链式法则和乘积法则，来推导二阶导数，

$$\frac{\mathrm{d}^2 F}{\mathrm{d}r^2} = \frac{\mathrm{d}}{\mathrm{d}r}\left(\frac{\mathrm{d}F}{\mathrm{d}x}\frac{\mathrm{d}x}{\mathrm{d}r}\right) = \frac{\mathrm{d}}{\mathrm{d}r}\left(\frac{\mathrm{d}F}{\mathrm{d}x}\right)\frac{\mathrm{d}x}{\mathrm{d}r} + \frac{\mathrm{d}F}{\mathrm{d}x}\frac{\mathrm{d}^2 x}{\mathrm{d}r^2}$$

$$u = \frac{\mathrm{d}F}{\mathrm{d}x}$$

$$\frac{\mathrm{d}u}{\mathrm{d}r} = \frac{\mathrm{d}u}{\mathrm{d}x} \cdot \frac{\mathrm{d}x}{\mathrm{d}r}$$

$$\frac{d^2F}{dr^2}=\frac{d^2F}{dx^2}\left(\frac{dx}{dr}\right)^2+\frac{dF}{dx}\frac{d^2x}{dr^2}=\alpha^2\frac{d^2F}{dx^2}$$

因此

$$\alpha^2\frac{d^2R}{dx^2}+\frac{\alpha}{r}\frac{dR}{dx}+\alpha^2R(x)=0$$

乘以 r 并按 $x=\alpha r$ 进行分解

$$x^2\frac{d^2R}{dx^2}+x\frac{dR}{dx}+x^2R(x)=0 \tag{9.44}$$

这是贝塞尔微分方程的通解

$$R(x)=a_1J_0(x)+a_2Y_0(x)$$

其中,式(9.44)是一个二阶微分方程,对于整数阶 $v=0$,J_0 和 Y_0 分别是第一类和第二类的零阶贝塞尔函数,有两个线性无关的解,其中

$$J_v(x)=x^v\sum_{m=0}^{\infty}\frac{(-1)^m x^{2m}}{2^{2m+v}m!\ \Gamma(v+m+1)}$$

$$Y_v(x)=\frac{J_v(x)\cos v\pi-J_{-v}(x)}{\sin v\pi}$$

并且 Γ 定义为

$$\Gamma(\alpha+1)=\int_0^{\infty}e^{-t}t^{\alpha-1}dt=\alpha!$$

一个半径为 g、高度为 h 的直立圆柱形反应堆,在其高度中心位置 $z=0$ 处,中子通量 $\phi(r,z)$ 随半径 r 的变化关系图(图 9.6)。图中显示了最大通量 ϕ_0 和外推半径 $r=\tilde{g}$。

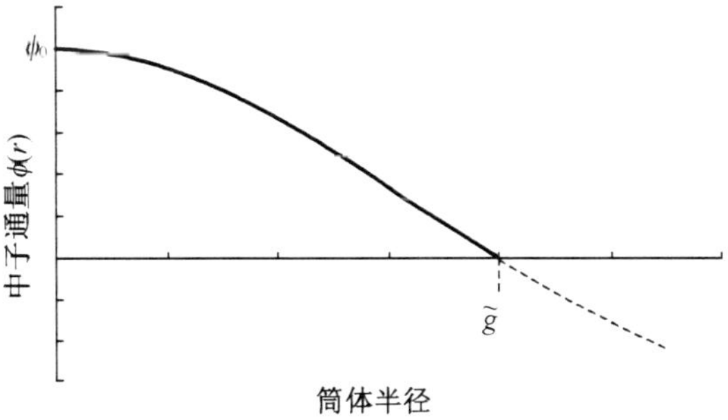

图 9.6 中子通量与半径的关系

所以

$$J_0(x)=1-\frac{x^2}{4}+\frac{x^4}{64}-\frac{x^6}{2\ 304}\cdots$$

$$Y_0(x)=\frac{J_0(x)(\cos v\pi-1)}{\sin v\pi}$$

对于 $x=ar$,当 $r\to0$ 时,$Y_0(ar)\to-\infty$,这在物理上是不可能的,因为在圆柱中心的通量

必须是有限的，所以 $a_2=0$，因此，

$$R(r)=a_1J_0(\alpha r)$$

在推导距离 $\tilde{g}$ 处，通量应降至零，$R(\tilde{g})=0$，这对应于 J_0 的第一个零点的位置。我们知道，$J_0(ar)$ 的第一个零点在 $ar=2.405$ 处（从贝塞尔函数零值表中得知），因此 $a=2.405/\tilde{g}$，从而结合分离变量 R 和 Z 的表达式，

$$\phi(r,z)=\phi_0\cos\frac{\pi z}{\tilde{h}}J_0\left(\frac{2.405}{\tilde{g}}r\right)$$

其中 ϕ_0 是圆柱体中心点（$z=0$，$r=0$）的通量值。该构型的几何曲率为 $B_g^2=(\pi/\tilde{h})^2+(2.405/\tilde{g})^2$，由函数 $J_0(2.405r/\tilde{g})$ 描述的通量随半径变化的依赖关系在图 9.6 中描述。

案例分析 9.6：曲率等式和增殖常数的等价性

考虑反应堆方程解中出现的时间本征值 λ_1 的等价性及其实际意义是很有启发性的：

$$\lambda_1=v\Sigma_a-v\nu\Sigma_f+vDB_g^2$$

其中，v 是中子速度；ν 是每次裂变发射的中子数；Σ_f 是宏观裂变截面；Σ_a 是宏观吸收截面；D 是扩散常数；B_g 是几何曲率。时间本征值的每个项分别代表中子吸收、产生或泄漏的速率，因此很明显它与时间的倒数有关。表达式可以通过根据 Σ_a 进行因式分解来重新排列，

$$\lambda_1=v\Sigma_a\left(1-\frac{\nu\Sigma_f}{\Sigma_a}+\frac{D}{\Sigma_a}B_g^2\right)$$

其中扩散常数根据中子扩散长度 L 定义，$L=\sqrt{D/\Sigma_a}$，这样，

$$\lambda_1=v\Sigma_a\left(-\frac{\nu\Sigma_f}{\Sigma_a}+1+L^2B_g^2\right)$$

每单位体积内，中子被吸收而未发生泄漏的概率，等于吸收率与（吸收率加泄漏率）总和的比值，

$$P_{NL}=\frac{\Sigma_a\phi}{\Sigma_a\phi+DB_g^2\phi}$$

当除以 $\Sigma_a\phi$ 时，得到不泄漏概率的重要结果，

$$P_{NL}=\frac{1}{1+L^2B_g^2}$$

$$\lambda_1=\frac{v\Sigma_a}{P_{NL}}\left(1-P_{NL}\frac{\nu\Sigma_f}{\Sigma_a}\right)$$

这里有两点很重要：首先，由于 $k_\infty=\nu\Sigma_f/\Sigma_a$，因此 $P_{NL}\nu\Sigma_f/\Sigma_a$ 是增殖因子 k；其次，$v\Sigma_a$ 是假设没有泄漏的吸收相互作用率，因此倒数是中子被吸收之前经过的时间，将其乘以 P_{NL} 得到有限反应堆中的中子寿命，因为我们已经考虑了泄漏，即 $l=P_{NL}/(v\Sigma_a)$，因此

$$\lambda_1=-\frac{(k-1)}{l}$$

回到式(9.29),很明显,时间本征值是反应堆周期的倒数,$\lambda=1/T$,因此

$$\phi(t)=\phi(0)e^{-\lambda_1 t}$$

复 习 指 南

完成本章后,你应该:

- 了解中子数守恒的概念。
- 能够写下一个与中子数守恒相关的数字方程,从而写下中子扩散方程。
- 理解中子扩散方程中各物理项的来源,特别是这些项与材料特性的关系(例如通过宏观截面)。
- 能够定义中子通量、中子流密度、中子流等。
- 能够从扩散方程推导出反应堆方程。
- 能够求解简单几何构型下的反应堆方程,并能理解材料曲率和几何曲率的含义。
- 了解与单能中子输运方程的发展相关的过程和术语。

习 题

1. 对于一个尺寸为 $a\times b\times c$ 的立方体(矩形平行六面体)的几何构型,求解反应堆方程,以获得反应堆通量 $\phi(x,y,z)$、几何曲率 B_g^2 和最大通量 ϕ_0 的表达式。通量应该是对称的、非负的,并在所有维度的外推距离处下降到零,即 $x=\pm\tilde{a}/2, y=\pm\tilde{b}/2, z=\pm\tilde{c}/2$。

2. 解释术语中子通量和角向中子通量的含义。它们之间有什么区别,它们在数学术语中是如何关联的?

3. 对于半径为 p 的球体的几何构型,求解反应堆方程以获得反应堆通量 $F(r)$、几何曲率 B_g^2 和最大通量 F_0的表达式,通量应该是对称的、非负的,并在外推距离 $\tilde{p}$ 处下降到零。

4. 绘制 $A=1$ 到 $A=238$ 的平均余弦 $\bar{\mu}_0$ 的变化关系图。据此,确定轻水、石墨、铁、钨、铅和铀金属(后者的富集度足够低,构成近似为 100% ^{238}U)热中子能的情况下的扩散系数 D 的相应值,假设 $\Sigma_s\gg\Sigma_a$。绘制 D 随 A 的变化关系图,由此计算 A 中每个点的散射各向异性 D 与假设各向同性之间的差值。那么你能得出当 $A\to\infty$ 时关于 D 的什么结论?

5. 对于一个均匀的热反应堆,具有一个直角圆柱形几何形状,由灌注了低富集 UO_2 的轻水组成,描述对几何曲率和材料曲率的各种影响因素。解释可能构成阻止此类设计运行的主要影响因素。

参考文献

[1] N. G. Sjostrand, Calculation of the geometric buckling for reactors of various shapes, http://www. iaea. org/inis/collection/NCLCollectionStore/_ Public/38/088/38088353. pdf, 1958.

[2] K. Drozdowicz, Thermal neutron diffusion parameters dependent on the flux energy distribution in finite hydrogenous media, Henryk Niewodniczanski Institute of Nuclear Physics Report no. 1838/PN, 1999.

[3] E. Kreyszig, Advanced Engineering Mathematics, Wiley & Sons, London, 1972. ISBN: 0-471-88941-5.

延伸阅读

[1] J. J. Duderstadt, L. J. Hamilton, Nuclear Reactor Analysis, Wiley, Delhi, 1976. ISBN: 978-81-265-4121-8.

[2] D. J. Bennett, J. R. Thomson, The Elements of Nuclear Power, Longman, New York, 1989. ISBN: 0-582-02224-X.

[3] R. A. Kneif, Nuclear Engineering, Taylor & Francis, 1992. ISBN: 1-56032-089-3.

第 10 章　主流核反应堆系统

10.1　章节概要和学习目标

在上一章的分析中，已经考虑了核裂变反应堆的材料成分和几何形状的概念性要求，包括高度简化的无限薄板的情况；现在我们转向目前世界各地真实的发电反应堆的设计。它们与概念设计不同——正如海曼·乔治·里科弗所说的那样，一个实用的反应堆厂具有以下特点：

(1) 它正在建设中；

(2) 它落后于反应堆的前沿设计；

(3) 它需要在许多看似微不足道但与其息息相关项目上进行大量开发；

(4) 它耗费大量资金用于建设；

(5) 由于工程开发问题，它需要很长时间才能完成建设并投入使用；

(6) 反应堆系统体积庞大；

(7) 反应堆系统重量巨大；

(8) 实际反应堆系统极其复杂。

里科弗的总结突出了真实反应堆与概念反应堆的一般区别，即真实反应堆比概念反应堆复杂得多。

从组成、大小和形状来看，核反应堆有各种可能的配置方案。然而，由于在第二次世界大战期间和之后的重大投资，这些替代方案中的许多方案在过去某个时刻都得到了探索。其中一些没有得到进一步发展，而另一些则被采用为主流设计，并在众多机组中复制。核工程学科的一个有趣方面是，主流设计的突出特点往往反映了历史和地理影响以及工程效益。其中一些特征源于该行业的初期，而现代的特点则是从重大事故中吸取教训，并希望反应堆设计能够更好地适应预测的宏观经济优先事项。

在本章中，主流反应堆设计分为五类：压水反应堆（PWRs）、沸水反应堆（BWRs）、气冷反应堆（GCRs）、重水反应堆（HWRs）和轻水冷却石墨慢化反应堆（LWGRs）。对于当今运行的所有设计的具体细节，讨论并不详尽。一些可能不属于主流的设计，以及先进反应堆和快堆系统将在第 11 章中讨论。

本章的目标是：

(1) 全面而简明地概述目前在世界各地运行的五种主流反应堆设计；

(2) 提供特定反应堆设计被选择和使用的原因背景；

(3) 概述反应堆堆芯设计，包括所讨论的每一类别反应堆系统尺寸和功率额定值；

(4)解释如何控制每个相应反应堆系统的反应性。

10.2 历史背景:奥托·哈恩(1879—1968)

奥托·哈恩(图10.1)是一位放射化学家,他在早期的职业生涯中花了很多时间研究重放射性同位素 ^{228}Ra。费米曾使用中子轰击多个同位素,并发现例如铀的许多元素,同时生产出被认为是短寿命的超铀同位素,这些同位素对应于邻近的重元素,具有原子序数93,或许还有重一点的94,以及多种通过β衰变衰变的短半衰期的同位素。哈恩、施特拉斯曼等人重复了费米的实验,因为他们对被认为是短寿命神秘元素之一的锕系元素的化学性质非常熟悉。他们证明了这一同位素不是锕系元素,如铀、锕和钍,因此预计它是一个尚未确定的超铀同位素,也就是说,它是比铀更重的同位素。在那之前,只有在用中子轰击时被识别出的同位素相邻的同位素,通常是重一个中子的同位素。尽管在1934年有一个早期的、被大多数人忽视的假设,认为可能会产生轻同位素,但因物理上不具可行性而被排除。

图10.1 奥托·哈恩

玛丽·居里和她的同事曾观察到,用中子辐照铀会产生一种半衰期为3.5小时的物质,其化学性质类似于稀土元素。根据这些性质,它可能是钡或镭。哈恩和施特拉斯曼用硫酸钡和氯化钡沉淀,但观察到在沉淀物中没有与镭相关的放射性,接着,他们试图通过部分结晶分离出这种神秘物质,但同样没有成功,证实了镭不存在。他们认为自己可以从钡中分离出已知的镭同位素,但他们不能以同样的方式提取神秘的稀土同位素以使它们与钡载体不同。最后,他们检查了稀土衰变的结果,镭的衰变会留下锕,而他们观察到的是镧。这只能与钡元素相一致,因为钡比铀轻,被假设是由于原子核的"爆裂"或分裂而产生的,在与流亡中的迈特纳和弗里施的通信中,哈恩和施特拉斯曼证实了这一点。哈恩因这一发现于1944年获得诺贝尔化学奖,有趣的是,哈恩等人最初在实验中寻找的重元素很可能已经存在,但含量太低,无法从哈恩当时的制备中识别出来。

10.3 导　　论

核动力反应堆使用很少的燃料,并且按照所有其他基本负荷发电选项的标准长时间运行:通常每年更换30吨堆芯燃料。这种工程特性的一个明显结果是,虽然能源战略可能会发生变化,但世界动力反应堆的存量涵盖了各种设计,其运行时间尺度非常重叠。随着时间的流逝,一些设计已成为目前正在建设的工厂的前身,而另一些设计虽然已被取代,但仍继续为国家电力需求做出有效和重要的贡献,并影响未来的发展。在这方面,增加现有电厂的电力输出而不是建造新电厂(升级)和延长现有电厂的寿命(称为长期运行或寿命延长)是重要的影响因素。

鉴于我们专注于商业能源生产,重要的是要认识到,目前世界各地有各种各样的反应堆系统在运行,用于研究、材料辐照和推进。这些都基于类似的工程原理,但我们在这里不做进一步探讨。第二次世界大战后随着军事发展而建立的第一代发电反应堆(第一代)现在已经关闭,并处于不同的退役阶段。随后的第二代反应堆系统中有相当一部分继续为世界的电力需求做出贡献,但预计大多数反应堆将在2025年停止发电,其余的将是20世纪90年代建造的第三代发电厂。作为当前和未来建设(第三代+反应堆)选项的主流反应堆设计,包括压水堆、沸水堆和加压重水反应堆(PHWR)设计。压水堆和沸水堆通常属于轻水反应堆(LWR),而PHWR设计借鉴了被称为CANDU的CANada氘铀反应堆设计。东欧和俄罗斯使用的压水堆原理的一种变体是水-水高能反应堆(VVER)。还有一些目前正在运行的反应堆系统,由于经济原因或运行经验,当它们达到运行寿命时,不太可能进一步进行商业应用。它们包括气冷堆(GCR)和轻水石墨堆(LWGR)。前者几乎完全与英国使用的先进气冷反应堆(AGR)有关,而后者则与俄罗斯使用的大功率通道式反应堆(reaktor bolshoy moshchnosty kanalny,RBMK)相关。图10.2提供了按类型划分的全球可运行核动力反应堆数量的直方图,表10.1提供了主要技术。

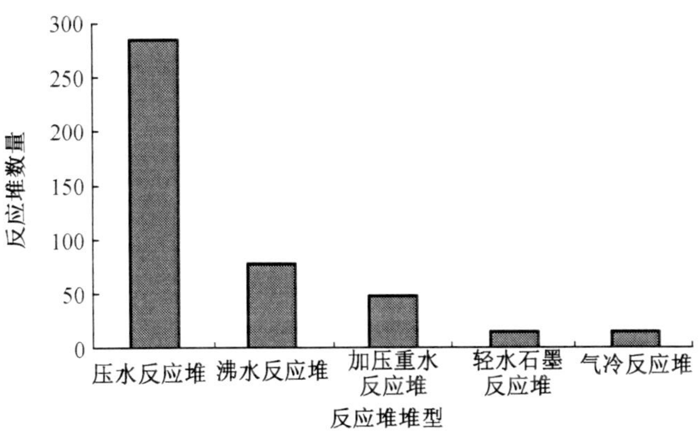

图10.2　全球可运行核动力反应堆数量的直方图

注:在撰写本书时,世界上可控的热中子裂变反应堆的数量与类型呈函数关系。

表 10.1 全球主流运行反应堆的主要技术特性

设计属性	PWR	BWR	GCR	PHWR	LWGR
燃料通道/组件数目	121~193	748	332	380	1 661
控制棒/组件数目	53	177	89	25,28	221
核直径/m	3.4	4.9	11.0	7.0	11.8
堆芯高度/m	3.7	4.3	9.8	6.0	7.0
进口冷却剂温度/℃	288	278	339	266	270
出口冷却剂温度/℃	326	288	639	310	284
气体流量/(kg/s)	—	—	4 067	—	—
工作压力/压力表	160	70	41	100	70
冷却剂峰值流量/(kg/s)	17 438	1 820	14	24 次/h	13 000
额定热功率/MWth	3 400	3 320	1 623	2 064	3 200
电力/MWe	1 150	1 100	600	约 675	925
^{235}U 浓度/%	2.1~3.1	0.71~3.05	2.2~2.7	0.7~2.1	2.0~2.6
芯块直径/mm	8	10	14.5	12	11.5
芯块高度/mm	10	10	—	16	15
包壳	锆-4	锆-2	不锈钢	锆-4	锆合金
燃料元件直径/mm	9.1	11.2	14.5	13.1	13.6
燃料元件长度/mm	3 658	3 708	1 036	495.3	3.64
每个燃料组件的元件数	264	55	36	37	2×18

10.4 压水反应堆

10.4.1 概述

压水堆相比其他反应堆设计的突出特点是,相同体积的轻水既用作慢化剂又用作冷却剂,并且在加压下保持液态。这具有显著的好处,例如,堆芯的紧凑性、负空泡反馈系数以及在工厂退役时慢化剂的相对易于处置。然而,它也在中子吸收方面引入了限制(相对于其他慢化剂的选择来说很高),并且要求在一次反应堆冷却剂系统中具有高完整性的反应堆压力容器和稳压器作为主成分。与构成其他主流轻水堆的 BWR 相比,也许最重要的是,必须通过某种方式将来自堆芯的热量与二回路冷却剂进行交换,以实现液态到蒸汽的相变,这通常是通过蒸汽发生器系统完成的。因此,压水堆利用间接冷却剂循环、一回路冷却剂循环与反应堆堆芯接触,而二回路冷却剂循环与发电系统接触,二者之间的热量通过蒸汽发生器进行交换。

压水堆是目前世界上使用最广泛的反应堆设计,占全球 446 个运行反应堆中的 287 个

（约 65%），它也占全世界正在建设或计划中的反应堆的大部分。虽然压水堆由于需要将主冷却剂维持在高压、高完整性的钢制压力容器内而无法进行不停堆换料，但这一可能带来的运行劣势，往往被其通过持续高功率运行和短期停堆所实现的极高容量因子所掩盖。表 10.2 概述了各国可运行的压水堆。

表 10.2 各国可运行的压水堆

国家	压水堆数量	备注
亚美尼亚	1	亚美尼亚-2，VVER 设计
比利时	7	2 个二回路，5 个三回路压水堆设计
巴西	2	2 台压水堆加 1 台正在建设的 VVER
保加利亚	2	WER 设计
中国	31	20 台正在建设
捷克	6	—
芬兰	2	奥尔基洛托-3 正在建设
法国	58	弗拉芒维尔-3 正在建设
德国	6	—
匈牙利	4	—
印度	1	VVER 加库丹库拉姆-2 正在建设
伊朗	1	—
日本	21	自 2011 年福岛事故以来停止运行
荷兰	1	—
巴基斯坦	2	3 台正在建设
俄罗斯	18	8 台 VVER 正在建设
斯洛伐克	4	2 台 VVER 正在建设
斯洛文尼亚	1	—
南非	2	—
韩国	21	3 台正在建设
西班牙	6	—
瑞典	3	—
瑞士	3	—
乌克兰	15	2 台正在建设
英国	1	西沃斯 B
美国	66	4 台正在建设

10.4.2 使用轻水的背景

第 6 章和第 7 章分别讨论了轻水在热中子裂变反应堆中慢化和冷却方面的优点。概括地说:它便宜、来源丰富、具有高比热容,并具有众所周知的流动特性。然而,如果要在加压下将其保留在亚临界液相中,其临界点设定了一个热力学效率的上限。

回顾我们在第 8 章中对中子经济性的关注,轻水堆中使用轻水的代价与收益需要权衡:一方面是其组成元素氢具有优异的中子弹性散射特性;另一方面则是氢的中子吸收截面相对较高。后者构成了一个中子吸收体。这体现在与非轻水堆设计相比,压水堆在材料曲率方面具有更大的宏观吸收截面(Σ_a);这通常部分地通过使用低富集度燃料来抵消,这种燃料现在几乎在所有运行中的反应堆中都普遍存在。压水反应堆压力容器和堆芯侧视图如图 10.3 所示。

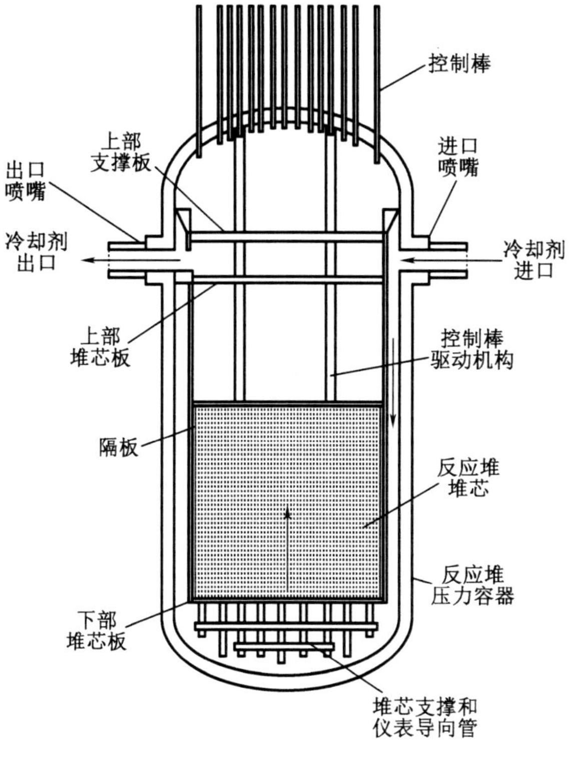

图 10.3 压水反应堆压力容器和堆芯侧视示意图,显示了主要特征(未按比例)

10.4.3 设计概述

本章假设了西屋公司压水堆的设计基础,并结合了第 11 章讨论的先进压水堆(EPR)、AP1000、APR1400 等相关设计的最新发展。西屋设计已被用于 600~1 200 MWe 范围内的各种功率容量。这是通过设计改进、调整冷却剂输出的产量来实现的,包括:增加冷却剂回路的数量(每个回路包括一个专用出口、冷却剂泵和蒸汽发生器,用于将热量传递到发电环节)、增加燃料组件的长度、增加组成堆芯的燃料组件的数量或通过所有这些方法的组合。

与大多数其他反应堆设计一样,压水堆厂往往根据核系统(通常称为核岛)和统称为常规岛的发电系统进行划分。这不仅在现场边界和反应堆安全壳民用基础设施方面构成了物理上的分离,而且在组织控制方面也构成了分隔。例如,操作许可证和辐射剂量测定要求。核岛由反应堆冷却剂系统、控制系统、燃料处理系统和辅助系统(净化和应急堆芯冷却系统)组成。常规岛包括蒸汽轮机,发电机、凝汽器和给水(二次)系统等。

压水堆利用一种间接循环,在这种循环中,流经堆芯的轻水冷却剂与从中获得蒸汽能量以驱动发电厂的冷却剂分离。这有两个重要的优点:首先,它确保与堆芯接触的冷却剂可以保持在液相(压水堆热力学基础的关键要求);其次,它将与反应堆接触的冷却剂和发电用的冷却剂完全隔离,这个概念通常被称为闭式循环设计原则。后一种安排简化了与汽轮机设备相关的操作要求(维护等),因为与运行核电站相关的核相关要求被限制在核岛内的一组设施中。

压水堆设计由三个独立的冷却剂回路组成,每个回路都有不同的功能。分别是:与反应堆直接传热相关的主冷却剂回路(一回路),与蒸汽转变和发电相关的二回路,以及三回路,通过该回路,废热(根据第 7 章中讨论的热力学第二定律)被排出到环境中,给水被冷凝后返回到二回路的输入。

在一回路中,轻水冷却剂在压差驱动下于反应堆堆芯循环。来自反应堆的热量被传递到冷却剂,冷却剂从反应堆堆芯上方的反应堆压力容器(通常为四个)的几个出口之一流向蒸汽发生器。蒸汽发生器在一回路和二回路之间提供了一个接口,通过该接口,来自一回路的热量与二回路中的轻水冷却剂进行交换。主冷却剂在交换了热量后,返回到堆芯底部进行循环。防止主冷却剂大量沸腾所需的压力由位于主回路中的电加热稳压器系统提供,冷却剂由电动冷却机泵循环。

在二回路中,来自蒸汽发生器的热量导致这部分的一些冷却剂循环变成蒸汽然后将其干燥并送入涡轮系统。蒸汽是干燥的,这一点很重要,因为水滴的存在会降低从热能到机械能的转换效率,并且还会因汽轮机的精密加工部件的冲击和腐蚀而造成损坏。蒸汽从汽轮机排出到冷凝器,冷凝器将其恢复为液态。

三回路构成一个独立的冷却剂系统,该系统将单独的轻水冷却剂送入冷凝器系统,以便将从汽轮机排出的二回路冷却剂的废热输送到环境冷却剂中。根据核电厂的位置,可以使用各种布置进行此操作。例如,如果靠近河流或海洋,则热量可以传递到河流或海洋,或者通过冷却塔系统传递;直接将这种能源用于区域供热等。

10.4.4 反应堆设计

压水堆的中心是反应堆压力容器(RPV),这是一个圆柱形的低合金碳钢容器,典型内径为 4 m,用于容纳反应堆堆芯。RPV 的顶部是可拆卸的,以便在停堆期间操作员进入堆芯进行换料和维护。它通过法兰和衬有垫圈的密封件连接到 RPV 的底座。RPV 的上部还包括冷却剂入口和出口,它们位于其半径周围,并在其顶部有用于控制棒驱动机构(CRDM)的贯穿件。通量监测仪表系统通常从底部进入 RPV。与反应堆冷却剂接触的 RPV 表面衬有衬里,例如用 3 mm 奥氏体不锈钢衬里以防止腐蚀。尽管它是反应堆系统的核心部件,也是反应堆热量散出的组成部分,但相对于位于反应堆安全壳建筑周围的其他一些组件,RPV 的规模可能显得相当小,特别是与巨大的蒸汽发生器相比。

压水堆堆芯设计为圆柱形,其对称轴位于垂直平面内,典型直径为 3 m,高度为 3.7 m,由多达 200 个燃料组件组成(取决于具体设计和规定的功率输出)。每个组件通常由 17×17 个方形阵列中的燃料元件组成,每个元件都装有许多低^{235}U浓缩度的二氧化铀燃料颗粒(VVER 设计的区别在于其燃料组件有六边形排列,但燃料和包壳的组成和设计在其他方面相似)。堆芯中的典型燃料质量,同样取决于具体设计,为 50~85 t。图 10.4 显示了制造后接受检查的典型压水堆燃料组件。

图 10.4　压水堆燃料组件在制造后进行检查

燃料在堆芯中的布置方式旨在实现^{235}U的高效消耗,同时确保整个堆芯的能量输出均匀;这通常导致较高富集度的燃料组件布置在堆芯外围(此处中子泄漏与^{235}U裂变的竞争最为显著),而较低富集度的燃料布置在中心区域。堆芯被设计用于在规定的裕量内提供功率,并承受可预见的、最严重的偏离正常运行工况,后者通常被称为基准设计事故或瞬态事故。由于反应堆堆芯最初处于低活性状态(运行导致产生发射中子的微小锕系元素同位素),因此设计了启动中子源,例如,一个是^{252}Cf的中子源,另一个是由于早期运行辐照而被激活的中子源。

10.4.5　热工水力系统

一回路中的冷却剂由电动泵循环,通常构成一回路的主回路有几个并联的冷却剂环路就有几个泵。这些泵通常是立式、三相、单速和风冷系统。它们设计为在断电的情况下缓慢惰转,以便在电源中断的情况下最大限度地提高通过堆芯的冷却剂流量。冷(288 ℃)轻水冷却剂/慢化剂通过 RPV 上腰部周围的一个入口流入,沿着堆芯外围(在围绕堆芯的挡板与 RPV 壁之间的空间)向下流动。然后,它通过下部芯板向上流过堆芯。热冷却剂(326 ℃)通过容器中的一个出口离开。图 10.5 提供了典型的压水堆厂布局示意图。

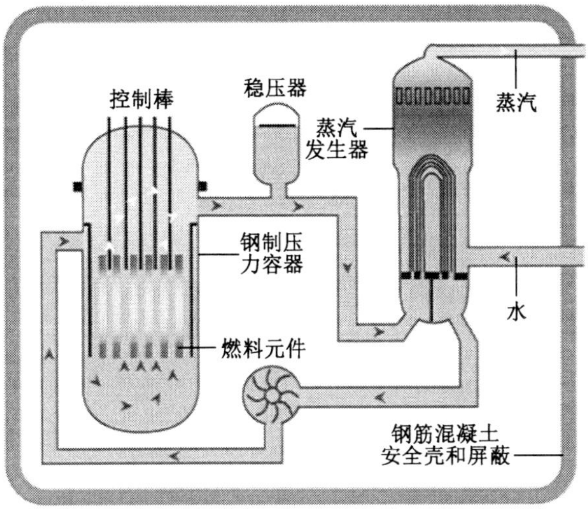

图 10.5 压水堆厂布局示意图

加热的一回路冷却剂从反应堆堆芯传递到蒸汽发生器。尽管自第一个商用压水堆使用以来需要不断改进,但压水堆蒸汽发生器的设计目标基本保持不变,来自 RPV 的主冷却剂从其底部流入蒸汽发生器,并向上穿过系统下半部分的一组 U 形管。因此,这些系统通常被称为 U 形管蒸汽发生器。来自二回路的给水在蒸汽发生器的中点上方进入蒸汽发生器,然后沿着包含主冷却剂的 U 形管外侧流动。给水升温并通过蒸汽发生器的中间上升,在此过程中蒸发。在进入蒸汽发生器的上部(蒸汽气泡部分)时,蒸汽中剩余的大部分水分通过旋转蒸汽被去除,从而使夹带的液滴向外抛到汽包的外围。再加上后续的蒸汽干燥器阶段增压,蒸汽干度可以达到 99.75%以上。

稳压器是压水堆反应堆冷却剂系统中的一个重要组成部分,因为它可以保持主冷却剂回路中的压力水平,并且还可以消除反应堆温度变化可能产生的压力变化。正如第 14 章所讨论的那样,三哩岛 2 号反应堆中的稳压器在 1979 年的事故中扮演了重要角色。

通常,每个主冷却剂回路都有一个稳压器。在西屋设计中,稳压器由锰钼合金钢制成,内部覆盖有不锈钢。它包括一个电加热器(1 000~2 000 kW)、喷雾系统和安全阀。通常,稳压器包含体积比为 60∶40 的水和蒸汽的组合。蒸汽部分(通常称为蒸汽空间)由加热器维持,加热器可以切换运行或停止运行,或按比例控制。后一种功能是必要的,例如,当反应堆启动或卸载时,以分别抵消由于主冷却剂的膨胀或收缩而导致的压力增加或减少。

可以预见到两种情况来说明稳压器的功能:

(1)当反应堆上的电力负荷由于需求下降而减少时,从主冷却剂中吸取的能量就会减少。由于多余的能量保留在主冷却剂中,因此会升高温度。冷却剂膨胀,压缩稳压器中的蒸汽空间。这种压力增加驱动喷雾管路将冷却剂注入稳压器中,稳压器冷凝一定比例的蒸汽空间,从而吸收体积和压力的增加。

(2)电力负荷的增加会降低主冷却剂温度,从而降低冷却剂收缩。这会使蒸汽空间减压,导致稳压器中的水蒸发,而压降则驱动加热器产生更多蒸汽。

在反应堆正常运行范围内产生的压力变化是由稳压器稳定的。这确保了反应堆的运行得到有效调整,以响应轻微的瞬态变化,并且一回路压力保持在运行裕度内。该装置还能避免冷却剂从泄压阀非必要地流失。如果压力升级超出了稳压器控制系统的响应能力,则在稳压器顶部设计了一个阀门,称为先导式安全泄压阀(PORV),用于打开以释放压力。逸出的蒸汽在相关的泄压罐中冷凝;该储罐有一个爆破盘,以防冷却剂持续释放,从而在紧急情况下将多余的物质排放到反应堆安全壳中。如果 PORV 无法打开,可以通过它与稳压器之间的截止阀进行隔离。

10.4.6 燃料设计

压水堆燃料由圆柱形的二氧化铀芯块组成(每个圆柱形芯块通常直径为 8 mm,长度为 10 mm,质量为 10 g)。这些芯块在反应堆温度和压力下基本上是具有化学稳定性的,并且在包壳破裂的情况下能够抵抗裂变产物的释放。一堆芯块被封装在锆合金-4(Zircaloy-4)管中,该管通过焊接密封,并经过预加压以延长包壳的疲劳寿命。芯块通过内部压缩弹簧固定到位。一组燃料元件组装成一个典型长度为 3.7 m 的方形阵列(通常为 16×16 或 17×17),这些元件由网格和弹簧带系统固定到位,允许元件自由地沿轴向移动,以适应运行过程中的膨胀。每个组件(其中一个如图 10.4 所示)还为整个堆芯所需的控制棒插入、可燃毒物和中子源提供了通道。虽然压水堆的大多数经验都是使用^{235}U 中略微富集的燃料获得的,但也使用了由^{235}U 和^{239}Pu 组合而成的混合氧化物燃料作为裂变成分,特别是在法国和日本。图 10.6 提供了典型压水堆燃料组件的图像。

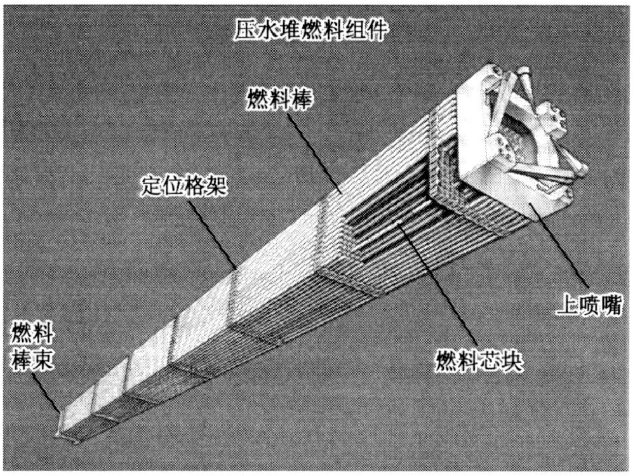

图 10.6 压水堆燃料组件示意图

10.4.7 运行

反应堆一般有三种运行模式:启动、正常运行和停堆。启动程序根据反应堆是冷态(例如因维护和换料而冷却)还是热态(例如在汽轮机跳闸后无明显延迟地重新启动反应堆)而有所不同。在任何一种情况下,在拔出控制棒以使反应堆达到临界状态之前,都必须使反应堆处于热备用状态。在典型的压水堆中,其特点是一回路温度和压力分别为 285 ℃和

153 个大气压。启动动力反应堆比费米首次将 CP-1 反应堆置于临界状态的情况更为复杂,因为不仅需要建立自持的链式反应,而且还需要在整个堆芯中建立均匀、广泛的裂变反应,能够实现高功率、持续的输出水平。这一状态必须通过逐步逼近的方式实现。此外,还有许多与发电相关的辅助系统,包括二回路和汽轮机系统,必须与反应堆的运行同步。

在启动之前,对仪表、安全喷淋系统和主冷却剂的硼浓度水平进行全面的检查。此阶段的热量和相关压力由稳压器中的加热器提供,并在二回路侧利用辅助给水系统(非主给水系统,且流量远低于主流功率运行时的水平,因为堆芯尚未运行)产生蒸汽。由于在此阶段工厂未连接到涡轮发电机,因此蒸汽被排放至主冷凝器。这种状态的特点是反应堆冷却剂处于空载下保持饱和压力所需的平均温度(T_{avg});这是热备用状态。

达到临界,调整主冷却剂中的硼浓度,以确保当控制棒撤回到指定的插入度时,能够达到临界。反应堆系统的控制受到严格限制,对控制棒的插入程度和达到的临界进行了限制。这些被称为功率相关插入限制(PDILs),一旦达到临界,控制棒的插入深度不能超过此限制。这种约束防止了以下情况的发展,即一回路硼浓度被稀释到无法通过插入控制棒来抵消临界状态。

插入控制棒后,停堆棒被抽出。作为临界分阶段方法的一部分,硼浓度被进一步调整,并将适当的控制棒组合抽出至能够达到临界状态但在此阶段产热可忽略不计的程度。对更多的控制棒进行了进一步调整,进一步提高功率,开始产热,在这个阶段达到约 1%的总设计基础功率输出的水平。随着 T_{avg} 的增加,功率逐渐增加,相应地辅助给水流量增加,以保持蒸汽发生器中的水位,直到需要切换至主给水系统。在这个阶段,产生的蒸汽仍然被排放至主冷凝器。然而,当控制棒抽出以产生约 10%的功率时,可以同步发电机并将反应堆负载连接到汽轮机,此时随着功率的进一步增加,蒸汽泄放阀逐渐关闭。通过这种方式,蒸汽逐渐被引导到汽轮机循环中,蒸汽输出增加。随着电厂温度的升高,固有的负反馈机制的综合效应(多普勒展宽、中子能谱硬化和密度降低,如第 8 章所述)开始变得明显。这被称为功率缺陷,因为它表现为功率降低。通常通过稀释主冷却剂中的硼浓度以抵消这种效应,使功率水平接近正常运行状态。

正常运行包括需要维持功率输出、响应汽轮机负载的变化(由于需求的变化)以及确保功率分布均匀。实际上,有五种控制手段可以相互协同利用:控制棒、蒸汽排放、减压器、蒸汽发生器和压水堆设计的负反馈特性。

(1)控制棒根据汽轮机负载自动控制 T_{avg}。

(2)如果负载的显著降低需要对一回路温度进行更显著的调整,则可以排放多余的蒸汽。

(3)压力可以通过减压器中的喷淋、安全阀和加热器进行调节。

(4)蒸汽发生器中的水位通过给水流量阀保持。

(5)功率分布尽可能保持均匀,以避免氙振荡,并优化燃料消耗。

停堆不仅是启动过程的逆转,这主要是因为裂变反应堆在链式反应停止后很长时间内,由于燃料中短寿命放射性核素的衰变,会继续产生热量。这一特性通常被称为衰变热,是反应堆运行的最重要特征之一,因为,与所有形式的核衰变一样,在衰变热相关的储存能量显著时(假设停堆前反应堆已运行了相当一段时间),无法加速衰变热产生的下降。在反应堆运行中,停堆作为一个术语与反应堆事故停堆不同,因为前者是在电厂停运之前的预期行动,而后者通常不是。

停堆的第一个程序是减少涡轮发电机的负载,通常是通过自动编程的 T_{avg} 减少,直到水平足够低,以便反应堆控制和蒸汽发生器操作转为手动操作。然后,站内电力从涡轮发电机转移到站外电网,因为工厂仍然需要电力来运行余热排出系统(RHRS)(见下文)。此时,汽轮机可以完全卸载并完全关闭。插入控制棒后,反应堆进入热备用状态;保持最少量的冷却剂泵运行以维持冷却剂流量和热传递,但相关的蒸汽将被排放(未使用)。为了进入冷停堆状态,一回路中的硼浓度增加以满足所需的停堆裕度,然后反应堆进入停堆状态。

当主冷却剂冷却时,它会收缩,因此有必要提高稳压器液位以适应冷却剂液位的这种变化。然后,可以使用喷淋来冷却稳压器。RHRS 通常由两套独立的泵和蒸汽发生器组合,它们与主反应堆冷却剂散热系统分开(该系统也由单独的电线供电,以确保冗余)。这用于将冷却速率保持在大约 177 ℃的温度以下。在冷却剂温度和重启准备方面寻求的具体状态取决于反应堆的后续计划,也就是说,是否打算相对快速地恢复运行,或者相反,是否安排了涉及广泛维护的更长时间停堆。

10.4.8 反应性控制和换料

压水堆中的三个主要反应性控制是控制棒、化学补偿(添加到主冷却剂中的硼酸)和可燃毒物。

(1)化学补偿用于抵消需要插入控制棒的程度(根据上面关于 PDILs 的讨论),通过在燃料富集度消耗而逐渐稀释来实现长期控制,并且还可以在需要维护时将堆芯保持在长期停堆状态等。

(2)控制棒能够对相对较小的反应性变化进行自动、短期控制;它们配置在棒束控制组件中,在插入时延伸了堆芯的整个长度。它们与驱动轴相连,使控制棒棒束能够电动地一起移动,或者在需要紧急停堆的情况下通过电磁离合器释放,在重力作用下落入堆芯。

(3)可燃毒物(通常是碳化硼元件与燃料元件一起存在于整个堆芯组件中)抵消了冷却剂过度硼化的需求,并且随着中子毒物在燃料中积聚而消耗,^{235}U 的丰度也随着燃耗而消耗。

压水堆一次更换大约三分之一的燃料,以优化燃耗并保持整个堆芯的电力输出的均匀性,一般来说,堆芯外围的燃料比中心外围的燃料富集度高,中心区域由低富集度和中等富集度组件组成,交替布置。一个典型的换料方案包括按照规定的装填安排,从堆芯的中心区域移走组件,并将外部组件转移到中心区域。

10.4.9 保护系统

由于操作经验,压水堆上的保护系统已经取得了广泛的发展。因此,特定的压水堆设计可能与此处描述的通用设计基础不同。压水反应堆保护系统(有时称为安全保护系统,以免与核材料保障监督产生混淆)的一般目的是任何情况下防止反应堆因损坏而导致放射性物质释放到环境中。如第 14 章所述,核反应堆安全中一个无处不在的理念是纵深防御的概念,旨在提供多层保护,防止可能破坏安全运行的情景。对于反应堆系统,三个主要屏障是燃料包壳、反应堆压力容器和安全壳。保护系统可以防止这些因素受到损害,并涵盖三个主要功能:安全注射、应急给水供应和设备冷却。

安全注射系统提供含硼冷却水,以抵消冷却剂意外损失的影响。这构成了替换冷却剂和负反应性的来源,可以注入这些冷却剂以抵消意外瞬态的影响或对更大停堆裕度的需求。对冷却剂损失响应的主要目的是防止反应堆堆芯暴露出来,在发生此类事故后,应急堆芯冷却和长期冷却都满足了这一要求。这种响应由位于安全壳内的被动蓄压罐和位于安全壳外的高压安注与低压安注装置的组合提供。

该喷淋系统在系统和电源方面具有双序列冗余的设计理念。高压系统在正常运行下不起作用,而低压供应通常来自停堆程序中描述的 RHRS,典型的运行顺序可能如下:从蓄能器储罐提供高流速再填充,启动高压安全注射泵,然后运行 RHRS,从加氢水储罐中获取冷却剂。所有系统都注入一回路的冷管段中。它们的启动由反应堆冷却系统相对于应急供应系统的压力下降(通过稳压器信号或蒸汽压力下降)触发(后者可防止二回路发生破裂,这可能导致一回路丧失热阱)。安全壳高压或手动控制也可以启动安全注射系统,同时启动应急的现场柴油发电机、高压安全注射泵和 RHRS 泵。如果冷却剂持续损失,则可以对安全壳内集水坑的剩余冷却剂进行再循环,以无限期地保持冷却。

应急给水供应系统用于应对二回路中蒸汽发生器的主系统冷却剂供应故障的情况。与高压注射系统类似,应急给水供应通常来自两个相同的、冗余的序列,具有独立的供电系统,在正常运行中不使用。它通过蒸汽发生器中的低水位指示或通过安全喷淋系统的启动而投入运行,应急给水系统可以按照所需的速率向停堆的反应堆供水,以保持冷却处于热备用状态,直到达到要激活的 RHRS 的温度。

设备冷却水系统为压水堆中可能携带放射性液体的所有系统提供冷却。它在正常运行期间、停堆后冷却期间以及发生事故时提供冷却。它由两个子系统组成:一个与发生事故时的设备冷却要求相关联的子系统(称为安全保护子系统);另一个辅助子系统用于正常运行期间所有系统的冷却要求。安全防护系统由两个独立的系统组成,带有独立的热交换器、波动箱和由独立电源供电的泵。该系统冷却的组件包括反应堆冷却剂泵和 RHRS 中的部件。

10.5 沸水反应堆

10.5.1 介绍

20 世纪 40 年代末到 50 年代初对轻水堆设计的初步研究集中在后来被称为压水堆概念的问题上[1]。当时被称为“非沸腾反应堆”。重点是确保轻水冷却剂/慢化剂保持在液相中,人们担心沸腾会导致流量损失,进而导致燃料过热,从而损坏堆芯。而且,在慢化剂具有高度破坏性和不可预测的沸腾状态下维持受控的核链式反应被认为是不可行的,或者至少是知之甚少的,因为人们预测气泡的突然形成和破裂将导致反应性和功率不可预测的波动。此外,当时尚不清楚放射性是否会因放射性物质转移到汽化冷却剂中而产生重大问题。相反,众所周知,在沸腾时燃料和轻水冷却剂之间的热传递比在液态下要好得多,而且,与相应的压水堆相比,沸腾方法实现的直接循环设计需要的装置(如蒸汽发生器和高压部件)要少得多。因此,沸腾提供了更便宜、更容易建造反应堆的潜力。

由于^{238}U 共振的多普勒展宽和负空泡系数,轻水慢化冷却反应堆表现出负燃料反馈系数,反应性增加导致燃料加热而反应性迅速降低(如第 8 章所述),由于空泡形成而移除冷却剂/慢化剂导致链式反应进一步(尽管较慢)抑制,因此在沸水概念诞生之际,关于其可行性,关键的热力学问题是:在瞬态正反馈之后,哪个过程更快,是链式反应的升级(从而导致燃料温度升高),还是周围水的空泡化。当时的开创性实验表明,水的空泡化速度更快,因此链式反应不可能先于冷却剂的相变发生,从而避免了事故升级。此外,在相关实验中观察到,与液相发出辐射相比,汽化冷却剂密度的显著降低导致其发出辐射水平大大降低,而且沸腾现象远非不稳定的根源,它提供了一种可以通过冷却剂流动来控制核反应的手段。沸腾概念现在被广泛用于发电,表 10.3 提供了世界 BWRs 的情况。

表 10.3　按国家分列的世界可操作沸水反应堆

国家	压水堆数量	备注
芬兰	2	—
德国	2	—
印度	2	—
日本	22	自 2011 年福岛事故以来停止运行
墨西哥	2	—
西班牙	1	—
瑞典	7	—
瑞士	2	—
美国	33	—

10.5.2　设计概述

BWR 的设计开发包括六个阶段,从 BWR/1(以美国德累斯顿工厂为例,1955 年投产,180 MWe)到 20 世纪 70 年代初开创的 1 100 MWe BWR/6。BWR 工厂的布局包括中心的反应堆压力容器,其周围是钢筋混凝土的屏蔽墙。屏蔽墙被容纳在干井内,干井位于一个钢制安全壳中,而安全壳本身又被容纳在外部的钢筋混凝土屏蔽建筑内。BWR/1 的高程示意图,如图 10.7 所示。

安全壳(干井)是一个圆柱形钢筋混凝土结构,具有多种结构功能,并屏蔽其外部安全壳内的环境辐射至足够低的水平,以允许人员在正常反应堆运行期间进入。蒸汽出口/入口连接到装置的发电机侧,通过蒸汽隧道到达辅助厂房,而在安全壳的另一侧,有燃料建筑,负责燃料接收和转移。反应堆压力容器包含(从容器底部到顶部):容器支撑结构、控制棒驱动系统、下腔室、反应堆堆芯、蒸汽分离器、蒸汽干燥器和上腔室。反应堆容器内的反应堆堆芯被不锈钢围筒包围;这将冷却剂向外部的流动与冷却剂在中心区域的上升流动分开。

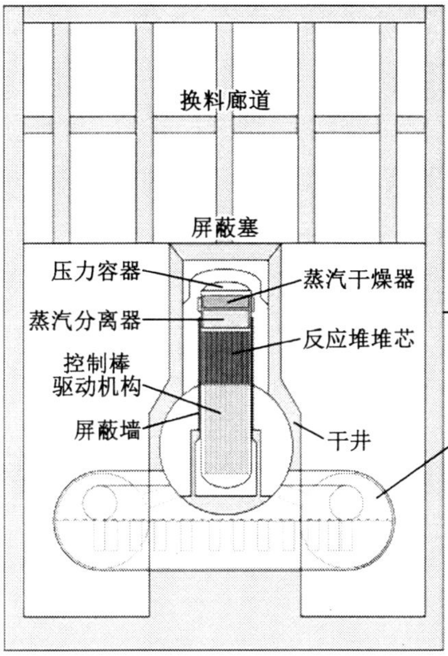

图 10.7 BWR 反应堆堆芯(BWR/1)侧视示意图

注:为了清楚呈现,省略了一些细节,包括乏燃料池和换料龙门架。

BWR 中的轻水通过垂直排列的核燃料棒的非均匀堆芯进行循环。直立的圆柱形堆芯维持着临界链式反应,导致燃料通道中循环的水沸腾并转化为两相蒸汽-水混合物,湿蒸汽由堆芯正上腔室中的各种系统处理。冷却剂的液相和气相不像压水堆那样在一回路和二回路之间分开,而是根据前面介绍的沸水概念,从主冷却剂产生的蒸汽直接用于发电。然而,BWR 中产生的湿蒸汽必须与任何夹带的水分离,然后将其干燥,再送入发电机级,这避免了汽轮机的损坏和腐蚀。蒸汽分离器通过将蒸汽-水混合物置于涡流中,以离心方式去除夹带的水,使水从垂直上升的气流中水平抛出,随后蒸汽干燥器迫使流体向许多不同方向流过一系列干燥器面板,并将更细小的颗粒状水分分离到一边。

BWR 最独特的两个设计特征是:(1)控制棒驱动机构位于反应堆堆芯下方,从下方而不是从顶部进入(因为蒸汽分离器和干燥器组件位于堆芯上方);(2)除了使用控制棒外,还可以通过冷却剂循环速率来控制反应堆。后一个特性有助于该反应堆设计的灵活性,以遵循施加在其上的电力需求(负载)。BWR 设计的另一个有益特性是大的负慢化剂空泡系数,而且工作压力通常是产生相同蒸汽流量的压水堆的一半。因此,BWR 被认为安装成本更低,部分原因是对核岛组件的压力性能要求降低。

BWR 设计的一个重要特征是喷射泵,其中通常有一个 16~24 个阵列(取决于给定设计的特定反应堆蒸汽发生器布置),位于堆芯围筒和容器壳体之间。喷射泵允许控制通过堆芯的冷却剂流量,而无需在容器内使用容易发生故障和复杂维护要求的运动部件。它们的工作原理利用了文丘里效应：当流体流过管道的收缩段时，流体压力会降低。在喷射泵中，水通过再循环泵通过喷射泵壳体中的窄喷嘴泵送。在通过喷嘴时，流速增加并产生吸力，该吸力作用于从容器下腔室进入喷射泵壳体的第二股冷却剂流，两种气流在喷嘴孔径之外混合，导致流向堆芯底部，在那里它被分配到各个燃料通道。流量及其控制是通过控制再循环泵速度来调节通过喷射泵喷嘴的流量来实现的，这些泵位于容器外部，在安全壳建筑内。

10.5.3 运行

BWR 的运行可以根据堆芯中沸腾传热的类型来解释。这涵盖了泡核沸腾、过渡沸腾和膜态沸腾，它们按照包壳温度随功率升高的非线性依赖程度递增来分类，泡核沸腾是 BWR 预计运行的模式，在相对适度的包壳温度下实现高效传热，过渡沸腾和膜态沸腾发生在更高的功率下，会导致包壳温度升高至可能削弱其强度并加剧其腐蚀的程度。因此，通过设计基准极端运行工况和与过渡沸腾状态相关的条件之间保持相当大的裕度，可以避免这些模式。

BWR 的运行得益于瞬时负燃料多普勒系数和较大的负慢化剂密度反应性系数。因此，功率增加、燃料温度的相关升高（以及在 ^{238}U 中通过中子吸收来抑制反应堆瞬态的自然响应）之间的延迟被最小化。慢化剂密度反应系数（由于温度导致的膨胀和空泡）的影响通常比 ^{135}Xe 中中子吸收的影响更显著，因此覆盖了中毒效应。与此相关，并在本节后面更详细地描述，通过流量控制改变负载利用了慢化剂密度反应系数的空泡成分。

在维护和换料方面，新反应堆通常在启动后 1~2 年首次换料。然后，每隔 18 个月更换一次，通常一次更换三分之一的燃料。新燃料装料往往具有较高的氧化钆含量，以抵消燃耗的影响，本节稍后将更详细地描述。图 10.8 提供了典型的 BWR 布局示意图。

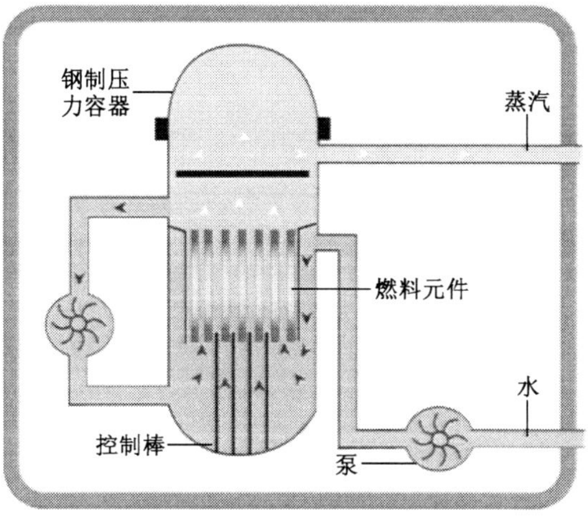

图 10.8 BWR 布局示意图

10.5.4 燃料设计

BWR 堆芯由燃料模块组成，每个燃料模块都是四个方形燃料束的方形排列。它们由中心的十字形控制刀片隔开。每束由 64 根棒组成一个方形阵列(BWR/6 为 8×8 根),由顶部和底部的支架(通常称为拉杆板)固定,该支架由 304 不锈钢制成。并非所有的燃料束都含有燃料:有水棒(通常是在燃料束的中心有一个没有燃料的 Zircaloy-2 管)确保慢化剂位于燃料束的中心,并且还有拉杆(BWR/6 中每束 8 个)在换料过程中提升和移动时支撑燃料束的质量,它们位于每个束的周边。

构成该束其余部分的每个燃料棒都是一堆在^{235}U 中低富集度的二氧化铀芯块,包含在直径为 11.2 mm,长度为 4 m 的 Zircaloy-2 管中。每根棒中留有大约 240 mm 的空间,以容纳在运行过程中产生的裂变气体,芯块由弹簧固定。燃料棒充满氦气,并用两端焊接的铬镍铁合金塞封闭。束状设计使单个杆可以在需要时被移除,并确保了杆在使用过程中膨胀的灵活性。构成燃料模块的四个束的组合被放置在构成燃料组件的燃料通道(由 Zircaloy-2 制成的方管)中[2]。

10.5.5 反应性控制

沸水堆的主要控制机构是控制棒的插入或拔出和通过喷射泵调节冷却剂流量。而高达 25%的额定功率控制可以通过流量调节而不需要控制棒的移动来实现,控制棒(叶片)是停堆的主要手段。在 BWR 中,控制棒通常由碳化硼(B_4C)和铪组成。它们由位于反应堆堆芯下方的驱动机构使用冷凝水作为工作流体进行液压驱动。从这个位置开始,控制棒系统不会干扰在反应堆容器上方运行的换料装置。底部插入设计提供了良好的轴向磁通整形能力,并提供高运行可靠性,因为不需要特殊的工质,使用水可确保污染非常少,并且不需要特殊的密封。

控制棒通过带有锁闩和弹簧的锁紧活塞驱动器插入。它们用于控制堆芯内的功率分布(特别是为了满足堆芯顶部蒸汽空泡的形成)及整个堆芯的功率分布整形,以实现功率的大幅变化(例如每周负载变化超过 25%的额定功率),以及在紧急情况下使堆芯停堆。每个叶片都由一个十字形不锈钢套管组成,该套管包含直径为 4.8 mm 的圆柱形管,其中密封有碳化硼粉末,杆的每个叶片通常宽 250 mm,有效长度约为 3.7 m,总长度为 4.4 m。

通过冷却剂流量进行控制利用了慢化剂/冷却剂中的负空泡系数。举例来说,如果需要增加功率,则增加循环流量。这暂时减少了慢化剂中空泡的比例,慢化增加、裂变率和功率也是如此。蒸汽的产生因此而增加,并且在更高的功率水平上重新建立空泡分布。反之,若要降低功率:减少冷却剂流量会使其在堆芯内滞留时间延长,导致蒸汽生成量与空泡增加,慢化作用减弱,功率随之下降;系统最终会在较低功率水平上重新建立空泡份额平衡。需要指出的是,空泡效应需要大于燃料多普勒效应才能利用这种现象。

一种固体可燃毒物,以氧化钆(Gd_2O_3)的形式与一些燃料颗粒中的 UO_2 混合,也用于抵消燃耗的长期效应和^{235}U 富集度的消耗。

10.5.6 保护系统

BWR 设计中有各种工程保护系统。大多数系统旨在应对因管线破裂或流量丧失导致系统冷却剂丧失事件中的热物理效应。例如,为防止由此类事件导致的堆芯压力显著增加而导致控制棒从中弹出，反应堆的底部由控制棒防喷限制装置保护。针对 BWR 的另一个工程保障措施是，喷射泵布置允许将堆芯淹没到其高度的三分之二，因为没有通向排水管的中间再循环管路。每条蒸汽管路中还有一个流量限制喷嘴，用于在主蒸汽管线断裂时阻止蒸汽流，否则可能导致堆芯被暴露。为了应对无法插入控制棒的情况，备用液体控制系统可以将五硼酸钠溶液注入堆芯，使反应堆从热状态降至冷停堆状态。在反应堆停堆后（例如，因该流路破裂导致）与主冷凝器隔离的情况下，提供足够的水来冷却堆芯。

从堆芯内工程保障措施的角度来看，应急堆芯冷却系统（ECCS）由低压注射系统、高压和低压喷淋系统组成。ECCS 设计用于防止在发生冷却剂丧失事件时包壳破裂。高压喷淋系统以高速率将水引入反应堆压力容器，以使其减压并冷却燃料组件。当堆芯压力降低但仍需要维持水位时，低压系统开始运行。ECCS 系统由柴油备用发电机驱动，防现场断电。该系统的设计使得从容器流出的水聚集在干井地下室，并流向抑压池，形成一个闭环，以无限期地为喷淋系统供水。

10.6 重水反应堆

10.6.1 介绍

重水（D_2O）的物理性质与轻水非常相似，但二者热中子核反应堆中的应用却截然不同：

（1）氘的中子吸收截面比氕小得多；

（2）D_2O 的来源要昂贵得多。

因此，HWR 不是轻水堆的同类设计类似物，而是非常不同的，主要是因为这两个特征。表 10.4 概述了世界上可运行的重水反应堆。

表 10.4 世界上可运行的重水反应堆

国家	压水堆数量	备注
阿根廷	3	由西门子-KWU 设计的压力容器型重水反应堆，使用压力冷却剂和减速剂，立式燃料组件
加拿大	19	各种类型
中国	2	2 台坎杜 6 型（秦山三期）
印度	18	各种类型
巴基斯坦	1	坎杜型
罗马尼亚	2	坎杜 6 型（切尔纳沃达）
韩国	4	坎杜 6 型（月城）

重水的中子吸收截面较小，导致重水反应堆与更多种类的燃料类型和富集度兼容；在这方面，它们提供了比其他更灵活的燃料设计。反之，必须严防重水冷却剂在任何环节发生不必要的流失，首要原因在于其高昂的成本。进一步的区别是，氘组分在重水中的中子活化会导致氚的产生，这比其他主流反应堆设计更为显著。一般来说，使用重水（作为慢化剂和主冷却剂）的突出优点是，与其他设计相比，反应堆的中子经济性很高，因为通过吸收损失的中子较少。例如，这使得自然富集燃料能够以^{235}U的高度利用率使用，并且如果需要，还考虑了未来（如果需要）使用其他反应堆产生的乏燃料的潜力。重水的自然丰度仅为每4 400万个水分子中有一个重水分子，因此必须对其进行提取和浓缩。为此，存在各种技术，包括电解、蒸馏和硫化氢气液交换过程。世界上大部分的重水都是在加拿大生产的。高效的分离过程应该能够处理大量的原料，在能耗方面效率高，并返回尽可能高的分离系数。重水可以在核动力反应堆的现场生产，但通常从更大规模的场外生产设施接收重水，这些设施提供更高的生产效率和更低的供应成本。

10.6.2 设计概述

重水反应堆的发展特点是使用重水的几种设计变体，但基于压力管的CANDU设计是最成功的。CANDU的开发源于加拿大早期在相关研究堆设计方面的经验。它允许使用加拿大本土的铀储量，而不需要在外国使用军事浓缩设施。在加拿大以外的印度、巴基斯坦、阿根廷、韩国、罗马尼亚和中国，已经建造了相关的重水反应堆设计。

尽管重水的流动和输运热量的程度与轻水非常相似，但这实际上是利用这些物质的裂变反应堆设计之间的相似之处。CANDU反应堆的设计中，铀的临界反应在侧卧的圆柱形容器中产生热量。燃料组件水平放置在管子中，重水冷却剂在压力的驱动下在管道中流动。数百个这样的压力管（参见CANDU设计中的380个）穿过一个圆柱形奥氏体不锈钢重水罐，并被普遍称为管排式容器。主冷却剂回路包括两个独立的回路，在两个方向上通过蒸汽发生器（即，进出蒸汽发生器的每个供应和返回路径构成一个回路），通常每个回路有两个泵，每个回路中都有一个稳压器。稳压器通过加热器和蒸汽安全阀系统的组合来保持主冷却剂回路压力。

两种重水组分之间的一个重要区别是，在运行过程中，压力管中的冷却剂是热的并加压的（后者以确保其保持在液相中），而在管排式容器中，慢化剂保持在相对较低的温度（约70 ℃）和低压。每个锆4合金管排式容器都包含一个锆-铌压力管，通常长度为6 m，燃料束放置在其中。每个管子包含12~13个长度为0.5 m的燃料束（取决于具体的设计）。

与轻水冷却/慢化反应堆设计相比，管排式容器可能是CANDU反应堆最突出设计。重水慢化剂在排管容器的两端面上有两个水基屏蔽水箱，它接收反应堆额定功率的约4.5%作为热量。这主要来自γ辐射，一些来自快中子，还有一些热量直接来自管子本身。将钆或硼添加到慢化剂中，以实现长期反应性控制。排式堆容器有自己的独立冷却剂回路，包括两个泵和两个热交换器（用轻水冷却）。排管容器顶部充满氦气作为覆盖气体，以使其惰性化并有助于回收辐解产生的气态产物（氘和氢）。二回路和一回路冷却剂基于轻水。图10.9(a)和(b)中分别给出了CANDU反应堆设计的正面和侧面示意图。

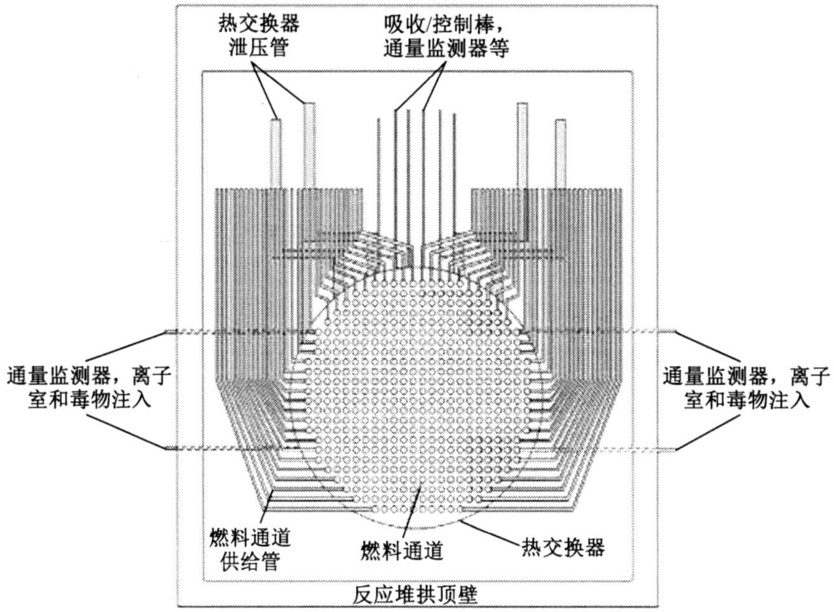

(a) CANDU 反应堆堆芯前正面示意图

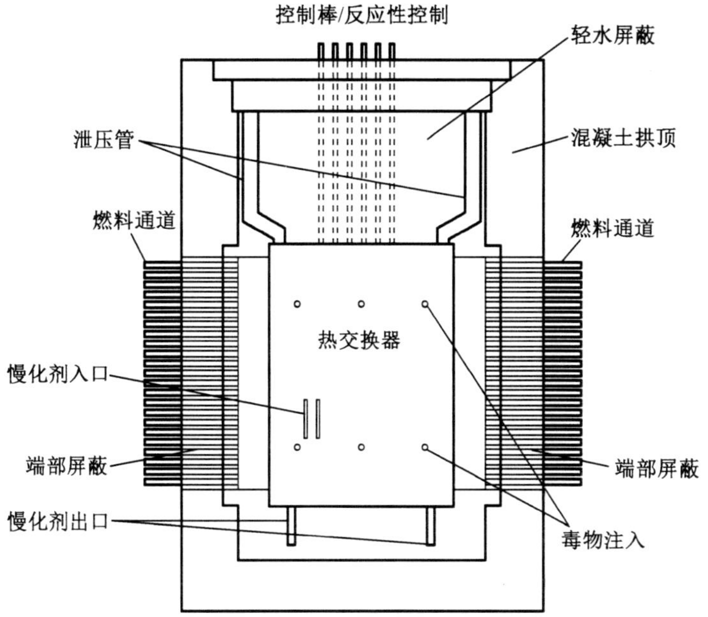

(b) CANDU 反应堆堆芯侧视示意图

图 10.9　CANDU 反应堆设计的正面和侧面示意图

注：为了清楚地呈现，省略了一些细节，特别是控制棒驱动器、电离室和通量监测器的细节，并且该数字不是按比例计算的。

10.6.3 运行

CANDU 反应堆的数百个燃料通道中的可控裂变产生热量。加压的重水于压力管的分流中在封闭的一回路中循环，然后被送入蒸汽发生器以产生轻水蒸气，再通过涡轮发电机发电。

CANDU 反应堆设计的一个重要运行特征是它可以不停堆换料（可以部分换料，如有必要，也可以换料到 100%）。这需要相对简单地将几个燃料束从压力管的一端穿出来，并在另一端用新的燃料束替换它们。换料机在堆芯两端运动，每根管每次可以更换 12 个燃料束中的 4 到 8 个。这使得燃料装载的调整比大多数其他反应堆设计更常规化，从而减少堆芯在使用寿命期间的反应性变化。也不需要调整反应性来补偿由于燃料变化引起的反应性显著变化，因此无需向一回路冷却剂中添加硼。如前所述，慢化剂中加入可溶物质（如用于微调的硼和用于停堆的硝酸钆）以抑制系统慢化剂部分的反应性。

氚通常在 CANDU 系统中 40 年内达到平衡。有必要在运行方面管理其环境剂量危害。如第 5 章所述，氚构成的放射性危害相对较小。一般而言，管理理念是：尽量减少重水损失，隔离水流失风险高的区域，回收或排放逸出的水，通过控制和个人防护设备（PPE）保护工人，评估他们的受照（通过生物测定）并采用除氚工艺。图 10.10 给出了典型 CANDU 工厂的示意图。

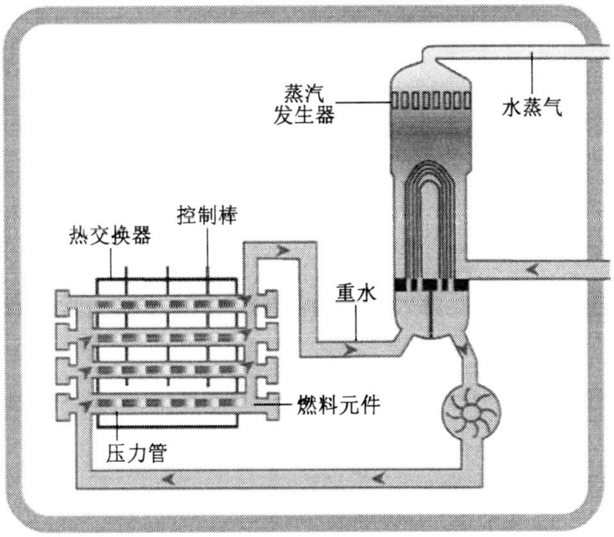

图 10.10 典型 CANDU 工厂示意图

10.6.4 燃料设计

CANDU 的燃料设计包括天然富集^{235}U的烧结二氧化铀芯块，放置在锆-4 合金包壳管中，构成燃料元件，37 个燃料元件排列在同心环中，形成一个圆柱体，两端焊接端板，构成燃料组件或燃料束。支撑垫焊接在燃料元件的外圈上，以防止燃料包壳与压力管的内表面接触。一个燃料束构成模块,被插入给定的压力管中,并在换料时取出。

10.6.5 控制和保护系统

CANDU 设计了各种特定的被动和主动保护功能。例如,CANDU 设计的特点是相对较长的中子寿命(约 1 ms)(由于氘在重水中的中子吸收截面低)和低^{235}U 富集,这表现在由反应性中的正瞬态引起的功率增加缓慢实现。反应堆周期相对较长,并且与反应堆系统停堆棒的响应时间兼容。另外,控制棒被设计为插入慢化剂,而不是在系统的加压冷却剂侧或直接在单个燃料束中淬灭中子数。这导致在反应性非常显著的正增加的情况下,燃料棒被弹出的风险相对较低。

大量慢化剂和冷却剂与自然富集燃料结合导致了相对较高的慢化剂与燃料比,且可能产生正空泡系数,然而在紧急情况下注入毒物(不是冷却剂)和停堆棒可抵消。

由于氘的中子吸收率低,具有高中子经济性,因此可以使用低浓铀燃料,这降低了严重事故后发生意外临界事件的概率。使用低浓铀燃料还简化了使用前的燃料储存和处理,因为在没有重水的情况下,临界的风险很低。

CANDU 的压力管是可更换的,通常可以通过发生前兆和轻微泄漏的证据来预测管路的故障。这有助于停堆和维修程序的规划,而不必对重大、意外的损坏做出反应。管子故障通常也局限于单个压力管,因为横梁布置提供了广泛的多重相互独立性。

慢化剂起应急散热作用,在冷却剂损失或应急堆芯冷却失效的情况下起作用。因此,严重事故场景的影响受到慢化剂及其屏蔽水箱组件的设计限制,这些组件在必要时提供足够的容量来管理应急衰变热。如果这种能力被削弱,并且由于冷却剂损失而产生的多余热量导致慢化剂中产生蒸汽,将导致反应堆由于失去慢化剂而停堆,从而失去维持临界反应所必需的热中子。

在电站停电的情况下,工厂的所有电力都丢失,反应堆冷却剂泵的运行旨在在短期内保持冷却剂循环,然后自然循环提供必要的冷却能力。

CANDU 反应堆设计中的 ECCS 在重水冷却剂损失的情况下用轻水重新填充压力管。轻水置换中子吸收的增加导致临界反应停止,因此无需在冷却剂中添加硼来维持反应堆处于停堆状态。CANDU 反应堆有一个大型的安全壳,以确保在发生事故时残余压力低,导致压力下的蒸汽被排放到安全壳。此外,反应堆系统采用两个独立的停堆系统,包括停堆棒和中子毒物注入。此外,还有两列独立的柴油发电机组,作为备用电力应急电源,以防电网断电。

10.7 石墨慢化气冷反应堆

10.7.1 介绍

主流的气冷反应堆(GCRs)几乎总是基于石墨作为慢化剂和二氧化碳作为冷却剂的组合。虽然世界各地已经建造了几个 GCRs,但英国的独特之处在于其大部分核电反应堆都采用了这种设计,并且是当今唯一拥有在运行的 GCRs 的国家。在撰写本文时,有 14 座第二代设计(第二代)反应堆[被称为先进气冷反应堆(AGR)]在运行,它们是热力学效率最高的反应堆设计之一(表 10.5)。

表 10.5 英国在运行先进气冷反应堆情况

国家	数量	备注
英国	14	三种设计类 660 MWe 反应堆成对建造

第一代基于石墨和二氧化碳组合的反应堆在商业基础上发电,被称为 Magnox,因为镁铝合金被用作抵抗氧化的燃料包壳:“镁不氧化”。这些第一代反应堆通常比上述随后的 AGR 小,但 Magnox 计划确实最终产生了更大容量的变体。其中包括位于威尔士安格尔西岛的 Wylfa 工厂,该工厂于 1971 年投入使用,并于 2015 年停止生产。

10.7.2 石墨和二氧化碳的使用背景

第 2 章描述了早期反应堆设计,这些设计源于曼哈顿计划,旨在生产用于建造核武器的核材料。在英国,这些设计的杰出代表是温德斯科尔反应堆,石墨慢化系统,其中核燃料水平排列在燃料盒里,并通过大型风扇将空气吹过堆芯进行冷却。正如第 6 章所讨论的那样,石墨被选择作为包含燃料的物理基质;具有良好的慢化性能,也能在相对较短的燃耗期后方便地取出燃料。石墨的非常小的中子吸收截面也与使用自然富集燃料兼容,这在当时是可取的。然而,石墨会受到辐射损伤,这会降低其密度(从而降低慢化效果),并且还会受到污染,这在去污和处置方面提出了重大挑战。Windscale 反应堆不发电,因为它们使用的重点是生产钚。1957 年温茨凯尔反应堆 1 号堆的火灾(第 14 章讨论过),以及随后对反应堆系统发电的渴望,导致反应堆设计者转向替代冷却剂。他们选择了二氧化碳,因为其在高温和高压下具有良好的热物理性能,英国动力反应堆系统与二氧化碳冷却剂循环之间的长期合作关系由此开始。GCR 系统不受依赖加压水基冷却剂的反应堆所面临的临界点上限对最高运行温度的限制,因此 GCR 系统是未来高效高温反应堆系统的突出候选者。典型的 GCR 的示意图在图 10.11 中提供。

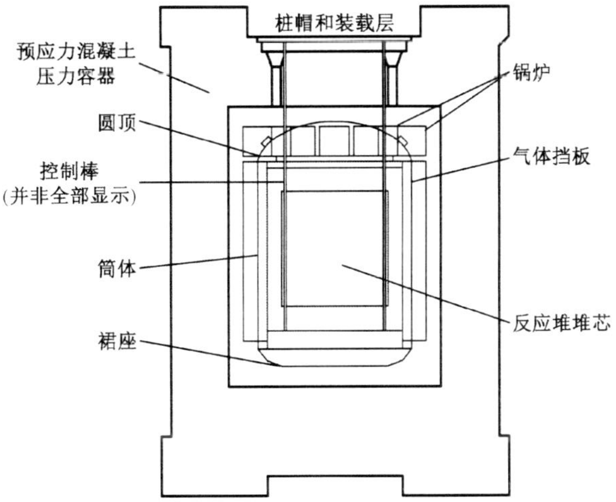

图 10.11 典型 GCR 的示意图

注:为了清楚呈现,省略了 GCR 堆芯的侧面视角、燃料通道和冷却剂路线。

10.7.3 设计概述

AGR设计包括一个圆柱形预应力混凝土压力容器,其中包含反应堆堆芯(燃料和慢化剂)、12个蒸汽发生器和气体循环器(泵)。容器环腔被细分为四个象限,每个象限包含三个蒸汽发生器单元和一个气体循环器,反应堆堆芯位于一个被称为气体挡板的钢制穹顶容器中。这是一个直径约13.7 m的钢制容器,用于容纳反应堆堆芯。其主要作用是引导冷却剂流过堆芯,它由穹顶(上部)、筒体(中部)和裙边(下部)组成。气体挡板的典型外径和高度约为30 m,壁厚约为5 m,内衬不锈钢。反应堆堆芯由一个16面互连的石墨砖堆叠组成,这些石墨砖位于一个钢制约束罐内,该约束罐由被称为堆芯支承板的钢制撑板系统支撑。堆芯包括一个圆柱形燃料通道的中心区域,其间布置着用于控制和保护系统的间隙通道。在这个中心区域周围,有大量的辐射屏蔽层,由石墨(堆芯上方)和钢(外围和底部)组成。这使得在反应堆停堆时可以安全地进入蒸汽发生器进行维护。堆芯通常直径为11 m,高度为9.8 m,质量为1 300 t。

虽然GCR(例如AGR设计)相对于LWR替代方案能够在更高的温度下运行,但石墨慢化剂的热氧化必须通过对其进行冷却来抑制,此外还需要冷却垂直穿过堆芯的燃料通道。这也最大限度地减少了堆芯中不希望出现的温度梯度。这是通过循环流实现的,二氧化碳冷却剂通过带有上述气体挡板的慢化剂;当冷却剂到达挡板的顶部时,它被重新引导通过慢化剂返回。挡板还将热气与冷气分离,以供给蒸汽发生器,并设有燃料组件和控制棒导向管的穿膛孔。

英国的14艘AGR船队由七个站点组成:Dungeness、Hartlepool、Heysham Ⅰ、Heysham Ⅱ、Hinkley B、Hunterston B和Torness。由于对第一代(Dungeness B、Hinkley Point B和Hunterston B)的修改,AGR设计生成被细分为三个按时间顺序划分的阶段,这导致了修改的第一代(Hartlepool和Heysham Ⅰ),并随后形成了第二代(Heysham Ⅱ和Torness)。尽管工程设计具有固有的优势,例如高冷却剂温度和不停堆换料,但第一代AGR的建造时间比计划的要长得多。此外,还遇到了燃料束组件的问题,降低了带负荷换料的灵活性,未能完全达到设计预期。由于放射性氧化导致的石墨质量损失是限制这些反应堆系统运行寿命的一个突出因素。R. Davies对英国GCR经验的简要总结[4]。

10.7.4 运行

在运行过程中,二氧化碳气体由位于堆芯底部的气体循环器以大约40个大气压进行泵送,大约一半的气体流经燃料通道,另一半从堆芯外部向上流动,后者由挡板在顶部通过慢化剂返回,从而构成前面提到的再循环流动。热冷却剂流入气体挡板上方空间,向下流过蒸汽发生器,然后重新进入循环器,重复循环。蒸汽发生器为直流式设计,蒸汽发生器管内的水因外部热气体冷却剂的传热作用而沸腾,反应堆压力容器每个象限有一个给水入口和一个过热蒸汽出口,连接高压汽轮机,然后通过低压级,以确保高效率地提取能量,以产生电力,通常通过660 MW的发电机组。

衰变热蒸汽发生器位于主蒸汽发生器下方,作为系统对反应堆停堆响应的一部分,会自动启动,AGR 表现出与负燃料温度反应性系数相关的安全动态行为,这确保了功率反应性系数始终为负。

在发生故障或紧急情况时,有两种给水系统:衰变热蒸汽发生器给水系统和应急蒸汽发生器给水系统。前者用于正常停堆和堆芯仍保持加压状态的反应堆停堆,衰变热给水由一个水箱提供,该水箱的水来自冷凝蒸汽并返回作为给水输入。该系统设计为具有冗余性,以便 4 个泵中有 2 个可以为蒸汽发生器系统提供足够的给水流量。衰变热蒸汽发生器冷却器由空气供给冷却塔提供服务,采用 4 用 2 备的冗余原则,主蒸汽发生器和衰变热蒸汽发生器在蒸汽发生器故障时提供多样性保障。单象限设计用于在停堆时为反应堆提供服务。自然循环,即在不需要泵送的情况下供应到衰变热蒸汽发生器的冷却剂,如果保持给水流量并且堆芯保持加压,则可以通过两个象限进行自然循环。应急蒸汽发生器给水系统在停堆时从电站备用储备水箱中取水,只要在堆芯加压时至少有两个蒸汽发生器通过自然循环供水,该情况也能得到缓解。

10.7.5 燃料设计

为了区分 AGR 中使用的单个燃料管束和燃料组,前者称为燃料元件,后者称为燃料组件。每根燃料棒包含一堆二氧化铀芯块,这些二氧化铀芯块的富集度相对较低(^{235}U 质量百分比在 2%~3%),封装在不锈钢包壳中。每个包壳管长约 900 mm,填充氦气使棒内环境惰性化后焊接密封。每个 AGR 燃料元件包括 36 个设置在石墨套筒中的燃料棒,由两端的支撑架固定到位,燃料棒束组件包括 8 个元件,这些元件彼此叠放,插入石墨组件的燃料通道中。

10.7.6 反应性控制

控制棒系统占据了燃料通道之间的间隙位置的一部分,元件之间的其他位置专用于其他保护措施,如下所述。控制棒包括一个铬护套,其中包含 4.4%硼不锈钢嵌件,带有石墨垫片和端部,后者构成上部中子反射层的一部分。灰棒和黑棒的组合对应于它们与中子的相对不透明度;灰色棒的硼含量较少,因为下部没有硼,因此吸收性低于黑色。灰棒是反应堆日常控制中的重要因素,而吸收性更强的黑棒是主要的停堆装置(PSD)。控制棒由电机驱动系统提升和下插,该系统带有电磁离合器,其设计使其能够在紧急情况下在重力作用下掉落。

10.7.7 保护系统

AGR 设计中有三种保护系统,在纵深防御方面构成了三层保护。如上所述,PSD 是在紧急情况下可以通过断开离合器的电源在重力作用下插入的控制杆。还有一种系统,通过该系统可以将氮气从现场储备快速注入燃料组件之间的间隙。氮气比二氧化碳更容易吸收中子,该系统设计用于在反应堆保持加压的情况下,或在紧急情况下停堆,以代替控制棒。如果反应堆压力无法维持(阻止使用氮气注入)以及控制棒问题阻止 PSD 插入,则第三层防御是气动系统,通过该系统可以将直径为 3 mm 的硼玻璃珠从附近的料斗引入到反应堆中足够数量的间隙通道中。该设计旨在使其无需维持压力即可实现无限期停堆。

10.8 轻水冷却石墨慢化反应堆

10.8.1 介绍

轻水冷却石墨慢化反应堆(LWGR)的唯一代表是苏联的 RBMK(高功率 BWR)[5]设计(表 10.6)。RBMK 系列包括两代:RBMK-1000 和 RBMK-1500,二者仅在容量方面有显著差异。该系列于 20 世纪七八十年代投入使用,反应堆成对建造,RBMK-1000 的包括在库尔斯克、斯摩棱斯克和列宁格勒(今称“圣彼得堡”)的综合设施中运行的反应堆,而立陶宛伊格纳利纳的反应堆是 RBMK-1500(后者现已关闭)。RBMK 的设计也许将永远是 1986 年切尔诺贝利事故的代名词。在此之后,设计进行了重大更改,在下文和第 14 章中会进行更详细地讨论。图 10.12 提供了 RBMK 的示意图。

表 10.6 苏联的 RBMK

国家	数量	备注
俄罗斯	15	11 台 RBMK-1000 型和 4 台较小的 EGP-6 型变体,功率为 12 MWe

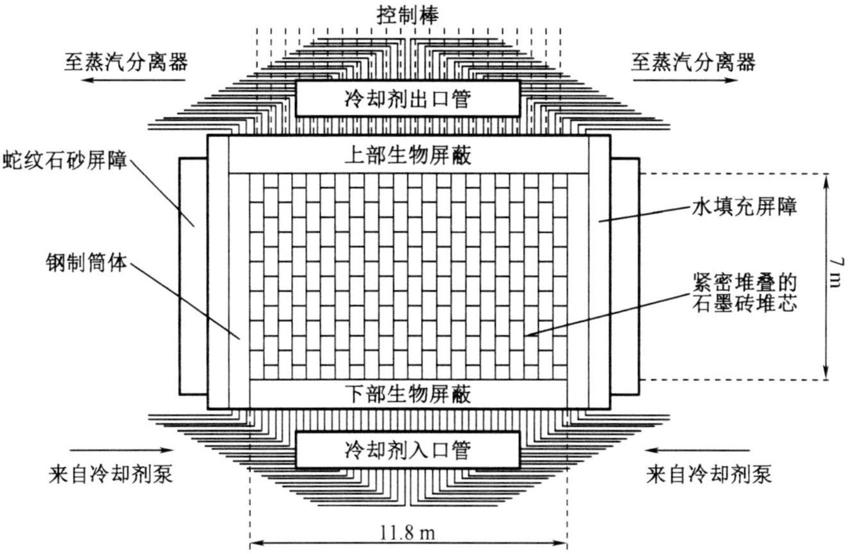

图 10.12 RBMK 反应堆堆芯侧立面示意图

10.8.2 设计概述

RBMK 使用沸腾的轻水作为冷却剂,结合石墨慢化剂和在低富集度^{235}U 的铀燃料。例如,与具有垂直圆柱体堆芯几何形状的轻水堆相比,这些反应堆很大,通常直径为 11.8 m,高度为 7 m。岩心由大量紧密堆积的石墨块堆叠而成,石墨块的典型总质量为 1 700 t。它被放置在一个钢底板上,该底板由直径为 14.5 m、高度为 2 m 的钢制圆柱体支撑。石墨包含在一个直径为 14.5 m 的钢制圆柱体中。里面有氮气和氦气的混合物,以改善传热并促进对堆芯环境的采样。大量(约 1 660 个)燃料通道以及约 200 个独立的吸收棒通道垂直贯穿整个石墨结构布置。此外,还有许多特殊通道可以容纳仪器仪表。

每个燃料通道都包含一个压力管,其中放置了两个燃料组件。轻水冷却剂从堆芯底部流经每个通道到顶部。每个压力管都包括一个锆铌合金的中心区域,以及上部和下部钢区域。选择压力管设计是为了实现不停堆换料,以兼顾从反应堆中生产钚和发电的能力,将单个燃料通道与冷却剂流动隔离,并在需要时提取燃料。

RBMK 冷却剂系统由两个并联的冷却剂回路组成,每个冷却剂回路对应堆芯的一半。每个单独的回路都有两个蒸汽发生器和四个冷却剂泵;三台泵用于正常运行,一台泵处于待命状态,以备不时之需。每个燃料通道都有自己的冷却剂供应和独立的流速,这导致在运行过程中需要相对复杂的控制装置。在压力管中沸腾产生的蒸汽在供应到蒸汽轮机之前,会从汽鼓分离器中的饱和水分离出来,之后,蒸汽被冷凝。RMBK 反应堆的特点是没有安全壳,而是安装在一个内衬钢筋混凝土的腔室内。

10.8.3 燃料设计

RBMK 反应堆中的燃料由包裹在锆包壳中的二氧化铀芯块组成,每根燃料棒长 3.65 m,直径 13.6 mm,构成一个燃料元件。一个燃料棒束包含 18 个燃料元件,这些元件固定在两个同心环的圆柱形排列中。两个棒束在每根压力管内首尾相接,以构成燃料组件,组件的总长度刚好超过 7 m。每个单独的捧束含有约 147.5 kg 铀。

10.8.4 反应性控制和保护

RBMK 反应堆中的反应性控制很大程度上与控制棒基础设施有关。它分为四组,包括:一组用于轴向控制的缩短吸收棒(24 个,长度约 3 m),用于径向控制的全长(约 5 m)吸收棒(24 个),用于反应堆功率自动控制的吸收棒(139 个)和紧急停堆棒(24 个)。总共有 211 个,全部由碳化硼制成。RBMK 控制棒的特点是,在其设计中构成石墨置换体(或“随动件”)。这些置换体设计用于在吸收棒抽出时留在堆芯内,其作用是将原本由吸收棒占据的空间内的轻水冷却剂置换出去。如果没有这些置换体,留下的空间会被水填充,水中氢元素对中子的有害吸收就会发生,从而损害中子经济性。

有许多特定于 RBMK 设计的控制问题。首先,反应堆在首次装料时具有较大剩余反应性,相对于其他主流反应堆设计而言,剩余反应性更大。这要求在堆芯中有更多的吸收体作为平衡。因此,在发生足够的 ^{235}U 反应以抵消剩余量之前,通过在燃料通道位置加入额外数量的吸收剂来抵消新燃料装料的反应性。随着燃耗的发展,堆芯的燃料成分可以增加,从开始时的 165 t 增加到稳态运行时的约 192 t,在新燃料堆芯装料时,通过额外的吸收棒弥补差额。当控制棒被抽出时,堆芯中的某些区域可能没有吸收体(尤其是外围区域),并且可能导致局部临界。

燃料相对较低的富集度,加上石墨和轻水冷却剂的慢化特性,导致高慢化剂与燃料的比率,可以产生正反应性空泡系数。当控制棒被移除并被石墨随动件取代时,慢化剂与燃料的比率进一步增加,可能会加剧空泡系数,燃料燃耗加深也会产生类似效果。对反应堆控制行为的影响减少了反应堆周期,使反应性控制进一步复杂化,为了抵消这些影响,需要永久性地在部分燃料通道位置放置吸收棒代替燃料,反过来又需要增加燃料的浓缩度(质量分数通常为 1.8%~2.4%)。

RBMK 反应堆的反应性控制存在另一个独特设计特征:当控制棒完全提升时,由于控制棒长度短于其移动通道,在吸收棒末端的石墨置换体下方会滞留一段冷却剂水柱。控制棒从该位置开始插入时,具有较高中子吸收特性的水柱将被低中子吸收特性的石墨置换体取代。这种设计虽然旨在通过插入吸收体来降低反应性,但实际上却造成了反应性的反常增加。该现象在核工程领域被专门定义为“端部效应”。

10.8.5 切尔诺贝利事故之后的设计改进

在 1986 年切尔诺贝利核电站 4 号机组发生事故后,人们进行了各种修改,以提高 RBMK 反应堆设计的安全性。例如,为了减小正空泡系数的程度,在反应堆堆芯中添加了额外的吸收剂,并将燃料富集度的质量分数从平均 2%增加到 2.4%,以降低慢化剂与燃料的比率。通过修改手动控制棒设计,扩大底端吸收器的比例,提高了紧急保护系统在控制杆插入最初几秒钟的有效性,这一改动提高了控制棒插入最初几秒内吸收中子的比例,替代了原有的水柱和石墨置换体组合,控制棒驱动机构也进行了改进,使整个插入时间从 19 s 减少到 12 s,将 24 个紧急控制棒的插入时间减少到 2.5 s。改进了控制和监测系统,以便在低功率(低于 700 MWth)或反应性裕度过低时触发手动停堆。还对 ECCS 进行了进一步的修改,包括增加给水泵的数量和应急堆芯冷却管线的数量。

复 习 指 南

完成本章后,你应该:

- 能够说出当今世界运行中的五大主流核动力反应堆系统。
- 描述这五种反应堆实例的设计,特别是其堆芯结构、慢化剂选择、冷却剂选择、控制方式和燃料材料。
- 了解每种设计的材料选择和布局的背景。
- 在适用的情况下,了解用于确保每个反应堆设计的应急管理的保护系统和规程。
- 掌握相关知识,能够回顾全球范围内每种反应堆系统在用的大致数量和分布情况。

习 题

1. 对于本章总结的五种核反应堆设计中的每一种,定性地描述由于降低一回路冷却剂流速而对反应性产生的影响。

2. 解释为什么在相同额定功率下,轻水堆的尺寸通常比石墨慢化反应堆小。

3. 解释为什么加压重水堆(就此问题而言,假设 CANDU)有可能利用轻水堆的乏燃料发电,但反之则不可能。

4. 解释美国、加拿大、英国和俄罗斯的国家背景及其对当今运行中发电反应堆设计选择的影响。

5. 本节中描述的用于大规模发电的所有反应堆系统都是非均匀设计,也就是说,它们利用了分散在慢化和冷却所必需的物质组合中的独立燃料元件的分布。解释为什么在大多数情况下,这比均匀布置更可取,特别是对于电力生产。

参 考 文 献

[1] A. W. Kramer, Boiling Water Reactors, Addison-Wesley, Reading, MA, US, 1958.

[2] W. B. Weihermiller, G. S. Allison, LWR Nuclear Fuel Bundle Data for Use in Fuel Bundle Handling, Topical Report, PNL-2575, 1979.

[3] Heavy Water Reactors: Status and Projected Development, Technical Reports Series 407, International Atomic Energy Agency, Vienna, 2012.

[4] R. Davies, The sizewell B nuclear enquiry: an analysis of public participation in decison making about nuclear power, Sci. Technol. Hum. Values 9 (3) (1984) 21-32.

[5] M. V. Malko, The chernobyl reactor: design features and reasons for accident, in: T. Imanaka (Ed.), Recent Research Activities About the Chernobyl NPP Accident in Belarus, Ukraine and Russia, Research Reactor Institute, Kyoto University, Japan, 2002, p. 11.

第 11 章　先进反应堆和未来概念堆

11.1　章节概要和学习目标

在本章中,从先进反应堆系统设计和核燃料增殖等相关概念的角度总结了核能生产的未来前景。自裂变本身首次用于商业发电以来,核能领域中的某些领域便被认为是未来可能有发展的,这些领域包括快中子增殖反应堆、聚变堆和钍基反应堆。目前受关注的其他新领域主要包括第三代+反应堆、小型模块化反应堆和第四代反应堆。核能在未来使世界受益的潜在方案多种多样,本章对最突出的例子进行了概述。

本章的目标是:

(1)介绍与目前正在开发、建设或调试的裂变反应堆系统相关的当代核能系统发展现状;

(2)总结小型模块化反应堆概念的四个突出代表;

(3)介绍核燃料增殖的科学依据,并考虑如何将燃料转化为与未来反应堆使用相适应的裂变材料;

(4)审查正在考虑用于长期核能发电的六种第四代反应堆设计;

(5)讨论基于钍的燃料循环的潜力,其优点和缺点;

(6)介绍核聚变的科学基础以及未来这种核能来源的选择。

11.2　历史背景:霍米·杰汉吉尔·巴巴(1909—1966)

霍米·杰汉吉尔·巴巴(图 11.1)在获得机械科学第一学位后,继续学习理论物理学,专攻核物理学,他的核物理学研究始于他的博士学位,该博士学位与宇宙射线及其吸收特性,以及相关的电子簇射研究有关,他是第一个计算电子-正电子散射横截面的人,这种散射后来以他的名义被称为 Bhabha 散射。他的大部分研究都是在剑桥的卡文迪许实验室完成的,然后他于 1939 年 9 月返回印度。

除了他的科学成就外,巴巴还被认为是印度核电之父,因为他在几个专门研究所的发展中发挥了突出作用,他研究的重点是国家长期核战略。回到印度后,他在印度科学研究所(Indian Institute of Science)任职,在那里他说服印度政府接受一项雄心勃勃的核计划,他成为印度原子能委员会的第一任主席,也是印度核武器发展的坚定倡导者。巴巴的愿景是,如果没有这个项目,印度将依赖来自海外的核专业知识,他的策略是将来自印度各地的现有研究人员的能力和技能集中在一个地方,以便培养这些人才,以支持他预期在印度的核能未来,特别是,他在孟买建立了现在被称为巴巴原子研究中心(Bhabha Atomic Research Centre)的机构,并提出了印度的三阶段核电计划,从印度大量的钍储量中提取能源。

图 11.1 霍米·杰汉吉尔·巴巴

11.3 导 论

物质核成分变化所产生的能量具有普适性;而如何将其持续开发利用为热源并继而发电,则取决于所采用的工程方法。到目前为止,本书已讨论了现有的和历史上出现过的反应堆设计。然而,这些反应堆仅代表第二代或在某些情况下第三代核电系统。自从它们投入使用以来,人们已经对它们的设计和优化有了大量的了解,从而产生了新的想法,通过这些想法,未来的设计可能会更安全、更高效,并产生更少的浪费。从核事故中吸取的教训使人们对核电系统设计、安全和监督做法进行了修订,确定了早期设计中导致成本超支和进度延误的明显缺陷,并影响了未来核电站的设计,使这些核电站更容易建造。

展望未来,一系列事项正在影响核电的产生和使用方式,不仅改变了核电站的建设方式,而且使核电站的部署和使用受到更大的关注。更重要的是,当今的反应堆系统需要实现更高效率、更长的运行周期,并与多种其他低碳能源方案形成互补——这对于我们应对气候变化至关重要。这一需求正深刻影响着当前的研究活动,尤其是在燃料设计和热工水力循环领域,旨在实现更高温度条件和更长持续时间下的运行。此外,虽然一些最有前途的核发电概念几乎自核能本身被发现[1]以来就已经为人所知,但将这些想法推向商业开发水平会带来一些非常重大的工程挑战。这些问题需要时间来解决,但会带来巨大的潜在利益。展望未来,新裂变燃料的增殖有可能大大提升^{238}U 和^{232}Th 的燃料利用率,而聚变则提供了利用氚和氘核能的途径。本章旨在讨论这些事态的发展。

11.4 当前发展:第三代+反应堆设计

近年来,主要是为避免气候变化而采取的电力供应脱碳战略,许多国家一直在考虑将核能作为低碳电力的来源,以及其他选择。许多正在进行的项目处于建设阶段,其中许多项目是在以前从未接受过核能的国家进行的。对于那些拥有现有核电站的国家来说,可能存在一定程度的紧迫性,因为现有的反应堆最终将达到其运行寿命的终点,而更换反应堆需要几年的时间来规划和建造。核能是提供基本负荷电力供应需求的有效手段,可以在许多不寻求更新其化石燃料发电(尤其是煤炭发电)基础设施的国家补充其可再生能源发电。

许多问题影响了目前正在开发中的反应堆设计,本章将重点讨论这些设计。首先,是从重大事件中吸取的教训,特别是温茨凯尔、三哩岛、切尔诺贝利和福岛。这些都带来了对集成安全系统(主动和被动)和密封性的改进要求。其次,是希望增加电力输出,以便在工厂投入运营后最大限度地提高收入。最后,发展也源于经济问题,强调确保核电厂能够按照时间和成本建造的问题,特别是在模块化和易于许可方面,由于过去一直被视为核电基础设施项目中的一个关键风险,因此正在考虑简化的模块化电厂设计,以降低前期投资成本上升的风险(第 16 章将对此进行进一步讨论)。

在撰写本书时,大多数的设计都在建设中,尚未完成,遵循这种发展路径的工厂阶段采用了特定的符号,它们要么是首创的($FOAK_1$),要么是特定国家的特定外观设计的第一($FOAK_2$),其中,如第 16 章所述,凭借在完成给定设计的第一批工厂中获得的经验,供应商经常预见到一定程度的偶然性。人们的期望是第 N 种(NOAK)项目更便宜、更快完成。

与此同时,国际发电市场的变化自 20 世纪初开始广泛电气化以来的情况更为深刻。最近,对间歇性可再生能源生产的大量投资,以及联合循环燃气轮机系统的快速建设和启动,已经开始抵消基本负荷要求的程度。这导致一些反应堆供应商根据每单位的功率输出来重新改进他们的设计,通过组合多个相同的模块来满足需求的灵活性,小型模块化设计。能源供应选项的性质也受到挑战,例如,无论是电力还是过程热,后者旨在为加工厂和制氢系统提供直接能源。这些中小型反应堆最近还没有以商业规模建造或运行,但这些发展反映了核工业对不断变化的能源市场的调整。

与此同时,许多国家的电力供应方式已经从受管制的市场转变为自由化和竞争性的系统,这种系统往往有利于较小的前期投资和更快的投资者回报,因此并不总是像更小容量、快速启动的替代方案那样强烈地支持第三代+反应堆的超大容量设计。亚洲和中东的情况略有不同,那里的政府对新建项目进行了大量投资,投资大于 300 亿美元。

11.4.1 EPR(欧洲先进压水堆)

EPR 的设计来源于法国早期的设计(与 N4 反应堆相关)和德国早期的设计(与 20 世纪 80 年代的 Konvoi 系列相关),产生于法马通和西门子之间的合作。在编写本报告时,法国(弗拉曼维尔)、芬兰(奥尔基洛托)和中国(秦山)正在建造 EPR。计划在英国萨默塞特的欣克利和萨福克的塞兹韦尔进行建设。图 11.2(a)给出了 EPR 的剖面图,图 11.2(b)给出了芬兰奥尔基洛托即将完成的 EPR 的照片。

(a)设计剖面视图

(b)在芬兰奥尔基洛托的 EPR

图 11.2　EPR

EPR 是一种间接循环压水堆设计,其冷却剂回路具有四列冗余,包括四个独立的蒸汽发生器,它还在其安全壳底部有一个大型的混凝土“堆芯捕集器”,为防止反应堆压力容器受损时污染进入环境提供了更大的保障。通过设计反应堆建筑来承受预期的碰撞载荷,可以抵抗飞机撞击。安全系统分块安装,如柴油发电机建筑和服务水泵建筑,在空间上是分开的,以减少所有系统同时受到此类事件损害的可能性。

11.4.2　AP1000

AP1000 反应堆设计是由早期西屋 AP600 压水堆反应堆的发展而来,额定输出为 1 110 MWe(图 11.3)。AP1000 的设计重点与 EPR 有很大不同,它侧重于整合更大的工厂简化,以降低建设、运营和维护的成本,反映了本章前面介绍的与降低投资风险相关的背景。重点关注非能动安全系统的使用,例如自然对流下的冷却剂循环,与以前的设计相比,这些简化导致更少的组件、更少的布线和更小的体积。

图 11.3　两座 AP1000 反应堆即将在中国三门场址完工

此外,还有一个重点是模块化设计,其中尽可能多的反应堆是在厂外制造的,然后带到现场进行组装,这种方法是为了确保在相同的制造环境中,由相同的人员和组织更一致地遵守立法认证,而不是冒可能发生在不同地点之间的差异的风险。这项战略旨在限制意外费用增加和项目超支的风险。在撰写本书时,中国在建的 AP1000 反应堆有四座(海阳和三门),在英国塞拉菲尔德附近的摩尔赛德拟建的有三座先进沸水反应堆。

11.4.3 先进沸水堆

ABWR 是由通用电气和东芝公司设计的,并以 1 350 MWe 的额定功率输出,作为一个直接循环的沸水反应堆,它的主要发展领域包括:全数字化的反应堆控制和保护系统,以及在反应堆压力容器底部增加 10 个冷却剂泵。后者消除了容器中对大型泵的需要,并消除了相关大口径管道和复杂路径的需要。在编写本书时,日本有四座 ABWR 电厂正在运营,另一座正在建设,中国台湾省也有两座正在建设。ABWR 计划在英国威尔士的安格尔西建造。

11.4.4 APR1400

APR1400 反应堆是一种压水堆系统,是韩国 OPR1000 设计的发展。韩国有 12 个 OPR1000 机组正在运行。该 APR1400 的额定功率为 1 455 MWe,包括间接回路(PWR 通常采用)、两个主冷却剂回路和四个冷却剂泵,每个回路有一个蒸汽发生器。该 APR1400 由韩国电力工程建设股份有限公司提供,目前在韩国有四个在建,在阿拉伯联合酋长国有四个(图 11.4)。

图 11.4 新科里 APR1400 工厂是韩国设计的第三代反应堆

11.4.5 加压重水反应堆

在撰写本文时,世界上有五座正在建设中的重水堆:四座在印度,一座在罗马尼亚。就发电量而言,印度 PHWR 的容量比迄今为止描述的第三代+反应堆略小,额定值约为 700 MWe。选择重水作为冷却剂和慢化剂,原因包括印度希望使用天然铀,从而避免对浓缩设施的需求,以及在中子经济方面的相关好处,并且由于没有压力容器,这消除了对压水堆所需的重型铸造能力的需求。与其他水基反应堆设计相比,中子经济性的提高与印度对钍开采相关的分阶段计划兼容[2](见本章后面的讨论)。

11.5 小型模块化反应堆

虽然不是一个新概念,但SMR在过去10年中受到了极大的关注,因为对大型工厂的大量前期投资的兴趣已经下降,再加上对更快、更能承受风险的投资回报的强烈愿望。从技术上讲,SMR被定义为额定功率输出小于300 MWe的反应堆,即上述章节所述的传统规模反应堆容量的三分之一到五分之一。首先,在已建立的电力市场中,间歇性可再生能源的贡献越来越大,因此基本负荷需求减少,SMR可以为间歇性时期和老化的化石燃料工厂提供备用供应来源。SMR还与所谓的多能源终端产品的生产兼容,由此推断,除了电力之外,它们还可以直接向化学行业的工厂或邻近的氢气生产设施提供热能,这种方法消除了发电厂和加工厂之间对电力转换基础设施的需求,从而显著提高了生产效率并降低了转换成本。最重要的是,SMR被设计为在工厂中以模块化为基础建造,并在接近完工的状态下运输到现场。在给定的地点,可以安装其中的几个电池以构成一个电池,从而在给定工厂所需的整体运行能力方面提供灵活性,这种特性被称为可扩展的,在不确定的需求情况下提供增长和收缩方面的灵活性。

SMR被设计为相较于大型工厂单位,其单位成本更低(尽管需认识到,在基于每单位电力生产的成本上,可能并非如此),旨在发电回报实现之前减少前期投资的规模。工厂建造以及单元之间设计和质量的统一(根据定义,假设连续单元是相同的)保证了一致性,从而降低了项目超支的风险,并更快地获得了生产收入。在许多情况下,每个SMR都被设计为自给自足,带有一个工作压力容器,减少了对大型管道工程的要求,并强调非能动安全性以及与乏燃料储存设施的同一地点。尽管有许多设计概念正在讨论中[3],但有四个反应堆最接近部署,如下所述。

11.5.1 铀电池(U-Battery)

U-Battery被归类为微型SMR,因为按照其他SMR的标准,其功率输出较小,约为每台8 MWe;每台机组由两台机组组成(图11.5)。该设计起源于代尔夫特大学和曼彻斯特大学的合作,目前正在由URENCO、Atkins和AMEC-Foster-Wheeler之间的合作推动。U-Battery的设计基于使用TRISO型铀燃料的本质安全,如果没有冷却剂,它不会在超过反应堆设计基准事故的温度之外熔化。

U-Battery设计用于提供高温过程热量(800 ℃时为20 MWth)和电力,这些装置在工厂中作为模块建造,目的是通过传统的公路运输将它们运输到其运营地点,该工厂所需的场地占地面积非常紧凑,热循环基于使用氦气一回路冷却剂和氮基二回路冷却剂来驱动汽轮机。反应堆的预期运行寿命为60年,预计每5年需要换料一次。

U-Battery的目标应用是作为现有核许可站点的专用发电厂,作为大型核电站的备用电源,用于重工业站点的电力和供热、独立电源要求(例如隔离的数据中心和偏远位置的要求),以及海水淡化应用和运输电力要求。

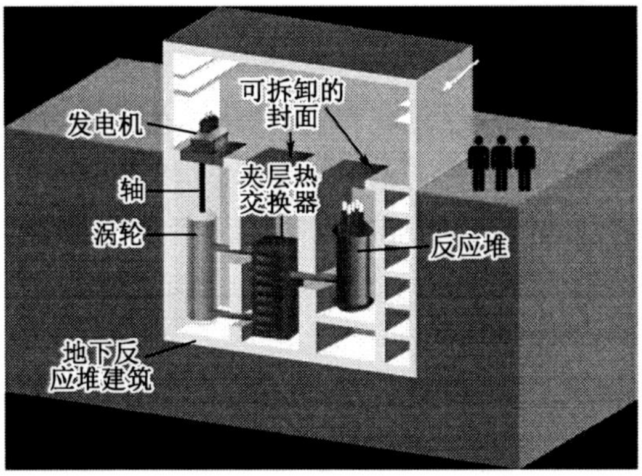

图 11.5 铀电池主回路概念设计剖面图

11.5.2 mPower

mPower SMR 是巴布科克和威尔科克斯设计，最初由 Generation mPower 有限责任公司（巴布科克和威尔科克斯核能公司和柏克德电力公司）提供，它的额定功率为 180 MWe，于 2009 年推出。该反应堆是 20 世纪 60 年代奥托·哈恩（Otto Hahn）船中使用的海事型反应堆的演变，是一种集成压水堆，其中蒸汽在反应堆的压力容器内产生。

mPower 的概念方法是，它将在安全的地下安全壳中运行，乏燃料将被存储在每两个机组之间共用的水池中。反应堆设计没有电动泵，其相对低功率的运行意味着，如果发生故障，所有冷却剂可实现自然循环，并在工厂上方安装大量储水池，以防需要更多的冷却功率。该工厂设计为通过铁路以模块形式运输，并在 3 年内建成，使用标准的低浓缩铀燃料（^{235}U 的质量分数小于 5%）的运营周期为 4 年。

11.5.3 西屋的 SMR

AP1000 设计的尺寸使其具有与大型工厂共享许多组件的优势，但整个工厂包含在直径为 4 m 的专用压力容器中。在这种设计中，蒸汽供应系统被限制在安全壳内，消除了对大口径管道的需求，并且它有一个基于蒸发、冷凝和重力的非能动冷却应急供应系统。压力容器和内部结构如图 11.6(a) 所示，图 11.6(b) 提供了基于计算机的 SMR 装置的可视化图。

11.5.4 NUSCALE™

NuScale Power™ SMR 的额定功率为 50 MWe，是美国爱达荷州国家环境与工程实验室在俄勒冈州立大学的支持下于 2000 年建立的压水堆设计的演变，这种设计是一种整体式压水堆（iPWR），在自然循环下完全由轻水冷却。该项目得到了福陆公司的大量投资。NuScale™ iPWR 的剖面如图 11.7 所示。

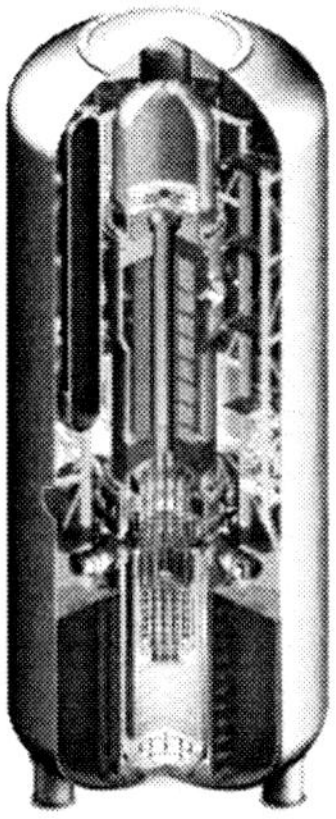

(a) 压力容器和内部结构的剖面图

(b) SMR 装置的可视化图

图 11.6 西屋的 SMR 示意图

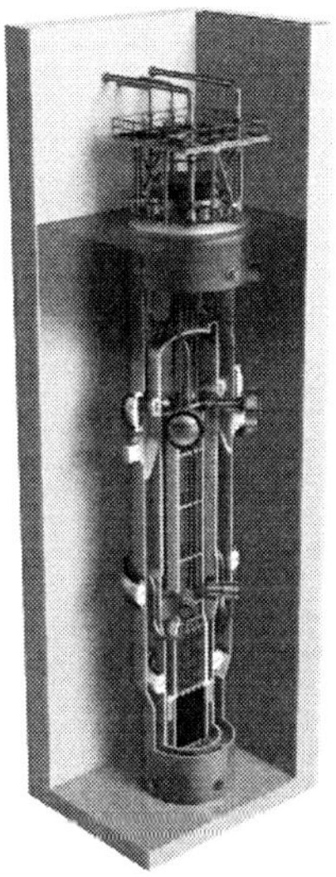

图 11.7 NuScale™ iPWR 的剖面图

11.6 增殖反应堆

也许核能领域最引人入胜的概念是核燃料增殖，核燃料增殖是将可裂变的超铀核素转化为易裂变核素的过程，通常通过中子俘获和后续的 β^-实现转化，这类核素称为可转化核素。虽然如第 5 章所讨论的那样，在铀燃料热中子反应堆中从铀(^{238}U)生产钚(^{239}Pu)是不可避免的，但这并不构成正产率，因为在这种情况下，消耗的裂变核多于生产的裂变核(在本例中，消耗的^{235}U 原子核比生产的^{239}Pu 核多)。与此相反，核能意义上的“增殖”一词是指裂变材料的产量相对于在此过程中消耗的裂变材料的数量所产生的正产率。因此，需要采用不同的堆型设计才能实现净正产率，本节将对此进行讨论。

增殖是一种非常有吸引力的长期核能战略,因为它能使人们获得比^{235}U丰度高得多的同位素中的核能。^{235}U通常被认为太有限,如果它被以一次性方式使用,无法维持超过100年的电力生产。根据对铀储量的预测、目前的铀消费率以及提取低产量铀矿石的经济可行性,对此的估计各不相同。但是,差异并不太显著,从乏燃料中回收铀的可能性,即提取未使用的^{235}U并用于制造新燃料,这只能将这种估计扩大到大约250年。

这种回收方式能够持续的程度受到某些特定同位素积累的限制,主要是^{236}U,虽然^{236}U既不明显易裂变,也不丰富,但它对材料的放射性有重大贡献,并且难以与^{235}U分离。相比之下,增殖为使用^{238}U提供了一条途径,^{238}U在天然铀中占绝大多数。^{238}U在中子俘获后通过双重β衰变转化为裂变核素^{239}Pu[如第5章和式(5.2)所述]。为清楚起见,现将后者转载如下:

$$^{238}U+n \longrightarrow {}^{239}U \xrightarrow[23.5m]{\beta^-} {}^{239}Np \xrightarrow[2.4d]{\beta^-} {}^{239}Pu \tag{11.1}$$

增殖裂变材料多于消耗的裂变材料的定义用增殖比B描述,这是产生的新裂变原子数与在此过程中消耗的裂变原子数的比。要实现$B>1$,就需要一个中子经济性体系,该体系能满足:(1)维持负责产生中子的链式裂变反应;(2)将^{238}U转化为^{239}P;(3)应对不可避免的泄漏和俘获损失。与热中子反应堆相比,这一要求对增殖反应堆的设计有一定的影响。

通过举例说明,回到第8章中介绍的六因素公式的概念框架,很明显,根据裂变:

(1)为了将一个原子核(例如^{238}U)转化为裂变核素(^{239}Pu),中子俘获至少消耗了一个中子。这个数字对应于上面定义的增殖比B。

(2)需要第二个中子来维持链式反应产生中子,即引发驻留在堆芯中的裂变核发生裂变,通常为^{235}U或^{239}Pu。

(3)在吸收和泄漏方面的损失通常为每次裂变0.2个中子的量级。

考虑到上述推理,为了使产生的裂变核数量至少与消耗的裂变核数量相等(一个单位的转换率,$B=1$),所需的中子数等于这些贡献的总和,即约2.2,这相当于每一个被摧毁的核在裂变中产生的中子数η,η必须大于2.2.

回到η的数据(表4.1,并在表11.1中部分转载),很明显,在热中子区,^{235}U和^{239}Pu都不能产生足够的中子来维持增殖。然而,提高激发中子的能量通常会增加每次裂变产生的中子数(如第4章所述)。表11.1中^{235}U,特别是^{239}Pu的快谱值反映了这一点,表明具有快中子谱的反应堆对于利用^{235}U或^{239}Pu裂变产生的中子进行裂变材料增殖是必要的,因此,术语是"快中子增殖"。在此基础上,可能产生^{239}Pu净正产率的快堆配置的突出设计特征开始显现,如下所示:

(1)必须尽量减少中子群的慢化。鉴于热力学第二定律,即需要去除废热,因此用于此目的的冷却剂不得无意中慢化中子。热中子反应堆和快中子反应堆之间的区别在于,在前一种反应堆中,慢化和冷却剂往往是同一种物质。对于快中子增殖反应堆,冷却剂具有优良的传热和热容量特性,但慢化作用最小,因此通常使用液态金属。为了确保流动的可能性,使用熔点相对较低的金属,如钠、铅或铋,通常使用共晶合金。

表 11.1 相关锕系元素同位素及其 σ_f 和 σ_γ(分别为微观裂变和中子俘获截面)、$\bar{\nu}$(每次裂变产生的平均中子数)和 η[在热中子和快中子(1 Mev)能量下每个被消耗的核产生的平均裂变中子数]

核素	热中子(0.025 3 eV)				快中子(1 MeV)			
	σ_f/b	σ_γ/b	$\bar{\nu}$	η	σ_f/b	σ_γ/b	$\bar{\nu}$	η
^{232}Th	—	7.40	—	—	—	0.14	—	—
^{233}U	529.1	45.5	2.50	2.30	1.95	0.08	2.60	2.50
^{235}U	582.6	98.8	2.43	2.08	1.24	0.11	2.58	2.37
^{238}U	—	2.68	—	—	0.02	0.13	—	—
^{239}Pu	748.1	269.3	2.88	2.12	1.80	0.05	3.09	3.01
^{240}Pu	0.05	289.5	—	—	1.50	0.09	—	—
^{241}Pu	1 011.1	362.0	3.00	2.21	1.56	0.11	3.15	2.94

(2)有必要提高燃料浓缩度,以抵消由于增加中子能量而导致裂变截面的下降,而中子能量是产生更高 η 的必要条件。

(3)通常采用非均匀的"驱动-增殖"区组合布置。驱动区用于维持链式反应并提供增殖所需的中子通量,这通常是高浓缩铀或^{235}U/^{239}Pu 混合物,在表 11.1 中,可以看到在快中子能量下 η 值的显著提升。增殖发生在包裹驱动区的增殖层中,在^{239}Pu 增殖的背景下,由^{238}U 制成。

从表 11.1 的数据中还可以清楚地看出,快中子^{235}U/^{239}Pu 路线有一个例外,即通过^{233}U,因为其能在热中子能量下产生足够的中子维持增殖过程,这凸显了基于这种燃料的热中子增殖堆的潜力,^{233}U 是通过^{232}Th 增殖得到的,因此这一方法将在本章稍后讨论钍时进行详细讨论。

值得注意的是,增殖绝不是一个新概念,因为早在核能发展的早期,人们就已经意识到^{238}U 所提供的数千年的核能潜力。然而,在第 16 章更详细考虑的多种影响因素中,廉价天然气导致铀消费偏离了 20 世纪 90 年代中期的早期预测。这缓解了对^{235}U 供应的压力,从而削弱了一些概念性商业增殖系统的经济可行性,其中一些系统在那时已经建造并运行了数年。

11.7 第四代反应堆设计

除了第三代+反应堆和中小型反应堆设计之外,预计在三四十年内进行商业部署的反应堆技术通常被称为第四代反应堆系统,反映了它们所代表的当前第三代和第三代+反应堆方法的重大进步。由 100 名国际专家组成的第四代国际论坛(GIF)于 2000 年首次举行会议,审议了 130 多个反应堆概念,然后选择了六种反应堆技术进行进一步研究和开发。

第四代反应堆系统的重点是,这种设计可以更有效地使用燃料,产生更少的废物,在经济上具有竞争力，并符合高标准的安全性和防扩散性。许多第四代反应堆的设计是为了帮助燃料循环的闭合，即它们促进了燃料的回收，它们还通过利用更高的出口温度来实现更高的运行效率，有些是与上一节讨论相关的快中子反应堆系统。

11.7.1 超高温反应堆

顾名思义，第四代超高温反应堆（VHTR）设计侧重于实现1 000 ℃的一次侧出口温度，其基础是在第三代和第三代+反应堆设计的典型温度范围内提供有利的热效率提高。鉴于材料在这些温度范围内的高性能标准，VHTR设计是基于使用气态冷却剂（氦气）和石墨慢化剂结构的热中子反应堆，预计有两种配置：TRISO涂层燃料颗粒系统或棱柱形块布置。预计该设计将与包括铀、钚、钍和这些元素的混合物在内的各种燃料循环兼容，例如需要的铀和钍的混合氧化物。

鉴于其高温规格，VHTR的应用重点是热电联产和直接供热，而不是中间发电。后者针对工艺热应用，如通过硫碘过程产生氢气。这种方法与化工、石油和钢铁行业的长期预期需求是相容的。预计发电系统的电力侧将通过在主冷却剂回路中运行的直接循环氦驱动汽轮机提供，而热能供应将来自二回路中的热交换器（即间接循环）。此外，正在考虑一个温度略低的中间版本，范围为700～850 ℃，以降低后续为设计更高温度运行项目的技术风险。

11.7.2 熔盐反应堆

使用燃料和冷却剂的液体混合物代替更常见的固体燃料和慢化剂的异质组合的反应堆设计概念称为熔盐反应堆（MSR）。这是一个既定的概念，在核时代初期得到了很大的发展，但从未升级到商业规模。最初的设计是基于氟化物盐混合物，其中包括支持链式反应所需的裂变材料。这些反应堆为热中子反应堆，因此使用了固体石墨慢化剂。该领域的第四代反应堆技术是将MSR概念应用于快中子反应堆系统，从而提供^{239}Pu或^{233}U（后者来自钍）增殖的额外好处。

熔盐反应堆与上述提高燃料效率、减少废物和增强防扩散能力的总体第四代反应堆目标特别相关。在MSR中，与非均质反应堆系统相比，燃料和冷却剂之间的亲密程度要大得多，这减少了长时间维持链式反应所必需的裂变过量的程度。由于没有固体燃料基质，因此消除了辐射损伤（即开裂、变形和尺寸变化）的可能性，并优化了运行性能，从而降低了燃料消耗。此外，还取消了将燃料制造为固体成分、包壳和结构成分的要求，MSR系统也更符合基于反应堆的长寿命锕系元素的消耗，这将有利于废物管理。预计MSR系统还将通过具有较大的负空泡系数和温度反馈系数在安全性方面受益。

然而，虽然预计MSR产生的废料相对于其每单位燃料消耗的净产量而言将有所减少，但为了提取用于再利用的材料（即钚和铀），相关的流程通常包括在线再处理设施，这将是一个复杂的安排，主要是因为它靠近反应堆系统。其他关键挑战包括：需要限制反应堆中结构材料的腐蚀，以及控制基于MSR的过程，该过程中燃料的位置实际上是与时间相关的变量。

11.7.3 钠冷快堆

钠冷快堆(SFR)第四代反应堆系统被认为是应用次要锕系元素(MA)成熟度最高的设计,因为快中子发生 MA 裂变的概率通常大于热中子。作为快堆,SFR 满足了第四代反应堆对提高燃料效率和减少废物产生的要求。SFR 设计得益于数十年的钠冷反应堆设计相关经验,相关的前体例子是法国的菲尼克斯、日本的 Monju 和俄罗斯的 BN-600。基于这一概念的最新发展包括中国的实验快堆(CEFR)和印度的原型快中子增殖反应堆(PFBR)。

SFR 有三种概念设计被认为是可行的:模块化的 50~150 MWe 系统;300~1 500 MWe 池式设计和 600~1 500 MWe 环路式反应堆。出口温度的指定范围为 500~550 ℃,与早期的钠冷快堆系统相同,以受益于从这些设计中获得的早期经验。此外,该设计基于封闭燃料循环,以实现更高水平的燃料利用率和较小的锕系元素消耗。SFR 利用三个冷却剂回路:一个使用钠的一回路,与堆芯接触;二回路也基于钠,用于将堆芯与发电回路分离;三回路基于轻水/蒸汽、超临界二氧化碳或氮气,用于驱动汽轮机。

11.7.4 超临界水冷堆

超临界水冷堆(SCWR)的关键特征在于,在这种设计中,使用高于热力学临界点的水作为冷却剂(回想一下:374 ℃温度和约 220 个大气压)。反应堆的设计类似于沸水反应堆,因为它以直接循环的方式运行,从冷却剂产生的过热蒸汽直接供应到汽轮机。该概念涵盖了热中子或快中子操作的可能性,以及使用重水或轻水冷却剂的可能性。

更高的工作温度是可取的,因为与亚临界水慢化/冷却反应堆设计相比,热力学效率显著提高约 10%。此外,由于不需要冷却剂泵,而且根据定义,产生的蒸汽已经过热,因此不需要辅助热交换器和蒸汽发生器。此外,蒸汽焓的显著增加需要更小的涡轮系统。这可能会大大节省反应堆系统组件的成本。

与此设计相关的挑战包括:更好地了解从超临界状态移动到亚临界状态(例如,由于突然减压)的传热行为,了解超临界冷却剂对反应堆材料的影响,并了解非能动安全系统的运行以响应超临界状态的变化。

11.7.5 气冷快堆

虽然由于先前积累了广泛的经验,前面所述的 SFR 便是实现快堆技术的最短途径,但钠基冷却剂与空气和水的反应、可能的正空泡系数、冷却剂的不透明性以及沸腾对核心出口温度的限制,影响了热力学效率,带来了技术挑战。气冷快堆(GFR)利用氦气作为其主要冷却剂,得以避免这些问题,同时满足提高燃料利用率、提高锕系元素应用潜力和减少废物产生等相同关键要求。

当前第四代反应堆 GFR 的设计理念是一种间接的联合循环布置。与反应堆堆芯接触的一回路将通过氦气在约 90 个大气压的压力下冷却,入口和出口温度分别为 490 ℃和 850 ℃。它通过主热交换器连接到一个中间回路,该回路由混合的氦氮冷却剂组成,连接到热回收蒸汽发生器,进而连接到三级轻水冷却回路以产生蒸汽以驱动蒸汽轮机。该三回路包括给水供应、泵和冷凝器。在这种设计中,次级氦氮回路也与汽轮机集成在一起,从而产生额外的电力。实际上,正是该循环产生的废热用于驱动三级循环,因此,该设计是一个联合循环系统,具有封闭的二级和开放的三级。

鉴于 GFR 需要在高温下运行,与之相关的主要技术挑战是确保燃料、包壳和反应堆结构在高温下的耐久性。目前的意图包括使用碳化物、氮化物和氧化物燃料材料包覆在陶瓷化合物中。虽然使用气体可以避免在 SFR 的情况下由于水/空气反应而导致的通常被称为破坏性堆芯事故的可能性,但氦冷却的 GFR 几乎没有热惯性,因为与热中子、高温、气冷反应堆系统的情况相比,没有慢化剂,因此,在减压期间,由于意外瞬态而导致的温度升高可能会对堆芯的完整性构成严重风险。由于气体密度太低而无法产生足够的自然对流,因此始终需要强迫对流,这对于在停堆时有效散热和在停堆后去除衰变热至关重要。

11.7.6 铅冷快堆

铅冷快反应堆(LFR)顾名思义,是一种利用快中子来转化富集材料并消耗锕系元素的堆,后者会产生体积更小、放射毒性更低的废料。这种反应堆的冷却剂要么是熔融的铅,要么是铅铋共晶(LBE)。这种反应堆预计将能够兼容电力、氢和工艺热的生产。

为用作快堆冷却剂而开发的铅及其相关化合物具有相对较高的天然丰度的优点,它们相对惰性,具有非常好的热力学性能,并且可以在低压下使用。此外,它们的液相和沸腾相之间存在很大的温度裕度,从而减少了与排放等相关的担忧。因此,消除了在钠的情况下设想的破坏性问题的可能性和对冷却剂加压的要求(组件规格、专用泵和稳压器)。然而,在材料性能、冷却剂不透性及腐蚀防护方面仍存在研究挑战。

11.8 钍反应堆

最近,媒体广泛报道了从钍中利用核能的潜力,学术界的研究兴趣显著增加。这可能给人一种印象,即钍在核燃料应用中的使用是最近的进展。然而,在核时代初期,基于钍的核燃料循环与铀/钚(U/Pu)燃料循环的发展一起被考虑,比任何商业核反应堆首次运行早几年。事实上,在 20 世纪六七十年代,由独立公司运营的几座商业反应堆(主要在美国,但也在德国)在其工厂中部署了含钍燃料数年。然而,虽然不是最近的进展,但如今全球核电的复兴激发了人们对使用钍的新兴趣,这导致了对其优点的不同看法,以及将其用于发电相关的一些重大技术障碍。

可以明确的是,假设未来继续发展和更加依赖核能,就需要进一步考虑如何更有效地利用矿产资源和减少废料的方法,钚的管理和处置也很可能成为一个重要课题,这些领域与钍的问题密切相关。然而,正如本节所讨论的那样,钍的使用并非没有风险,也不是一条可以独立于 U/Pu 燃料循环使用的路线。

钍于 1828 年被发现,由六种天然存在的同位素组成,所有这些同位素都是不稳定的。然而,^{232}Th 是迄今为止最丰富的,半衰期很长(1.4×10^{10} 年),被认为是相对稳定的。钍的天然丰度大约是铀的三倍,这就是为什么钍通常被认为是一个有价值的替代品的一个原因,尽管可能不是最突出的理由。在核时代的早期,当核工业经历了重大扩张时,对铀丰度的相对保守的预测和对其消费量的高估使人们相信铀将很快受到供应限制,这导致钚以及钍的增殖被考虑用于商业。

从那时起,铀的预测储量稳步增加,而经济环境(特别是天然气价格)与最初的预测相比,铀的消费程度有所减少。正如第12章所讨论的,对某些铀浓缩设施的连续运行的偏好会进一步影响铀市场。后来,美国政府停止了商业核燃料的后处理,以抑制分离材料扩散的可能性,这影响了参考钍燃料循环的设计,至少在美国,限制了与能源有关的从钍基乏燃料中回收^{233}U的兴趣。

相反,缺乏以钍为基础的商业燃料循环,意味着钍的全部储量没有得到与铀相同的评估,而许多已知的钍储层已被证明是不经济的。因此,尽管钍被视为铀的替代品,但在作为Th/U循环原料的经济可行性方面,对其可用性仍持保留态度。除了在核反应堆中发电的潜力外,钍几乎没有其他用途。在撰写本书时,钍最突出的来源是作为开采其他大量用途矿物的副产品,如钛、稀土元素和铀。

钍的利用依赖于转化,因为钍同位素,无论是天然存在的还是人工的,都没有提供有利的裂变特性。例如,裂变核素^{231}Th仅以微量存在。虽然"钍"被描述为用于核能的铀替代品,但实际上,通过^{232}Th的中子俘获及随后的双β^-衰变,形成了裂变的钍路径,通过:

$$^{232}\mathrm{Th}+n \longrightarrow {}^{233}\mathrm{Th} \xrightarrow[23.3\mathrm{m}]{\beta^-} {}^{233}\mathrm{Pa} \xrightarrow[27\mathrm{d}]{\beta^-} {}^{233}\mathrm{U} \tag{11.2}$$

^{233}U相对于^{235}U在裂变方面的突出优点是它在热中子能量和冷中子能量下具有更有利的中子特性,表现为更大的$\bar{\nu}$和η,特别是对于热中子,$\eta>2.2$(表11.1)。

因此,对于在^{235}U中用裂变产生的中子产生^{239}Pu,需要快中子才能从^{235}U中产生足够的中子,以在维持临界链反应的同时产生裂变核(如第11.6节所述),而使用^{233}U可以获得足够数量的中子,而不需要快堆,尽管较硬的频谱确实可以进一步提高转化率。这表明,在传统的热中子反应堆设计中,可以实现^{233}U的增殖。然而,重要的是要认识到,钍的商业规模的后处理和回收还有待证明,与^{233}U相关的高中子经济性是以牺牲延迟中子分数为代价的,这更加强调链式反应本身的控制需求。

20世纪四五十年代,对铀钚燃料循环的大笔投资导致经济因素削弱了钍的发展。尽管钍具有中子吸引力,而且鉴于其高熔点,在辐照下具有优越的燃料性能,但仍然发生了这种情况。当时使用钍的一个主要问题是^{232}U衰变产物产生了高能γ射线,这导致了使用上的困难。该同位素通过在^{232}Th、^{233}U和^{233}Pu上的(n,2n)反应形成,并通过广泛但短暂的衰变链($t_{1/2}$=68.9年)衰减,最终形成^{208}Pb。同时还伴随着大量高穿透性的γ射线的发射,包括^{208}TI($t_{1/2}$=3.1月)的2.6 MeV发射。

虽然它们在氧化铀燃料中的含量仅为2~6 ppb,但钍/^{233}U燃料中的^{232}U含量要高得多,约为60 ppb。这需要使用远程操作的设备和屏蔽设施来提取^{233}U,并在任何后续的乏燃料管理之前基于它制造燃料,但其好处是会使材料扩散复杂化。虽然可以说,在U/Pu循环中回收钚和管理乏燃料需要采取同样的预防措施,但重要的是要认识到,基于^{235}U的燃料可以相对容易地制造，而不需要远程处理或广泛的屏蔽，因为新鲜铀的放射性很低，通常仅限于^{238}U 的 α 衰变，而^{238}U 很容易被屏蔽。此外，需要中子源来提供中子，以启动 Th/U 燃料循环，这在通过^{235}U 或^{239}Pu 实现^{233}U 自给自足之前很久就已开始。简而言之，鉴于铀的供应目前没有受到明显限制，使用铀通常比使用钍更容易。

对于拥有很少或没有原生铀和大量钍储量的国家来说，可能存在显著的区别，印度也许是这种情况的最好例子，印度拥有大量的钍储量，并且也是有关铀运输的国际限制的缔约国。

印度已采取一项长期能源战略，用钍来满足其基本负荷电力需求，该需求包括三个阶段。第一阶段是从热中子重水和轻水反应堆中获得动力，并从中获得钚作为第二阶段的燃料。第二阶段是运行以钚为燃料的快堆，从钍中提取出^{233}U。第三阶段是一个先进的重水反应堆运行，由于以^{233}U 为燃料提供电力，因此提供了高转化效率，并且从^{232}Th 提供^{233}U 的自给自足供应。然而，这最初在一定程度上是受到上述运输限制的启发。通常情况下，钚是用于从钍中生产^{233}U 的原料，而这种材料在几乎没有本土铀资源的国家的可用性，决定了这些国家采用钍的时间表。

使用^{233}U 进行钍裂变（假设^{232}Th 作为可裂变基质，而不是^{238}U）的一个明显优势是，不存在任何途径可以从中提取钚，并且与 U/Pu 循环相比，减少了 MA 产生的废物。这使钍在长期废物管理方面具有优势，因为虽然两种燃料循环的裂变产物放射性相似，但 MA 组分决定了废物的最终寿命。此外，钍可以作为燃烧钚的基质，这是另一个理想的设施。钍燃料的优良物理化学性质为开发具有更高事故耐受性的燃料形式提供了可能，例如更低的水溶性、更高的熔点和更高的热导率等；一些表示钍不能武器化或与钚无关的说法，可能会削弱这些真正的潜力领域。

总之，采用钍需要在铀/钚循环发展良好的背景下，对核燃料供应链和燃料循环进行重大调整。难点或许在于，缓解铀资源短缺和减少废料中次锕系元素（MA）的潜力目前仍遥不可及，难以构成切实可行的现实效益。基于^{233}U 的回收和燃料制造在需要屏蔽、废物产生等方面与其他先进燃料循环具有相同的技术挑战。美国核能机构[4]强调了三种情况：

（1）在短期内，即 2030 年之前，钍有可能作为现有 U/Pu 燃料的添加剂，其含量为 5%～10%。这不会抵消铀的稀缺性，也不会显著有利于废物管理，但^{233}U 的中子特性有助于减少堆芯功率的不均匀性，使堆芯中不需要那么多的可燃毒物，从而实现更高的燃耗。然而，为了促进^{233}U 而非^{235}U 的裂变，必须减少发电功率。这可能被视为发电公司收入的损失，因此以这种方式使用钍构成了短期经济上的不利因素。

（2）从中期来看，为了生产足够的^{233}U 来维持完全基于钍的燃料循环，需要一段过渡期。在这个时代，铀预测需要基于全球电力供应脱碳的意图、对低碳、基本负荷电力的需求以及向工业过程直接供应过程热的潜力。钍在这方面和在事故包容燃料方面具有潜在的好处。

然而，还需要记住，U/Pu 燃料循环仅占核电平准化成本（10%～20%）的一小部分，目前，铀资源正在增加，尽管是非常缓慢的。从中期来看，关键驱动因素是在轻水和重水反应堆中使用钚的意图，以及在 2050 年核能普及到对铀勘探产生压力的程度，这种情况下可能会抵消铀储备。预计现阶段钍的部署将包括专用燃料组件，而不是带有 U 或 Pu 的均质混合物，或者实际上是混合燃料棒，因为目前还没有针对混合燃料的全面燃料循环。

(3)从长远来看，即 2050 年后，预测是假设有足够数量的^{233}U 可用来实现这一目标，那么钍将逐步引入。这将使得对钍基燃料的后处理和回收成为必要。这带来了许多与之相关的技术挑战，因为例如，二氧化钍比铀更难溶解。

在核燃料循环中引入钍的好处包括：有机会消耗钚，有可能提高从乏燃料中回收裂变材料的转化率，相对于 U/Pu 循环，减少钚和 MA 的产量，以及与更大的事故容忍度相符的物理化学特性。然而，钍的引入是一项长期战略，需要钚为基础，从^{232}Th 生产^{233}U，并且开发钍提取过程，由于^{232}U 衰变产物的放射性，该过程大大复杂化。此外，许可证的获取也面临重大挑战。

在扩散方面，^{233}U 的大多数特性与^{239}Pu 相似，例如临界质量和发热量，但^{232}U 的处理难度增加了。此外，在被动中子测定方面，^{233}U 的自发中子发射率低于钚(因为^{240}Pu 不存在)。相反，通过 γ 射线能谱法可以识别^{232}U 衰变链的产物，特别是在储存条件允许衰变产物增长的地方。

11.9 核 聚 变

11.9.1 背景

在本书的前面，我们探讨了为什么一些核过程(如自发裂变、诱发裂变和 α 衰变)在释放的能量的基础上是可行的，而另一些则需要能量输入才能发生。这是根据质量亏损来解释的，更一般地说，它是根据比结合能与原子质量的非线性关系。

使用中子使重原子核发生裂变，如^{235}U 和^{239}Pu 的情况，其好处是有净能量产生(如果我们要产生能量，这是必不可少的)，而且还有一个相当隐含的优势，即中子被释放，从而引发随后的裂变。如果核能生产过程要能够自我维持和可控，那么后一个特征是必不可少的。我们回顾一下，在质量区 $A \approx 230$ 中铀或钚裂变期间，平均每个母体同位素的核子释放出 1 MeV，并且反应产物的结合能总和比母核大，因为裂变产物比裂变核更稳定。在本节中，我们关注的是另一个质量极端，$A<5$。在这里，类似数量级的能量产量也是可行的，同样是通过利用结合能的好处。然而，在这种情况下，当轻同位素合并或融合，而不是裂变时，称为核聚变。

在核时代早期，人们就认识到这一原理被用于能源生产的潜力，但所涉及的物理学在许多方面与裂变不同，这些方式对实现聚变的难易程度有重大影响。通过修订，影响核能利用难易程度的两个隐含和基本工程要求是：

(1)必须存在维持有关核反应的手段。

(2)必须能够及时带走自持反应产生的能量。

在裂变中，中子满足这两个要求。然而，虽然中子和轻同位素可能会融合以产生更稳定的核素,并且在某些情况下产生净能量,但不幸的是,随后无法继续产生中子,无法维持该过程的持续进行,即无法进行自持的链式聚变反应。

暂且不考虑中子的产生,通过将这些同位素的聚变燃料混合物的温度提高到可以克服原子核之间的库仑势垒的水平,可以使两种轻同位素的原子核结合。这一过程需要的温度超过太阳的温度,即大于 150×10^6 K,这对如何配置材料和系统以限制熔融介质提出了重大挑战。这一要求也限制了如何有效地提取所产生的能量并将其转化为可用的形式,最直接的形式是电力。这些挑战正在通过世界各地的一些大型国际合作通过互补的方法来解决,总体预测是,核聚变能的广泛应用将在四五十年内成为可能。

鉴于热中子裂变的技术水平相对成熟,以及通过快中子反应堆更广泛地利用铀(和钍)资源的潜力,再加上核聚变所需的相对极端的条件,读者可能会问,为什么要追求核聚变呢?这个问题的答案最好是参照构成当前能源结构的其他能源。例如,我们已经强调了裂变动力的一些优点和局限性,从有益的角度来看,裂变反应堆产生低碳的基本负荷电力,它们不使用太多燃料,产生的废物量相对较少。然而,反应堆的建造成本可能很高,预计一次性燃料供应将限制在小于 100 年,而且按体积计算,一小部分废物寿命长且放射性强。

相比之下,煤炭资源丰富,是目前商业上寿命最长、最广泛的电力来源。然而,它产生的二氧化碳排放量是最大的,如果要避免气候变化,我们必须减少使用。同样,石油是二氧化碳的重要来源(更多的是来自运输和供暖,而不是电力生产),虽然天然气产生的二氧化碳较少,但就自然储量而言,它是供应最受限制的化石能源。此外,最丰富的储量中有很大一部分位于政治动荡的地方,这可能会引起对供应安全的担忧。

风能和太阳能等可再生能源在每单位能源生产成本方面可能很昂贵。这是因为它们是分散的和间歇性的,因为只有在自然条件允许的情况下才能获得电力,并且可能需要建造许多单独的发电机组。可再生能源有助于减少电网对固定负荷电源的依赖,并能灵活应对需求变化。然而,一些电力需求,如医院、工厂、供暖和制冷的需求,需要不间断的电力供应,而目前只有通过对国家电网系统的基本负荷贡献来保证。需要指出的是,随着人口的增长和经济的发展,对电力的需求也随着需求结构和供应方式的变化而增长,重点也许不是“哪种”供应最好,而是“如何”混合来自各种来源的贡献以满足当前和预测的需求。

与目前的工业化能源生产方法相比,核聚变在这方面具有显著的优势,它有可能提供不受气候条件影响的基本负荷电力,同时利用几乎无限且不产生二氧化碳的氢同位素。核反应确实会产生快中子,而快中子反过来又激活了聚变反应堆的结构,使它们具有放射性。然而,这种放射性的水平远低于裂变反应堆产生的放射性,无论是放射性水平还是半衰期,均取决于反应堆结构所选材料。据预测,这种放射性将在 100 年内消失,其与化石燃料使用的工业遗留问题相当,并且比裂变反应堆产生的废物少许多数量级。从安全角度来看,与裂变相比,在衰变热方面不需要管理大量的热质量,并且不会发生类似于裂变术语中的临界问题,因为当磁约束被移除时,聚变反应会停止。

也许核聚变最吸引人的属性,是它提供了用于基本负荷电力供应的长期手段,通过这种手段,我们的能源需求可能会从对化石燃料的依赖中转移出来。这些需求(主要是运输和家庭供暖/冷却)目前几乎完全由石油和天然气满足,这些石油和天然气会产生大量的二氧化碳。这些也是最容易转换到零碳系统的能源之一。这样的系统可能利用氢气或电池驱动[5]。这些系统需要一个主要的能量源;聚变可以作为这个能量源。有多种原理可以实现可控聚变,我们将集中讨论热核聚变来说明聚变能的概念。

11.9.2 科学依据

从比结合能与原子质量的关系图的低 A 部分(图 4.9)可以清楚地看出,有几种轻同位素组合可能构成反应,通过这些反应可以仅根据结合能得到聚变能。这些已经有过广泛的研究,每个都提供了许多优点和缺点。选择最佳反应的重要标准包括:构成聚变燃料的同位素成分的可用性、实现核聚变的难易程度以及所述反应中每个核子产生的能量。

用于聚变的燃料材料的可用性类似于裂变中使用的易裂变材料的自然丰度限制,例如,由于^3He相对稀缺,氘($D={}^2H$)和氦的轻同位素(^3He)的聚变前景是有缺陷的。否则,$D-{}^3He$ 反应,

$$D+{}^3He\rightarrow{}^4He+p+18.35\ MeV \tag{11.3}$$

具有带电粒子产量(理论上在直接电力获取的潜力方面具有优势)和每个核子的高能量产量的优点。相比之下,氘与自身的结合(通常称为 D-D 反应)和氘与氚的结合(^3H,D-T 反应)在这方面各有优势。这些反应如下:

$$D+D\rightarrow T+p+4.03\ MeV$$

$$D+D\rightarrow{}^3He+n+3.27\ MeV \tag{11.4}$$

$$D+T\rightarrow{}^4He+n+17.60\ MeV \tag{11.5}$$

氘相对容易从世界海洋中以 D_2O(大约 33 mg/L 的浓度)形式存在的大量氘中提取。氚虽然由于其半衰期相对较短($t_{1/2}=12.3$ 年)而不能自然存在,但可以通过与热中子的反应从锂中放热获得,例如在^6Li,

$$^6Li+n\rightarrow{}^3H+{}^4He+4.8\ MeV$$

$$^7Li+n\rightarrow{}^3H+{}^4He+n-2.5\ MeV \tag{11.6}$$

尽管天然锂几乎完全由^7Li(92.4%)组成,^6Li 是天然锂中较为稀少的同位素(7.6%),但锂元素可以从自然界里大量获取。上述^6Li 反应在产生氚方面的热中子截面(约 1 000 b)比在^7Li 与快中子的相应反应中具有更显著的热中子截面。然而,当^7Li 反应被适当慢化时,会产生中子来驱动^6Li 反应。

每个候选聚变反应(即 D-D 或 D-T,鉴于^3He 的自然稀缺性)可以实现的难易程度,与所有核反应一样,根据相应的聚变截面进行量化。图 11.8 给出了相应聚变截面的比较。正如我们在前几章中所探讨的(特别是第 4 章在裂变的相应背景下),给定反应的概率有一个经典分量(例如,反应的主要分量在运动学上被认为是具有明确尺寸和边界的固体球体)和一个随机分量。后者结合了量子力学现象,表现为隧穿效应(库仑势垒以下反应的非零概率)、波粒二象性效应和相互作用截面中的共振。要理解实验室中观察到的相互作用概率,这两个方面都是必需的,因为这些对于选择具有最大可行性的反应路线非常重要。

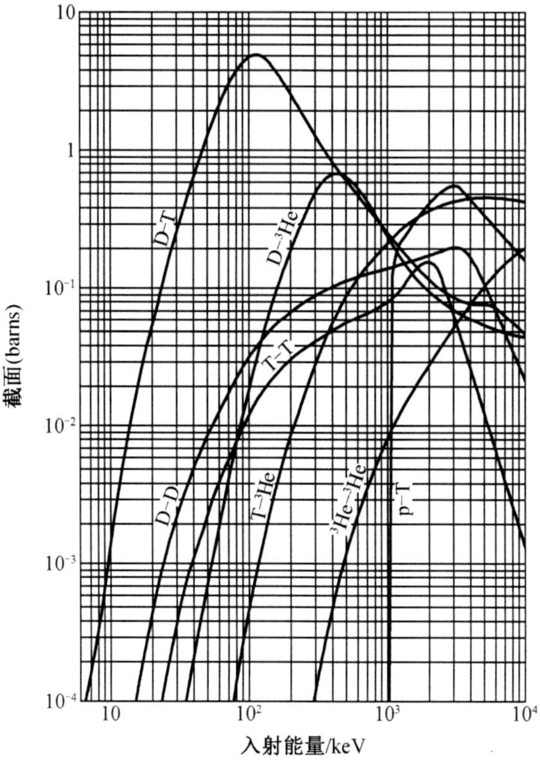

图 11.8　聚变截面与入射能量的函数关系

对反应概率的定性分析得出的结论是,实验截面通常高于根据经典理论估计的截面,这对应于聚变核之间的能量障碍较低。这种分析表明,D-T 反应的截面比 D-D 反应的截面大得多,前者在目前的技术能力的支持下,在短期内更容易实现。

相比之下,D-T 反应的显著缺点是高能产率(相对于 D-D 反应)部分以 14.1 MeV 中子辐射的形式出现。这就要求在设计聚变系统时要考虑到这些中子激发反应堆材料的能量。此外,虽然我们只是从世界上几乎无限的氘储层中获益,但若能通过聚变堆芯周围包层结构中的锂-6 与锂-7 增殖氚,并将其重新注入中心燃料混合物,则持续发电是可行的,这是基于 D-T 反应的聚变的科学基础。产生的氚与消耗的氚的比率称为氚增殖比(TBR)。这需要是正的,以确保氚的供应不会耗尽,但可能只有百分之几。

11.9.3　工程基础

实现氘核和氚核聚变所要克服的能量势垒的规模约为 20 keV。如前所述,这相当于超过一亿开尔文的温度。这样的温度大大超过了构成 D-T 燃料混合物的原子的电离电位,因此在有利于聚变发生的能量下,原子完全电离并处于完全电离气体的等离子体状态。显然,在这种温度下传统的物理接触方法已经无法满足需求,因为等离子体几乎会立即破坏相关的基础设施。因此,迄今为止,已经探索了两种替代方法来作为实现核聚变等离子体约束的工程基础:磁约束和惯性约束。举例来说,我们将集中精力讨论磁约束。

极热的聚变燃料混合物的带电状态有助于通过磁场进行限制,作为一种远距离作用现象,它提供了一种无需物理接触即可限制等离子体的方法。然而,磁场的使用对聚变反应堆的设计施加了一些重大限制。也许最明显的是要求将与等离子体相关的主要基础设施限制在真空容器内,以及稳定磁体线圈系统本身所需的大型结构组件。一般来说,基于磁约束原理的聚变反应堆将包括一个核岛和外部发电基础设施。前者包括一个真空容器,等离子体被限制在其中。它被屏蔽层和外部屏蔽层包围,在屏蔽层之外是提供磁场以容纳等离子体所必需的磁铁和线圈基础设施。

屏蔽层包括几层:中子倍增器,用于增加从等离子体进入屏蔽层的中子数量;中子慢化剂,用于将中子慢化以优化氚生产;增殖层,包括用于生产的^{6}Li,以及屏蔽层,用于保护堆芯外的人员和磁体免受运行过程中发出的辐射的影响。

就最小表面积与体积比而言,等离子体形状的最佳几何排列将是一个球体(或更实际的是一个圆柱体),类似于早期关于裂变反应堆的讨论(第9章)。人们正在追求球形几何形状,例如英国卡勒姆的兆安球形托卡马克(MAST)。然而,由于维持磁场的限制,环形(或甜甜圈)形状受到了更多的关注。一组线圈(环形)用于提供一个磁场,该磁场围绕环面绕圈行进,另一组线圈在等离子体中感应出电流,以及与环形场正交的相关极化场。这两个场提供了等离子体被限制的水平和垂直分量。在运行方式上,这种装置被称为托卡马克[6]。将少量气体引入真空容器中,并通过由中心螺线管感应的电流(放电)通过真空容器进行加热,该螺线管构成初级绕组,等离子体是次级绕组,实际上是一个大型变压器。电流会引起等离子体的欧姆加热。进一步的加热是通过注入等离子体的高度加速的中性原子束(通常是氢)的相互作用来实现的(称为中性束加热),以及通过利用无线电的共振效应进行电磁加热来实现,在共振下,能量的传递和等离子体的加热效率可能非常高(称为射频加热)。

当然,有必要为电磁体提供电力,以提供磁场,从而实现有利于聚变的环境。在不断发展的概念反应堆设计中,这给磁体系统及其位置的选择带来了重大限制,为了实现足够低的功率消耗水平,从而产生可行的、净正的发电量,未来的聚变反应堆系统可能需要超导磁体。这些磁体需要布置在反应堆堆芯之外,特别是其屏蔽装置,以避免由等离子体中的聚变反应发出的中子和 γ 辐射引起的意外加热和损坏。除了真空容器外,还需要在一个能容纳整个系统的低温恒温装置,以维持磁体超导运行所需的低温。冷却基础设施(最可能是穿透包壳排列的线圈)是必要的,从 D-T 反应产生的高能中子中提取能量,以便产生电力。

未来的聚变反应堆很可能是造价极其高昂的设施,原因主要有两点:首先,由于聚变反应需要能量输运,因此实现磁体和真空容器稳定所需的结构完整性是一项重大的土木工程任务;其次,聚变产生的能量的提取可能会通过冷却剂系统进行,该系统将是包壳和屏蔽设计不可或缺的一部分。如果能够穿透环形线圈来提取热量,那么这种安排就不那么紧凑了,但这会破坏等离子体的稳定。因此,为了实现相对于发电收入的建设成本的积极成本效益,实际的聚变发电系统需要具有相对较大的发电能力,以抵消前期建设成本。

继早先的讨论之后,还需要从锂中同位素共振产生氚,这进一步限制了基于磁约束的聚变系统的设计。例如,除了氘和氚之间的聚变截面(这在一定程度上决定了所需的等离子体范围)外,增殖要求还需要将专用层集成到包壳中。该层的范围尤其受到中子平均能量的影响。毫不奇怪，这种广泛且有些复杂的基础设施意味着，迄今为止，核聚变是一种资本成本高昂的能源，在这方面与裂变没有什么不同，但在退役、废物管理和保障需求方面的责任大大减少。这影响了核聚变的经济可行性，特别是当发电量达到大规模水平时，例如，每个工厂的发电量都在 1 000 MWe 及以上。图 11.9 给出了国际热核聚变实验堆设计的剖面图，该反应堆目前正在法国由 35 个国家合作建设。

图 11.9　法国目前正在建设的 ITER 托卡马克的剖面图

案 例 分 析

案例分析 11.1：英国 DOUNREAY 的原型快堆(PFR)

快中子增殖概念几乎与构成当今商业核能供应系统的“传统”热中子反应堆系统同时起源。第二次世界大战后，整个欧洲的战后煤炭短缺为英国等国家提供了一个诱人的机会，可以从其本国储备中出口煤炭，但核军备竞赛使铀成为一种相对昂贵的能源。相反，那些为生产钚而建造的反应堆通常不发电。从 20 世纪 50 年代后期开始，那些用于发电的反应堆被限制在非常短的运行周期，以避免不需要的污染同位素的大量积累。这导致铀用于发电的效率非常低下，其中大部分留在燃料中，未被使用。

《麦克马洪法案》(1946 年美国制定的第一项核能法案)限制了美国和英国之间交换核信息、浓缩材料或钚的便利性。因此，英国的重点落在了开发本土反应堆设计上，旨在高效结合钚生产与能源提取(在燃料使用与反应堆运行方面)。例如，在英国，^{235}U 武器方案产生的乏燃料无法直接用于热中子反应堆，而用^{239}Pu 浓缩乏燃料的可能性在当时被认为是浪费了为军事用途而生产的材料。就反应堆设计而言，当时英国的核电战略包括：一个利用天然燃料的铀堆(后来成为马格诺反应堆设计，并将随着时间的推移进一步发展成为 AGR——英国火力发电反应堆舰队的中流砥柱)、一个热中子增殖器和一个快中子增殖器。增殖反应堆是转换^{238}U 的主要途径，与邻近的裂变核素^{239}Pu(原则上是^{232}Th 至^{233}U)相比，可避免预计的^{235}U基燃料短缺。

在快中子反应堆中,用于生产能源的裂变材料的净生产所需的操作要求与生产钚所需的操作要求形成鲜明对比,因为当$B<1$时,高功率密度是克服高能中子能量下裂变截面下降所需的高浓缩水平的结果;在天然浓缩材料中,不可能发生快中子谱自持链式反应。这导致比热中子反应堆更高的操作温度。反应堆系统寿命很长,因为如果要经济可行,裂变材料的增殖需要长期持续运行,而且它们还需要在反应性方面实现自持。在首次考虑时,由于^{238}U和^{239}Pu的可用性,快中子增殖反应堆可以立即部署,而热中子增殖反应堆则依赖于^{233}U的可用性,这反过来又需要从^{232}Th中进行增殖。

原型快堆(PFR)是在敦雷快堆(DFR)的基础上发展起来的,DFR是一个较小的(输出量约为14 MW),主要是实验性的反应堆,是为测试英国快堆发展所需的材料和原型燃料元件设计而开发的[7]。DFR的设计是基于冷却剂回路的使用:三个相互连接的回路,一级和二级使用液态钠,三级使用轻水,所有这些回路都由热交换器相互连接。它强调了增殖反应堆设计的四个突出要求,这些要求在今天仍然适用:该设计必须是安全的;鉴于浓缩核心较高的成本,必须能够大量生产电力;冷却剂出口温度必须高,以确保可行的热力学效率,增殖材料的回收必须是直接的和具有成本效益的。DFR可能最常与其标志性的直径为40米的钢球联系在一起,该钢球取自美国诺尔斯原子能实验室的先例。

相比之下,PFR的尺寸要大得多,与当时热中子反应堆的约250 MWe输出一致。它也是钠冷却的,但基于池或水箱设计,其中初级钠和初级热交换器浸入液态钠的浴中(钠钾合金,NaK,其凝固温度低于单独的钠或钾)。这种方法被认为更能抵御钠泄露的风险。将加热的冷却剂从反应堆燃料输送到第一组热交换器的堆芯和初级基础设施由不锈钢制成,水池水箱直径为12.2 m,深15.2 m。反应堆堆芯、三个钠冷却剂泵和六个与三个钠冷却剂二回路相连的主换热器悬挂在池上方的容器顶盖上。总共有900 t液态金属冷却剂被注入水箱。它流经堆芯,在500 ℃时到达换热器,然后在400 ℃时返回池中。为了巩固并再次帮助抵御冷却剂泄漏的风险,整个容器/反应堆堆芯设备位于地下一处直径为15.25 m、深15.2 m的坑中。

回路式快中子增殖堆采用管道连接泵和热交换器的设计,而单罐池式设计则无须贯穿件。反应堆容器内布置有反射层元件、增殖区元件(^{238}U)组成的衬里,以及由燃料组件或驱动组件(富集铀和^{239}Pu)构成的中心区。三组并联回路(共同构成二回路)向容器内的六个中间热交换器输送钠冷却剂,这种三重冗余设计可在二回路钠冷却剂或三回路水丧失时提供保障。一回路实质上是连接堆池与中间热交换器的冷却剂循环系统。钠冷快堆设计的核心要求是防止一回路液态金属冷却剂与发电侧的水发生反应。通过采用中间回路隔离一回路与三回路,同时一、二回路均使用化学惰性的钠作为工质来杜绝反应风险。堆压力容器内的一回路钠相通过注入其上方压力为7 000 Pa的氩气层,实现惰化保护(图11.10,图11.11)。

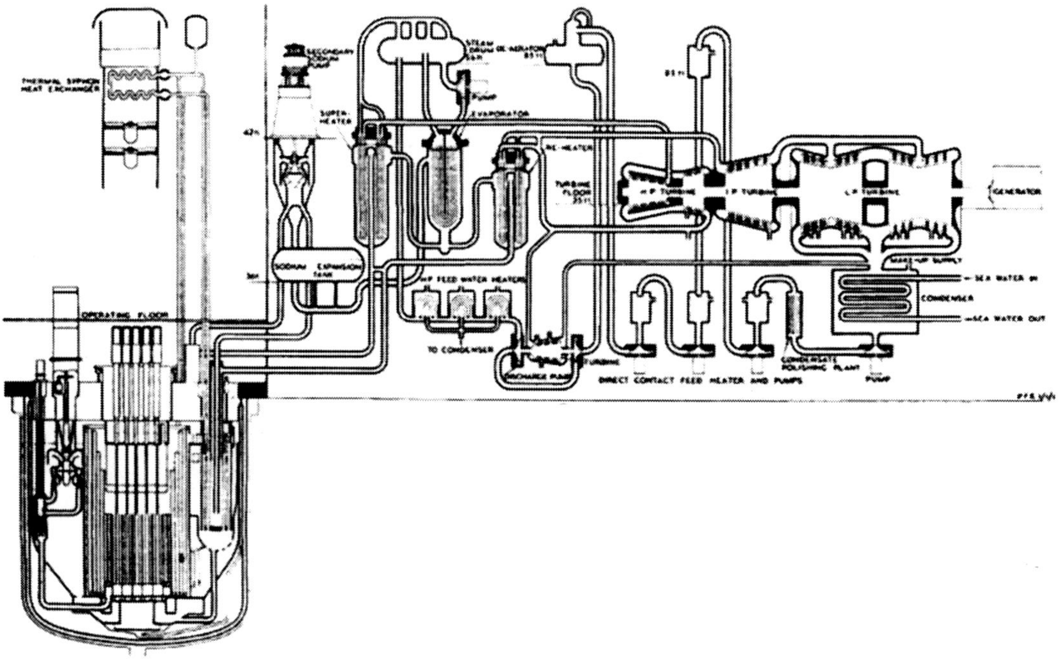

图 11.10　在杜恩雷伊设计、建造和运行的池式原型快中子反应堆示意图[8]

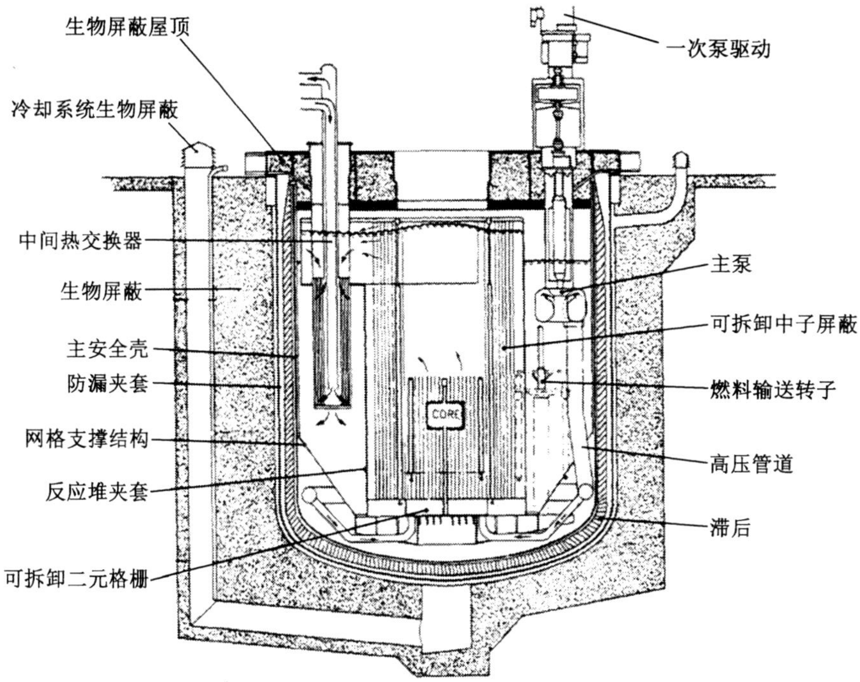

图 11.11　杜恩雷伊原型快堆堆芯罐侧视示意图[9]

案例分析 11.2：英国卡勒姆的欧洲联合环(JET)

欧洲联合环(JET)是一个实验性聚变能源设施，英国阿宾登附近的英国原子能管理局

(UKAEA)库尔汉聚变能源中心(CCFE),是世界上最大和最强大的运行中的聚变托卡马克。它于1978年构思并于1983年开始运行,以便能够研究聚变等离子体及其在接近商业规模聚变反应堆所需尺寸时的条件(图11.12)。

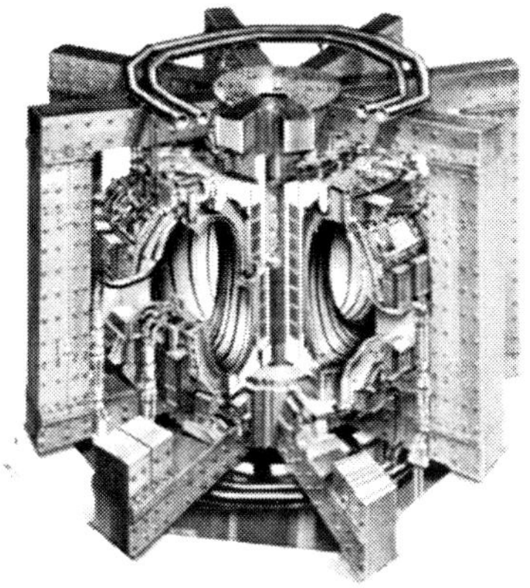

(a)欧洲联合环的剖面图(去除一个八分仪以露出真空容器的内部)

(b) JET真空容器内部的照片

(c) JET设施的俯拍照片

图11.12 JET

利用聚变能发电面临许多挑战,JET已经解决了其中一些问题,包括了解等离子体与设备第一壁的相互作用(可能导致杂质稀释等离子体,并导致不稳定,从而限制等离子体可以维持的时间),以及选择等离子体可以被加热到实现聚变所需温度的方法。最近,JET通过安装和测试铍/钨等支持了ITER项目的发展。通过安装所谓的类似国际热核聚变实验堆的第一壁,确定国际热核聚变实验堆中面向等离子体的组件所需的材料混合,以探索与国际热核聚变实验堆预期操作相一致的等离子体操作机制,并探索使用与国际热核聚变实验堆预期一致的氘-氚燃料混合物。

JET是一个大型托卡马克:其等离子体容器具有3 m的主要半径和5 m的高度,能够容纳和维持90 m^3D形等离子体,环形磁场为3~4 T,等离子体电流为5~7 MA。该托卡马克包括一个由八个八分之一的双层真空容器组成,并通过波纹管连接,所有部件均由铬镍铁合金制成。JET具有使用34 MW中性束加热系统和17 MW射频加热系统加热等离子体的能力。它有一个用于等离子体燃料再注入的弹丸注射器，并且是世界上唯一能够使用氚进行操作的托卡马克。还配备了一流的远程操作设施，可以在容器内进行作业，从而减少了对人员进入的需要。

在运行过程中，JET 从国家电网获取电力来加热等离子体。然而，由于在相对较短的运行时间内需要大量的电力（通常称为脉冲），JET 使用了两个大型飞轮（每个 780 t），它们在脉冲之间旋转。当 JET 脉冲开始时，小部分氚（5~10 mg）被注入容器，来自电网和飞轮的电力被路由到托卡马克加热系统和磁线圈。中心变压器初级线圈的作用是在真空容器中的气体中感应出非常高的电流，使气体电离，形成等离子体，并开始加热到 1.5 亿度的温度，这是聚变所需的温度。JET 有一个钨“偏滤器”系统来排出脉冲产生的热量和气体。

复习指南

完成本章后，你应该：

- 了解当前一代裂变动力反应堆在规划和建设中（第三代+反应堆）的经济和技术基础，并欣赏构成该组的各种设计的特点。
- 了解与小型模块化系统相关的复兴反应堆设计概念，并熟悉该系列反应堆的四个突出示例。
- 了解有一组长期的设计可能性被归类为第四代反应堆，并熟悉其中的六个示例。
- 了解增殖背后的科学依据，快中子增殖与热中子增殖的区别，并了解这些反应堆中使用的冷却剂的主要要求。
- 在增殖的背景下，更广泛地从长期能源可能性的角度来看，要认识到钍作为核能材料的优点和缺点。
- 欣赏核聚变背后的科学基础，作为主流动力来源所面临的挑战，并欣赏磁约束作为实现它的一个例子。

习　　题

1. 描述推动第三代+反应堆系统发展的两个趋势。与 20 年前建造的先前反应堆设计相比，这些设计变更有哪些优势？

2. 小型模块化反应堆通常是大型成熟裂变动力反应堆的低额定值集成版本。从能源供应需求的角度解释并考虑这些因素的理由。它们为基于各种来源的能源供应经济提供了哪些好处？

3. 解释为什么 D-D 反应作为通过聚变产生核能的基础具有显著的好处。在短期内用于发电目的时，为什么 D-T 反应相比于其他方式目前受到青睐。这对反应堆的设计和维持聚变反应有什么影响？

4. 最受欢迎的共晶冷却剂——铋-铅和钠-钾是截然不同的物质,但具有一些共同的特性。列出它们的共同特征和对比属性。根据第四代反应堆设计标准,为这些材料中的每一种推荐特定应用。

5. 解释为什么首先必须使用^{235}U或^{239}Pu将^{232}Th转换为^{233}U,然后用于钍的核燃料循环。解释为什么钍循环以不易扩散而闻名。^{233}U与热中子能量增殖相容性的起源是什么?

参 考 文 献

[1] W. E. Lee, M. Gilbert, S. T. Murphy, R. W. Grimes, Opportunities for advanced ceramics and composites in the nuclear sector, J. Am. Ceram. Soc. 96 (7) (2013) 2005-2030.

[2] S. S. Bajaj, A. R. Gore, The Indian PHWR, Nucl. Eng. Des. 236 (2006) 701-722.

[3] Z. Liu, J. Fan, Technology readiness assessment of Small Modular Reactors (SMR) designs, Prog. Nucl. Energy 70 (2014) 20-28; G. Locatelli, C. Bingham, M. Mancini, Small modular reactors: a comprehensive overview of the economics and strategic aspects, Prog. Nucl. Energy 73 (2014) (2014) 75-85.

[4] Nuclear Energy Agency, Introduction of Thorium in the Nuclear Fuel Cycle., Organisation for Economic Co-operation and Development, 2015 (NEA No. 7224).

[5] J. E. T. Team, Fusion energy production from a deuterium-tritium plasma in the JET tokamak, Nucl. Fusion 32 (2) (1992) 187-203.

[6] M. A. Gashev, et al., Fundamental technical characteristics of the experimental thermonuclear system Tokamak-3, J. Nucl. Energy C7 (5) (1965) 491-499.

[7] J. W. Kendall, T. M. Fry, The Dounreay fast reactor project, Engineer (1955) 330.

[8] W. Macrae, The prototype fast reactor at Dounreay, Electron. Power 20 (14) (1974) 581-584.

[9] W. J. Outram, IEE power division: the prototype fast reactor Dounreay—some interesting aspects of its design and construction, Proc. Inst. Electr. Eng. 122 (1) (1975) 49-54.

第 12 章　核燃料制造

12.1　章节概要和学习目标

本章介绍了与核燃料生产有关的过程。与通过热机用于发电的大多数其他燃料不同，核燃料的生产是一个工程过程，涉及高度的准确性和精度，以及各种精心挑选的材料和化合物。相对于其他燃料来源，这一过程是复杂的，需要大量技术基础设施。一旦制造出来，相对较少的燃料就可以在很长一段时间内产生大量的能量。本章叙述了铀的开采、萃取、溶剂萃取、转化、浓缩及其制造成燃料颗粒、元件和组件的方法。对核燃料制造的介绍着重于一种已确立并在主流使用中的单一制造路线。这并不意味着这条路线是最有效的或首选的。所描述的路线可能不适合某些反应堆，特别是特殊设计，例如用于研究的反应堆。

本章的目标是：

(1)描述铀在自然环境中的来源、矿石和提取方法；

(2)介绍采矿和磨矿的概念，并讨论典型的，预期相对富集度；

(3)讨论通过浸出提取铀矿石以生产原料的水溶液；

(4)描述溶剂萃取方法及其在从水浸出液中分离含铀矿物以生产适合运输的产品中的应用；

(5)介绍转化的概念和通过这种转化生产含铀的气态产品；

(6)描述二氧化铀被生产并制成燃料元件和组件的转化过程。

12.2　历史背景：弗里茨·施特拉斯曼(1902—1980)

弗里茨·施特拉斯曼(图 12.1)是一位分析化学家，他首先研究了碘在碳酸中的吸收，然后开发了铷–锶测年法，这种测年法广泛用于地质样品中。1934 年，他与莉泽·迈特纳和奥托·哈恩一起研究中子辐照铀的产物。弗里茨·施特拉斯曼在分析化学方面的重要专业知识与奥托·哈恩的专业知识相结合，使中子辐照的轻稀土钡产物得以分离，并与它们可能是镭同位素的可能性区分开来，从而证明了核裂变的存在。

图 12.1 弗里茨·施特拉斯曼

12.3 导 论

与用于产生大多数其他形式的大规模基本负荷电力的燃料（如煤、石油和天然气）不同，核燃料除了需要常见的提取和精炼外，还需要相对复杂的浓缩和制作过程。这就是为什么与核能相关的基础设施需要先进的技术技能和支持这些技能的教育基础的主要原因。在首次考虑采用核电的情况下，这可能是一个受欢迎的经济刺激措施。

铀是以各种矿石的形式提炼出来的。虽然它以微量的形式广泛存在，但只有少数几个地方的储量足够丰富，足以支持大规模工业开采，例如加拿大、纳米比亚、哈萨克斯坦和澳大利亚。有 15 种矿床类型用来描述发现铀的地质环境，主要的原生矿石矿物是铀矿（主要是二氧化铀，UO_2）和沥青铀矿（主要是八氧化三铀，U_3O_8），其他矿物形式的比例较小。特定矿物形式的性质可能很重要，因为这影响到提取铀的难易程度，从而影响到从中回收铀的效率。同样，矿床的性质也会影响开采矿物的最佳途径，包括其深度、与其他矿床的联系等。

铀不能以原始矿物的形式（比如煤的形式）用作燃料，因为^{235}U 太分散了，无法进行链式反应，无法发生自持反应，而且与它结合在一起的杂质作为自然沉积物会在很大程度上散射和吸收中子。用于商业发电的核燃料制造的早期发展集中在金属燃料的制造上，然而，这种燃料对辐照和高温的反应限制了它在反应堆中使用的时间。为了实现更高的容量系数和更高的热力学效率，需要更长的换料时间和在更高温度下运行的时间，这导致该行业转向使用陶瓷燃料，通常是烧结二氧化铀的陶瓷颗粒。虽然浓缩燃料主要用于实验系统和轻水反应堆设计，但一些早期反应堆设计（例如 Magnox 和 CANDU）使用的是天然铀燃料，即质量分数为 0.71%^{235}U 和质量分数为 99.28%^{238}U。商业反应堆的核燃料现在普遍采用较低的浓缩水平，即质量分数小于 5%，而达到这些水平的浓缩步骤是核燃料生产在制造过程之前普遍存在的操作。

12.4 采矿和铣削

铀矿石可从露天矿、地下矿和就地浸出开采。开采出来的矿石被加工成一种精炼的 U_3O_8,称为黄饼或 UOC(铀矿精矿)。在运输到燃料制造设施之前,这通常是在矿山附近的铀工厂进行的。这一过程产生的固体废物被称为尾矿,通常储存在矿山现场。由于铀含量相对较低,在 0.1%~0.2%,因此必须对大量矿石进行加工。

提取出来的矿石被压碎成小块,铀被浸出成溶液,通常是用硫酸(根据矿石的性质也使用碱性浸出),具体方法如下:

$$UO^3+2H^+ \rightarrow UO_2{}^{2+}+H_2O$$

$$UO_2{}^{2+}+3SO_4{}^{2-} \rightarrow UO_2(SO_4)_3{}^{4-} \tag{12.1}$$

碳酸铵也可用于生产三氧化铀(UO_3)或三碳酸铀酰[$UO_2(CO_3)_3^{4-}$]。就地浸出(也称为就地回收)包括在矿石还在地下时用氧化剂(如过氧化氢)溶解矿石,并用络合剂(酸性或碱性,取决于当地地质的矿物含量)固定含铀矿物。通过将渗滤液泵入地下岩层,可以将含铀溶液泵出,就地浸出被认为对环境有利,而且成本效益高,世界上开采的所有铀矿几乎有一半是浸出的,特别是在美国、哈萨克斯坦和乌兹别克斯坦。

要从溶液中提取铀,可以采用溶剂萃取法或离子交换法。溶剂萃取是一种常见的方法,用于核燃料循环、后处理和其他金属工业提取过程中的元素分离:通过两种不混溶的液相,即有机溶剂相和水相,通过混合或使它们相互反向移动而结合在一起。萃取过程利用与有机介质相反的元素或化合物在水流体中的溶解度差异。所选择的元素或化合物(在这种情况下是铀)从一种液体转移(或分离)到另一种液体,以便将其与原生水流(在这种情况下来自矿石)中的其他元素和化合物分离。当转移完成后,混合过程停止,介质在重力作用下分离。

在第一阶段,使用煤油稀释剂中的叔胺将铀从水相转移到有机相。随后,铀通过与硫酸铵混合从装载的溶剂中剥离出来。这使铀回到溶液中,固体形式的二铀酸铵[$(NH_4)_2U_2O_7$]通过与氢氧化铵混合而沉淀。颜色是明亮的黄色,被称为黄饼。然后将重铀酸铵煅烧以除去铵离子,从而产生八氧化三铀(U_3O_8),这是大多数磨矿操作产生的铀的主要过程。

12.5 六氟化铀转化

黄饼(这里指的是 U_3O_8)只有轻微的放射性,不溶于水,形成了一种可以运输的相对稳定的化合物。然而,它不能直接用于生产核燃料,因为它含有杂质,而且它的形式也不适合浓缩,杂质需要被清除,而铀的浓缩需要铀化合物处于气态。在转化阶段,黄饼首先转化为四氟化铀(UF_4),然后转化为六氟化铀(UF_6)。后者通常被称为“hex”。UF_6 在相对较低的

56.5 ℃下升华，并具有 64.05 ℃的三相点，使其处于气体状态，通过气体扩散或气体离心机（两种最主要的富集方法）富集^{235}U。UF_6 是浓缩的首选形式，因为它具有一个重要特性，即不同铀同位素组成会导致分子质量的变化，而这种变化源于铀原子质量的差异，因为氟只有一种自然稳定的同位素，即^{19}F。由于铀的质量不同，浓缩后会导致气态分子的分离。UF_6 剧毒，与水反应性强，有腐蚀性，因此，是以黄饼的形式作为铀产品直接从磨矿运送到转化厂的。

将 U_3O_8 加工成 UF_6 有两种方法：干法和湿法。前者在美国使用，包括进一步煅烧，用氢还原生成 UO_2，并通过吸热反应与气态氟化氢反应，

$$UO_2+4HF \rightarrow UF_4+2H_2O \tag{12.2}$$

与氟进一步反应产生气态六氟化铀，

$$UF_4+F_2 \rightarrow UF_6 \tag{12.3}$$

通过 UF_6 分馏提纯。

湿法在法国和加拿大使用，U_3O_8 溶解在硝酸中形成硝酸铀酰，经过过滤，然后用溶解在煤油中的磷酸三丁酯进行进一步的多阶段溶剂萃取过程。铀被提取到有机相中，用硝酸将其剥离。然后通过蒸发和煅烧浓缩生成 UO_3。UO_3 与气态氟化氢反应，按照干燥路线的相应阶段，并遵循相同的路径。UF_6 可以通过降低温度来液化，并在中等压力下以白色结晶固体的形式储存在钢制集装箱中。

12.6 铀 浓 缩

虽然早期的几个商业发电反应堆被设计为使用天然铀运行，但如前所述，大多数运行中的反应堆和计划中的反应堆使用的燃料是低浓度的^{235}U。铀浓缩与核燃料循环的后续阶段一样，受到严格的国际核保障管制，因为它所带来的扩散风险是经过改造后用于非法目的的更高浓缩过程。这些是由国际原子能机构（IAEA）管理的。

所有铀浓缩技术都利用次要同位素^{235}U 和主要同位素^{238}U 之间的质量差异。商业上有两种主流富集工艺：气体扩散法和离心法。就能源使用而言，离心机过程通常比气体扩散更有效（通常使用扩散所需电力的 10%），但灵活性较差，特别是在启动和停止过程中。这两种方法都要求铀原料在接近环境温度下以气态形式存在，因此需要 UF_6 作为原料。全球大部分商业浓缩产能由法国、德国、荷兰、俄罗斯联邦、英国和美国提供，而中国的产能近年来显著提升。

12.6.1 离心法

用于铀浓缩的离心机是个又高又窄的圆柱形真空管。它们包括一个在管道中心沿轴旋转的转子，一次连续运行数年。管子的几何形状被指定为产生必要的加速度程度（比重力大许多数量级），以实现^{235}U 和^{238}U 的最佳分离。UF_6 气体被送入叶栅的头部，转子以每分钟约 50 000 转的速度旋转，较重的^{238}U 馏分被抛到圆筒的外径向区域，而较轻的^{235}U 馏分

则集中在中心。每个部分被抽出轴向与 UF_6 级联,逆流在整个系统。级联通常由 10~20 个独立级组成,如果单元在使用中出现故障,则可以绕过一级。评估浓缩过程效率的一种广泛采用的方法是分析贫化尾料中的 ^{235}U 含量(称为尾料丰度),该指标与目标富集度、进料量及产品量之间存在着复杂的函数关系。从离心系统获得的典型水平质量分数约为 0.15%。

12.6.2 气体扩散法

由于第二次世界大战最激烈时期对浓缩铀的需求非常大,气体扩散法快速发展,目前约占世界浓缩能力的 25%。然而,随着工厂的使用寿命结束,它们正被更节能的、基于离心机的系统所取代,因为在能源效率和经济方面都有好处。在一个给定的级联中,扩散系统通常包括 1 400 级,每个级都是压缩机和扩散器的组合,热交换器用以消除由气体压缩产生的热量。在每个阶段只有少量的分离,可以处理大量的气体。

12.6.3 其他技术

其他富集方法包括:激光法和电磁法。激光法是指,激光被调谐到电离 ^{235}U 原子或从含有 ^{235}U 的分子 UF_6 中分离一个氟原子以产生 UF_5^+ 所需的能量。前者使 ^{235}U 成分能够通过电磁与铀金属蒸气中的较重成分分离,而后者则从 UF_6 原料中产生固体 $^{235}UF_5$。由于分子方法与现有的 UF_6 转化工艺兼容,近年来引起了更多的研究关注。

电磁法在曼哈顿项目中得到了大规模的建立,但由于其效率低下(比气体扩散需要更多的能量),因此基本上被放弃了。这种方法利用了质谱仪的原理,即两个不同质量的原子在磁场加速时,根据它们的质量发生不同程度的偏转:较重的同位素比较轻的同位素偏转少。

12.7 核燃料制造

12.7.1 二氧化铀转化工艺

最早的一些核反应堆使用了含有天然富集度的 ^{235}U 的金属形式的铀,并使用了各种包壳材料,如镁合金,在某些情况下还使用了铝。这些反应堆运行了很长时间,直到最近与它们相关的最后一代反应堆才结束了它们的使用寿命。然而,为第二代反应堆系统开发的燃料设计采用陶瓷形式的低浓度二氧化铀,燃料制造过程也相应地进行了调整。至少对于第三代反应堆来说,这种情况将继续存在,因此这是本节的重点。

核燃料制造的原料是六氟化铀(UF_6),或者是三氧化铀(UO_3)。因为原料(UF_6 或 UO_3)的熔点都不够高,无法直接用作反应堆的燃料,因此必须将这两种原料转化为其他形式。相比之下,首选的燃料化合物二氧化铀(UO_2)具有不溶性和具有必要的高熔点(2 865 ℃)的理想特性。

一旦转化为 UO_2,它就会被制造成燃料颗粒。这些材料被插入到燃料包壳(通常是轻水堆的锆合金)构成燃料元件,与其他燃料组合成燃料组件。

将 UF_6 再次转化为 UO_2 有两种选择:干法或湿法。干法比湿法产生更少的废物(特别是因为没有产生废液滤液),但由于颗粒大小和形貌[1]的差异,可能会影响颗粒制造或需要对产品进行中间研磨。

在干燥过程中,UF_6 汽化,与蒸汽结合产生氟化铀(UO_2F_2),

$$UF_6+2H_2O \rightarrow UO_2F_2+4HF \tag{12.4}$$

然后氢的加入使氟原子被除去,剩下 UO_2。在不太常见的湿法工艺中,UF_6 与水混合形成含有氟化铀酰(UO_2F_2)的浆料。将其与氨(NH_3)或碳酸铵[$NH_4(2CO_3)$]混合,分别生成二铀酸铵[ADU-$(NH_4)_2U_2O_7$]或碳酸铀酰铵[AUC-$UO_2CO_3 \cdot 2(NH_4)_2CO_3$]。然后对产品进行过滤、干燥和加热以得到 UO_2。

对于以 UO_3 为原料的情况,加入水形成水合物(如 $UO_3 \cdot 6H_2O$),然后再还原产生所需的 UO_2。

12.7.2 粉末加工和颗粒制造

根据所采用的转化路线,以及由此产生的 UO_2 的质量,采用各种准备程序来精炼粉末。准备程序包括:研磨、均质化和添加剂的使用,以确保颗粒大小、密度和比表面积的均匀分布。例如,这些特性可以影响裂变气体的保留,在这一阶段也可以添加可燃毒物,如钆。

经过上述准备后,UO_2 粉末被压入加工成颗粒状的圆柱形模具中。它们于约 1 750 ℃的炉中在氩气和 6%氢气的混合物中烧结,这会将氧与金属(O/M)的比率降低到为燃料设计的反应堆指定的比率,通常 O/M 约为 2。烧结后,颗粒被加工成用作燃料所需的尺寸,然后它们进入一个包含几个质量控制步骤的过程,以确保它们的光洁度、尺寸、形状和完整性符合这些要求。在达到所需的产量的同时,限制人们暴露在粉尘、极端温度和压力下。

12.7.3 燃料元件和组件

燃料的功能是产生热量并抵抗辐射和温度循环的影响,框架将燃料元件之间的间距保持在高精度水平,而包壳防止燃料泄漏到周围的环境中。燃料颗粒装入由锆合金制成的管中,每个管构成一个燃料元件。每个燃料元件都填有氦气,以使包壳内燃料球团周围的环境变成惰性,然后焊接端帽以密封内部的燃料。通过 X 射线或质谱法对元件进行测试,以确认密封的完整性。留下一个空间来容纳燃料的膨胀和裂变气体的产生,插入一个弹簧来防止颗粒在元件内部的运动,并迎合燃料和包壳之间膨胀系数的差异。由于该燃料放射性低且不易碎(图 12.2),因此在处理该燃料时可配备适当的个人防护设备(眼镜、脚部防护等),并且必须戴上手套以保持燃料清洁。

许多燃料元件被安装在一个精密加工的框架中,通常由锆合金和钢制成。这个框架被设计成与其他反应堆元件兼容,包括慢化剂、控制材料和可燃毒物。重要的是,该框架提供了一定的灵活性,但不允许燃料过度移动,因为当反应堆在湍流循环中运行时,冷却剂会产生持续的振动,从而导致磨损,即所谓的微动。第 10 章给出了特定反应堆燃料设计的具体细节和特点。

(a) 在制造过程中，工作人员正在检查先进气冷反应堆的燃料元件

(b) 用于先进气冷反应堆的接近完工的燃料组件在调度前接受检查

图 12.2　检查燃料元件和组件

复习指南

读完本章后，你应该：

- 了解铀作为一种天然产物的起源，像其他重金属元素一样作为矿物矿石进行回收和提炼。
- 认识到铀的自然形态过于分散，无法直接用于能源生产。
- 了解为什么铀回收是一项大规模活动。
- 注意使用足够高浓度铀作为保证矿石工业开发。
- 熟悉矿石被提炼成可运输形式的需求，然后运出现场，转化为用于铀浓缩的气态原料。
- 了解两种主要富集方法的名称及其优缺点。
- 了解溶剂萃取的含义。
- 了解“湿”和“干”加工路线之间的区别。
- 了解与核燃料生产相关的一般工艺和制造原理。

习　　题

1. 写出用于裂变反应堆的核燃料的性能要求。请描述为什么 UF_6、UO_3 和金属燃料不适合用于现代反应堆系统。在这种情况下，耐事故燃料可以给这些反应堆系统的性能带来什么优势？为什么钍在这方面有潜在的优势？

2. 解释铀矿石与其直接用作燃料的两个显著的不相容之处。现在用作反应堆系统原料的矿石与20亿年前与自然反应堆系统相关的地质矿床有何不同？

3. 描述将 UF_6 转化为 UO_2 的干法比湿法的优点。

4. 对比离心富集和气体扩散富集两种方法的优缺点。

5. 请解释为什么黄饼的生产往往在铀矿所在地进行，而转化为 UF_6、浓缩和转化为 UO_2 则在其他地方进行。

参考文献

A. P. Bromley et al., Changes in UO_2 powder properties during processing via BNFL's binderless route, http://www.iaea.org/inis/collection/NCLCollectionStore/_Public/28/047/28047123.pdf.

第13章 核燃料后处理

13.1 章节概要和学习目标

本章论述了核燃料回收与后处理的科学技术基础。本书从工程角度研究这一问题,使读者了解铀和钚从乏燃料中分离的重要概念和化学原理,以及它们彼此分离然后纯化的原理。同时,本章还介绍了湿法冶金和热法加工两种主要的处理方法。

本章的目标是:

(1)介绍了开式和闭式燃料循环的概念,介绍了各自的优点;

(2)通过一个湿法冶金处理的具体例子,展示铀和钚被分离的过程,重点介绍钚铀提取(PUREX)过程;

(3)强调乏燃料分离与精炼(SNF)的各个阶段,并指出SNF这些阶段中涉及的主要工程特征和过程;

(4)介绍一种替代后处理技术的例子——热处理,这种技术很少用于商业SNF的后处理,但将来可能会广泛采用。

13.2 历史背景:克里斯托弗·辛顿(1901—1983)

克里斯托弗·辛顿(图13.1)被认为是建立英国核能工业的最重要的人:作为当时被称为里斯利工业集团的总经理,他监督了斯普林菲尔德核燃料制造厂、Windscale堆、Capenhurst扩散厂、考尔德霍尔第一个大型核电站和敦雷快堆的设计和建造。最重要的是,他领导了塞拉菲尔德第一代化学后处理设施的发展。他于1957年成为英国中央发电委员会的主席,1966年成为巴斯大学的首任校长,1976年成为英国皇家工程院的首任院长。

图 13.1 克里斯托弗·辛顿

13.3 导 论

核能发展中最重要的成就之一是从辐照核燃料中分离铀和钚的能力。第一次有记录的此类材料相对少量的分离是在商业核能广泛推广很久之前就有报道[1]，目前这种分离技术已经完善到可以达到与这些材料第二次用于发电相兼容的程度。

虽然后处理可能会引起政治上的争论，但从工程的角度来看，从无用的高放射性基质中提取潜在有用材料的能力给出了许多选择，例如是否回收未使用的^{235}U，提取^{238}U用于快中子增殖反应堆，或者利用固有的^{239}Pu作为混合氧化物(MOX)燃料。与这些材料相关的还有一系列应用，比如锕系元素消耗，这些应用也来自我们在工业规模上分离放射性流的能力。从废物中分离出长寿命的放射性成分，减少需要处置的高水平放射性废物的数量，并使其以适合进一步处理的形式存在。

核燃料辐照所带来的质量组成的变化是微妙的：以来自压水堆的二氧化铀为基础的低浓缩燃料通常表现为^{235}U含量的显著减少（通常从约3%降至约1%），同时少量其他铀同位素也会减少（通过俘获中子）大约0.5%。另一个显著的表现是钚的形成，通常占乏燃料质量的约1%。从放射毒性的角度来看，情况对比明显：新燃料在这方面毒性相对较低。在乏燃料中，大部分放射性危害与裂变产物、钚和库存中的少量锕系元素成分有关。经过长期储存（例如约1 000年），这将由钚和次要锕系元素主导。有趣的是，约95%的乏燃料有可能被回收利用（本质上是铀94%和钚1%的组合）。放射性废料约占裂变产物和次要锕系元素的5%。表13.1列出了一个典型的乏核燃料(SNF)的百分比组成。

表 13.1 基于^{235}U初始浓度质量分数为 3.5%的二氧化铀,经过 33 GWd/t 辐照和 3 年冷却的乏燃料的质量组成百分比[2]

同位素或化学族	质量组成/%	
^{234}U	0.02	U 总量:95.59
^{235}U	1.03	
^{236}U	0.44	
^{238}U	94.1	
^{238}Pu	0.018	Pu 总量:0.97
^{239}Pu	0.567	
^{240}Pu	0.221	
^{241}Pu	0.119	
^{232}Pu	0.049	
^{244}Cm	0.002	次要锕系元素总量:0.08
^{243}Cm	3×10^{-5}	
^{242}Cm	1×10^{-5}	
^{243}Am	0.010	
^{242}Am	7×10^{-5}	
^{241}Am	0.022	
^{237}Np	0.043	
稀有气体	0.56	裂变产物总量:3.41
碱金属	0.31	
碱性土壤	0.25	
镧系	1.03	
锆	0.37	
硫族	0.05	
钼	0.34	
卤素	0.02	
锝	0.08	
钌、铑、钯	0.39	
杂物	0.01	

注:①每吨初始铀的燃耗,即燃料新鲜时的燃耗。

②稀有气体:氪和氙。碱金属:铯和铷。碱性土壤:锶和钡。硫族:硒和碲。卤素:碘和溴。杂物:由燃料的过渡金属元素组成。氧被省略了。

在本章中,我们将把范围限制在最常用的特定概念化学过程中,总结了这些领域的未来发展前景;实际过程的细节趋向于具体情况会有所不同,通常会受到商业信息限制。因此,这里给出了与后处理相关的科学和工程原理的概念性概述。值得注意的是,隐含含义是,为了达到所需的分离水平,单个过程经常通过级联相互连接的过程工厂重复操作。

13.4 核燃料后处理和再循环

13.4.1 简介

虽然用于商业发电的现代核反应堆不经常换燃料,但由于几个原因,核燃料最终会被移出。由于裂变产物和中子俘获反应产物的积累,燃料中会产生杂质,这些杂质干扰中子的输运及其反应性响应。最重要的是,^{235}U 的含量最终会低于一个会破坏电力生产经济可行性的水平。从反应堆中取出核燃料后,有两种技术选择:

(1)它可以无限期地储存在屏蔽容器(通常称为干储存)中,通常以作为完整的燃料组件从反应堆中提取的形式储存在容器中。

(2)它可以进行再加工,以便将裂变成分回收,以供将来在另一个反应堆中使用。

前者与一次性或开式核燃料循环有关。后者与闭式燃料循环有关,在这种循环中,未使用的可裂变核素(铀)和由于反应堆辐照而产生的同位素(钚)被送回到生成过程中。在某些情况下,乏燃料也被储存在水下的池塘中,但它不能无限期地保持这种状态。对于后处理,重要的是回收效率高,这样才能在实际应用上有更高的价值,而且回收的铀和钚产品的纯度必须确保它们没有残留的放射性和杂质。否则,这可能会破坏它们在燃料中使用的便利性和在反应堆中的性能。

对于开式和闭式燃料循环之间的选择,国内外学者对此展开了争论。主要是因为,虽然后处理产生分离的铀和钚,构成了重要的能源资源,但它也可能引起核材料的扩散。此外,与后处理可能获得的放射性废物相比,这些物质可能包括不必要的人量未分离和长寿命的放射性废物。通过后处理,资源(以可裂变和可再生残留物的形式)得到回收,废物量和放射性水平可以减少。这两种情况都需要处理和处置 SNF 的长期国家战略;这种方式很难得到国家批准。这些问题将在第 15 章进一步讨论。

例如,美国在 1977 年停止了对商业用过的反应堆燃料的再处理,主要是因为担心发生核扩散。法国(海牙)、英国(塞拉菲尔德)和日本(六所)都继续在商业基础上对 SNF 进行再处理。后处理所需的基础设施庞大、复杂,需要大量投资,它还必须在严格的监管控制下运作,并接受国际监督。此外,后处理还影响到核反应堆产生的乏燃料材料的长期废物处理选择。虽然到目前为止,大多数后处理都是回收钚作为 MOX 燃料再循环,但最初的当务之急是回收^{235}U;现在各种各样的再处理途径对于回收一些产品都是可行的。例如,未来的一个优先事项可能是分离特定的同位素:用于空间任务的放射性同位素热离子发生器(RTGs)。该策略可能是将同位素提取组合在一起,例如将长寿命的锕系元素用于第四代快中子反应堆系统,以促进锕系元素的燃烧。不管结果如何,乏燃料后处理需要在经济上可行,防止扩散,并进行优化,以确保只产生最少量的废物。

13.4.2 回收选择

后处理的分离产物可以再次在核反应堆中使用，尽管它们的用途不同。原则上，钚的利用速度相对较快。它以氧化物的形式被提取出来，可以与二氧化铀（UO_2）混合，产生MOX 燃料。这类燃料目前占使用的核燃料的约 5%，这些核燃料与那些获准使用这种燃料的反应堆有关。

在轻水堆中，MOX 通常占燃料负荷的 30%。通常需要对反应堆进行微小调整，例如，改变控制棒的布置，在需要提高反应堆的功率和增加燃耗的地方（例如，为了达到减少二氧化碳排放和电力需求的目标），对 MOX 的使用提供了一种替代方法，通过添加钚来获得额外的可裂变成分，而不是在^{235}U 中进一步浓缩。在减少乏燃料的数量和处理现有的钚方面，也可以使用混合氧化物。然而，钚的军事作用、扩散问题和放射性毒理学引起了对 MOX 使用的争议和公众关注，基于 MOX 的 SNF 处理也更具挑战性。

由于^{232}U 和^{236}U 的存在，通过反应堆后处理提取的铀的再使用过程十分复杂。根据第 11 章的讨论，与^{232}U 对钍燃料循环的影响不同，铀燃料辐照产生的^{232}U 是由^{236}Pu 的衰变产生的，即：

$$^{235}U+n\xrightarrow{\gamma}{}^{236}U+n\xrightarrow{\gamma}{}^{237}U\xrightarrow[6.75d]{\beta^-}{}^{237}Np+n\xrightarrow{2n}{}^{236m}Np\xrightarrow[22.5h]{\beta^-}{}^{236}Pu\xrightarrow[2.86a]{\alpha}{}^{232}U \tag{13.1}$$

随后，通过衰变，^{232}U 产生了几个高能 γ 射线的发射体（特别是^{220}Rn、^{212}Bi 和最重要的^{208}Tl 在 2.6 MeV 的 γ 射线发射）。从另一个角度来看，^{236}U 具有相对显著的中子吸收截面，并且难以从^{235}U 中分离。^{236}U 也很难通过传统的富集方法去除，它倾向于与更轻、更理想的^{235}U 同位素一起收集。

因此，再循环的铀不能用新鲜铀再浓缩（因为^{236}U 会污染原本不含^{236}U 的新鲜铀），因此有必要进一步浓缩再循环燃料，以产生再循环和再浓缩的铀，从而消除^{236}U 对中子经济性的影响；^{236}U 还可以防止核燃料重复使用。因此，只有自然富集低的燃料才适合回收和富集。

13.4.3 湿法冶金：普雷克斯法

最成熟和广泛应用的核燃料后处理湿法冶金方法是 PUREX 工艺[3]。这项技术最初是用于军事目的，用于回收纯钚，并已用于从氧化物和金属燃料中回收铀和钚。虽然有几种具体的实现方法（通常称为上面提到的流程图）是可行的，但对于本文，我们将考虑一个常见的例子。

核燃料再循环的第一项任务包括一系列机械程序，将辐照过的燃料元件转换成适合后处理后续阶段的形式。最重要的是，这些步骤应使燃料元件在液相（溶解）中呈现，然后再进行几个后续的分离程序。首先，移除燃料组件结构和包壳，并使用多种方法：这通常是通过大型机械压力机将燃料剪切成短圆柱形壳体（通常约为 5 cm）来完成的。另外，可以通过推动燃料棒通过模具来剥离包壳，但这一步通常是拆卸和剪切的问题。为了将乏燃料分离成铀、钚和废物，必须形成与随后的液-液萃取溶剂交换过程相容的乏燃料水溶液；这是通过将切碎的燃料与热硝酸混合来完成的。这个溶解阶段是用热硝酸在一个特殊的容器中进行的,通常被称为溶解器。该过程如图 13.2 所示。

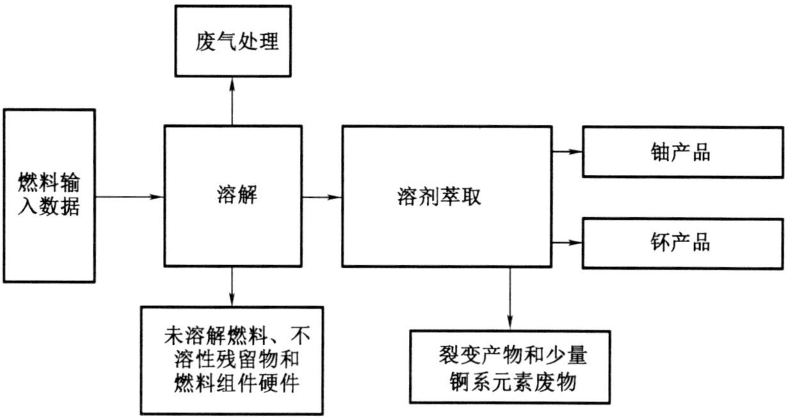

图 13.2 PUREX 工艺的各个阶段的示意图。

注:由经合组织许可转载,《乏核燃料后处理流程表》,NEA/NSC/WPFC/DOC(2012)15,https://www.oecd-nea.org/science/docs/,2012。

在这个过程开始时,乏燃料的大部分质量来自其中铀含量,而大部分放射性则来自钚(特别是^{238}Pu)和锔(^{244}Cm 和^{242}Cm)同位素;随着时间的推移,由于衰变,放射性剖面从寿命较短的钚和锔同位素迁移到寿命较长的钚、锔和镅同位素。乏燃料会被储存一段时间(几个月到几年),以使其保留短暂的放射性衰变。这留下了一个由^{137}Cs(以及通过^{137m}Ba 的衰变)、^{90}Sr(以及随后的^{90}Y)、^{99}Tc 和^{129}I 主导的裂变产物系列。此外,在溶解过程中还会产生挥发性裂变产物以及^{14}C(如二氧化碳)、氚和惰性气体(特别是氪和氙)。这些物质都是专门用于废气处理的,通常不会出现在随后的水相中。许多技术被用于废气处理过程中产生的挥发性物质,以确保满足对气体和放射性排放的监管限制。

考虑到所涉及的放射性水平,以及在溶剂交换的几个阶段控制氧化和还原过程以引起有机和液相之间的转移的要求,远程处理和精细的过程控制是必不可少的。该过程的初级阶段需要处理大量的材料,钚的分解及其随后的提炼存在发生连锁反应(临界)的风险;这要求,使用具有有限容量的加工装置并按照严格的程序计算核材料的数量。此外,所涉及的各种介质的固有放射性和酸性分别通过携带它们的介质的辐射分解和水解产生氧化自由基和还原自由基,从而影响过程动力学和效率。溶解阶段的产物是硝酸水溶液,由铀、钚和大部分非挥发性裂变产物组成。

溶解后,PUREX 过程有六个阶段,如下:

(1)把铀和钚从水相萃取到有机相;

(2)把铀和钚分离;

(3)回收铀;

(4)回收钚;

(5)回收溶剂;

(6)回收硝酸。

PUREX 的基础是溶剂交换过程以及铀和钚与 TBP 形成中性络合物的能力,如第 12 章所介绍的那样。这里将对此进行更详细的讨论。溶剂萃取是基于对两种物理现象的利用。第一个现象是,由于溶解度的差异,当两种溶液混合时,离子种类跨越相界交换;液体在重力作用下被分离,完成分离。第二个现象是,溶液中有机-水-相边界的转移取决于所涉及离子的价态。按照惯例,所需物质转移到的相称为萃取物,转移出去的相称为萃取液。式(13.2)说明了提取物的一般性质,其中作为提取焦点的金属离子记为 M,

$$M^{2+}(aq)+2NO_3^-(aq)+2TBP(org)\rightleftharpoons M(NO_3)_2\cdot 2TBP(org) \quad (13.2)$$

混合后,提取的离子 M 分布在水相和有机相中。这种动态平衡可以用相应的分布系数来描述,用以量化有机相与水相的浓度之比。表 13.2 列举了一些有关分布系数的例子。

表 13.2 与 PUREX 工艺相关的各种离子的有机-水浓度比对应的分布系数[4,5]

Ion	分布系数	
	25 ℃ 3 M HNO_3,30% TBP/OK	25 ℃ 4 M HNO_3,19% TBP/OK
U(Ⅳ)	8.1	—
Pu(Ⅳ)	1.66	11.5
Pu(Ⅵ)	0.62	2.5
Np(Ⅳ)	—	3.0
Np(Ⅴ)	—	0.13
Np(Ⅵ)	—	11.0
Am(Ⅲ)	—	0.08
HNO_3	0.07	—
Zr	0.02	—
Ru	0.01	—
Pu(Ⅲ)	0.008	0.014
Nb	0.005	—
Rare Earths	0.002	—

表 13.2 中的数据说明了可能跨越水-溶剂边界的交换范围[6]。

用硝酸维持水相。这样做的优点是可以通过蒸馏回收,从而减少浪费和对试剂的需求。磷酸三丁酯(TBP)被用作有机萃取剂,因为它具有良好的分布系数、低挥发性和高燃点(因此耐燃烧)。为了调节 TBP 的密度和黏度,以确保在重力作用下通过水相的最佳流动特性,TBP 通常用无味煤油稀释至 20% v/v 至 30% v/v。混合可以由几种类型的机器来完成:通常是混合沉淀器或脉冲萃取柱。在混合式沉淀器中,流体在一个区域混合,在重力作用下在另一个区域沉淀,这样分离相就可以独立地被提取出来。在脉冲萃取柱中,两种液体通过从容器外部驱动的脉冲的作用混合。它们的优点是限制了一次处理的裂变材料的数量,从而在设计上是安全的,而且它们可以连续运行,不需要单独的提取阶段。

13.4.3.1 提炼铀和钚

在 PUREX 工艺的第一阶段,任何残留的未溶解物质都通过离心去除,溶解产生的 Pu(Ⅵ)被还原为 Pu(Ⅳ)。然后,从辐照核燃料的溶解中得到的硝酸水溶液被送入一个脉冲萃取柱,这个脉冲萃取柱通常被称为接触器,因为它促进了两个不混相之间的接触。它通过 TBP 向下流动,TBP 在柱的脉动作用下以相反的方向混合流动。大多数六价铀和四价钚离子(考虑到它们的分布系数相对于存在的其他离子的重要性)被提取到有机相。这就留下了包含大部分裂变产物的含水萃液。铀的转移遵循式(13.3),

$$UO_2^{2+}(aq)+2NO_3^-(aq)+2TBP(org)\rightleftharpoons UO_2(NO_3)_4\cdot 2TBP(org) \tag{13.3}$$

钚的量按式(13.4)计算,

$$Pu^{4+}(aq)+4NO_3^-(aq)+2TBP(org)\rightleftharpoons Pu(NO_3)_4\cdot 2TBP(org) \tag{13.4}$$

除了铀和钚之外,溶解后存在于水中的其他元素也有利于它们向有机相转移。这包括一些裂变产物和镎。随后用硝酸对负载的有机相进行进一步处理,提取(或洗涤)这些物质。洗涤的浓度是经过仔细选择的,以免导致有机相中的铀和钚大量转移回水相,但仍然会发生一些转移。因此,进一步的提取阶段包括 TBP 回收。总的来说,PUREX 过程中这一阶段的产物是一个有机阶段,其中包含乏燃料中的大部分锕系元素和少数裂变产物(特别是锝和锆),这些产物共同萃取并从洗涤中提取。

13.4.3.2 铀和钚的分离

钚的分离是通过利用另外两种现象实现的:

(1)钚-Ⅳ对 TBP 有强烈的萃取作用,而钚-Ⅲ则没有(如表 13.2 中的分布系数所示)。这可以通过溶剂萃取的进一步阶段加以利用,使铀和钚彼此分离,而不需要重新采用另一个分离过程。

(2)铀-Ⅳ的存在使钚-Ⅳ被还原为钚-Ⅲ,从而能够进行上述介绍的提取过程。因为不需要额外的金属离子还原剂,所以这是个有利的过程。

为了实现这一目标,在分配阶段将铀-Ⅳ与硝酸混合引入接触器,与负载的有机物混合。因此,有机相中的钚被减少,在 TBP 中不容易溶解,从而转移到水相。有机相的一些铀也会转移;随后用干净的 TBP 对水相进行洗涤,将其去除。此外,由于硝酸会引起钚-Ⅲ的氧化,有可能将其重新提取回 TBP 并产生亚硝酸,因此引入了硝酸肼。它的作用是去除溶液中的亚硝酸盐离子,阻止亚硝酸的形成。通过与热的、低浓度的硝酸接触,使其转移到水态,铀馏分从有机相中单独回收。因此,这一阶段产生了两种水产物:一种含有铀;另一种含有钚。

13.4.3.3 铀的回收

与对回收钚的讨论相反,从净化阶段回收铀基本上是一项基于溶剂萃取工艺的净化任务。即使是少量的锕系元素,特别是裂变产物的杂质,也会使后处理产物的处理、储存和将来使用变得更加困难,因为它们具有放射性,需要进一步的净化循环。铀流的主要污染物是镎。其中大部分是^{237}Np的形式,通过在^{235}U和随后在^{236}U上的中子俘获形成,^{237}U的β^-衰变由$^{238}U(n,2n)^{237}U$引起,也通过乏燃料中的^{241}Am的衰变;^{237}Np的半衰期很长,为 2.1×10^6 年。

镎在铀流中是不受欢迎的,因为它对裂变的贡献不大;它是 α 射线发生体,是环境中较为活泼的锕系元素之一。在分布系数和可萃取性方面,镎-Ⅵ大于镎-Ⅳ,二者都被认为是可萃取的。镎-Ⅲ和镎-Ⅴ被认为是不可提取的。为了利用这一点,铀流通过蒸发浓缩,镎被氧化成镎-Ⅵ(与钚-Ⅳ大致相同,可提取到有机相)和镎-Ⅴ(不可提取)。加入硝酸羟胺,降低镎-Ⅵ与镎-Ⅴ的比例,当与 TBP 混合时,回收的铀转移到有机相,留下镎。然后从有机相中回收铀,就像在分配过程中所做的那样。基于硝酸盐的萃取工艺特别适用于镎,因为其他系统(氟化物、硫酸盐等)会形成抑制萃取的复合离子。

13.4.3.4 钚的回收

水相中铀/钚分离步骤产生的钚流以钚-Ⅲ状态存在,以便在从铀分离时将其萃取到有机相的浓度降至最低。然而,与铀流一样,进一步的净化是必要的,以去除裂变产物污染(主要是铑和钌)和一些镎(尽管通常比铀流中的含量少)。第 13 章核燃料后处理通过使硝酸蒸气通过水相以破坏多余的联氨,钚-Ⅲ被氧化为钚-Ⅳ。

13.4.3.5 溶剂和硝酸介质的回收

溶剂萃取中使用的有机相和水相在使用过程中都会受到污染和降解,这将导致更大的消耗和需要严格的废物储存和处置污染的液体介质的要求,在后处理中使用的介质是精炼和回收的。这大部分是作为过程的一个组成部分在现场连续完成的。

组成 PUREX 工艺中使用的有机相的 TBP 和无味煤油分别受到酸和电离辐射作用的降解,导致水解和辐射分解。这些过程可以产生酸性化合物(包括磷酸二丁酯、磷酸单丁酯和磷酸),如果不加以控制,就会降低有机相的分离性能,特别是由于有机物与钚-Ⅳ和类似的与铀形成其他复合物。还形成了一系列轻、重化合物。

为了恢复溶剂的有效性,可以用碱性洗涤去除酸性产物;通常使用碳酸钠,因为它具有与存在的任何残余金属离子(如钚、铀、锆、铌和钌)形成可溶性最终产物的优点。然后将溶剂蒸发和精馏,分别除去轻产物和重产物。离心也被用来去除残留的水含量和微量固体,最终获得符合回用规格的纯化溶剂。

对硝酸采取的方法与对溶剂采取的方法略有不同,因为绝大多数的放射性库存都被相带走了。由于一些裂变产物和少量锕系元素的半衰期很长,这些材料必须长期储存。因此,就水相的再利用而言,优先考虑的是生产含有废物放射性的浓缩物(通常通过双重蒸馏),其中约为 90%的硝酸通过分馏回收用于再利用。浓缩液在长期处置前用碱(氢氧化钠)中和。

13.4.4 高温化学的后处理

高温处理是对 SNF 进行再处理的术语,它是基于电解精炼的一种变体,目前处于发展阶段。电精炼技术在金属精炼工业中得到了广泛的应用。在这种方法中,结合了电、共晶氯盐内的络合和吸收。这使得组成乏燃料的各种离子种类能够被分离,通过电解质运输,然后在专用于该工艺的容器的位置中收集。

高温处理与未来反应堆概念相关的燃料循环选择有关,这些概念利用与所述反应堆集成的后处理能力产生的燃料;一个典型的例子是利用从相关的热处理设施衍生的^{238}U基包壳的快堆。该过程的开始需要脱包壳金属燃料,即机械去除包壳后的燃料;氧化物燃料提前被化学还原成金属形式就可以使用。

与可以连续操作的湿法冶金工艺不同,高温处理有利于分批处理。此外,PUREX 工艺得到的高水平产品纯度通常不满足高温处理的应用的基本要求。

在分离了大部分铀之后,剩余流包含了大部分可用的超铀库存。此外,铀流的裂变产物污染水平相对于如 PUREX 过程产生的铀流来说较高;这限制了从高温处理中分离出来的铀用于非法目的。燃料能够再循环和减少废物量,高温处理特别适用于处理各种类型的乏燃料。因此,它为处理早期核能发展遗留下来的特殊燃料提供了一种选择。

在本节中,我们将部分引用美国阿贡国家实验室的范例电精炼厂的案例,认识到世界范围内对该原理的适应和研究仍在继续。在高温处理中,分离是通过在构成回路的系统中利用的三种物理现象来实现的:

(1)乏燃料中化学活性较高的元素(碱、碱土和稀土裂变产物)被氯化镉氧化,形成非常稳定的氯化物。它们被保留在共晶盐中。

(2)施加电压,乏燃料被限制并浸入盐电解质中(从而构成相应回路中的电极-阳极),导致铀与铀和钚的化合物被输送到两个阴极中的其中一个;金属铀在固体(钢)电极上形成树枝状沉积物,而化合物则聚集在由液态镉制成的电极上,液态镉悬浮在共晶盐中。

(3)存在于乏燃料中的贵金属是抗氧化的,不被运输或保留在共晶盐中。

图 13.3 再现了美国阿贡国家实验室实施该过程的示意图。电精炼厂的槽由三个电极、氯化锂/氯化钾混合物和液态镉组成。为了保持液态镉这种液化状态,将其加热到约 500 ℃。金属乏燃料被插入与阳极相关的容器中,然后进行电输运过程。未被输送的元素要么与周围的共晶盐达到平衡,要么在乏燃料容器中不受影响。电极处的产品通过熔化回收。

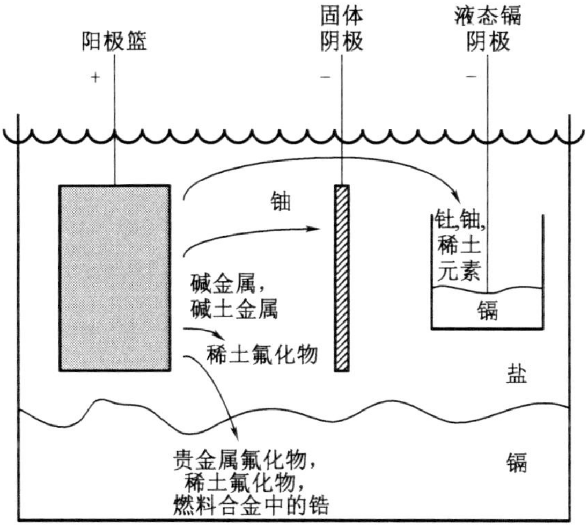

图 13.3 以乏燃料热处理为核心的电精炼过程示意图

电解液在精炼前要经过几轮加工，该过程通过添加还原剂，如锂和钾的混合物来完成。由于所涉及的物质的化学反应性，参考临界约束和周围环境，整个过程是远程完成的（由于固有的放射性）。

13.5 闭式燃料循环概述

在本节中，我们总结和比较了当今世界上使用较多的闭式核燃料循环。

13.5.1 铀/钚（U/Pu）循环

在闭式核燃料循环方面应用最广泛且技术最成熟的燃料循环是铀/钚（U/Pu）循环。在铀/钚（U/Pu）循环中，^{235}U 是裂变的来源，从丰富的 ^{238}U 中产生了一些 ^{239}Pu。循环如下：

（1）从矿石中提取铀，提取到的铀的化合物取决于所使用的工艺；

（2）将其转化为 UF_6，以便之后进行浓缩；

（3）将浓缩后的 UF_6 转化为氧化物，用于制造 UOx 燃料；

（4）将 UOx 燃料用于反应堆系统；

（5）用湿法冶金（通常是 PUREX）工艺对乏燃料进行再处理；

（6）回收提取的裂变物质。

13.5.2 CANDU（DUPIC）循环

在 CANDU（DUPIC）循环中直接使用压水堆乏燃料，该过程与上述铀/钚（U/Pu）循环相同，直到阶段 d，在反应堆系统中使用轻度富集的 UOx 燃料。阶段（4）之后，在 DUPIC 循环中，将乏燃料（通常是轻水堆）拆除并重新制造成与 CANDU（PHWR）系统兼容的燃料组件；在这些反应堆中，它被用来产生比轻水堆系统更大的能量。这种方法受益于 PWR 和 CANDU 系统在中子经济性方面的差异，利用了 CANDU 可以在 ^{235}U 富集度低于 PWR 的情况下运行的能力。

13.5.3 铀/钍（U/Th）循环

在铀/钍（U/Th）循环中，一种方法是：

（1）从矿石中回收铀和钍；

（2）按照上面第 1 周期所述的铀/钚（U/Pu）循环，铀通过 UF_6 富集；

（3）熔盐形式的燃料是由铀和钍混合制成的，通常是 UF_4 和 ThF_4；

（4）UF_4-ThF_4 支持 ^{235}U 和 ^{233}U 通过裂变产生能量的临界反应，后者通过可增殖的 ^{232}Th 产生；

（5）利用综合乏燃料沉积路线进行后处理，可以采用高温处理方法；

（6）用过的燃料产品被送去再处理，继续用于发电。

复习指南

在完成本章后,你应该:

- 了解与 SNF 后处理相关的背景。
- 能够理解开放式和封闭式核燃料循环的含义。
- 了解核后处理在防止核扩散、有效利用核能资源及其与环境影响废物处理的相关性方面的利弊。
- 能够根据质量分布和放射性库存描述低浓缩乏燃料的组成。
- 认识到有两种主要的 SNF 再处理方法:湿法冶金法和电冶金法。
- 能够详细描述每个燃料循环(即 U/Pu、DUPIC 和 Th/U)的示例,以及溶剂萃取(PUREX)和熔盐过程。
- 能认识到除了钚和铀的分离之外,辐照核燃料的后处理和分离提供了提取锕系元素组合流的方法。
- 了解封闭燃料循环与第四代反应堆设计、为特定目的提取单个同位素(如 rtg)和一些先进的废物管理方法相关。

习 题

1. 在定量组成(质量)和放射性方面,描述新的轻水堆氧化物基核燃料和 SNF 之间的显著区别。

2. 总结了铀、钚和镎的相关种类及其硝酸盐离子的有机-水分布行为。

3. 介绍了混合沉淀器和脉冲萃取柱溶剂萃取接触器的设计和功能。为什么在目前大多数工业规模的再处理系统中,后者比前者更受青睐?

4. 描述储存的过渡期和溶解后的废气对再处理前 SNF 的同位素组成/放射性毒性的影响。

5. 总结湿法冶金后处理方法和热处理方法的优缺点。

参 考 文 献

[1] B. B. Cunningham, L. B. Werner, The first isolation of plutonium, J. Am. Chem. Soc. 71 (5) (1949) 1521-1528.

[2] See for example:IAEA-TECDOC-1587, Spent fuel reprocessing options, 2008. www-pub. iaea. org/ MTCD/publications/PDF/te_1587_web. pdf and http://www. radioactivity. eu.

com/site/pages/Spent_Fuel_ Composition. htm.

[3] See for example: E. R. Irish, W. H. Reas, The Purex Process—A Solvent Extraction Reprocessing Method for Irradiated Uranium, https://www. ipen. br/biblioteca/rel/R9904. pdf, 1957. HW-49483A. S. M. Stoller, R. B. Richards, Reactor Handbook: Fuel Reprocessing, vol. II, Interscience, 1961.

[4] E. R. Irish, W. H. Reas, The Purex Process—A Solvent Extraction Reprocessing Method for Irradiated Uranium, https://www. ipen. br/biblioteca/rel/R9904. pdf, 1957. HW-49483A.

[5] G. A. Burney, R. M. Harbour, Radiochemistry of Neptunium, United States Atomic Energy Commission, Oak Ridge, 1974.

[6] G. Petrich, Z. Kolarik, The 1981 PUREX Distribution Data Index, https://publikationen. bibliothek. kit. edu/270015615, 1981. KfK 3080 January.

延伸阅读

[1] OECD, Spent Nuclear Fuel Reprocessing Flowsheet, NEA/NSC/WPFC/DOC(2012)15, https://www. oecdnea. org/science/docs/, 2012.

[2] J. J. Laidler, J. E. Battles, W. E. Miller, J. P. Ackerman, E. L. Carls, Development of pyroprocessing technology, Prog. Nucl. Energ. 31 (1/2) (1997) 131-140.

第14章 核安全和监管

14.1 章节概要和学习目标

安全是核工程和核能发电最重要的方面。首先，为核能应用制定和采用的安全措施影响了石油和天然气、化工和商业航空公司运营等邻近行业的安全管理和监管，反之亦然，其证明了这一理念。本章的重点是核安全的背景，特别是与放射性材料发射的辐射相关的危害和风险，即这种危害产生的可能性。本章提供了纵深防御的概念、预防原则、辐射剂量、放射性毒性以及相应的核事故术语摘要。

本章的目标是：

(1)介绍核安全的背景；

(2)介绍非线性阈值的概念和预防原则；

(3)提供辐射剂量概念的基本介绍；

(4)介绍放射性毒性的概念；

(5)回顾国际核事件量表；

(6)深入讨论防御的概念；

(7)回顾不同的事件类型，如冷却剂损失和热阱损失事故；

(8)讨论核事故的具体例子——温茨凯尔火灾；

(9)提供不同监管方法的描述。

14.2 历史背景：路易斯·哈罗德·戈瑞(1905—1965)

路易斯·哈罗德·戈瑞(图14.1)对核能领域的主要贡献是确定了不同的辐射在生物组织中以不同的方式沉积能量。他提出了放射生物学有效性(RBE)的概念，并确定辐射对物质的影响应该根据每单位质量沉积的能量来量化，而不是根据给定材料在给定状态下产生的电离量来量化。这使得可以量化不同辐射对活组织的影响，从而比较它们的影响，现在构成了全球评估辐射暴露剂量的基础。

图 14.1　路易斯·哈罗德·戈瑞

戈瑞学习物理学,然后专门研究当时新兴的放射学领域。他探索了癌症放疗的放射生物学基础、氧效应和中子的相对生物学有效性。在此过程中,他定义了以他的名字命名的吸收剂量单位:Gy。

14.3　导　　论

与人类文明的许多里程碑式成就一样,如火、运动、现代医学和电气化,核技术在首次被发现和利用时并没有得到充分认识。此后 70 多年里,我们学到的很大一部分知识来自运营经验、研究和在此期间发生的少量严重事故(其中一些将在后面回顾)。

核安全与所谓的传统安全不同,因为它涉及与放射性材料发射的辐射相关的危害。然而,大多数日常事故、员工工作时间损失以及令人遗憾的极端情况下发生的死亡事故,这些情况往往是常规危险导致的。这种状况可能与一些先入为主的观念相矛盾。

与对雇员和/或雇主造成影响的事故(例如,因受伤、工作时间损失、生产损失、诉讼和成本等)相关的记录和统计数据表明,核能部门是能源相关工业部门中最安全的部门之一,遥遥领先。例如,考虑表 14.1 中提供的数据。这是从瑞士 Paul Scherrer 研究所的一项相关研究得出的,该研究所包含在经济合作与发展组织(OECD)的核能机构。它表明,在 1969—2000 年,煤炭的严重事故(即至少 5 人死亡的事故)数量最为显著,其次是石油、液化石油气和天然气。虽然煤炭生产链发生了一千多起严重事故,核能事故只发生了一起——切尔诺贝利事故,但这并不是说切尔诺贝利不是一场重大灾难,它肯定是。然而,很明显,如果我们要了解这些活动中一项或另一项的相对影响,就必须对整个能源部门的安全绩效进行比较。

核能的不同之处在于,虽然发生严重事故的可能性非常低,但影响可能非常大,特别是在社会动荡和经济成本方面。此外,潜在效应(事故发生后几年内出现的影响,而不是事故发生时迅速出现的影响)往往主导核事故的影响分布。这一点尤其重要,因为根据表 14.1,核事故中的即时死亡人数远少于其他能源活动。通常,潜在效应(如癌症的发生率)的来源难以从人群中自然出现的效应中辨别。因此,核事故调查通常依赖于广泛的计算,以预测未来可能出现的潜在效应发生率。这些通常受到较大不确定性的影响,其结果可能难以根据真实证据进行验证;涉及的人群通常很大,时间跨度很长,发病率通常很小。

表 14.1 1969—2000 年各能源部门(与特定能源相关的活动链)发生的严重事故(≥5 人死亡)[1]

行业	OECD 国家			非 OECD 国家		
	事故数/件	死亡数/人	死亡率/%	事故数/件	死亡数/人	死亡率/%
煤炭	75	2 259	0.157	1 044	18 017	0.597
煤炭(中国 1994—1999)	—	—	—	819	11 334	6.169
煤炭(不含中国)	—	—	—	102	4 831	0.597
石油	165	3 713	0.132	232	16 505	0.897
天然气	90	1 043	0.085	45	1 000	0.111
LPG	59	1 905	1.957	46	2 016	14.896
水电	1	14	0.003	10	29 924	10.285
核电	0	0	—	1	31	0.048
总计	390	8 934	—	1 480	72 324	—

核能并不是唯一与潜在效应有关的因素;有观点认为,为基本负荷发电而燃烧化石燃料造成的细颗粒物空气污染,与根据最严重核事故的潜在效应预测的慢性伤害和死亡率相比,潜在呼吸系统疾病造成的慢性伤害和死亡率要高得多。然而,这些证据可能与广泛持有的证据形成鲜明对比;就在最近,一些国家才做出战略决策、缩减其核能发电计划,尽管战略决策的变化很大程度上是由于福岛第一核电站事故引发的安全担忧。相比之下,系统设计和运行方面的持续改进,例如,根据理论堆芯损伤频率(CDF)和理论放射性物质大量释放频率(LRF)的估计进行量化,意味着世界上的核反应堆实际上比以往任何时候都更安全。

有几个因素导致了看似"安全"的人类活动受到既有依据又缺乏充分理由的质疑。首先,核能是人类最早将事故可能性相结合的发明之一,这些事故的可能性非常低,但仍然有可能产生非常重大和深远的影响;其次,它也许最能象征发达国家对先进技术,主要是电力的完全依赖。例如,鉴于全球有 450 座核电站和超过 2 000 人/年的运行经验,很难列出 10 多起可能根据国际核事件分级表(INES)进行考虑的事故:切尔诺贝利、福岛、克什特姆、三哩岛(TMI)、东海村和温茨凯尔,稍后将讨论。

虽然切尔诺贝利向世界证明,严重的核事故可以越过国际边界,其影响遍及全世界,导致大量人员流离失所,并导致社会和经济动荡,但它也是一个反应堆设计的例子,它在其他地方没有获得许可批准,也没有适当考虑法律规定就被鲁莽地推向极限。上面提到的数据只是一个例子,表明此类事件极不可能发生,尤其是与所有其他化石燃料基本负荷电力来源的生产链相比。

核能几乎完全涉及一种对我们大多数人来说不如我们日常遇到的更具体的危险,即辐射。尽管我们可能认为日常风险在我们的控制之下(即使它们可能并非如此),但辐射是无形的,人为的“核”辐射源可能与公众意识中的军备竞赛和军事秘密不可逆转地交织在一起;核能的后果并不容易产生信任。

大量辐射当然是危险的:大量辐射的后果是众所周知的,其影响也很容易识别。然而,此类危害导致实际伤害的情况的可能性非常小;对此类来源的使用(鉴于使用辐射会带来超出核工业的危害)受到监管,实际上是不惜一切代价确保危害不会发生。低剂量辐射暴露的潜在效应(尽管其发生的可能性极低)具有长期性,并且如前所述,通常很难与人群中的自然患病率区分开来。考虑到这一点,本章首先回顾了核安全背景下的辐射。

14.4 辐射背景

14.4.1 线性无阈值模型和预防原则

高水平辐射暴露引起的急性健康影响是由高水平的细胞死亡引起的,并且表现出一个阈值,低于该阈值则不会发生。这些影响包括:恶心和呕吐、腹泻、头痛、发烧、器官的广泛损伤,并且在非常大的剂量下死亡。只要在暴露后 24 小时内出现此类影响,它们就会被统称为急性辐射综合征(acute radiation syndrome, ARS ,也被称为辐射中毒或放射病)。这些影响被认为是躯体效应的,因为它们在暴露的个体体内表现出来,而遗传效应被定义为在暴露个体的后代中出现的遗传效应。它们也被认为是早期的,因为它们的出现与暴露时间相对密切相关;迟发或潜伏效应随机出现,即在暴露后的某个时间出现,没有确定性。从暴露到效果显现之间的时间可能是几十年左右。

急性影响显然非常严重,因此对任何可能接近这些水平的暴露采取零容忍措施。这是通过结合消除、隔离、控制、保护和风险评估方法的系统来确保的:这种方法称为保护控制层次。存在此类暴露的有形风险的环境通常被严格屏蔽在热室和手套箱中。这些设施由联锁装置保护,基本操作通过机械手和机器人远程执行。由于采取了预防措施,涉及高剂量辐射的事故极为罕见。

然而,可以想象(尽管极不可能)一种潜在的影响,如癌症的启动,可能源于单个量子辐射对单个细胞的影响。根据定义,这与极低剂量的辐射暴露相当。在极低水平下,来自人为来源的辐射暴露可能与背景辐射的暴露无法区分;而背景辐射的暴露是不可避免的。此外,此类考虑通常不包括被认为受到低水平辐射刺激的生物修复过程,例如在修复受损细胞而不是坏死或细胞损伤时产生的酶。

与随机性效应相反,确定性效应需要超过某个阈值才能产生效应,目前尚不清楚是否存在一个阈值,低于该阈值则不会发生潜在效应。虽然众所周知,辐射对健康的影响可能因人而异,但并非所有影响这种敏感性的因素都是已知的或理解的。对低水平暴露的影响的研究非常困难,因为根据定义,潜在影响是在暴露后很长一段时间内出现的,在此期间需要考虑其他影响的来源。这些因素可能包括:吸烟、移民、社会经济影响和地理变化(特别是关于天然氡的影响)。有趣的是,关于是否存在阈值的问题已经受到了一项基于吸入氡衰变产物的详细研究[2],该研究提供了一个全面的示例,说明了与根据线性阈值或其他方式证明发生率潜在影响相关的复杂性。

在缺乏阈值的坦率证据的情况下,由于目前对这个问题的科学理解尚不完整,因此采用线性无阈值理论作为低水平辐射保护的基础。该理论是上述单量子、单细胞假说的逻辑延伸,因为随着潜在致癌事件的数量(即剂量)的增加,潜在效应发生的概率也会增加。为了管理与低水平辐射暴露相关的风险,采用了预防原则(或预防方法)。该原则意味着,在没有其他证据的情况下,如果怀疑某物(在本例中为低水平辐射)会造成伤害,则有必要保护人们免受其伤害。

由于尚未证明存在安全辐射暴露的下限,因此采取了预防原则,确保辐射暴露尽可能低(ALARP,尽可能降低风险)或尽可能可实现的低水平(ALARA)。因此,在开发阶段对行动和政策进行审查,以确定是否存在可行的替代方案,从而进一步降低暴露风险,前提是替代方案在成本或努力方面不会严重不成比例。ALARP 原则也被用于非辐射应用的风险管理,如石化和铁路安全部门。

14.4.2 辐射剂量

随着许多科学发现,我们对辐射和放射性的理解从 20 世纪之交到 20 世纪 30 年代初逐渐发展,最终发现了中子。因此,许多测量单位已被用于描述辐射强度、暴露或剂量,读者可能仍然会遇到这种变化,尤其是在旧文本中并与老式仪器相关联。一些剂量测量单位已经过时,而另一些单位的使用范围不如其他单位,因为它们起源于已被更好的方法取代的测量技术。最突出的可能是测量给定水平的辐射暴露在给定介质中刺激的电离量;在当时,这是辐射的一个相对容易的特性,可以通过它对金箔或水晶纤维片的影响来测量。我们将重点介绍国际单位制(SI)下吸收剂量 D 的相应单位,即 Gy。该单位定义为每单位质量辐射沉积的能量,

$$D=\frac{\text{能量}}{\text{质量}} \tag{14.1}$$

其中 $1\ \mathrm{Gy}=1\ \mathrm{J\cdot kg^{-1}}$。

鉴于第 1 章关于核尺度能量的讨论,很明显,相对于单个核辐射量子可能赋予物质的能量水平,Gy 是一个巨大的单位。因此,例如,职业剂量限制通常以 μGy 和 mGy 为单位,这些单位是 Gy 的百万分之一或千分之一。

然而,Gray 的使用是有限的,因为它不包括一种辐射相对于另一种辐射对物质的特定相互作用特性;这被称为不同辐射类型的相对生物有效性(RBE)。路易斯·哈罗德·戈瑞在发现中子后不久观察到,暴露于相同数量的中子和 γ 射线的活细胞以不同的速率被杀死。这突出了辐射对活细胞的影响取决于辐射的类型,不同的辐射会带来不同的特征效应。他观察到中子在杀死细胞方面比 γ 射线更有效,我们现在知道在各种辐射类型(即光子、电子和质子等)中都观察到类似的对比。因此,根据式(14.1)将吸收剂量定义为与每单位质量沉积的能量相关的辐射剂量,而不涉及相关的辐射类型。此单位为 Gray。根据定义,这并不能反映一种类型的辐射相对于另一种辐射的相对生物有效性。

在大多数情况下,辐射剂量的测量可能涉及多种类型的辐射,因此在测量时通常会考虑这些辐射类型的多样性;虽然在每种情况下测得的吸收剂量可能相同,但对组织的影响可能不相等,因为每种情况下辐射环境的组成通常不同。因此,引入了辐射权重因子[3] w_R。用于评估特定类型辐射相对于低效辐射(如光子)的生物效应。由于对每种辐射对活组织的影响进行放射生物学研究,已经得出了每种辐射的一系列因素。这与吸收剂量相结合,为所有辐射类型带来等效的剂量估计。因此,所得量 H 称为等效剂量,表示如下:

$$H=Dw_R \tag{14.2}$$

其单位为西弗(Sievert/Sv)。请注意,辐射权重因子是无量纲的。表 14.2 中给出了选择辐射权重因子的示例。值得注意的是,随着关于辐射对活体组织影响的研究不断深入,这些因素可能会不时发生变化。

表 14.2　辐射权重因子

辐射类型	辐射权重因子,w_R
光子	1
电子和 μ 子	1
质子	2
α 粒子、裂变碎片、重离子	20
中子	随能量连续变化

对于中子,辐射权重因子是一个更复杂的非线性能量函数,如图 14.2 所示。这是因为,例如,原子核反冲的相互作用会导致小体积组织中发生显著电离,中子保留大部分能量的相互作用可能会导致在更大的体积上显著减少电离。由于该过程取决于特定同位素的相互作用概率,并且由于活组织由不同元素和分子结构的复杂混合物组成,因此了解中子能谱也很重要。

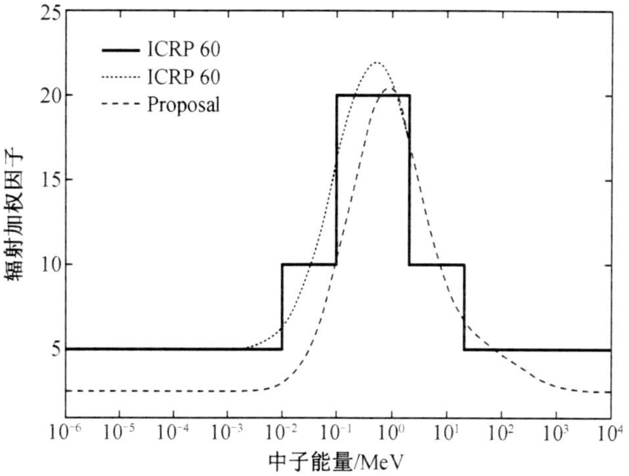

图 14.2　中子的辐射权重因子与能量的函数关系

辐射剂量测量中的一个复杂但至关重要的方面是不同活体组织对辐射的敏感度差异。尽管活体组织主要成分都是水,但活体组织的成分差异影响了它们对辐射的反应。例如,大脑、骨骼、血液、肝脏等组织可能因血液灌注的相对差异、组织中 Z 值的变化(如骨骼中的钙含量)以及水分比例的不同而表现出不同的反应,后者可能会加剧自由基的产生,进而损害活细胞。

为了适应这一点,使用了组织加权因子 w_T。表 14.3 中给出了组织加权因子的列表。将组织加权因子与等效剂量的形式相结合,我们得出有效剂量。

表 14.3 组织加权因子(剩余组织包括心脏、肾脏和胰腺等)[4]

组织类型	加权因子,w_T	Σw_T
骨髓(红色)、结肠、肺、胃、乳房及其他剩余组织	0.12	0.72
生殖腺	0.08	0.08
膀胱、食管、肝脏、甲状腺	0.04	0.16
骨表面、大脑、唾液腺、皮肤	0.01	0.04
总计	—	1.00

值得注意的是,由于各种加权因子是无量纲的,因此给定剂量当量的严格 SI 定义保持不变;在这种情况下,剂量的单位与吸收剂量的单位相同,为西弗,定义为

$$H = Dw_R w_T \tag{14.3}$$

如上所述,相对于 Gray 而言,西弗是一个巨大的单位。幸运的是,西弗特量级的暴露非常罕见,在日常管理中对辐射暴露率的职业率进行测量通常为 μSv/h 或更低。mSv/h 的速率通常会引起关注,尤其是在法律不能超过的剂量限制方面。在极少数极为严重的核事故中,有少数人员遭受了以西弗特为单位的极高辐射剂量(特别是切尔诺贝利事故和东海村的危急事故[5])。在后处理设施、废物储存筒仓和反应堆环境中,剂量率可能远高于剂量限制,出于这个原因,这些地方禁止人们进入。表 14.4 给出了一些进一步调查四次严重核事故估计的吸收剂量示例。

表 14.4 四起严重核事故估计的吸收剂量

事件	剂量水平	记录
切尔诺贝利核事故	0.8~16 Gy	估计有 134 名工人受到影响[a]
福岛核事故	约 10 mSv	对 99.3%的工人的平均有效剂量[b]
东海村核事故	1.2~20 Gy	3 名工人的接触范围[c]
温茨凯尔反应堆事故	0.01~0.1 Gy	对当地个体甲状腺的最大估计剂量[c]

注:[a]联合国原子辐射影响问题科学委员会;

[b]联合国原子辐射效应科学委员会——福岛核事故;

[c]电离辐射的来源和影响——事故中的辐射暴露,联合国原子辐射影响问题科学委员会,2008 年。

有时需要估计对许多人而不是个人的辐射暴露。在这种情况下,与某个区域或社区关联的大量人员可能是需要估计的人口。对于此类情况,个人的特定类型辐射对身体特定部位的有效剂量不是很有用,特别是当局部暴露的细节知之甚少并且暴露可能涉及大量人群时。对于这些情况,应使用集体剂量的概念。这是对相关总体的估计值,单位为人 Sv 或个人 Sv。这样的估计可能很复杂,而据此得出的相关事故调查通常包括几项独立研究。

14.4.3 放射性毒性

在核安全背景下,放射性毒性是一个重要的概念。该术语用于描述与特定放射性同位素相关的危害,并结合了其对活组织影响的物理(辐射)、生物和化学影响。它可以帮助我们理解与特定同位素相关的危害,并且对于这些材料来说,可以牢记这一点,因为就其存在的相对潜在危险而言,某些同位素比其他同位素更值得关注。虽然 Gray 的发现强调了不同的辐射类型对活组织的影响不同,但这只是影响特定放射性同位素放射性毒性的许多特性的一个组成部分。

通过与化学毒素的类比,我们可以在浓度和放射性毒性的概念之间进行粗略的比较。例如,浓度更高的毒素通常比稀释的替代品带来更大的风险。然而,放射性毒性的区别在于需要考虑其他几个维度,包括放射性同位素发出的辐射的影响以及该物质在体内的化学物质。后者影响它被吸收和排泄的难易程度。此外,由于放射性物质会衰变,因此它们造成的危害是动态的,并且取决于所涉及的同位素。这主要由相应的半衰期衡量。

14.4.3.1 半衰期和比活度

首先,让我们从半衰期 $t_{1/2}$开始,如第 3 章中数学细节所讨论的那样;我们记得半衰期是一定量的放射性物质衰变一半所需的时间。自然界中存在着极其多样的半衰期,从宇宙诞生时形成数千年后的今天仍留在地壳中的铀同位素,到在实验室制备中形成后持续一微秒的同位素。非常短寿命的同位素,$t_{1/2}<1$ min,在放射性毒性方面很少引起关注,因为它们通常以太小的数量存在而不会造成重大危害,而且它们通常不存在足够长的时间而引起关注。

然而,在这方面需要注意的是,当这种短寿命同位素作为长寿命同位素的子产物出现时。在案例分析中分别探讨了^{90}Y 和 ^{90}Sr 的例子。这些例子中,二者都不够长寿,无法以任何大量自然出现。对于母体同位素寿命长的一般情况,它有足够的时间广泛分布在整个地壳中。在这种稀释形式中,以此种方式相关的同位素通常不会带来重大风险;半衰期长意味着比活度低,因此辐射发射率低。

例外情况是那些由人类活动产生的大量放射性物质。例如,构成长寿命放射性废物的人造同位素,或者在规模较小但仍然值得关注的是,人类活动导致的同位素产物集中,如天然放射性材料(NORM)和矿物回收活动中技术增强的 NORM。具有中间半衰期的同位素,如^{3}H(12.3 年)、^{137}Cs(30.2 年)和 ^{60}Co(5.3 年)可能是一个问题,因为它们几乎完全是人为的,由此可以以足够的数量存在(自从在核燃料循环中形成以来没有足够的时间衰变)构成需要重视的危害。并且,这一领域内的同位素半衰期较短,其特定活性未低到无须引起注意的程度。

14.4.3.2 辐射类型

给定同位素发出的辐射类型(以及它与物质相互作用的方式)也反映在其放射性毒性上。Gray 观察到中子比 γ 射线能更有效地杀死细胞,因为与 γ 射线相比,中子通常将其能量沉积在更小的组织体积中。因此,由中子相互作用产生的电离集中在比相应反射 γ 射线更小体积的细胞中。因此,中子更有可能损害细胞的功能,从而导致更高水平的生物损伤。在剂量学的背景下,辐射与物质的相互作用通常由特定类型的辐射每单位距离输运的平均能量来描述。这被称为线性能量传递(LET),与线阻止本领 dE/dx 密切相关。不同类型的辐射损失能量不同,并表现出不同的 LET;一般来说,LET 越大,辐射的相对生物效应 RBE 就越大,因此它在杀死细胞方面更有效,尽管放射生物学过程很复杂,且尚不清楚。表 14.5 中给出了各种辐射的 LET 的许多示例。

表 14.5 LET 适用于各种对比类型的辐射

辐射类型	线性能量转移类型	典型值[6]/keV μm^{-1}
重离子,如 ^{12}C、^{56}Fe 等	高	1 000
α	高	166
中子	中等	—
质子	中等	0.5 → 4.7
β^-	低	—
β^+	低	—
e^-	低	—
X 射线光子	低	2.0
γ 射线光子	低	0.2

显然,发射一种具有高 LET 的辐射的同位素可能比发射低 LET 变体的同位素具有更大的放射性毒性,尽管受到过程和在体内停留时间的影响。

14.4.3.3 活动的主体和阶段

最后,还有两个额外的因素会影响我们对给定同位素的放射性毒性的评估:同位素在体内的行为方式和材料存在的形态。这些因素中的第一个是因为一些同位素被特定类型的生物组织所隔离,并且由于体内功能处理相关元素的方式不同,因此与其他不受相同方式影响的组织相比,它们在那里停留的时间更长。该元素可能与人体需要的元素不同,但可能是元素周期表的同一组,从而具有相似的化学性质。因此,举例来说,锶以钙的形式被骨骼吸收,放射性碘沿着碘途径到达甲状腺产生的含有碘的肽类激素,例如四碘甲状腺原氨酸和三碘甲状腺原氨酸。

第二个因素涉及身体获得同位素的难易程度:气体和粉末通常最容易获得,因此放射性毒理学危险性最高,其次是固体含量最低的液体。粉末和气体通常更容易通过胃摄入和通过肺部呼吸,尤其是在没有适当控制措施的情况下,它们分别分散或挥发时。这些途径提供了机会,使体内脆弱的组织可能暴露于高 LET 辐射,例如 α 粒子和 β 射线,这些辐射在没有个人防护装备(如手套、防护服等)的情况下不会构成显著的外部暴露风险。因此,放射性材料被分为"开放"(如开放数量的气体、粉末和液体)或"密封"两类。撇开所讨论的特定同位素的放射性毒性不谈,开放的放射源构成了两者中更严重的危害,因为与密封源相比,暴露体内活组织的途径更多。

14.5 核事故分类和术语

14.5.1 国际核事件分级表(INES)

INES 为核事件和事故提供了相互比较的基础(表 14.6)。它根据场外影响、现场影响和对防御的深度影响对事件类型进行排名。本章稍后将提及。

表 14.6 国际核事件规模(INES)[7]

	等级	外部影响	现场影响	防御深度影响
事故	7—重大事故	广泛的健康和环境影响		
	6—严重事故	需要全面实施预定对策的重大泄漏		
	5—有外部危险的事故	部分实施预定对策的有限泄漏	反应堆芯/辐射屏障严重损坏/致命辐射暴露	
	4—无重大外部危险的事故	公众接受剂量在管制限度范围内的小泄漏	对反应堆堆芯/放射性屏障/工人的致命暴露造成重大损害	
事件	3—严重事故	公众接受剂量极小,仅为管制限度的一小部分	严重污染/工作人员急性健康影响	接近事故,无剩余安全层
	2—事故		污染/工作人员过度辐射暴露	在安全规定方面存在重大故障的事件
	1—异常			超出授权运行范围
	0—偏离	无安全影响		

14.5.2 事故类型

反应堆设计(或者说任何需要许可证才能运行的核电站)的脆弱性通常从确定性和概率性的角度来考虑。对于前者,考虑了可行的事故情景,假设反应堆和相关应急系统的响应已经被设计,也就是说,它们的功能符合预期。然后,根据这些系统的响应被认为足以避免堆芯损坏和放射性物质释放的可能性,对系统进行审查,前提是避免此类释放是首要任务。这个过程被称为确定性安全分析(DSA)。

通常,还会同时评估导致向环境释放或堆芯损坏的反应堆系统故障的概率(基于估计每个子系统的故障可能性)。然后,对总概率进行量化,并考虑被视为可接受的情况。这通常以单位时间的故障次数进行量化,这种方法被广泛称为概率安全分析(PSA)。正如预期的那样,堆芯损坏或堆芯破裂等灾难性后果的概率需要符合极低的值,AP1000 压水堆设计的堆芯损坏频率[8]为每年 2.13×10^{-7}。

对可能发生的事件范围[9]进行分类是有用的,从不太重要到严重,因为良好的实践要求概率较高的事件场景必须与可能造成最小伤害的事件场景相吻合,反之亦然。按重要性排序,事件场景的层次结构通常考虑如下:

(1)核电厂的设计必须能够承受预计在正常运行期间经常出现的条件,而不会关闭。

(2)核电站设计必须减少发生频率较低但仍然可以预见的事件的可能性,以确保它们不会升级为造成燃料损坏。

上述两类事件[(1) 和(2)]对应于工厂运行的预期变化,因此被定义为瞬态。

(3)预测频率非常低的事件类别,即几十年发生一次,但不会导致显著的场外影响。

(4)那些预期不发生且可能导致场外影响和伤害的事件。

后两种分类[(3)和(4)]在潜在影响方面显然更重要,但可能性要小得多。因此,它们被定义为事故。在这些分类之下,存在着超出本文范围的广泛具体、详细的事故场景。下面定义了最广泛的一般示例。

14.5.2.1 冷却剂损失事故

冷却剂损失事故(LOCA)是一种已被广泛研究的反应堆事故。它们是保护系统和运营实践旨在应对的突出场景。顾名思义,LOCA 描述了冷却剂从核反应堆中泄露的事件。可能发生这种情况的最戏剧性情况被称为大破口 LOCA(LBLOCA),其中服务于反应堆压力容器的一回路冷却剂主管道之一发生双端断裂故障(通常称为断头台破裂)。LBLOCA 通常指定用于大于 0.1 m^2的破口直径。

在这种情况下,由于一回路中的压力,预计冷却剂将非常迅速地从那里损失——称为冷却剂喷放——伴随非常快速的减压。由于一回路中热管管道的压力和相对较大的直径,这将在几秒钟内发生。在没有对策的情况下,此类事件将使堆芯丧失冷却剂,并有过热的风险,并且可能会有大量蒸发的冷却剂沉积在安全壳中。大多数旨在减轻 LBLOCA 影响的补救措施都涉及快速响应和持续供应紧急冷却剂来源,以确保堆芯仍然被覆盖,以避免堆芯损坏的可能性。这些通常设计为根据喷放期间堆芯的加压状态进行排序。

其他 LOCA 情景是可能的,并且也已被研究。例如,因此冷却剂损失率远低于 LBLOCA

情况，相关的事故场景类别称为“小破口 LOCA”（SBLOCA），在技术基础上对应于与断裂相关的流动面积小于 0.1 m^2。虽然预期导致 SBLOCA 的小泄漏可能比重大管道破裂更频繁地发生(案例分析 14.3.2 讨论的 TMI 事故中冷却剂的损失就是一个很好的例子)，但 SBLOCA 的影响可能很严重，尽管冷却剂损失发生得更缓慢。

由于必须控制衰变热，一些 LOCA 情景适用于最近关闭的反应堆，也适用于正在运行的反应堆。这可能是 LOCA 对策的一个重要特征，因为大多数 LOCA 场景都涉及反应堆自动关闭，以响应堆芯超压、超温或检测到冷却剂液位过低。因此，反应堆在失水事故(LOCA)得到处理时很可能已处于停堆状态，此时优先任务转为管理衰变热。还使用了其他相关定义，特别是在冷却剂损失本身不是由管道破裂引起的情况下，包括小型 LOCA(SLOCA)和中型 LOCA(MLOCA)。

大多数 LOCA 情景往往已经在 LWR 的设计方面进行了研究和研究，因为轻水是大多数新的商业动力反应堆和大多数现有的可运行核电站的首选冷却剂/慢化剂。然而，LOCA 情景对于燃料容易过热的所有反应堆类型(世界上所有目前的动力反应堆)都是可行的。现代反应堆设计通常提供额外的方法来缓解 LOCA 情景，例如，减少管道工程(降低管道破裂的可能性)和先进的对策。后者可能包括额外的补充罐、高压安注系统、基于自然循环的非能动冷却系统和旨在无限期运行的隔离冷却系统；这些在第 10 章中参考了特定的反应堆设计进行了讨论。

14.5.2.2 热阱丧失事故

反应堆事故的进一步分类是冷源损失事故(LOHA)，它与 LOCA 不同，因为尽管冷却剂并没有从反应堆堆芯中实质性地损失，但它在热阱中的作用受到了损害。例如，由于冷却剂泵故障或给水流损失导致循环损失，可能会发生 LOHA，后者与二回路的传热功能有关。在这种情况下，冷却剂仍然存在于系统中，但热量排放到环境中的路线会退化或完全丢失。此类情况的一个子集称为流量损失事故(LOFA)，适用于热阱损失与冷却剂泵系统反复跳闸等原因导致流量中断有关的特定情况。

14.5.3 应急堆芯冷却系统

应急堆芯冷却一词用于描述旨在确保在发生事故时反应堆堆芯保持冷却的设施或系统的集合。这些系统的主要目的是确保反应堆堆芯不会因冷却剂损失而暴露出来，并且反应堆系统的某些部分(尤其是安全壳)不会因为压力过大而破裂，从而使放射性物质泄露到环境中。

应急堆芯冷却系统(ECCS)的功能通常并不像简单地向反应堆堆芯提供额外的冷却剂那么简单。如果冷却剂损失不是立即的，系统压力可能会保持较高水平。在这种情况下，除非在高压安注系统等高压下引入冷却剂，否则可能很难引入应急冷却剂供应。相反，如果由于回路中的重大故障而导致冷却剂损失大而迅速，高压安注系统可能无法提供足够的冷却剂体积，以便在堆芯损坏发生之前补充损失的冷却剂；它们通常从称为硼化水储罐(BWST)的硼化水箱中抽取冷却剂。为了满足这种情况，设计了低压注入(LPI)系统来大量供水以抵消损失。

在某些情况下，LPI 与余热排出系统相同；在一般运行情况下，当关闭的堆芯温度低于用于冷却它的温度时，它会接管冷却任务，从大型 BWST 中抽取冷却剂。为了应对在冷却剂大量损失的情况下，LPI 或 HPI 弥补缺口会延迟的可能性，通常通过在两个大型安全注射水箱储存更多的可用冷却剂储液来提供更大的裕度，这些储液通常位于堆芯上方，以获得重力辅助和被动运行。这些水箱中的水由气泡加压，气泡的作用是在需要时立即将水排入堆芯。

反应堆堆芯隔离冷却系统（特别是与案例分析 14.3.4 中描述的福岛第一核事故相关）利用由 BWR 冷却堆芯衰变热驱动的涡轮机，通过冷凝器循环冷却剂，以维持冷却效果，特别是在冷却剂泵断电或泵故障的情况下。例如，许多紧急冷却系统旨在通过从安全壳的集水坑中再循环冷却剂来尽可能长时间地运行。安全壳内的喷淋系统不仅可以减少冷却剂损失时的压力积聚，还可以延缓挥发并增强受污染冷却剂的冷凝。

上面给出的应急堆芯冷却系统的描述往往集中在那些堆芯水状态（即气体或液体）和损失是与 LWR 系统相关的需要缓解的问题的系统。其他反应堆变体在适当的情况下利用了第 10 章中描述的不同系统。

14.5.4 重大核事故

INES 根据一系列标准对核事故和事件进行分级，这些标准在表 14.6 中进行了总结。因此，尽管连续记录了一系列相对较小的异常和事故，但仍有 5 起主要重大事故在上述 INES 中排名第 5 位。虽然并非所有这些例子都与商业运营的发电厂有关，但根据本文的重点，它们都或多或少地对核安全实践产生了影响。按时间顺序排列，它们是：基什蒂姆（1957 年，苏联）、温茨凯尔（1957 年，英国）、三哩岛（1979 年，美国）、切尔诺贝利（1986 年，苏联）和福岛第一核电站（2011 年，日本）。因辐射暴露而导致人员伤亡的事故被列出，并在其他地方广泛可用，而联合国原子辐射影响科学委员会的记录提供了与核事故相关的数据和记录来源。

上面列出的五起最突出的核事故或多或少已经成为流行文化中臭名昭著的事件，并引起了如此广泛的兴趣，以至于现在有大量与它们相关的信息，几乎可以通过各种形式的媒体获得。这包括已经被引用的内容（例如，仅关于切尔诺贝利主题就有 10 000 多篇被引用的科学论文）以及流行文章、电视纪录片、书籍、电影、互联网报道和新闻。

对这些信息的全面总结超出了本书的职权范围，特别是因为根据定义，有专门针对特定事件的文本和特定调查的描述。无论如何，这些与本章相关的事件的遗留问题是，它们经常说明核工程系统设计和运行方式的不足；总结这一遗留问题很重要。为此，本节通过介绍的方式详细讨论了温茨凯尔事故。之所以选择这一点，是因为它是最早记录的事件之一，其后果是众所周知的，并且在公开文献中也得到了广泛的讨论。然后，根据案例分析 14.3.1 到 14.3.4，根据其原因、影响和遗留问题对其他每个主要事件进行审查。

核事故的一个例子：温茨凯尔火灾。

14.5.4.1 背景和技术背景

1957 年 10 月 10 日至 11 日，英国温茨凯尔核电站的 1 号机组在试图对石墨慢化剂进行退火后发生火灾。火势蔓延到多个燃料通道,涉及约 10 t 铀,放射性主要通过工厂的通风烟囱释放到环境中。反应堆因此损坏到无法修复的程度,其孪生反应堆 2 号机组在事故发生后不久就关闭了。该事故在 INES 上被评为 5 级。

温茨凯尔堆是位于英格兰西北部坎布里亚郡西海岸附近塞拉菲尔德核电站的两个核反应堆。它们建于第二次世界大战后不久,主要用于为英国核武器计划生产钚。发电厂设计不提供发电;反应堆以石墨为慢化剂,其中金属铀燃料(通常是天然铀)以短铝包壳弹药的形式水平放置在当时所知的石墨托盘或板上。反应堆由电动鼓风机在大气压下通过堆的空气冷却。余热通过堆垛排到大气中,每个堆垛高度为 125 m,每个反应堆一个。每个反应堆堆芯由一个 2 000 t 石墨慢化剂组成,该慢化剂由 3 440 个通道组成,每个通道包含 21 个燃料元件;因此,每个堆芯在满负荷时总共包含超过 70 000 个元件。控制棒也水平穿过石墨,关闭杆垂直固定在堆芯上方的电磁离合器中,在紧急情况下,该设施会在重力作用下落下。每个机组的设计功率为 180 MWth,最高燃料温度为 395 ℃。

在运行期间,每个堆被带到临界状态,经过一段时间的运行后,燃料盒被推离堆的后部,进入通往储存池的充满水的管道中的吊桶中。在允许最显著的裂变产物衰变所需的一段时间后,乏燃料盒被转移到附近的化工厂进行处理。新的燃料从提升机(装料提升机)插入堆的前部(装料面)。来自两套较大鼓风机机器(石墨堆芯两侧各有一套)的过滤空气通过堆芯前部(装料面后方)的管道进入系统,吹过堆芯,然后在后部排出,进入烟囱底部。鼓风机配备了可调节风量的挡板,同时安装了一套独立的停机鼓风机,用于移除衰变热。每个排气烟囱顶部都安装了一排过滤器:这些过滤器是为了应对通过烟囱发生放射性释放的可能性而增加的。

温茨凯尔的建设始于 1947 年,从 1951 年开始运营,直到 1957 年 1 号核电事故,在此期间,英国核计划从专注于钚发展到新燃料设计的测试和特定同位素的生产。这反映了在钚需求显著增加、为下一代反应堆(Magnox)做准备和氢弹开发所推动的活动计划迅速扩大的推动下。尽管正常运行没有任何问题,并且可用性很高,事后看来,这些需求的压力超过了可用的人力资源,尤其是在技术级别中。

在理解导致温茨凯尔火灾的一系列发展过程中,一个突出的特定技术问题是威格纳能源。与同时代的其他反应堆一样,温茨凯尔反应堆的设计和制造仅基于当时世界上存在的几年核反应堆技术经验。由于军事保密,特别是作战经验方面,跨国界的信息流动有限,情况进一步复杂化。美国汉福德的经验已经确定,由于石墨暴露在反应堆中,很容易受到中子相互作用的破坏,这对它们的设计和运行有重大影响。

匈牙利理论物理学家尤金·维格纳(Eugene Wigner)发现了以他的名字命名的维格纳效应现象,这种现象是由于高能中子(即 E_n>25 eV)将碳原子从它们在石墨晶格中的对称位置位移而产生的。位移原子占据间隙位置,从相关中子吸收能量以引发位移。能量存储为势能,对应于位移位置相对于其原始晶格位置的局部不稳定性。维格纳效应以两种方式表现出来:(1)石墨的尺寸膨胀;(2)如果不加以控制,则以热量的形式不受控制地释放储存的能量。

温茨凯尔设计团队及时注意到了维度效应,以便调整图形的设计。然而,为了适应储存的维格纳能量的受控释放,在1952年发生一次自发释放后,临时制定了操作程序,使石墨的温度升高以启动维格纳能量释放;石墨晶格中原子振动的相关增加导致那些处于间隙位置的原子返回到对称位置的晶格位置,这称为退火。

这种退火是根据以下因素定期以指定的时间间隔进行:燃尽(即反应堆功率与该功率时间的乘积),从相关堆芯的石墨样品中获得的研究,并考虑从以前的退火中记录的观察结果。温度的升高始于从停堆状态通过核加热启动,目的是建立一个能够自我维持的维格纳释放过程,随后这一过程将扩散至整个反应堆核心。核加热是通过缓慢从堆底部撤回控制棒来实现的,以在低功率下达到临界状态,同时关闭主空气鼓风机和通风口。为了帮助操作员根据核心温度控制过程,多个热电偶被集成到石墨结构中。

上述过程之前在温茨凯尔机组的运行期间已经完成了16次,虽然在正式的书面程序方面并不常见(事实上,作为书面说明的证据,只剩下一份少量的备忘录),但参与的团队拥有丰富的操作经验。

14.5.4.2 事故的年表

1957年10月,在温茨凯尔1号机组进行第9次退火时,由于在之前的尝试中难以获得令人满意的退火,便采用了更长的维格纳释放间隔时间。

退火操作于1957年10月7日星期一开始,起初按计划进行,达到临界值,热电偶读数表明释放正在进行中。当观察到最高燃料盒温度为250 ℃时,关闭堆芯以允许维格纳释放通过石墨传播。然而,到第二天早上,热电偶读数使操作员怀疑退火的进展可能正在消退,因此决定将堆芯再次置于临界状态。核加热一直持续到第二天下午5点,堆芯再次关闭。

退火过程基本如预期进行,尽管一些温度读数比通常遇到的更不稳定,直到10月10日星期四早些时候,特别是在一个热电偶上注意到接近400 ℃的非常高的读数。尽管人们试图通过调整通过堆芯的气流来降低它,但这个特定读数仍然很高。此时,在1号机组的烟囱仪表上记录到放射性增加,但起初这与2号机组的超标读数报告相混淆。当时人们认为这是由于该反应堆中的燃料盒爆裂,但后来发现这实际上是由于仪表故障。

通过风扇调节风量的挡板增加进入堆芯的气流导致超温读数略有下降,但也与现场的重要放射性读数相吻合,例如,在1号堆囱上,在现场气象站的屋顶上,以及随后在星期四上午11点至下午2点进行的空气活动测量,证实了1号机组确实有问题,与一些燃料盒爆裂的情况一致,因此打开了关闭的风扇以帮助冷却堆芯。工程师穿上防护设备、剂量计和呼吸器,前往装料区。当他们在下午4点30分左右从充电面的可疑通道中取出通道插头时,他们可以看到里面的燃料盒发出红色光,移除周围通道塞后也观察到同样现象。

从堆的顶部向下看,通过一个检查口可以看到反应堆后面的空间(燃料盒用完时被推入的空隙),起初是发光的,然后随着时间的推移,可以看到火焰。人们曾多次尝试阻止火势的发展。首先是撤回受影响的燃料盒。然而,由于遇火变形,这些燃料盒被卡住了。随后,移除火场周围的燃烧棒以实现防火,特别是阻止火势蔓延到上方未受影响的通道。这阻止了火势蔓延,但未导致火灾区域的温度降低。

起初,由于担心水可能会产生爆炸性气体氢气和氧气,因此拒绝使用水灭火。相反,二氧化碳被带入油轮并注入堆芯以试图扑灭大火(氩气本来是一种替代品,但数量不足)。这没有效果,因为此时受影响的区域太热了。随后,由于担心随着气温进一步升高,会出现第二次维格纳释放,因此决定在午夜左右使用现场消防车引入水。在消防队的帮助下,10 月 11 日星期五上午 9 点左右铺设了水,并通过脚手架杆送入排放通道。在关闭鼓风机之前,这没有任何效果(这些鼓风机一直打开,保证装料面对试图通过移除燃料棒来限制火势蔓延的人是安全的);当它们被关闭时,火势很快就消退了。到当天中午,火已经熄灭,24 小时后,当水停止供应时,堆芯已经冷却。

14.5.4.3 事件后果与深远影响

在温茨凯尔事故期间,有两次放射性释放:第一次发生在首次注意到温度升高并且风扇调节风量的挡板打开以尝试冷却堆芯时;第二次发生在蒸汽形成并将放射性带到 1 号堆堆栈时引入水以扑灭火灾。大约 150 个燃料通道卷入火灾,大量燃料被氧化。

有记录的放射性向环境释放的最重要,即在烟囱之外、现场和在此之外的放射性释放,最初与^{131}I有关。由于其挥发性,碘从损坏的燃料和烟囱过滤器中逸出。对从邻近农场到现场的牛奶进行的放射化学分析反映了火灾演变的时间尺度和^{131}I的半衰期。

人们很快就意识到,这对温茨凯尔堆附近的幼儿构成了特别大的风险,因为他们相对较多地饮用当地农场的牛奶,并且放射性碘在甲状腺中积累。对接触限值进行了评估,并于 10 月 12 日晚上停止了来自该地点附近农场的牛奶分销。根据对接下来 2 天的分析,从 10 月 15 日开始,牛奶被扔掉,禁令扩展到长 30 英里①、宽 10 英里的沿海地区。这构成了 200 平方英里的面积,农民由英国原子能管理局补偿。该禁令分阶段解除,总共持续了大约 6 周。

在接下来的几个月里,未受火灾影响的燃料被移除并送去处理,但有些燃料被卡在了相关通道中。由于在事故期间努力将燃料推出,装药升降机受到严重污染,用于灭火的水传播了放射性;这些受污染的水被收集并进行了处理。1 号机组无法使用,从未重新启动;2 号机组在一周后关闭,并且从未重新启动,因为根据事故认为必要的调整是不切实际的。由于相互矛盾且不确定的证据,关于事故的具体原因,人们仍然意见不一:它可能是由石墨的氧化引起的,由于辐射引起的对加热的敏感性增加而加剧,或者因为燃料盒失效,使内容物氧化并形成火场。一个有争议的观点是,第二次再加热在第一次再加热之后太快,导致燃料盒氧化。

温茨凯尔火灾是一起严重的事故。它导致了英国核工业历史上最大的放射性意外释放。参与控制火灾和限制污染的人们采取了迅速而果断的行动,避免了一场本来可能发生的重大灾难。它产生了几个深远的影响:

(1)石墨在极端辐射和温度下行为的重要性变得至关重要,引发了一项广泛的研究计划,以改善该领域的知识基础。这为考尔德霍尔和查佩尔克罗斯反应堆的设计提供了信息,作为温茨凯尔之后的气冷堆一代的一部分,特别是在提供堆芯仪器方面。它还促进了与比利时、法国、意大利、日本和美国就石墨问题进行的交流。

(2)它导致了 UKAEA 组织的广泛变化和扩展,尤其是在安全方面。例如,它导致了英国国家辐射防护局(NRPB)的成立,以提供有关辐射健康和安全的独立建议(后来的英格兰

① 1 英里≈1 609.34 米。

公共卫生辐射防护部门);它巩固了先前存在的观点,即核健康和安全应该独立于工业组织。这最终导致了核装置检查局的成立,作为英国的独立核监管机构(后来的核监管办公室),并加强了以安全为首要任务的文化;它通过国际放射防护委员会(ICRP)为英国及更广泛的核事故辐射防护标准的制定做出了重大贡献。

(3)它删除了放射性同位素产生的两个来源。当这些堆已接近其使用寿命的尽头时,他们的总体损失没有想象的那么严重。然而,1 号机组的故障状态和污染使其退役的难易程度变得复杂,并导致这些运行的成本显著上升。

(4)释放到环境中的放射性污染包括 ^{131}I(1 800 TBq),但也包括^{210}Po(42 TBq)和 ^{137}Cs(180 TBq)。Arnold [10]提供了权威的摘要,Wakeford [11]提供了最近的背景资料。关于事件发生后环境监测计划的最早参考文献是 Dunster 等[12]的参考文献,该研究考虑了外部、吸入和摄入风险(后者最终导致牛奶禁令)。

随后的研究探讨了^{210}Po 的途径和肺癌风险;当阈值假设被放弃并在 20 世纪 60 年代发展出集体剂量的概念时,健康影响得到了修正。1988 年,NRPB 的 RH Clarke 得出了随后四五十年英国癌症死亡人数的上限为 100,但这不太可能与总体癌症死亡率区分开来。人们对事故后大气释放和移动进行了几次估计,例如,Garland 和 Wakeford [13]在 2007 年以及 Nelson 等 [14]在 2006 年进行了总结。Geoghegan 和 Binks 在 2000 [15]年和 Mcgeoghegan 等[16] 2010 年探讨了事故相关人员的死亡率。

14.6 法规和核安全理念

14.6.1 纵深防御

全球核安全领域的共识是,战略方针应该是纵深防御[17]。从概念上讲,这渗透在许多相关组织的安全文化和运营中。它描述了从一般角度来看,在给定系统或流程(可以是操作或行政的,也与工厂的实际或工程完整性相关)的每个可感知的故障点背后都需要一定程度的防御;它也被称为需要存在重叠的条款和多重保护层。其哲学理念是,在第一道防线失败的情况下,通过第二道防线的预防措施来避免可能导致事故的一系列潜在事件,以此类推。这种方法的堆芯目标是确保放射性材料与人类和环境保持隔离。一般而言,对于核设施,必须确保控制、冷却和容纳等要素。对这一哲学理念的另一种解释是将其分为五个层次,定义如下:

(1)通过确保高标准的设计和运行来预防故障发生。

(2)当故障发生时,会对其进行检测和控制,以防止其后果变得严重。

(3)如果失去控制,则通过提供工程安全功能和事故响应程序来防止堆芯损坏和放射性释放,从而减轻风险。属于此类系统能力范围内的假设事故场景称为设计基准事故。

(4)对于工程安全功能无法满足的事故(因此称为超出设计基础的事故)的防御措施是遏制。这是为了防止放射性释放到环境中。

(5)发生泄漏后的最后一层防御措施是场外应急计划,该计划通过限制有污染风险的食品的分发、避难所、疏散等来减轻放射性后果。

也许在实践中纵深防御最具体的例子是反应堆堆芯的工程设计,以应对严重反应堆事故的可能性和向环境中释放的放射性。通常从使用低浓缩燃料的异质新热中子反应堆的一般角度实施四个屏障,例如:

(1)燃料芯块旨在抵抗放射性的扩散,例如,具有高熔点、不溶于水等。

(2)燃料包壳可防止乏燃料颗粒的放射性到达反应堆冷却剂和其他材料。

(3)包含反应堆燃料的一回路冷却剂系统的边界(通常包括反应堆容器和相关的一回路)可防止受污染的冷却剂到达反应堆安全壳(在包壳失效的情况下)。

(4)容器周围的反应堆密封可防止因容器故障而产生的污染物进入环境。

纵深防御理念的另一个相关特点是:无论设想的事故情景发生的可能性多低,这一理念都同样适用。例如,尽管反应堆及其安全系统设计时考虑了主要的设计基础事故——即大量冷却剂泄漏的情况,因此认为这种事故不太可能发生,但为了防止这种情况的发生,已经设计了多种应对措施,如高压安注和低压安注系统等。然而,尽管这些系统采取了行动,但上述四项防御措施仍要到位,以确保将污染与环境隔离开来。在此背景下,该概念的另一个实际示例是提供:

(1)对核系统设计进行审查,以尽量减少系统发生故障的可能性(从此类设计所需的冗余和完整性水平中可以看出)。

(2)在发生故障时防止故障后果升级为重大事故的附加系统(例如,喷淋系统、安全壳冷却系统等)。

(3)减轻重大事故后果的设计特征(例如,限制放射性扩散的土木工程特征、堆芯淹没系统等)。

14.6.2 监管方法

与所有存在危害的复杂工程系统一样,核反应堆系统受到监管。出于各种原因,监管——对反应堆设计、建造和运行进行独立监督以确保安全仍然是重中之重——是必要的;简而言之,它的行动可以防止事故、管理许可并确保公众信心。监管机构经常对设计、系统和新操作方法等的漏洞进行独立研究,这在以前是没有得到重视的。他们还对事故和未遂事故进行独立审查,以促进学习。重要的是,监管实践还提供对各种工厂和运营商的量化绩效评估,促进自我提升和公共问责制。认识到核电厂的运营是为了为商业所有者或运营核电站的公用事业公司创造收入,独立监管消除了经济议程和安全之间存在利益冲突的可能性(尽管不太可能)。

核反应堆的运行在许多方面都与其他依赖复杂工程资产的高度监管行业不同。例如,商业航空和汽车行业都受到高度监管,但受益于从其工程系统运行的广泛性能数据中获得的知识。与特定的核电厂设计相比,这样可以更快地检测到问题,从而更容易解决;相比之下,只有不到500座发电厂可供运行,这些发电厂来自不同的代际和一系列设计,构成了相对较小的统计组。同样,对整个反应堆设计或系统进行破坏性测试通常是不可能的;因此,人们更普遍地关注计算以了解一般的性能裕度、专家判断以及仔细考虑已发生的少数严重事故中产生的证据和知识。

监管实践也从开创性反应堆设计的时代演变而来，这些设计产生的功率输出明显较低，在较低的可用性水平下运行，并且通常用于研究目的。在该行业的早期阶段，重点针对核系统本身，而不是整体发电厂。此外，特定国家/地区采用的监管方法受相应行业的国家结构的影响；一些国家只有一家公用事业公司运营核电站，而另一些国家，尤其是美国，则拥有大量独立的商业运营商。

监管也从早期的哲学（反应堆堆芯被认为是工厂的安全关键部件）发展到更全面的哲学，其中一切都被认为与安全相关，包括设计、建造和运行。总体而言，大多数监管机构采用这种整体方法，并通过参考纵深防御原则，强调质疑的态度，即对假设、声明和评估提出挑战。表 14.7 通过相关的国际背景提供了原子能机构十项基本安全原则的有用摘要。

表 14.7　国际原子能机构基金会安全原则[18]

原则	说明
1. 安全责任	对产生辐射风险的设施或活动负有主要责任的人或组织必须承担安全责任
2. 政府作用	应建立并维持有效的法律和政府安全框架，包括独立的监管机构
3. 安全领导与管理	相关组织必须建立并维持有效的安全领导和管理
4. 设施和活动的正当性	产生辐射风险的设施和活动必须带来整体利益
5. 防护优化	必须采取合理可行的最高水平的安全防护措施
6. 个人风险限制	必须确保没有个人承担不可接受的伤害风险
7. 现有和未来世代的保护	必须保护现有和未来世代免受辐射风险
8. 事故预防	必须采取一切切实可行的措施来预防和减轻核事故或辐射事故
9. 应急准备和响应	必须制定核和辐射事故应急准备和响应安排
10. 降低现有和不受管制辐射风险的防护行动	必须对降低现有或不受管制辐射风险的防护行动进行正当性和优化

相对于早期的核反应堆，今天的核电站规模庞大且复杂，因此，要使对核反应堆的监管有效，需要影响深远，并且相对于其他行业来说可能很昂贵。然而，温茨凯尔、三哩岛和切尔诺贝利等著名的反应堆事故表明，对人员的影响、清理工作和电厂的损失远远超过这些成本。因此，在经济和安全之间实现更可接受的平衡的一种前进方法是建造更小、更不复杂的反应堆系统；正如第 11 章所讨论的那样，正是这种趋势目前正在影响有关下一代反应堆设计的讨论。

14.6.2.1　示例 1：美国核管理委员会（NRC）

NRC 是美国政府的一个独立机构，负责确保核材料的安全使用用于民用目的（包括医药），同时保护人类健康和环境。鉴于美国核电站和医疗活动的数量，NRC 拥有大量个人公用事业。它成立于 1974 年，当时美国能源委员会（AEC）被废除时将成为美国能源部。NRC 监管流程包括五项活动：

（1）被许可人和申请执行新业务或程序的法规和指南的制定。

（2）在活动已停止的情况下，授权经营（许可）和终止许可证。

（3）检查和评估以确保符合 NRC 要求，包括应对事件和执法。

（4）审查和分析事故和一般性问题（影响范围超出许可设施的那些问题）。

（5）研究、评估和咨询活动为决策提供信息，废物处理的影响并考虑受决策影响的各方的担忧。

14.6.2.2　示例 2：英国核监管办公室（ONR）

在英国，ONR 由核设施检查局（NII）、民用核安保办公室和英国保障办公室以及放射性材料运输小组合并而成；它于 2014 年 4 月 1 日作为独立的统计公司正式成立。其监管前身 NII 成立于 1960 年，当时人们认识到英国核工业有理由设立自己的专门检查机构。ONR 负责英国的核安全和安保，追究责任人（被许可方和责任人）的公开责任。它涵盖核能发电、核燃料循环设施、退役、国防和新建项目等活动。

对核活动的监管侧重于危害的定义，即可能造成伤害的任何事情，以及风险，即危害发生的可能性与危害的影响相结合。核工业的主要危害是放射性物质发出的辐射；高度重视安全文化，涵盖了基于辐射和传统的危害。ONR 规定了日常操作和事故可能产生的风险。其他法定机构（例如，英国环境署）规定了允许对环境放射性的排放。

ONR 监管方法的一个核心原则是，安全责任在于被许可人或责任人，他们构成了相应的负责人。核安全涵盖许多要求，这些要求可能需要通过以下方式来体现：具有适当操作限制的稳健设计、严格的操作制度、被许可方组织内经验丰富的监管小组、外部同行评审（如世界核电运营者协会和国际原子能机构）以及由强大且独立的监督机构。根据本章前面的讨论，纵深防御是核监管的核心。ONR 通过一套安全评估原则（SAPs）来确保这一点，这些原则提供了一个框架，检查员能够在该框架内做出一致的监管判断。

英国核工业的安全立法借鉴了 1974 年《工作健康与安全法》、2013 年《能源法》和 1965 年《核装置法》，并得到了 1999 年《电离辐射条例》和 2001 年《辐射（应急准备和公共信息）条例》的支持。根据本章前面描述的理念，将风险保持在合理可行的最低水平（ALARP）的基础上，对安全进行管理。英国监管的基础是目标设定制度，其中被许可方有责任证明如何最好地满足 ONR 设定的监管要求，而不是规定他们应该如何满足；这鼓励创新和持续改进。监管要求根据 36 项许可条件列出，例如，从核物质的运输到组织能力。合规性是通过 ONR 的检查和评估以及通过考虑大量证据来判断的，这些证据可能包括安全案例、检查报告、年度审查和应急演习等。

对于新的核电站，寻求建造新反应堆的运营商需要获得 ONR 的现场许可证和同意、相应环境法定机构的环境许可和英国政府的规划许可。ONR 使用一个过程，通过该过程，可以在规划同意之前考虑健康与安全以及成本效益分析等关键问题，称为通用设计评估（GDA）。这在项目开始前的早期就对设计师建立了监管影响，以便在设计阶段解决问题，确保设计和现场相关问题可以单独考虑，并确保过程公开透明。对给定设计的通用设计评估通过多个步骤进行,随着对特定因素或技术问题的探索,每个步骤的审查通常会变得更加详细。

案例分析

案例分析 14.1:^{90}Sr

^{90}Sr 是用于电力和研究的反应堆中核裂变的产物。它的生产是不可避免的。然而,它只会在发生堆芯严重损失事故时才会被释放到环境中。如果这种物质发生扩散,它可能构成重大的放射性毒理学问题,原因有很多。

首先,它是一种裂变产物,其产生的数量足以构成危害,如果摄入的话,其半衰期足够长(28.8 年),使其在产生后很长一段时间内都令人担忧。

其次,锶是Ⅱ类元素,因此人体会像对待钙一样从食物中吸收它,以保护骨骼和牙齿。这些是体内寿命最长的物质,证明身体不会非常有效地排泄这些元素。如果摄入,^{90}Sr 可以长时间存在于身体的上述区域,并且很难消除。在骨骼中,^{90}Sr 发出的辐射可能会损害负责产生红细胞的骨髓。相对于其他组织,这种类型的组织更新很快,因为这些细胞定期被骨髓取代。

^{90}Sr 是 β^- 粒子的发射器,鉴于它们的最大能量为 0.546 MeV,作为高能电子,在 LET 方面是中等关注的。然而,^{90}Sr 的显著特征是它会衰变为 ^{90}Y。^{90}Y 是一种相当特殊的情况,因为它也具有放射性,半衰期非常短(64.1 小时),因此具有很高的比活性。此外,它发射的能量是 β^- 粒子中已知最高的能量之一,为 2.27 MeV。因此,驻留在活组织中的 ^{90}Sr 不仅因为它的衰变,还因为它的 ^{90}Y 子产物的衰变而构成重大的放射性危害。在 1979 年反应堆事故后,在 20 世纪 80 年代对 TMI 受灾反应堆进行燃料处理时,这成为一个重要问题。它需要开发各种技术,以确保人们免受 ^{90}Sr 和穿透性 ^{90}Y β^- 射线的影响。

案例分析 14.2:^{210}Po

^{210}Po 作为在 2006 年导致亚历山大·利特维年科死亡的同位素而为公众所知。虽然它与核电站本身无关,但它提供了放射性毒性的有用说明。它的半衰期相对较短(138.4 天),并且在其衰变中发射能量为几兆电子伏特(MeV)的 α 粒子。作为一种辐射形式,α 粒子以我们遇到的其他辐射的标准来看是相对质量较大且带电的。因此,^{210}Po 具有非常高的比活性并发射高 LET 辐射,使其具有极强的放射性毒性。虽然其半衰期短的好处是它可以迅速衰变为稳定的 ^{206}Pb,但这会使核事故后的法医研究复杂化,因为在 ^{210}Po 污染发生后不久,几乎不会再有放射性物质来证明其存在。此外,α 活动很难在现场测量。例如,在可能怀疑 ^{210}Po 存在的地方,它往往在获得令人满意的测量结果之前就已经衰变得一无所有。此外,请注意此示例如何说明同位素形式之间的细微变化(在本例中从 ^{210}Po 到 ^{206}Pb)如何从根本上改变受污染物质的放射性毒性。

案例分析 14.3：核事故及其对核安全的影响

案例分析 14.3.1：核事故及其对核安全的影响 —— 克什特姆

1957 年 9 月 29 日，位于苏联时期的车里雅宾斯克州克孜勒塔什湖南岸的马亚克核材料生产设施发生了克什特姆灾难。这个军事设施位于基斯季姆和卡斯利南部的城镇之间，是一个“封闭”的研究所。因此，在苏联解体之前，它没有在地图上显示，而简称为车里雅宾斯克-40。直到 1976 年苏联流亡者 Zhores Medvedev 写下了关于这场灾难的文章[19]后，关于这场灾难的发生原因才得到广泛传播。该地区慢性放射性污染的历史，可以追溯到 1949 年，污染源是排放到特查河谷的废水池；在 1957 年事故之前，该设施发生了几起严重事件。

事故发生时，一个装有硝酸钠和醋酸盐放射性残留物的不锈钢圆柱形罐过热并爆炸，在场外释放了 740 PBq 的放射性，并污染了 20 000 km^2的地区，272 000 人受到影响。一个长 300 千米、宽 30~50 千米的区域被^{90}Sr 污染到 3.7 GBq km^2。

水箱直径约 8 m，高约 6 m（体积 300 m^3）。它安装在厚度为 1~1.5 m 的钢筋混凝土衬垫中，带有 0.8 m 厚的钢筋混凝土盖，上面覆盖着 1~1.5 m 的土壤。虽然设计为用水冷却，但冷却系统在事故发生前的某个时候已经失效。在没有冷却的情况下，由放射性释放的热量驱动的蒸发导致放射性液体减少到 70~80 t 干燥沉积物。在继续产生热量后，它发生了化学爆炸[20]。简而言之，克什特姆事故被描述为“如果人类未能采取适当的措施保护环境，可能对环境造成灾难性、长期影响的记录”[21]。受影响地区一直在进行医学和放射生态学研究的主题，一直持续到今天。这有利于对与切尔诺贝利事故相关的辐射水平的长期预测。克什特姆在 INES 上的评级为六级。

案例分析 14.3.2：核事故及其对核安全的影响 —— 三哩岛

1979 年 3 月 28 日，美国三哩岛核电站发生事故，对反应堆造成了大面积破坏，使其无法再次运行。主安全壳没有被破坏，释放的放射性物质主要是惰性气体裂变产物。然而，拆除工厂是一个漫长且非常昂贵的过程。这次事故揭示了许多挑战。由于需要对其他反应堆进行改造以防止类似事故重演，导致了巨大的经济损失，并且事故对美国能源政策产生了重大和长期的影响。三哩岛核电站事故在 INES 上被评为 5 级。

三哩岛核电站位于美国宾夕法尼亚州哈里斯堡附近的萨斯奎哈纳河的一个岛屿上，上面有两个由巴布科克和威尔科克斯设计的压水堆，每个的功率为 800~900 MWe。导致 2 号机组事故的事件始于一个相对较小的操作，即从与给水系统中脱盐剂相关的管道中去除带有压缩空气的离子交换树脂的凝结（这些用于在冷凝水返回并再次使用之前对其进行净化）。此操作导致给水流动中断。反过来，这导致给水泵、主汽轮机蒸汽截止阀和汽轮机按此顺序跳闸。没有给水流，反应堆一回路中的温度和压力开始增加。按照正常操作，这导致稳压器上的先导式安全阀（PORV）打开，反应堆停堆而泄压后，由电磁阀驱动以将其关闭。所有这些操作都在几秒钟内自动完成。

不幸的是，尽管操作员在控制面板上确认了关闭 PORV 的动作，但它仍然打开。并长达 2 个多小时没有被人注意到，而一回路冷却剂泄漏，促进了 SBLOCA。冷却剂约以每分钟

1 000 L 的速度流失,从而降低了系统压力。操作员基于对诊断信息的误解而采取的善意行动加剧了这种情况。在事故时间表大约 16 小时后,主冷却剂循环才恢复,堆芯被重新淹没并遭受了重大损坏。

打开的 PORV 被假定为关闭,因为控制面板指示电磁阀的运行与阀门本身的实际关闭相反。总体而言,诊断信息的呈现方式以及大量警报和指示器使操作员在事件发展的关键时刻做出重要决策的难易程度变得复杂。例如,工厂有两个重要的预先存在的特征影响了事故当天做出的决定。首先,从相关排放管线上的温度传感器可以明显看出,反应堆地下室的排水罐中预先存在的冷却剂轻微泄漏;这会分散操作员的注意力,使其无法注意到 PORV 发生更严重的泄漏,因为冷却剂遵循相同的路径,但数量要大得多。其次,先导阀在维护期间关闭,没有重新打开。直到事故发生 8 分钟后才注意到这一点,在此期间紧急给水供应无法到达堆芯。

此外,操作员在模拟器上接受了培训,该模拟器没有考虑到在一回路中可能形成蒸汽空泡的可能性,从而增加一回路的冷却剂体积。该单相模型没有考虑由于空泡导致的稳压器液面上升,而是表明单相体积增加,这与一回路中的水过多一致。因此,当稳压器满载或"固体"时,操作员会关闭喷淋系统[22],而实际上稳压器的液位上升是堆芯中的空泡导致的。操作员所依赖的诊断信息,例如用于推断反应堆温度的图表记录仪,使他们依据这些信息做出的决策更加复杂。由于担心多相流会导致主泵振动,以及发现旁通压力调节阀(PORV)处于开启状态,操作员关闭了主泵与 PORV。这导致了两个冷却源的丧失,而此时反应堆因小破口事故导致主回路冷却剂量减少,进而引发了广泛的燃料损坏。

三哩岛核电站事故引发了数十年的研究,尤其是在人机接口设计及其对决策机制影响方面的研究。因此,开发了新方法来拆除受损的反应堆,以最大限度地减少工人的辐射暴露,特别是案例分析 14.1 中提到的^{90}Sr 的高能^{90}Y β^-发射。尽管燃料熔化,但安全壳仍然完好无损,并防止了大量放射性物质的释放。从堆芯中取回受损的燃料花费了多年时间,并且花费了大量资金。最重要的是,这次事故被认为是遏制了美国核能增长的一个因素。

案例分析 14.3.3:核事故及其对核安全的影响——切尔诺贝利灾难

1986 年 4 月 26 日,乌克兰基辅附近的切尔诺贝利核电站 4 号机组发生事故,就其规模和持久的影响而言,是罕见的。它已成为 10 000 多篇研究论文的主题,研究者们仍继续从各种角度对其进行审查,它被广泛认为是世界上最严重的核事故。

事故在许多研究报告中都有详细描述[23]。它导致苏联和欧洲其他国家的大片地区受到广泛污染(造成了任何民用行动中最大的不受控制的放射性物质的释放:1 760 PBq ^{131}I 和 86 PBq ^{137}Cs)。这给受灾地区造成了严重的社会和经济影响,包括广泛而持久的疏散。两名男子因与辐射暴露相关的爆炸而当场死亡。大约 134 名工人和急救人员暴露于高辐射剂量下,导致身患急性辐射综合征(ARS),其中 29 人死亡,另有 7 人因暴露或创伤而死亡。对 ARS 幸存者的主要影响是皮肤损伤和白内障,有一些证据表明白血病的发病率有所增加。缺乏针对牛奶中 ^{131}I 污染的适当对策导致暴露人群的甲状腺剂量相对较大,该人群中甲状腺癌的发生率很大一部分被认为是由于这种暴露。

4 号机组的 RBMK 反应堆类型具有许多设计特征,这些特征是导致事故发生的重要因素。RBMK 设计倾向于在低功率水平下,正空泡系数主导燃料温度系数。这使得反应堆对主泵运行中断和入口处冷却剂的温度非常敏感。在事故发生时,停堆棒插入机制(用于关闭反应堆的关键部件)相比于当时其他设计较慢(18 秒)。控制棒下端的石墨随动器(或位移器)在插入时可能会因冷却剂液位的变化而引入短暂的正反应性,具体取决于空间功率分布和密度。低功率水平(小于 10%)的反应堆控制依赖于堆芯外部的探测器,这些探测器无法指示中子通量分布。这种分布受到中毒效应的影响,需要操作员具备丰富的经验和专业知识来控制低功率水平下的反应堆。岩芯的大尺寸(直径 11.8 m×7m)加剧了这种情况。在事故发生时,一些安全系统、自动停堆机构和警报信号也可以手动绕过。该反应堆没有一个能承受多个燃料通道同时破裂而导致压力释放的由土木工程结构构成的安全壳。

由于预期会进行例行停机,因此计划进行一项测试,以确定在断电的情况下,汽轮机是否可以为主泵提供动力,因为它会减速,直到柴油动力电源接管。当电网发出电力需求时,功率被降至接近停机水平,但在大约一半时停止了。大约 9 小时后,电力再次开始减少。尽管打算将反应堆稳定在大约 30% 的功率,但由于减少沸腾的重大影响,功率水平无意中下降到 30 MWth。在增加时,该级别的电力因氙中毒而变得复杂,并且许多控制棒被撤回以尝试达到 200 MWth,这违反了规定。在这一点上,尽管存在这些困难和已知的堆芯在低功率下的不稳定性,人们还是决定继续进行测试。在 01:23:04,涡轮停止阀关闭,主泵开始减速。功率上升并在 3 s 内超过 530 MWth。目前尚不清楚给水流速的降低是否会导致堆芯空泡现象,以及这是否与减少氙气中毒或反应堆在 01:23:40 时插入控制棒相结合,导致了随后的事故升级。据估计,功率在 4 s 内增加了 100 倍。当控制棒进入一半时,快速增加的功率使堆芯不稳定并导致它们卡住;包含燃料的加压通道开始破裂,导致减压和大量蒸汽产生。发生了两次爆炸:第一次被认为是由于蒸汽的产量;第二次怀疑是由于锆-蒸汽反应产生的氢或进一步的功率偏移。2 000 t 的反应堆盖被爆炸掀开,大量放射性物质被喷射到大气中并散落在反应堆现场周围。堆芯本身燃烧了几天。该事故在 INES 上被评为 7 级。

切尔诺贝利事故产生了大量的科学数据,它证实了 ^{131}I 的牧场-奶牛-牛奶路径,并表明在这方面采取有效对策的必要性(例如在核事故发生后立即限制牛奶的分销和使用碘酸钾片剂)。它还使对环境中寿命较长的放射性核素途径的了解受益匪浅,并导致对 ARS 及其治疗的理解得到显著改善,尤其是在眼睛晶状体方面。切尔诺贝利向世界证明,无论政治和国界如何,严重核事故的后果都是一个全球性问题。它对当地社区和邻国产生了重大影响,并影响了核电在全球范围内的扩张。潜在影响仍然是研究和评估的主题。

案例分析 14.3.4:核事故及其对核安全的影响——福岛第一核电站

2011 年 3 月 11 日福岛第一核电站事故在著名的核事故中是独一无二的,因为它与重大自然灾害一起发生,被称为电站停电事件。当福岛第一核电站由于场外电源和应急电源的双重损失而失去所有电力时,就会发生电站停电事件。福岛事故在许多来源和报告中都有详细描述[24-27]。

福岛第一核电站由六台 BWR 组成。事故发生前,三台(1~3 号机组)处于全功率状态,三台(4~6 号机组)已关闭进行加油和维护。东日本大地震(里氏 9.1 级,自 1900 年有记录以来有记录的第四大地震)导致 1~3 号机组响应地面自动停堆,由于地震对供电基础设施造成破坏,所有场外交流电力供应中断。根据设计响应,应急柴油发电机自动启动,为所有机组提供交流电源。大约 40 分钟后,海啸波开始到达工厂以东的海岸线。第二波淹没了保护性海堤,淹没了福岛第一核电站,淹没了许多设施并造成了广泛的破坏。其中包括柴油发电机房,导致 1~5 号机组失去交流电。福岛第一核电站系统的设计可在电站停电中使用电池供电的直流电源 8 小时。然而,1 号、2 号 和 4 号机组的直流电力系统受到洪水的影响,这些机组失去了电力供应,同时失去了对反应堆系统的监控、通信和照明,3 号机组的冷却系统也停止了工作。人们不断努力稳定核电站,但 1~3 号机组遭到严重破坏,需要大量疏散公众,放射性物质被释放到环境中。该事故在 INES 上被评为 7 级。

福岛第一核电站 1~6 号机组情况如下。

1 号机组:1 号机组的直流电源损失隔离了蒸汽动力应急冷却系统(反应堆堆芯隔离冷却,RCIC)并禁用了高压安注系统(HPIS)。动力损失还阻止了安全壳内压力释放,因此也无法进行低压注射。海啸发生 12 小时后,安全壳被破坏,无意中使注射成为可能,最终缓解了压力。燃料熔化发生在堆芯中,被认为已经扩散到反应堆容器底部。放射性物质释放发生在海啸后 12 小时,安全壳通风后发生在海啸后 23 小时。氢气从堆芯中释放出来,但没有足够快地排出。这导致了爆炸,损坏了反应堆建筑。

2 号机组:2 号机组的 RCIC 系统运行了 68 小时,保持水位和冷却。然而,当该系统发生故障时,内部压力起初太大,无法紧急注入冷却剂,虽然最终通过泄压实现,但 1 号机组发生了快速加热和堆芯损坏。随后压力的快速下降表明收容失效,放射性物质被释放到环境中。

3 号机组:在海啸和水位维持后 2 天内,3 号机组的直流电源可用,并缓解了压力。然而,RCIC 在 20 小时后出现故障,虽然 HPIS 继续运行,但由于担心它可能发生故障,它被停止并用海水注入代替。然而,压力太高,无法注入海水。因此,反应堆水位下降,系统减压,导致剩余的冷却剂闪蒸成蒸汽。这会导致泄压阀破裂,从而形成污染到环境的途径。海啸发生后 43 小时,反应堆堆芯中的燃料熔化,放射性物质在海啸发生后 47 小时发生泄漏。

4 号机组:该反应堆关闭,其燃料位于乏燃料池中。断电导致游泳池无法冷却,但水位得以维持。由于氢气通过公共通风系统从 3 号机组迁移,4 号机组的反应堆建筑发生爆炸。

5 号和 6 号机组:两个反应堆在事故发生时已停堆,已稳定到冷停堆状态。

福岛事故的后果是广泛且持续的[25]。事故导致大约 150 000 人从家中疏散。这大大降低了辐射暴露的风险,但影响了身体、社会和心理健康,包括一些被收容的老年人和重病患者的死亡。许多人无法返回家园。大量放射性物质被释放到环境中,包括大气释放:^{131}I 为 100~500 PBq,^{137}Cs 为 6~20 PBq,排放到海洋中的排放量估计为大气释放量的 10%~50%。

没有出现与辐射相关的死亡或急性影响,无论是公众还是工人。对公众的剂量(测量和终生预测)非常低,预计不会对辐射相关的健康产生明显影响,参见终生有效剂量(成人)小于 10 mSv(接受 100 mSv 甲状腺剂量的婴儿数量未知)。推断 12 名因吸入 ^{131}I(2~12 Gy)而有显著甲状腺暴露的工人和 160 名估计有效剂量大于 100 mSv 的工人患癌症的风险增加。2011 年开始了一项调查(福岛县健康管理调查),该调查将持续 30 年,覆盖事故发生时居住在福岛县的 205 万人。

人们从福岛事故中吸取了重要的教训。在福岛第一核电站的设计中为极端地震和洪水事件提供的事故裕度被认为缺乏。设计中没有预料到同时发生影响多个单元的主要危险因素的可能性。由于地震的场外后果,再加上运营公司(TEPCO)和监管机构都认为长时间断电的可能性非常低,因此对核紧急情况的响应变得复杂。由于反应堆系统位置接近,这种情况使事故应对更加困难。误判隔离冷凝器的状态和 1 号机组中氢气的延迟排放被认为在加剧事故的发展。事故早期交通和通信联系的中断影响了高层决策[26]。人们认为,针对停电事件的准备和培训措施存在缺陷,监管机构、运营商和政府之间必要的独立性也存在缺陷[27]。

福岛第一核电站遭受的地震和海啸规模在之前的核电站运营经验中是前所未有的。然而,一些专家认为该事故是"人为的",其原因是"可预见的"[27]。采取这种立场是因为,尽管核电站是在最新的抗震指南之前建造的,但当时已经认识到需要加强防御措施,而在事故发生时这些措施尚未实施。由于这次事故,世界各地核设施的安全措施和程序得到了改善,包括日本核能部门的重大改革。德国、意大利和瑞士的核能政策也得到了审查和改变。

复习指南

完成本章后,你应该:

- 了解辐射剂量的定义。
- 了解可能导致我们认为特定放射性物质在数量、辐射能量和比活度方面对健康构成影响的参数。
- 了解吸收剂量、等效剂量、有效剂量和总剂量的定义以及与这些参数对应的单位。
- 对计算上述剂量量时所需的辐射权重因子和组织加权因子的范围有基本了解。
- 了解在背景、职业环境直至严重事故中可能发生的各种剂量暴露范围。
- 了解放射性毒性的概念以及它如何受到一系列因素的显著影响。
- 了解线性能量转移(LET)的一般概念。
- 了解核事故评级的国际尺度。
- 了解突出的核事故和作为示例案例分析的温茨凯尔火灾的细节。
- 了解纵深防御和预防原则的概念。
- 理解监管的必要性,并通过美国和英国的两个例子来了解不同方法的区别。

习　　题

1. 描述吸收剂量、等效剂量和有效剂量之间的差异,并在你的答案中说明每个剂量的相应 SI 单位。

2. 描述危害和风险之间的区别。为什么很难估计与低水平辐射相关的风险？请描述在没有更好的科学数据的情况下采用的哲学准则。

3. 为什么有必要采用多种紧急堆芯冷却方法来应对裂变反应堆中冷却剂损失的情况？描述你知道的系统并命名它们。

4. ^{133}I 在第 5 章讨论的事件中构成重大放射性毒理学危害。研究 ^{133}I 的性质，从而描述为什么你可能会得出这样的结论。请描述为什么我们认为这是切尔诺贝利事故后引起关注的重要原因。

5. ^{85}Kr 是由于三哩岛事故而被人们所重视的：请描述在这种情况下它是如何被处理的，以及这样做对邻近人群构成的风险。

参考文献

[1] Nuclear Energy Agency, Comparing Nuclear Accident Risks With Those From Other Energy Sources, ISBN 978-92-64-99122-4, 2010. Nuclear Energy Agency No. 6861.

[2] B. L. Cohen, Test of the linear-no threshold theory of radiation carcinogenesis for inhaled radon decay products, Health Phys. 68 (2) (1995) 157–174.

[3] J. Valentin, Relative biological effectiveness (RBE), quality factor (Q) and radiation weighting factor (WR), Ann. ICRP 33 (4) (2003) 1–121.

[4] The 2007 recommendations of the ICRP publication 103, Ann. ICRP 37 (2 – 4) (2007) 1–332.

[5] IAEA, Report on the preliminary fact finding mission following the accident at the nuclear fuel processing facility at Tokaimura, Japan, www-pub. iaea. org/MTCD/Publications/PDF/TOAC_web. pdf, 1999.

[6] E. J. Hall, Cellular damage response, in: 4th International Conference on Health Effects of Low-level Radiation, British Nuclear Energy Society, 22–24 September, 2002.

[7] G. A. M. Webb, R. W. Anderson, M. J. S. Gaffney, Classification of events with an off-site radiological impact at the Sellafield site between 1950 and 2000, using the International Nuclear Event Scale, J. Radiol. Prot. 26 (2006) 33–49.

[8] ONR-GDA-AR-11-003, Generic design assessment—new civil reactor build, step 4 PSA assessment of the Westinghouse AP1000 reactor, http://www. onr. org. uk/new-reactors/reports/step-four/technical-assessment/ap1000-psa-onr-gda-ar-11-003-r-rev-0. pdf, 2011.

[9] L. S. Tong, J. Wiseman, Thermal Analysis of Pressurised Water Reactors, third, Am. Nuc. Soc., ISBN 0-89448-038-3, 1995.

[10] L. Arnold, Windscale 1957—Anatomy of a Nuclear Accident, Palgrave-Macmillan, London, ISBN 0-333-48252-2, 1992.

[11] R. Wakeford, The Windscale reactor accident—50 years on, J. Radiol. Prot. 27 (2007) 211.

[12] H. J. Dunster, H. Howells, W. L. Templeton, District surveys following the Windscale incident 1957, J. Radiol. Prot. 27 (2007) 217-230.

[13] J. A. Garland, R. Wakeford, Atmospheric emissions from the Windscale accident of October 1957, Atmos. Environ. 41 (2007) 3904-3920.

[14] N. Nelson, K. P. Kitchen, R. H. Maryon, A study of the movement of radioactive material discharged during the windscale fire in October 1957, Atmos. Environ. 40 (2006) 58-75.

[15] D. McGeoghegan, K. Binks, Mortality and cancer registration experience of the Sellafield employees known to have been involved in the 1957 Windscale accident, J. Radiol. Prot. 20 (2000) 261-274.

[16] D. McGeoghegan, S. Whaley, K. Binks, M. Gillies, K. Thompson, D. M. McElvenny, Mortality and cancer registration experience of the Sellafield employees known to have been involved in the 1957 Windscale accident: 50 year follow-up, J. Radiol. Prot. 30 (3) (2010) 407-431.

[17] International Atomic Energy Agency, Defence in depth in nuclear safety, INSAG-10, 1996, http://www-pub. iaea. org/MTCD/publications/PDF/Pub1013e_web. pdf.

[18] IAEA, Fundamental safety principles, Safety Standards Series No SF-1, IAEA, Vienna, 2006.

[19] Z. Medvedev, Two decades of dissidence, New Sci. 72 (1976) 264.

[20] M. I. Avramenko, et al., Radiation accident of 1957 and East-Urals radioactive trace: analysis of measurement data and laboratory experiments, Atmos. Environ. 34 (2000) 1215-1223.

[21] D. M. Soran, D. B. Stillman, An analysis of the alleged Kyshtym disaster, LA-9217-MS, http://www. iaea. org/inis/collection/NCLCollectionStore/_Public/14/724/14724059. pdf, 1982.

[22] S. Levy, Three Mile Island: a call for fundamental and real-time analysis, Heat Transfer Eng. 1 (4) (1980) 47-52.

[23] INSAG-7 The Chernobyl Accident: Updating of INSAG-1, IAEA Safety Series, 1992, http://www-pub. iaea. org/MTCD/publications/PDF/Pub913e_web. pdf.

[24] Y. Amano, The Fukushima Daiichi Accident, IAEA, 2015. ISBN:978-92-0-107015.

[25] UNSCEAR, Levels and effects of radiation exposure due to the nuclear accident after the 2011 great eastJapan earthquake and tsunami, Annex A, http://www. unscear. org/docs/reports/2013/13-85418_Report_2013_Annex_A. pdf, 2013.

[26] Y. Funabashi, K. Kitazawa, Fukushia in review: a complex disaster, a disastrous response, Bull. At. Sci. 68 (2) (2012) 9-21.

[27] K. Kurukawa (chair), The official report of the Fukushima Nuclear Accident Independent Investigation Commission (NAIIC), The National Diet of Japan, 2012.

第15章　放射性废物的管理和处置

15.1　章节概要和学习目标

本章的重点是放射性废物的管理和处置这一重要议题。本章从以往活动（主要是核能发电，但也包括军事活动）产生的现有废物的角度，以及从正在产生的放射性废物和对未来活动产生的放射性废物的预测的角度，对这一领域进行了阐述。介绍了构成放射性废料的材料成分和种类，并考虑了放射性毒性和寿命的范围。放射性废料的管理手段是根据常见的优先事项来考虑的，这些优先事项包括：尽量减少废料的产生、最小化废料的体积，以及使废料的形态尽量减少污染扩散的可能性（通常是通过固定和密封）。此外，还从广为接受的深地质处置方法的角度，介绍了处置放射性废物的主要手段，尽管这些活动已经过时（主要是海洋处置）。

本章的目标是：

（1）放射性废物的定义是指一系列被放射性污染、不再具有有用目的且需要进行管理和处置的物质；

（2）介绍主要形式放射性废物的成分、时间尺度和来源；

（3）根据放射性废物的比活度、寿命、发热状况和受超铀元素污染的程度，定义并描述放射性废物的各种分类，同时认识到虽然全球的总体趋势是共同的，但各国的具体分类可能有所不同；

（4）介绍适用于放射性废物的主要处理方案和概念，包括包装和固定化；

（5）介绍分区和嬗变的概念，作为正在考虑的可能减少放射性废物对后代危害的技术的一个例子；

（6）介绍现有的和已考虑过的放射性废物的最终处置方案，包括深层地质处置和海洋处置，同时认识到海洋处置现已被禁止；

（7）在工程屏障系统概念的基础上引入工程安置的概念；

（8）总结现有的各种自然类似物，从中了解长期存放放射性废物的最佳方式。

15.2 历史背景:让·弗雷德里克·约里奥-居里(1900—1958)

让·弗雷德里克·约里奥-居里(图 15.1)曾是玛丽·居里的助手,并完成了关于放射性元素电化学的博士论文(继工程学论文之后)。他与伊雷娜·约里奥-居里(玛丽·居里的女儿)结婚后,共同研究了用 α 粒子轰击稳定元素的效果。1935 年,他们因这一人工放射性发现而获得诺贝尔化学奖。

图 15.1 让·弗雷德里克·约里奥-居里

约里奥-居里成就的意义是多方面的,他与妻子创造的同位素数量太少,无法用标准分析方法进行量化,但由于这些同位素会发出辐射,即使是最小的数量也可以估算出来。约里奥-居里对此作了精辟的概括:“这种特殊的化学,可以处理无法称量的数量。”[1] 指的是最早形式的合成放射化学。

随后,约里奥-居里提出,质子、氘核和中子也可能产生类似的现象。这一见解在轰击^{235}U 导致裂变和开发加速器系统(发现了许多超铀元素)方面都具有重要意义。约里奥-居里还证明了放射性碘作为甲状腺示踪剂的用途,并提出了在医疗放射治疗中使用人工放射性的可能性。

约里奥-居里在其职业生涯的大部分时间里都专注于从裂变中产生能量。也许最重要的是,他测量了裂变发出的中子数量,并证明核链式反应是可能的,同时明确了这种反应自我维持的必要条件。他预计,这可能会释放出巨大的可用能量,但同时也建议需要采取必要的预防措施。他对裂变的兴趣因第二次世界大战和法国被占领而减弱,此后他更多地参与了相关的外交活动,如担任世界和平理事会主席。

15.3 导 论

废物是指将来预计没有用途的物质。大多数人类活动都会产生这样或那样的废物。最近,在世界范围内,由于对各种废物的管理和处置的关注,经济学、科学研究和环境管理领域对“废物”及其处置的兴趣与日俱增。这些活动的重点通常是最大限度地减少废物的产生,确保废物得到安全处置,并确保尽可能多的废物被回收利用,变成将来确实有用的材料。这方面的优先事项可以是最大限度地减少废物量,最大限度地减少处理和处置废物所消耗的能源,以及确保废物不会污染生物圈。

与人类各种活动产生的废物数量相比,能源生产产生的废物数量相当可观。虽然与大多数其他形式的能源生产(特别是与化石燃料有关的能源生产)相比,核能生产实际上产生的废物量非常小,但上述优先事项可能是管理和处置放射性废物的突出问题。

放射性废物(或核废料)是指放射性含量超过规定水平的废物。根据定义,放射性低于规定水平(通常考虑到可能发生照射的途径)的材料不属于放射性废物,因此被视为豁免废物。然而,由于其化学特性,此类材料仍可能被视为危险品,因此需要根据一般废物管理法规(不在本章讨论范围内),在适用于非放射性废物产品的监管限制范围内加以考虑。放射性废物产生于一系列活动中,如能源生产、国防、医疗和分析过程。虽然本章的重点是与核能有关的放射性废物,但我们将讨论的许多概念与其他领域产生的放射性废物相关,并适用于其他领域;当今世界上的大多数长寿命放射性废物,以及预计在未来运行中产生的放射性废物,都是由核能生产和国防产生的。

构成核燃料循环的各种工业活动或多或少都会产生放射性废物。反应堆使用前产生的废料与反应堆使用后产生的废料之间的一个重要区别是,前者的相关废料仅包括天然放射性物质,而后者的相关废料则包括人为物质,如裂变产物、次锕系元素和中子活化产物。放射性废物可包括反应堆中经过辐照的核燃料产生的物质,也包括一系列其他物质。其中包括铀矿开采产生的尾料和残留物、燃料制造产生的生产废物、用于处理慢化剂和冷却剂的去污过程产生的离子交换剂,以及反应堆基础设施本身的活化组件。

15.4 放射性废物的成分和衰变时间

除了第 14 章中关于安全和监管的讨论之外,对于没有预期未来用途但构成放射性危害的材料,需要进行管理和处置,以确保消除或隔离危害。这样可以确保最大限度地降低人类和环境受到辐射的风险,并根据危害控制的层次结构,减少长寿命放射性物质对后代造成的影响。从实际角度看,某些废物的放射性寿命很短,推迟其处理和处置可使其自然衰变而消失;受^{60}Co 污染的钢结构材料有时就是这方面的一个例子。另一种情况是,废物的放射性寿命很长,因此通过衰变消除并不是一个切实可行的选择;要做到这一点,就需要在不切实际的漫长时间内进行积极的控制和管理。

对于后一种长寿命废物,重点已从消除转为需要隔离和固定;所面临的挑战是确保在一段时期内隔离危险,而最终的时间尺度是根据达到参考放射性毒性水平所需的时间来确定的。参考状态通常被认为是制造作为废物来源的燃料所需的天然铀矿石的放射性毒性,假定矿石中的原生物质已达到长期平衡。这通常以材料产生的每单位能量的摄入剂量(即 Sv/TWe-h)来量化,不同的浓缩度和反应堆类型,尤其是热堆或快堆系统的选择,摄入剂量是不同的;参考水平与所需天然铀的数量成正比。举例来说,Fiorina[2] 提供了与 EPR 相关的参考水平的推导,得出 5.9×10^6 Sv/GWe-yr。此外,还在考虑是否有可能缩短放射性废物达到参考水平的时间,主要是通过将长寿命核素转化为短寿命变体。

图 15.2 给出了轻水反应堆(LWR)乏燃料[参考反应堆是法国 N4 压水堆(PWR)]与后处理后相应分离的高水平放射性废物(HLW)的放射性毒性随时间变化的比较,并给出了轻水反应堆和快堆(FR)方案的参考水平。

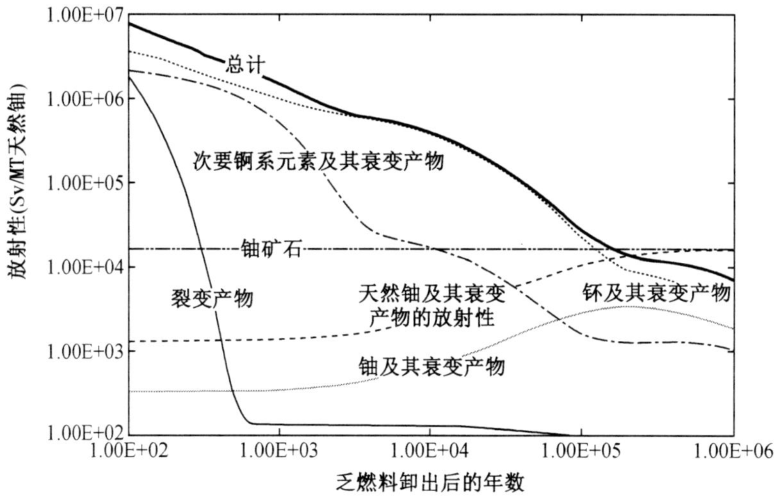

图 15.2 氧化铀燃料的放射性随时间变化,其平均燃耗为 50 GWd/tHM,适用于轻水反应堆及其组成部分的核素。对铀和钚分离率达 99.9%的乏燃料和高水平放射性废物进行了比较

从图中可以明显看出与放射性废物生命周期相关的几个重要特征,如下所示。

(1)寿命最长的废物是未处理的乏燃料,这包括锕系元素和裂变产物,需要几十万年的时间才能衰变到轻水反应堆的参考水平。

(2)当铀和钚被分离后,残余高浓缩铀达到参考水平所需的时间与乏燃料相比有所缩短,但仍然很长,约为 20 000 年。

(3)在短期内,乏燃料库存中的裂变产物成分是放射性毒性的主要来源,其中主要的产热成分是在最初 1 000 年内衰变的 ^{90}Sr 和 ^{137}Cs。

(4)从长期来看,锕系元素(主要是^{239}Pu 和^{237}Np)占主导地位。

(5)长寿命的裂变产物(LLFPs)也存在,但放射性毒性比锕系元素低得多。

在相对较少的情况下,与某些特殊形式的放射性废料有关的令人满意的固定化途径尚不为人所知。例如,可接受的工艺或固定剂可能尚未确定。这些材料通常被称为“无主废物”。在研究工作继续进行的同时,针对这些材料的临时策略是采取行政和工程控制措施,以隔离这些废料带来的危害,同时制定永久性策略。由于放射性废物可能以固态、液态和气态形式出现,并具有广泛的放射性毒性,废物管理操作通常涉及隔离、分离、分类、沉淀、固定和封闭。本章的重点是与这些活动要求相关的工程概念。

15.5 放射性废物的分类

计划作业产生的放射性废物称为受控废物,而事故和计划外事件(如泄漏、溢出和计划外释放)产生的放射性废物称为非受控废物。在目前的活动中,受控放射性废物通常在产生时就被隔离;例如,受低水平放射性污染的物品(如手套、鞋套、棉签和实验室消耗品)在使用完毕时会受到监测,以确定污染程度,然后根据相应的规定进行处置。

对于未加控制的废料而言,所面临的挑战可能有所不同,而且往往更为复杂,因为其中可能涉及更广泛的材料和放射性物种组合,其程度往往还不完全清楚。需要检索和提取这些材料,通常是通过去污技术,并在可能的情况下将其分离成不同的废物类型。在最重要的情况下,这可能需要开发定制方法。与不受控制的废物相关的挑战在遗留问题方面尤为突出,因为在产生废物时,我们不知道最佳的处理途径,当时也没有对材料进行分类,或者我们目前对这些材料的来源和成分的了解并不全面。虽然放射性废物往往根据所在国的相关国家法规进行分类,但从定性的角度来看,全世界的分类依据往往是相似的。

15.5.1 高活性废物

除了对其来源进行分类之外,放射性废物还根据其是高活性废物(HAW)还是低水平放射性废物(LLW)进行区分。例如,在英国,HAW 的比放射性大于每吨 α 放射性 4 GBq 或每吨 β/γ 12 GBq 的临界值。低水平放射性废物是指特定放射性活度低于这一阈值的废物。阈值由国家监管机构设定,但与国际原子能机构(IAEA)和国际放射防护委员会(ICRP)提供的参考案例类似。除了放射性废物的具体活度外,它还具有保持放射性时间长短的特点,^{137}Cs 的半衰期(30.2 年)构成了被视为长效或短效废物的阈值。

HAW 分类中的一个重要区别是放射性废物的固有放射性存量是否会使其产生热量。在构成废物的块状物质中,如果存在足够数量的某些突出的放射性物质(如^{137}Cs 和 ^{90}Sr),由于所发射的辐射与主基质的相互作用,会使材料的温度明显升高。这类废物往往具有最高水平的特定放射性和废物类别,特别是乏燃料后处理作业产生的浓缩液。这类废物通常产生的体积最小,为所有放射性废物体积的 1%,但放射性最强。管理产热放射性废物形式的一个显著要求是,在设计相应的废物管理和处置设施时,必须考虑到所产生的热能,以确保其不会破坏隔离和封闭的要求。这类放射性废物通常被称为高水平放射性废物(HLW)。

比活度大于 HAW 临界值但不产生热量的放射性废物被称为中水平放射性废物(ILW)。举例来说,英国的 ILW 占废物总量的 6%,可能包括活化反应堆组件和放射性液体流出物处理过程中产生的材料。

15.5.2 低水平放射性废物

比活度低于中水平放射性废物阈值(即小于 4 GBq · t^{-1} α 或小于 12 GBq · t^{-1} β/γ)的受污染材料被定义为低水平放射性废物(LLW)。这部分放射性废物量最大(通常约占总量的 94%),包括在使用过程中受到污染的运行活动和退役活动产生的材料,如分别由受污染的个人防护设备(手套、防护服)和建筑垃圾(混凝土、废料)产生的纸张和塑料。有一类低水平放射性废物被称为极低水平放射性废物(VLLW),往往包括核电厂和相关基础设施退役和拆除过程中产生的各种建筑材料;这类废物可与一般工业废物一起在获得许可(并不意味着需要核许可证)的填埋设施中进行处置。

15.5.3 乏燃料

在许多国家,从反应堆回收的核燃料在其使用寿命结束后不会进行后处理,而是作为乏燃料(SNF)进行处置。这种材料具有很高的放射性,但不会像后处理产生的 HLW 废液那样集中;相反,乏燃料的体积更大。乏燃料后处理产生的废品的区别在于,从乏核燃料中溶解回收的铀和钚(如第 13 章所述)被认为在未来有使用潜力,主要用作核燃料,因此不属于废品,而含有裂变产物和少量锕系元素的高水平放射性废物液体从比活度来看是这方面的主要废品。在大多数情况下,核燃料目前都储存在地面上的容器中,其设计目的是使人和环境免受核燃料辐射的影响,方便运输,以便在未来某个时候进行最终处置,并限制废物随着时间的推移而降解。除了作为废物管理和处置方案一部分的后续工程屏障外,燃料芯块和周围包壳提供的屏障是第一层防护。

15.5.4 超铀废物(TRU)

超铀废物(TRU)是放射性废物的一种分类,在美国主要用于指受到比铀更重的同位素污染的物质,最常见的是钚。这些同位素的寿命通常长于废物中的裂变产物成分,因此 TRU 将构成现在产生的废物在 1 000 年后造成的大部分放射性危害。从形式上讲[4],TRU 是指含有超过 100 nCi · g^{-1} α 射线超铀同位素的废物,其半衰期超过 20 年,尽管有一些特定的例外情况。在英国,受钚污染的材料被称为钚污染材料(PCM)。

15.6 放射性废物的处理方案

在处置放射性废物之前,通常需要对其进行管理,因为这样做既可以减少危害,又可以降低与委托处置废物相关的成本。管理做法通常主要集中在(在可能的情况下)对废物进行就地定性、回收、分类、分离和调节。这些活动的主要目的是减少废物散落的可能性,帮助将其运输到储存地点,然后进行永久性处置。通常的重点是减少废物量(通过加工、减少体积或优化产生废物的流程以减少产生量),并探索可重新利用或回收材料的方案;这种方法通常被称为废物等级制度。如图 15.3 所示,这种方法通常被称为废物分级法,它描述了废物生产的总体战略偏好,即废物生产逐级上升,趋向于预防而非处置,后者是最后的手段。在这些阶段之后,废物的数量和类型都已知晓,可以进行废物处理、包装、储存和处置等后续阶段。

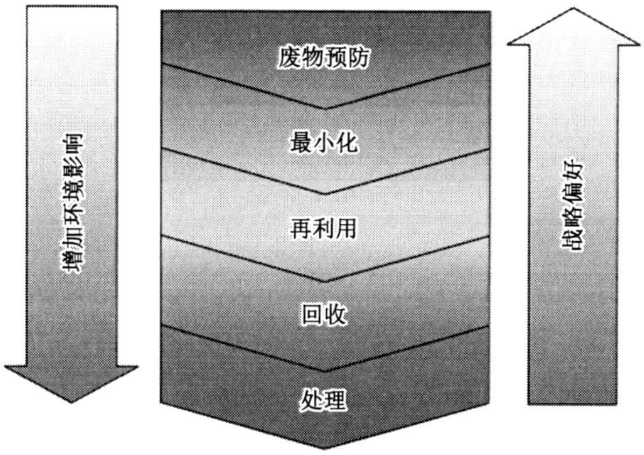

图 15.3 废物层次结构[5]

15.6.1 包装和固定

从历史上看,由于军事上的权宜之计、缺乏洞察力或不够谨慎,一些放射性废料没有得到源头处理,而是被搁置起来。这就导致了一系列遗留问题,在某些情况下,处理这些问题非常具有挑战性。相比之下,在当今时代,放射性废料的处理通常是在废料产生后很快就开始的,所采用的方法也是根据所涉及的废料类型来制定的。例如,低水平放射性废物的处理可以在废物产生后立即有效地进行。相反,对于高水平放射性废物,可能需要一段时间的临时贮存,以便使短寿命放射性物质的数量减少,因为这样可以减少与废物有关的放射性危害,并使其更易于处理。

放射性废物的处理可能需要大量的工艺工程活动,包括特征分析、去污、粉碎、干燥、压实以及将废物固定在惰性基质(如沥青、混凝土、灌浆料、玻璃等)中。此外,还经常需要在产生或处理废物的现场进行运输,有时还需要运离现场。可以理解的是,与废物形式及其包装的设计和合规性有关的质量保证必然是严格的,而且记录保存也是该制度的一个持续组成部分。

15.6.1.1 高水平放射性废物

核燃料后处理过程中产生的高水平放射性废物通常通过蒸发浓缩。由于这些液体具有高放射性和长寿命,因此必须将其转化为固体形式,以降低其在未来某个时刻被分散的可能性。最普遍的方法是在加热条件下将高水平放射性废物与玻璃混合,形成熔融产品,然后将其倒入不锈钢容器中;具体方法因使用的玻璃化合物和熔化过程而异,但一般方法称为玻璃化[6]。在这种形式下,玻璃提供了主要的固定手段和防止放射性迁移的工程屏障。预计这将在很长一段时间内保持稳定,以确保废物在最终处置时与生物圈隔离。

如上所述,在产生后的较短时间内,高水平放射性废物会产生热量,因此,在玻璃化之后,有必要将高水平放射性废物容器储存在地面设施中,以便在数年内安全、被动地将热量导走。尽管目前还没有永久性地将高水平放射性废物进行处置,但普遍接受的处理方式是通过地质处置设施(GDF)进行深地质处置。根据所采用的具体方法和特定设施的监管要求,通常预计这将包括进一步将高水平放射性废物罐装在第二种形式的双层防腐蚀容器中。这些废物随后将被最终处置于地下深部(通常位于地下 500 m 以下),置于地质构造稳定岩层中的灌浆封堵腔室内。

15.6.1.2 中水平放射性废物

中水平放射性废物所占体积通常大于高水平放射性废物,因此在对其进行处理时往往更强调优化处置所需的空间。因此,在处置之前,废物通常需要经过切割、粉碎、干燥和压实处理。在大多数应用中,废料(通常是固相异质混合物和固定树脂等)会被放置在一个容器中(例如,通常是 3 m^3 的不锈钢箱或 500 L 的桶),并用混凝土固定[7]。然后将这些容器与其他容器一起装入更大的容器中,以便安全运输和储存。在一些国家,永久寄存中水平放射性废物的战略进展顺利,而在另一些国家,这些材料目前暂时存放在地面上。在大多数情况下,预计预期最终目的地为 GDF,跟上文所述的高水平放射性废物一样,尽管其规格不同,但相应废物类型的风险因素一致。

对于某些中水平放射性废物的废物流,特别是含有水溶性油类和树脂的废物流,沥青被用作固定剂,因为它提供了一种相对廉价和有弹性的主要屏障,然后可将其置于二级容器中,以便采用类似上述的运输计划。沥青固定化可以作为一种挤压工艺来完成,是一种比玻璃化工艺温度更低的方法,适用于在较高温度下易挥发的废物。由于沥青是可燃的,这需要在废物规格方面加以考虑,而固定在玻璃或混凝土中一般不受此限制。

15.6.1.3 低水平放射性废物

由于低水平放射性废物通常占放射性废物的最大体积,因此减少体积往往是相应处理工艺的关键要求。从历史上看,低水平放射性废物通常被散装储存在地面上或近地面的废物库中,上面覆盖着土壤,历史上曾储存在无衬里的壕沟或筒仓中(这种做法现已过时),后来则被灌注在混凝土衬里拱顶的金属容器中;预计此类设施将被控制 100 年,或直到其成分的放射性不再令人担忧为止。芬兰、法国、西班牙、瑞典和英国都采用了这种方法——浅层陆地掩埋。

然而,近年来,人们采用了不同的方法来减少必须运输的废物数量,特别是在现有的低水平放射性废物储存库已接近饱和,而新建设施的理由又因公众的接受程度和成本而受到抵制的情况下。例如,已经探索出一些技术,可以通过机械或化学去污方法清除表面受低水平放射性污染的金属。然后对剩下的材料进行仔细检查,以确保所有的污染都被清除,这样残留的金属就可以在一般金属废料中自由回收,而污染较小的残留物则作为低水平放射性废物处理。

对于有机物质(塑料和油类),可以在一个可以容纳所有燃烧产物的容器中进行焚化,留下的灰烬体积会大大减少。低水平放射性废物也通常会使用压缩处理，在此过程中会施加巨大压力（约 2 000 t · m^{-2}）以减少其体积，然后将其灌入大型金属容器中。今后需要关注的其他领域是确保适当的判定，即在源头对废物进行更有效的定性，以确保其分配和处置途径是适当的，特别是低水平放射性废物不会由于评估能力不足或缺乏更好的数据而被无意中归入更高的分类。这也增加了短寿命活动证明衰变储存是合理的可能性，即对材料进行分类，使其衰变到参考水平，而不是进行永久处置。

在过去的 50 年中，人们对废物分级和 SNF 有了大量了解，特别是在核燃料的设计、组成和废物管理策略方面，以及这些对未来处置方案的影响方面。例如，一些早期的燃料设计包含极易受中子活化影响的组件。这导致数以千计的燃料需要特别关注，包括定制的回收和运输，而且往往是零散的。此外，某些类型的燃料包壳在反应堆中使用后立即储存在水下冷却时（最明显的是 Magnox 包壳），很容易受到腐蚀的影响；这使得处理燃料的方式失去了选择性，并导致大量被腐蚀的包壳/燃料材料在储存池底部形成不受控制的废物，使这些设施的退役工作也变得更加复杂。在这种情况下，采取战略举措，设计不依赖于易受激活的部件的燃料，采用抗腐蚀包壳，并在许多情况下采用临时干储存，大大减少了这些问题的重要性。

15.6.2 分区与嬗变

正如第 5 章所讨论的，以及本章图 15.2 所示，相对于裂变产物可能产生的全部同位素范围，只有少数同位素在放射性毒性方面构成重大挑战；其他大多数同位素寿命短、衰变快。这一点与放射性废物管理高度相关，因为往往正是这组长寿命同位素使放射性废物的隔离、运输和处置变得更加复杂，并要求对废物进行长期保护。

然而，正如第 3 章所讨论的，如果有足够的能量刺激来克服特定核反应的 Q 值，就有可能将一种同位素成分转变为另一种同位素成分。这具有重大的潜在意义，因为如果可以将一种同位素转化为更良性的替代物，那么危险废物的核性质也可能被改变，从而产生寿命更短、放射性强度更低的物质。然而，要做到这一点，必须对废物进行处理，使其适合于嬗变（这一阶段称为分区），然后用某种方法对其进行辐照，使其嬗变。

分区和嬗变技术与为满足未来电力需求而扩大世界核能供应基础设施的要求相关。这尤其关系到能否抵消铀供应可能出现的限制（第 16 章将进一步讨论），以及节能措施是否足以抵消为避免气候变化而扩大核能供应的需要。如果放射性废料中的某些成分可以通过这一途径变得更加无害，那么原则上其放射性毒性就可以降低，处置时的危害寿命也可以缩短，从而减轻地质处置的负担。例如：废物产生热量的速度会对处置库的设计能力造成限制，因为废物运输之间需要有一定的间隔，以确保热量安全散失，这一点可以通过减少那些突出的产热同位素的存量来改善。

此外，还存在着入侵的风险，即在未来的某个时刻，无论是意外还是故意，进入废物库的人员都会面临危险。降低废物放射性毒性的时间可以减少这种风险，同时，如果缩短废物库必须将材料与生物圈隔离的时间，就有可能更好地保证废物库的完整性。最后重要的一点是，将废物中的易裂变成分嬗变为非易裂变衍生物有可能提高抗扩散能力。因此，分区和嬗变可以在提高公众对放射性废物管理的接受程度方面发挥重要作用,特别是在废物储存库的长期完整性和减少长寿命废物对后代造成的负担方面。

然而,为了进一步从概念上讨论分区和嬗变问题,有必要重温一下第 15.4 节中介绍的放射性废物的组成。如前所述,废物包括两种主要形式:乏燃料和废物管理/燃料处理活动的产物(即低水平放射性废物、中水平放射性废物和高水平放射性废物,或因各国在放射性废物分类方面的差异而产生的等同物)。长期废物处置方面的主要挑战包括高水平放射性废物中的锕系元素和低水平放射性废物。表 15.1 概述了这些组别中相关的具体同位素。

表 15.1 核能生产产生的放射性废物中主要的超铀同位素和长寿命裂变产物(LLFPs)

放射性核素	半衰期	LLFP 核素	半衰期	典型 LLFP 产量[8]/%
^{237}Np	2.14×10^6 年	^{14}C	5.7×10^3 年	<0.01
$^{238}Np(\beta)$	2.12 天	^{36}Cl	3.01×10^5 年	0.04
$^{239}Np(\beta)$	2.36 天	^{79}Se	2.95×10^5 年	0.11
^{238}Pu	87.7 年	^{90}Sr	28.9 年	11.78
^{239}Pu	2.14×10^4 年	^{90}Y	2.66 天	0.31
^{240}Pu	6.56×10^3 年	^{93}Zr	1.61×10^6 年	2.31
$^{241}Pu(\beta)$	14.3 年	^{99}Tc	2.11×10^5 年	19.32
^{242}Pu	3.75×10^5 年	^{107}Pd	6.50×10^6 年	4.71
^{241}Am	432.6 年	^{126}Sn	2.30×10^5 年	0.47
$^{242}Am(\beta)$	16 小时	^{126}Sb	12.4 天	4.01
^{242m}Am	144 年	^{129}I	1.57×10^7 年	30.64
^{243}Am	7.39×10^3 年	^{135}Cs	2.31×10^5 年	25.92
^{242}Cm	163 天	^{137}Cs	30.1 年	<0.01
^{243}Cm	29.1 年	^{151}Sm	88.8 年	0.38
^{244}Cm	18.1 年			
^{245}Cm	8.56×10^3 年			
^{246}Cm	4.76×10^3 年			
^{247}Cm	1.56×10^7 年			
^{248}Cm	3.49×10^5 年			
^{249}Cm	1.07 小时			
^{250}Cm	8.31×10^3 年			

值得注意的是,LLFPs 的主要衰变模式是 β^- 衰变,而 α 衰变则是锕系元素的主要衰变途径,尽管有一些短寿命的例外情况,例如 β^- 衰变($^{238,239}Np$、^{241}Pu 和 ^{242}Am)。对发热量的贡

献是同位素产量和比热输出(即单位活度的热功率 W/Bq)的函数,其中^{90}Sr 和^{137}Cs 在短期内占主导地位,而钚则在长期内占主导地位。寿命最长的同位素是^{237}Np,^{238,239,242}Pu 和一些锔同位素,而锔的中子产率最大;这是生产适合在反应堆中进行嬗变的燃料的一个预期的、复杂的因素,因为处理这些燃料有相关的困难。

分区和嬗变背后的概念是,将放射性废物(主要是高水平放射性废物)中最难处理的同位素分离出来(通常是通过专门用于封存这些特定同位素组的后处理方案)。然后将这些同位素转化为对人体更无害的成分,通常是将其纳入燃料,以便在反应堆中重复使用。这种方法催生了许多先进的反应堆概念,例如,嬗变手段可以是通过反应堆系统中的链式反应,也可以是在亚临界系统中以加速器粒子束的形式引入嬗变剂。人们感兴趣的主要同位素成分通常是那些对储存库将废物与环境隔离所需的时间长度造成最大负担的成分。其中包括:镅、锔、镎和钚的同位素,以及一定程度上的低放射性同位素,如^{129}I 和^{99}Tc。

一般来说,LLFPs 在嬗变方面的意义不如锕系元素,因为它们的产率相对较小,寿命通常较短,放射性毒性也较低。不过,它们在环境中的流动性通常很强,这对其隔离所需的储存库的稳定性提出了挑战。特别是当它们出现在气体和液体流出物中时。LLFP 部分主要的热源来自其中的^{90}Sr 和^{137}Cs,但由于这些元素的半衰期太短,无法有效嬗变。因此,最好将它们隔离储存,使其衰变到安全水平。

关于锕系元素,最普遍的方法是通过中子辐照进行嬗变,以激发这些成分的裂变,从而以寿命较短的裂变产物的形式减少废物的寿命。因此,中子经济性再次成为一个相关问题,因为必须尽量减少其他同位素(主要是镧系元素)的危害(通常是在嬗变之前通过化学分离去除镧系元素成分)。此外,还必须尽量减少中子被锕系元素吸收而不是激发裂变的可能性。后一种情况的综合缺点是,中子被消耗后会出现净损失,锕系元素部分也会随之增加;后者会增加废物的放射性毒性和寿命,而不是减少其放射性毒性和寿命。如前所述,这在燃料处理方面还会产生中子发射产物(主要是锔)。

为解决这些困难,人们探索了几种方法。首先,该工艺的分馏部分侧重于分离同位素,这些同位素在嬗变时可以最有效地降低废物的放射性毒性。例如,这可能包括从高浓缩铀废液中分离铀、钚和镎,同时提取锕系元素和镧系元素,然后分离镧系元素。如果考虑采用热中子反应堆对长寿命废物中的锕系元素进行嬗变,则必须通过提高^{235}U 的富集水平来抵消锕系元素吸收反应的中毒效应,以达到临界状态;此外,还可能对反应堆反馈机制产生不良影响,这可能意味着控制和反应堆安全问题。为了避免这些问题,可以使用快中子反应堆,例如钠冷快堆,在钠冷快堆中,更强的中子场会导致更高的裂变率,从而减少高质锕系元素的产生,而不是通过中子吸收来减少锕系元素的产生。这一点尤为重要,因为根据定义,一些弹性较高的锕系元素很容易发生超过阈值的裂变,而这种裂变会随着快谱的增强而增强。

当反应堆中没有足够的中子来维持嬗变和链式反应时,一种替代方案是使用额外的中子源。这种中子源通常来自粒子加速器,即所谓的加速器驱动系统(ADS)。据推测,这种系统的优点是可以避免前面提到的嬗变带来的反应性危害,但这是以系统基础设施的复杂程度增加为代价的。

分区和嬗变是一个优雅的概念，有可能缩短放射性废物达到放射性毒性参考水平所需的时间。然而，它也并非没有挑战。这些挑战主要涉及要嬗变的成分的分离、从这些成分中制造适合嬗变的燃料以及嬗变本身的物理学。例如，俘获和裂变的中子截面对于分区/嬗变方案的可行性至关重要，但对于一些同位素来说，核数据，特别是描述中子吸收和裂变之间权衡的中子截面，目前存在很大的不确定性。

在分离方面，如果要使废料中的嬗变步骤所关注的成分含量足够低，就必须有很高的分离系数，这样才能在令人满意的程度上实现嬗变这些同位素的优势，而这些过程可能需要复杂的土木工程装置。此外，由于^{252}Cf 的中子发射水平很高，而且这对制造适合嬗变的燃料造成困难，因此 ^{252}Cf 的积累阻碍了 TRU 的反复再循环。

15.7 最终处置方案

虽然在核能生产过程中产生的废料数量很少，但其中一些废料具有很强的毒性和危害性。从人类的经验和历史记录来看，这些废物必须存放和隔离很长一段时间。随着这些废料的不断产生，对贮存设施的压力也开始增加，特别是在容量方面，而将最危险的废料（SNF、HLW 和 ILW）贮存在地面上的管理设施中费用昂贵，而且需要与安全设施的运行相关的管理费用，至少在短期内是这样。从长远来看，这种方法是不可持续的，因为众所周知，这些废物的危险期很长。因此，我们已做出巨大努力，以确定安全可靠的永久性处置这些材料的方法。

15.7.1 深层地质处置

在地下处置放射性废料的概念几乎与核能本身一样古老。这个概念相对简单：将废料放在地下几百米深的容器中。容器的设计能够在很长时间内抵御环境和废料的影响，它们被放置在地壳中一个稳定的地质位置。对这类放射性废物进行深层地质工程安置的总体目标是，在放射性衰减到安全水平之前，保持放射性与生物圈的隔离和控制。

虽然上述概念相对简单明了，但在实践中的实现通常更具挑战性。这主要是由于需要在较长的时间内确保安置的完整性。一方面，由人类设计的系统在如此长的时间内仍能保持稳定，以支持地质处置材料和系统的选择，这方面的证据相对较少（尽管案例分析 15.1 中讨论了一些证据）；另一方面，我们不仅要预测工程系统可能的完整性，还要预测地质稳定性以及未来社会的结构和优先事项，这其中不可避免地存在一定程度的不确定性。由于一定程度的变化是不可避免的，因此在设计全球废弃物处理场时必须考虑到这一点，同时确保在未来很长时间内可能发生的任何废弃物扩散不会对子孙后代造成不可接受的健康风险。特别是，贮存库中的屏障系统需要在被动的基础上发挥作用，同时必须考虑到后代无意入侵的情况，以便不损害他们的需要（特别是在利用自然资源方面）。

在深层地质处置中，处置安排的两个组成部分在物理意义上会发生变化。首先是放射性废物本身，如前所述，它的体积、放射性毒性、寿命、与水文地质化学影响的共鸣以及长期发热特性都会发生变化。因此,在设计深层地质废物贮存库时,必须考虑到贮存的废物类型。为此,必须制定与特定储存库相适应的废物接收标准,以确保只有与该储存库相匹配的废物才能被放入该储存库。此外,废物中的放射性会随着时间的推移而衰减。与上述其他因素相比,由于可以非常准确地预测这一点,因此必须设计一个永久性的地质废物安置点,以提供隔离和密封,直至大部分放射性衰减殆尽。

其次,地质环境也在发生变化,尽管变化通常极为缓慢;这可能是由于构造漂移、地震破坏、火山活动以及气候长期变化的影响,例如冰川(冰层和永久冻土)和海平面变化(特别是对靠近海岸线的处置场而言)的影响。因此,处置库的设计和选址需要适应这些变化,从而确保地质环境对废物沉积的长期影响与废物放射性衰减到安全水平所需的时间相适应,然后再预计其扩散程度。

地质处置设施遵循的设计理念是由一系列被称为工程屏障系统(EBS)的屏障组成。在这种方法中,废物首先被固定在固体基质中(通过第 15.6.1 节前面描述的处理方法之一),这构成了第一道屏障。然后将其放置在一个容器中,该容器通常会被包裹在第二个金属容器或外包装中,从而形成另外两层隔离层。然后,废物容器被放置在处置设施中,例如一个专门开挖的、有水泥衬里的贮藏室。然后,用选定的材料进行回填,以防止地下水渗入,并形成持久而紧密的密封(通常膨润土[9]被认为是实现这一目的的最佳选择);最后,拱顶位于稳定的地质岩层中,构成最后的屏障,从而进一步确保其弹性和稳定性。在反应堆系统的运行中,通常采用的是"纵深防御"的简单理念,即假定各种防御措施可以长期监测和维护,与这种理念不同,EBS 中每个屏障的作用必须能够随着时间的推移而发展。这样做的目的是使每道屏障的变化(尽管缓慢)与其他屏障同步发生(特别是在移动、地下水流动、腐蚀加剧等方面)。

虽然每个全球废弃物处理场都有其自身的特点,取决于它所能容纳的废弃物和当地地质的特性,但还是采用了一些普遍的趋势。例如,对于放置废物的金属容器,由于铸铁或碳钢的耐腐蚀性和形成氧化屏障的潜力,迄今为止最成熟的设计都选择了铸铁或碳钢;在某些情况下,铸铁或碳钢被放置在厚铜容器中。鉴于容器的目标是保持完好无损,直至其中的大部分放射性物质衰变殆尽,因此预计这种容器的抗腐蚀能力将达到10 万年。除放射性衰变外,处置设施还需要承受某些废物(主要是高水平放射性废物和 SNF)产生的热量的影响;如前所述,周围地质构造成分的导热性在这方面造成了限制,影响了废物包之间所需的间距,从而影响了特定废物库的容量。

为矿床选择的地质结构必须深、难以进入且稳定。它还需要是一种将来不太可能为恢复矿产资源而挖掘的类型,能够抵抗地下水流动和快速(尽管在地质时间尺度上)移动。贮存库所提供的保护和安全必须是被动的,因为对于大多数深层处置设计来说,预计运行和控制的时间最长只有 100 年,之后,假定这些贮存库将被关闭并离开。因此,永久性处置库的寿命可能远远超过当地对废物贮存的存在和位置的广泛了解,例如超过 1 000 年。

为深层处置设施设想了两种设计方案:最普遍的是储库,即废物被存放在一个贮藏室中,作为大型土木工程设施的一部分进入该贮藏室。首先,填满后,该设施将用多重工程屏障封闭并回填;运输被视为永久性的,但在某些情况下,也考虑了可逆性和在极端情况下回收的可能性。其次,在较小程度上,还考虑了深钻孔处置(DBD),将废物包插入稳定和兼容的地质构造中的深层、垂直、有衬里的竖井中,并再次回填和密封。一般来说,首选的地质是坚硬的结晶岩、黏土泥岩/泥灰岩或圆顶/嵌套岩屑。Chapman 和 Hooper[8] 对地下放射性废物处理进行了全面分析。

15.7.2 海洋处置

向海洋倾倒放射性废物主要有两种途径:倾倒和污水排放。倾倒是指从人造结构(如船只、平台等)向海洋故意倾倒不需要的材料,目前已被禁止。以这种方式处置的废物主要包括低浓度液体和固体废物(包括包装和无包装物)以及反应堆容器。以这种方式处置的放射性物质中,约三分之二与苏联在北极喀拉海倾倒的核动力船有关,约三分之一主要与英国在北大西洋处置的包装好的固体低水平放射性废物有关[10]。

污水排放包括有控制地将少量含有人为放射性的液体从工业设施排放到邻近河流和沿海地区;在核能发电方面,污水排放主要与核电厂和后处理设施有关。向海洋排放此类废物不得对人类和环境造成不可接受的危害。因此,在辐射安全方面,海洋排放受到国家和国际标准的监管,并且通常使用专门的处理装置在排放之前对污水介质进行处理。

放射性废水向海洋排放概念的基础是,海洋作为储库,放射性物质可在其中稀释和分散到低于天然本底浓度的水平。因此,通过这一途径,工业活动产生的有毒产品可能会变成无害的微量残留物。然而,物理、地球化学和生物过程也可能无意中成为不可降解有毒物质无害稀释浓缩的途径。这有可能增加包括人类在内的生物体接触有毒物质的可能性;最突出的例子可能是某些重金属[11]。

放射性废料中的某些长寿命同位素在可能发生稀释和扩散时被认为是不可降解的。对于含有寿命较短放射性物质的废水,最好将其储存起来,让其自然衰变,以消除排放废水的任何限制(包括技术和法规方面的限制)。关于排放操作,最理想的选择是在向海洋排放时以及在海洋中分散/稀释时的暴露点进行控制。然而,由于污染扩散后可能的暴露范围很大,因此通常只有在排放点进行控制才切实可行。

尽管在排放前对放射性水平进行监测相对容易,但在采用这种方法时,必须确保在物质扩散时没有人受到超过法定限制的剂量。这种分析方法会产生一套相对简单的排放限值,但反过来,考虑到海洋行为的不确定性,则需要相对较大的安全系数。反过来,如果要在排放前将这些材料的浓度降至安全裕度以下,这又会给废物处理带来巨大的挑战(技术和经济方面),这可能促使采用其他处置方法。

作为一种替代源头排放评估的方法,器官的稳定浓度极限可被视为生物体获得的特定活度的指南。这种方法有许多缺点,其中最重要的可能是它不适用于没有稳定替代品的同位素污染物(如钚、镅等),而这些污染物往往是最重要的放射性污染物。另一种方法是对可能发生辐照的各种环境途径进行关键途径分析,并根据情况调整排放限值。海洋途径的例子包括食用受污染的鱼类或受污染材料在海滩上的积累。

虽然根据对少数个体的辐照估算,可以预计散布的放射性会对人类产生影响,但这些影响不可能从更大的宿主群体中的自然发生率中辨别出来。因此,主要的关注点通常是保护那些通过路径分析被认为易受影响的海洋种群,路径分析显示了整体增殖能力可能受到影响的途径[12]。值得注意的是,大多数人为海洋放射性来自大气层中核武器试验产生的尘降 物,而随着替代方法,特别是现场污水处理技术的发展,受控排放的范围已全面减少;Livingston 和 Povinec[13]对人为海洋放射性进行了相关总结。

鉴于上述讨论,在海上倾弃包装好的放射性废物的做法不令人满意也许并不奇怪,因为人们担心在海上倾弃的废物可能会在某个时候由于废物包的腐蚀或损坏而被移动,从而对生命和环境造成危害。此外,有意或无意散布的放射性废料有可能影响到那些不负责倾倒废料的国家,再加上在未来某个时候不太可能进行回收的限制。根据 1972 年的《防止倾倒废物及其他物质污染海洋的公约》(简称《伦敦倾废公约》),海上倾倒放射性废物首先要遵守相关规定。1989 年之前,一些区域公约完全禁止海上倾倒,1994 年,海上倾倒放射性废物被完全禁止。

案 例 分 析

案例分析 15.1:与长期放射性废物处理有关的天然类似物

通过研究放射性物质的半衰期和工程屏障的复原力,可以预测放射性物质在很长一段时间内被地质控制的可能性,与此不同的是,还可以研究当今存在的例子,在这些例子中,物质的流动性显然受到地质或相关影响的制约或保护。这些例子在废物处理方面统称为天然类似物[14,15]。

有两个突出的地质类似物已被广泛研究[16]。它们是非洲奥克洛的天然反应堆(第 2 章已讨论过)和加拿大雪茄湖下的铀矿。奥克洛是一个特别深(300~400 m)的铀矿床,在 20 亿年前曾发生过持续几十万年的临界链式反应,它的一些特征可能会被模仿来限制一个人造矿床。雪茄湖指的是 13 亿多年前在大约 400 m 深处形成的铀矿天然矿床。这两个矿床都嵌在黏土基质中。

这些类似物有助于我们了解放射性废料的处理,因为它们结合了地质位置、相关矿物学、限制地下水渗透的黏土体等主要因素,以及流体对相关元素组成的化学影响的证据。人造二氧化铀可以在实验室中进行研究,而铀的地质沉积物(如铀矿石)则含有影响其稳定性和溶液化学性质的阳离子杂质。因此,它们的研究为了解铀在地下的长期流动性提供了补充。此外,要准确预测放射性物质在 10 万年时间内的迁移情况并与储藏库保持一致是很困难的,而对铀迁移情况的分析,尤其是对奥克洛案例的分析,则可以通过对这些矿藏的研究来估计裂变镧系元素的迁移程度。例如,还原环境导致放射性核素长期掺入黏土中的某些矿物[如铀硅酸盐棺石,$U(SiO_4)_{1-x}(OH)_{4x}$]。例如,观察到铀和裂变残留物的迁移距离非常小,就证明了这种情况会延缓放射性核素的迁移。

一些自然考古类似物也提供了物体在数千年内缓慢降解的证据;这些类似物可能与基于嬗变的处置战略特别相关,因为与地质类似物相比,它们涉及的时间尺度较短。第一个例子是20世纪50年代在苏格兰因奇图蒂尔古罗马堡垒遗址发现的100多万枚铁钉。这些铁钉埋藏于近2000年前,据观察,由于铁钉主体周围的外层部分被腐蚀,形成了坚固的氧化铁皮,从而使铁钉具有抗腐蚀能力。据认为,这使渗入地下的水脱氧,形成一个还原环境,从而阻碍了金属的降解。在一些放射性废物处置方案中,设想使用大量的铁,以建立并长期保持这种抗腐蚀环境。

还有一个被称为"Kronan cannon"的例子,它是一种铜含量很高的青铜大炮。它在1676年瑞典战舰"Kronan"号沉船事故中遗失,被发现时已被埋了一半。对其表面进行分析后发现,其腐蚀率极低(每年约0.15 μm),因此被用来估算铜废物处理罐的长期腐蚀率。同样,从哈德良城墙等古代建筑的保存中也可以得出水泥寿命和稳定性的证据,而黏土沉积物在保存意大利杜纳罗布巴150万年前的树木和2 100年前保存在中国古墓中的辛追尸体方面的益处也得到了研究[17]。

案例分析15.2:KBS-3储存库

瑞典KBS-3反应堆堆存的大部分核废料[18]是来自瑞典发电反应堆群的LWR乏燃料,芬兰也有类似的计划。大部分乏燃料材料都是锆合金包壳的铀氧化物燃料芯块组件,还有少量来自一个沸水堆的MOX燃料。其中一部分贮存在瑞典临时贮存设施Clab的水下冷却器中,其余部分则根据当前反应堆的运行情况进行预测,即所谓的SKB参考方案。从20世纪70年代到约2045年现有运行的预期寿命结束,乏燃料的总质量约为11 000 t。此外,还有少量(约45 t)被称为杂项燃料的燃料,这些燃料来自瑞典核工业的早期活动和研究反应堆的使用。这包括燃料残渣、一些混合氧化物燃料、1974年关闭的几个小型重水反应堆的燃料,以及1970年关闭的一个研究反应堆的一些金属乏燃料。只有被认为是低溶解度形式(即氧化物)的乏燃料才会被接受在KBS-3处置库中进行处置。

KBS-3系统[19]由五个主要部分组成:废物罐、缓冲材料、周围岩石(主岩)、回填材料和封闭装置。重要的是,系统中一个屏障的功能和特性不会削弱另一个屏障的功能和特性。图15.4提供了系统示意图和部署/插头安排。废物罐将被放置在较深的水平隧道或竖井中(称为开口),然后用缓冲材料填满、回填并封闭。这些开口必须符合预期的热力、机械和水文地球化学条件,同时确保废物中的放射性得到控制,直到其不再具有危险性。然后用塞子密封,以承受可能增加的静水压力和回填土的膨胀。

罐子必须能够容纳废物、防止其扩散、抵御外部负载的影响、抗腐蚀、防止临界、屏蔽辐射排放,并且尺寸标准,便于运输和堆放。在这种情况下,它是一个由无氧铜制成的厚壁圆柱体,具有耐腐蚀性和延展性;预计它将在10万年内保持完好无损。为了提供必要的机械完整性,将在内部放置一个承重铸铁插入件,用于固定乏燃料组件;预计将有两种类型的插入件,以满足压水堆和生化武器堆燃料组件的不同几何形状,并将发生临界的可能性降至最低。

缓冲材料是滤毒罐与周围主岩之间的屏障,由膨润土黏土制成。缓冲材料的作用是防止水流和限制滤毒罐的移动。为了限制可能导致腐蚀的微生物活动,同时也为了最大限度地减少放射性物质的迁移,缓冲材料也是必不可少的。

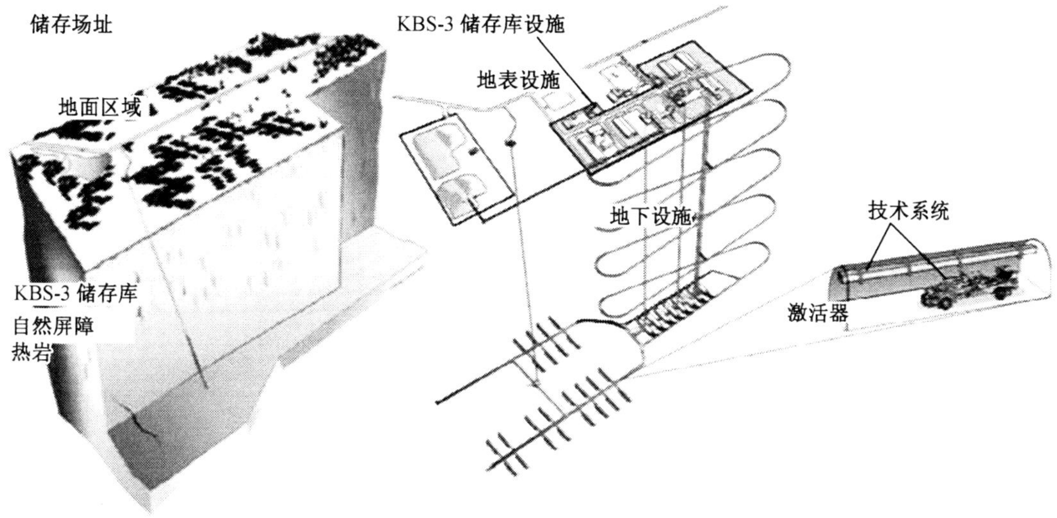

(a) 关闭后的 KBS-3 储存库示意图(左),其设计和运行(中、右)[19]

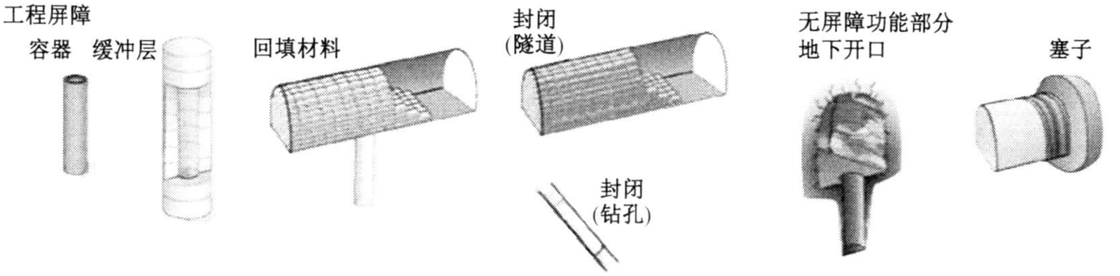

(b) 与废物运输相关的各种障碍和组件

图 15.4 KBS-3 系统

一旦在储存库开口处安装了废物罐,并在其周围设置了缓冲材料,将用膨润土块和颗粒回填通路,以限制水流和缓冲材料的膨胀。然后将封闭钻孔、竖井和通道,以限制无意入侵,并限制水流通过这些方面;封闭物将包括预压实的黏土、压实的岩石材料和结晶岩块。最后,设施将被关闭[20]。

案例分析 15.3:废物隔离试验工厂(WIPP)

尽管已经有了若干个处置库的设计,也为其确定了地点,并在世界各地开展了公众咨询活动,但目前唯一正在运行的深层处置库是废物隔离试验厂(WIPP)。它位于美国新墨西哥州卡尔斯巴德郊外的奇瓦瓦沙漠。

WIPP 设施位于距今 2.5 亿年、厚约 600 m 的盐层中 700 m 深处。该设施的设计符合美国核防御活动产生的 TRU 的废物接收标准。WIPP 接收的 TRU 既包括工人可以在没有任何屏蔽的情况下进行处理的 TRU(称为 CH-TRU),也包括因其辐射水平而必须进行远程处理的 TRU(RH-TRU)。CH-TRU 构成了 WIPP 处置的大部分材料(按体积计算约占 96%);该设施的 CH-TRU 和 CH-TRU 总容量为 175 570 m^3。将在 WIPP 处置的大部分 TRU 包括受钚和/或其他放射性同位素污染的物品和材料,在质量上超过了铀,如残留物、衣物和其他碎片。WIPP 于 1999 年开始处理 CH-TRU 货物，随后于 2007 年首次处理 RH-TRU 货物。

废物被装在经美国核管理委员会认证的圆桶中运往 WIPP。这些容器经过专门设计，即使在运输过程中发生严重事故，也能将材料装入其中，同时，由于在容器结构中加入了铅，废物在容器表面释放的剂量也会受到限制。到达 WIPP 设施并经过记录、检查和核对后，每个装运容器内的废物桶都会被转移到一个罐中，然后再转移到一个专为在 WIPP 设施中进行处置而设计的桶中。然后通过设施电梯将其转移到一个地下房间，废物将在那里长期储存。RH-TRU 被转移到安放设备上，该设备将每个罐子从设施桶中推出，以便将其安放到地下处置空间墙壁上的水平钻孔中，然后用混凝土塞子封住钻孔。再将 CH-TRU 废物容器成排堆放在地下处置室的地面上。

深盐层(如用于 WIPP 的深盐床)是几千年前由远古海洋形成的。它们具有易于开采、没有新鲜流水和地质稳定等优点。1957 年，美国国家科学院认定它们是最有前途的放射性废物处理方法。这样做的依据是，它们很少与地震活动地区相关联，而且预计可以在一段时间内提供稳定的环境，这段时间将超过 TRU 中的放射性衰减到安全水平所需的时间。

复习指南

读完本章后，你应该：

- 理解“放射性废物”一词的含义，并认识到没有任何预期目的的受污染材料可能产生于各种活动，其数量和物理形态各不相同。
- 认识到放射性废料的化学和物理成分以及同位素含量各不相同。
- 熟悉优先事项，即应尽量减少放射性废物的产生和数量，并通过固定和隔离来限制其意外扩散的可能性。
- 了解为什么我们管理放射性废物的方法各不相同，从对一般非放射性废物材料的必要管理，到根据特定废物产品的相关危害而采取非常重要和复杂的流程和策略。
- 了解世界各国根据放射性毒性、产生热量的倾向、超铀成分以及长寿命和短寿命同位素成分对不同类型放射性废物进行分类的一般方法。
- 了解参考水平的概念及其在估算放射性废料被视为衰变到与用于生产核材料的矿石相一致的水平的时间跨度方面的意义。
- 能够描述与不同放射性废物类别相关的同位素含量，特别是衰变的时间尺度和主要影响成分。
- 能够总结管理放射性废物的各种处理方案。
- 同样，能够概括现有的各种放射性废物处置方案，包括已停止使用的方案，如在无衬里的近地表沟槽中运输或海洋处置，以及计划中或正在使用的方案；后者应包括长期解决方案，如按照 KBS-3 和 WIPP 的方法进行深地质处置。
- 认识到研究自然地理和考古类似物对我们了解长期处置放射性废物的益处。

习　题

1. 解释乏燃料贮罐设计中的铜贮罐和铁插入物的互补目的,这些乏燃料贮罐将用于KBS-3系统的处置。

2. 参照主要挑战,解释为什么禁止在海上处置包装放射性废物。因此,解释如何从生物所受剂量的角度保障污水排放,并说明估算这一剂量所面临的一些挑战。

3. 确定哪组同位素在通过分割和嬗变处理放射性废料可能带来的益处方面最有潜力,并解释其原因。这些好处是什么?

4. 解释"参考水平"一词在放射性废物和放射性毒性方面的含义。参考水平的主要依存关系是什么?

5. 乏燃料后处理的一个功能是去除锕系元素(就本问题而言是铀和钚)。从长期放射性废物处置的角度说明核后处理的优缺点。

参考文献

[1] F. Joliot, Chemical evidence of the transmutation of elements, Nobel Lecture, 1935. 12th December.

[2] C. Fiorina, The Molten Salt Fast Reactor as a Fast-Spectrum Candidate for Thorium Implementation (PhD dissertation), Politecnico di Milano, 2013. p. 32.

[3] OECD NEA, Accelerator-Driven Systems (ADS) and Fast Reactors (FR) in Advanced Nuclear Fuel Cycles, 2002, https://www.oecd-nea.org/ndd/reports/2002/nea3109-ads.pdf.

[4] Public law 102-579, The Waste Isolation Pilot Plant Land Withdrawal Act, 1992, amended 1996, http://www.wipp.energy.gov/library/CRA/BaselineTool/Documents/Regulatory%20Tools/10%20WIPPLWA1996.pdf.

[5] URN 15D/472, UK Strategy for the Management of Solid Low Level Waste From the Nuclear Industry, Department of Energy and Climate Change, 2016.

[6] M. I. Ojovan, W. E. Lee, An Introduction to Nuclear Waste Immobilisation, second ed., 2014, Elsevier, p. 362.

[7] W. E. Lee, M. I. Ojovan, C. M. Jantzen (Eds.), Radioactive Waste Management and Contaminated Site Clean-up: Processes, Technologies and International Experience, Woodhead, 2013, p. 879.

[8] N. Chapman, A. Hooper, The disposal of radioactive wastes underground, Proc. Geol. Assoc. 123 (2012) 46-63.

[9] R. Pusch, Use of bentonite for isolation of radioactive waste products, Clay Miner. 27 (1991) 353-361.

[10] K.-L. Sjoblom, G. Linsley, Sea disposal of radioactive wastes: the London Convention 1972, IAEA Bulletin, 2/1994.

[11] See for example: D.S. Woodhead, Marine disposal of radioactive wastes, Helgolander Meeresun. 33 (1-4) (1980) 122-137.

[12] Effects of ionizing radiation on aquatic organisms and ecosystems, IAEA Technical Reports Series No. 172, 1976.

[13] H. D. Livingstone, P. P. Povinec, Anthropogenic marine radioactivity, Ocean Coast. Manag. 43 (2000) 689-712.

[14] Use of natural analogues to support radionuclide transport models for deep geological disposal repositories for long lived radioactive waste, IAEA-TECDOC-1109, 1999.

[15] W. Miller et al., (Ed.), Geological Disposal of Radioactive Wastes and Natural Analogues, vol. 2, Elsevier Science, Oxford, 2000.

[16] F. Gauthier-Lafaye, P. Stille, R. Bros, Special cases of natural analogues: the Gabon and Cigar Lake U ore deposits, in: Energy, Waste and the Environment: A Geochemical Perspective, vol. 236, Geol. Soc, London, 2004, pp. 123-134.

[17] Safety case for the disposal of spent nuclear fuel at Olkiluoto-complementary considerations 2012, Posiva 2012-11, ISBN 978-951-652-192-6, www.posiva.fi/files/2995/POSIVA_2012-11_web.pdf.

[18] Spent nuclear fuel for disposal in the KBS-3 repository, Technical report SKB TR-10-13, 2010, www.skb.se/upload/publications/pdf/tr-10-13.pdf.

[19] Design and production of the KBS-3 repository, Technical report SKB TR-10-12, 2010, www.skb.se/upload/publications/pdf/tr-10-12.pdf.

[20] R. Lidskog, G. Sundqvist, On the right track? Technology, geology and society in Swedish nuclear waste management, J. Risk Res. 7 (2) (2004) 251-268.

第16章　公众的接受程度、成本和核能的未来

16.1　章节概要和学习目标

在本章中，介绍和讨论了与公众接受度、经济和核能未来相关的概念。在可持续发展、全球化和气候变化方面，这些重要的主题涵盖了公众对风险和成本的看法。

本章的目标是：

(1)介绍当今世界上与核电站相关的公众咨询和成本的历史背景；

(2)在公众可接受的背景下介绍四个例子：事故、选址和当地社区、代际公平和放射性废物；

(3)解释与核电厂融资方式相关的突出问题，以及对长时间尺度和燃料循环成本的影响；

(4)总结最近对核能生产的预测得出的结论，以及从中可以学到什么；

(5)解释核能作为未来核能结构中低碳组成部分的背景；

(6)按地缘政治区域提供当前核能建设计划。

16.2　历史背景：阿尔伯特·爱因斯坦(1879—1955)

爱因斯坦(图16.1)是公认的天才和物理学家。在科学界，影响最深远的是他在1905年发表的四篇著作。这些著作按发表的时间顺序依次为光电效应、布朗运动、狭义相对论和物质与能量的等价。

与核能相关的工作是上面列出的最后一个例子。在这个过程中，爱因斯坦提出了被认为是最著名的方程：$E=mc^2$。该方程将物体的质量与能量联系起来。从核子被强相互作用力束缚在一起的质量缺损来看，它也预示着核能的存在。1939年，爱因斯坦联系了一群物理学家，并致信罗斯福总统，随后与策划曼哈顿计划的总统进行了几次会晤，从此，核能、公众和政治接受度以及经济之间的长期联系便开始了。

图 16.1　阿尔伯特·爱因斯坦

16.3　导　　论

对于存在潜在危险但有明显好处的技术，人们的看法可能存在分歧，核能就是典型的例子。可以通过举行公众咨询，以确定公众是否接受某一特定技术方案。这些活动包括数据收集工作，调查、面谈、焦点小组，有时还包括公民投票。尽管这些活动的范围会受到限制，但这些活动是必不可少的，能够以此检验可能存在的关于公众观点的先入之见和假设。

当第一次大规模的核材料开发基础设施在第二次世界大战中被建造时，出于军事需要和对国家安全利益的保护，根本没有征求公众的意见。作为开发地上的居民收到了指示，得到了补偿，并被告知他们应该离开的日期。通常，即使是实际参与后续工作的人也不知道总体目标是什么，这就是战争时期的当务之急。虽然这可能导致人们认为该行业独断专行，并可能损害公众的信任和信心，但至少在 1979 年三哩岛事故发生之前，核能被许多人视为廉价和无限电力的来源。

与现在采用的花费时间较长的协商做法相比，早期民用核能在建造地的社区举行的公开会议往往很短暂。20 世纪中期的基础设施发展，特别是与交通和能源相关的发展，不像今天那样容易受到公众的关注。在战争发生后，人们对大规模开发的风险知之甚少，甚至不知道如何才能最好地征求公众的意见。人们通常认为公众的态度是积极的，以为公众会认为这将促进就业和带动经济增长，但这只是假设。

一段时间以来，公众调查的范围要广泛得多，特别是在三哩岛事故等备受瞩目的事件发生后。例如，20 世纪 80 年代初，Sizewell B 公众调查持续了 3 年多，这是此后很长一段时间以来同类调查时间最长的一次。很明显，一段时间以来，社会正在发生变化，我们“越来越关注日常生活中的风险”[1]，核能的发展也不例外。

最近，由于气候变化，公众的接受程度和评估方法正接受更严格的考验。例如，与可再生能源和运输相关的大规模基础设施发展、页岩气的开采，以及在此背景下放射性废物的长期处理、核退役[2]和新核电站的建设。虽然我们对地球地质和生态系统的影响比以往任何时候都了解得更多，但我们面前的选择似乎更加有限，这些影响对我们和我们的后代都具有更大的意义。

在本章中,我们将考虑公众可接受性的程度,以及核电将成为世界未来能源的可能性。

16.4 核能的公众接受度和风险问题

对风险的感知(风险是危害导致损害的可能性)通常来自各种来源。例如正式渠道(如教育、培训等),经验经历(职业或者个人),相关资料(媒体或他人等),等等。被认为是非自愿的、强加的或难以理解的危害,特别是被认为对人类健康构成威胁的危害,公众往往会对此产生消极态度。正如 Ahearne[3] 所说的那样:“这些态度在技术上是否有效,与解决民主社会中公众关注的问题无关。”在我们考虑公众对核能的可接受性时,这是非常关键的一点。

16.4.1 事故

直接影响公众的事件(特别是与能源和交通等基础设施相关的事件)往往会降低公众对相关部门的信心。这种影响的表现可能比最初设想的要复杂得多。例如,由于操作系统存在差异,在一个国家发生的火车事故被认为不太可能在另一个国家发生,这不太可能影响其他地方公众的态度。

核能在某些方面与航空航天、石油、天然气等其他安全部门相似,但在另一些方面却截然不同。最重要的是,严重核事故可以被描述为具有重大破坏和动荡潜力的极低概率事件。反应堆设计和监管程序表明,事故序列仅限于特定的国家背景,但放射性污染的扩散不受国界的限制。与航空工业的情况一样,核工业通过世界核电运营者协会(WANO)等机构分享经验和教训,旨在避免构成事故前兆的一般情景被复制(尽管是无意的)的可能性。

为了举例说明公众接受性的重要性,我们将回到 2011 年福岛第一核电站事故的案例,如第 14 章案例分析 14.3 所讨论的那样。事故发生后,Poortinga 等[4] 在 2013 年发表的报告称,在日本,公众对核能作为气候变化解决方案的怀疑心态明显增加,但在英国却并非如此。在 2011 年事故发生前的几年里,核电被广泛认为是一种低碳发电手段,是英国和日本应对气候变化承诺的核心。而事故发生后,公众对核安全的信任,特别是对核工业监管的信任,在日本下降了,而在英国,它没有受到影响。有证据表明,在福岛第一核电站事故发生之前,日本公众舆论已经受到了核电站几起事故的影响;就直接死亡人数而言,这些事件更为重要,但就经济后果和动荡而言,这些事件就不那么重要了。

Poortinga 等[4] 的一项重要发现是,福岛第一核电站事故并没有像预期的那样对英国公众对核电的看法产生重大影响。这并不是说明公众对核事故的接受程度很强,而是说明事故对公众舆论的影响是复杂的,可能与预期相反;因此,关于公众可接受性的直觉假设不能替代基于证据的研究。如第 14 章所述,德国对福岛事故的反应(鉴于其政治背景与英国和日本不同)是安排关闭其核电站;意大利和瑞士也开始重新制定核能政策。

因此,可以得出结论,严重的核事故会对公众对核能技术的接受程度产生显著的负面影响;然而,这种影响的长期结果并不容易预测,而且可能取决于许多因素。也有证据表明,核电站事故会影响公众对相关核活动的看法,如废物处理[5],这将在本节后面讨论。

16.4.2 选址和当地社区

核电站及相关设施属于长寿命装置。目前正在建造的核电站可能会运行60多年,之后是漫长的清理和退役期。通常情况下,新电站的选址与之前电站相同。这是由于,与新地点相比,对已获得许可的地点的批准和环境审查相对容易;可获得兼容的基础设施(特别是在冷却和电源输出方面),以及附近有经验丰富和相关能力强的劳动力。这一点得到了广泛认可:例如,Burwell 等[6]在1979年研究一项政策时指出:"……通往核系统的一条切实可行的道路……是将新反应堆大部分安置在现有地点。"这可能与公众可接受性的问题有重大关系。

与核工业有关的地方与核能和放射性有关,这些地方通常被看作是有危险的。目前一些有核设施遗留下来的地方,通常源于军事保密时代。此外,危害(至少与电离辐射有关的危害是核电站的主要特征)往往是看不见的,而且可能会持续很长时间。

然而,有一种观点是错误的,即认为这些长期存在且臭名昭著的设施及棕地开发项目所在社区的居民会一概拒绝它们。邻近效应[3]描述了一种现象,即与现有设施距离较远的社区相比,距离较近的社区对现有设施的支持程度更高。人们认为,这是因为熟悉程度和认识到这种发展可能带来的直接经济和社会效益等许多因素,现有地点附近的社区更容易接受。相比之下,由于不确定性和缺乏控制等因素,绿地开发可能会引发公众的担忧。在一些报告中,邻近效应被称为光环效应,因为人们"拒绝与生活在这种环境危害附近的负面联系"[7]。

人们很容易将支持环境归结为这样一个简单的情况:那些直接受益的人(例如,通过就业、增加收入等)可能与那些没有受益的人有不同的观点。然而,Parkhill 等[8]解释说,当地社区的可接受性情况比这复杂得多,而且往往是短暂的。这一主张现在尤其重要,因为世界核工业的许多组成部分都寻求在现有场址和新场址上建造新的反应堆;后者与新兴经济体(特别是巴西、俄罗斯、印度和中国——金砖四国)有关,这些国家被称为"登船国"。它也与政府和公用事业公司寻找长期废物处置库的地点有关。

公众对 Parkhill 等[8]所说的"有争议的现代性技术"的接受程度已经成为政府、技术供应商和规划者广泛关注的焦点。这些技术的定义远不止核电厂,还包括风力汽轮机、页岩气提取设施、垃圾焚烧炉等的选址。当地社区关注的细节可能有所不同;关注点可以与具体技术有关,也可以与预先存在的活动有关的具体问题或发展有关,即在核环境中使用混合氧化物燃料、废物处理计划和其他具体的可感知的危险。

在"选址、接受或拒绝技术"的背景下,公众接受度的重要性非常高,但观点和视角的多样性与个人利益同样重要,甚至更为重要。正如 Parkhill 等[8]指出的,核事务中的非凡之处及其多样性,以及人们在选择居住地时所重视的因素,是将基础设施建在居民区附近时的一个敏感领域。与所有谈判做法一样,在评估公众的看法时,公开、准确、信任、尊重实际和历史经验在我们所关注的社区危险方面所起的作用是最重要的。

16.4.3 代际公平

经济合作与发展组织(简称,经合组织)将代际公平定义为:"……在环境背景下,指的是自然资产禀赋的代际分配或其开发权的代际公平。"也就是说,它关系到当代人现在作出的决定的影响及其对后代的影响之间的平衡或其他方面。这是一个重要的伦理概念,即当代人的活动所产生的影响可能是巨大的,而且持续的时间足够长,足以对后代产生影响。通常,某一决定对当代人和后代的影响或其他方面是重要的考虑因素。

长寿命的放射性废物经常被用来说明代际公平,这是最早引起这种关注的环境问题之一。代际公平是放射性废物管理的核心,根据国际原子能机构的定义,废物管理必须"不给子孙后代带来不必要的负担"[9]。然而,在今天的风险社会[10]中,有各种各样的影响背景,如果对人(未来)的影响不构成不适当的负担,就需要人(现在)做出决定。例如,气候变化、生物多样性丧失、空气污染和其他相关的"生态特大灾害",铜、石油和天然气等资源的使用也引起了公众的注意,因为如果现在使用,子孙后代可能无法获得公平的利益。

代际公平是可持续发展的基础,根据可持续发展的定义,后者是"满足当代人需求的发展,而不损害后代人满足其需求的能力"。随着我们对技术的依赖程度不断升级,我们对后代生活的影响似乎也有升级的风险。这一点在我们对能源和基础设施的研究中表现得最为明显。

代际公平的焦点是道德立场,即当代人所做的决定会影响未来几代人(可能)需要做出的决定。这是一个简单的概念,但在实践中可能很复杂,特别是在涉及权利和福利、成本和债务时[11]。例如,作为一个社会,我们可以选择在地质处置设施中"处置"长寿命的放射性废物,但"处置"一词的解释需要仔细考虑。例如,深层处置方法通常意味着永久性的,没有回收废物的设施。这可能是最好的技术解决办法,使子孙后代免受辐射危害。然而,在选择这种方法时,可能会有人认为,如果将这种解决方案的成本(通常不低)用于改善当前几代人的福利,那么他们本可以享受到更多的好处。也就是说,这种做法是在牺牲代内公平的情况下,以维持代际公平。此外,如果废物一旦被运输并冒着污染生物圈(例如地下水、食品等)的泄漏风险(尽管不太可能,因为运输处理的初衷就是为了避免这种情况),那么对后代的影响可能是重大的。在这方面,不保证废物可回收的决定被视为给后代造成了与当代人相比不平衡的负担。在费用方面,最直接的例子是,目前预估产生的费用没有包括将来所需的费用,从而使那些没有直接从产生废物的电力中受益的人承担了多余的开支。

问题在于,不可能在长寿命放射性废物衰变到无害水平所需的时间尺度上预测世界的社会结构;尽管与低或中水平废物有关的放射性水平远低于与高水平废物或乏核燃料有关的放射性水平,而且与^{90}Sr和^{137}Cs等有关的大部分放射性衰变相对较快。这样的时间尺度超过了人类历史的记录,也超过了目前与其他生态大灾害(如气候变化的影响或生物多样性的减少)相关的预估,因此有必要指出,我们对如何改变这些近期例子的影响的技术认识可以说远没有那么完善。

如果不能在相对较短的时间内通过永久处置废物以免受非法使用(恐怖主义等)的危险,可能会再次剥夺当代人应有的平等权利。正如 Shrader-Frechette[12] 所说的:"……如果有一种风险是当代人无法接受的……那么这种风险对未来的人来说也不会被接受。”也就是说，支持代际公平是一种声明，即当代人和后代拥有平等的权利。国际原子能机构在放射性背景下对此进行了总结，即“对后代健康的影响不会超过今天可接受的相关影响水平”。值得注意的是，在核时代初期就放射性废料管理作出的决定在短短几十年内造成了非常惨痛的代价，因为在某些情况下，这些决定增加了现在需要解决的问题。这可以说是当时缺乏规划和理解的结果，而不是无视代际问题的情况；我们从这次经历中学到了很多东西。

与代际公平相关的另一个概念是折现，即将未来所需物品的预期成本（价格）转换为现在对其价值的估计，通常以净现值（NPV）表示。现在为将来的需要而担保的资金将以通货膨胀率增长，构成一个更大的数额。折现考虑了未来的价值（例如，在这种情况下，放射性废物的长期处置或退役的成本），并将其转换为今天的价值。

关于核废料管理和退役等长期宏观问题的折现的相关讨论集中在几个影响现值的未知因素。例如，随着时间尺度进一步延伸到未来，对通货膨胀率的准确预测变得更加困难，这种时间尺度很长，并且不能精确地知道什么时候需要折现的现值。如果折现金额是为了抵消不可预见的、计划外的和不可能发生的事件的费用，例如清理严重事故；风险因素使这种情况变得复杂，因为很可能根本不需要这笔钱。以预估的通货膨胀率在长时间尺度上进行折现可能意味着，现在投资相对较小的金额将足以支付未来很长一段时间内发生的非常大的财务成本[13]。然而，对于折现是不是价值分配的有效基础，公众对此观点各不相同[14]。

也许有人会天真地认为，应该按当前价值投资一笔钱，以涵盖所有可能发生的情况。然而，这意味着，到可能需要的时候，这笔钱将是一个天文数字。根据上面的讨论，从现在到最终使用这笔投资之间的几代人不会有好处，因为他们可能会利用它来满足“真正的”福利需求，而不是假设的需求（假设的意思是未来的任何预期在实施之前都是假设的）。

显然，代际公平是一个复杂的问题：今天很少有人愿意让自己的后代不合理地承担自己行为的后果。然而，也有这样的例子，这种做法多少有些隐晦：让今天的人受益的大型资本项目（有时还需要大量的运营需求）往往是由产生赤字的政府提供的，而赤字则由子孙后代承担，并相应地折现。这些场景相似但又不同。

16.4.4 放射性废物

尽管各国存在差异，但就公众可接受程度而言，核能生产产生的放射性废物的管理可以说是最突出的核能问题。这个问题引起了人们的关注，例如，事故的可能性、选址、代际公平（前面介绍过）和补偿当地社区的问题[15]。

人们认识到需要制定长期管理战略，以便将放射性废物从生物圈中隔离出来；例如，在曼哈顿项目期间，这个问题可能不是最优先考虑的问题，但几十年前就首次讨论了临时和永久处理方法的优缺点，以及使用中和（嬗变）、玻璃固定甚至太空处理的前景[16]。

对于许多需要处理的废物，如第15章所讨论的，存在可靠的技术解决方案，可用于可回收和永久处理。尽管技术解决办法已经发展了几十年，但与公众接受程度和这些废物处理方法的费用有关的问题却一直存在。许多国家仍然没有执行处置战略,因为公众没有接受政府提出的建议。

放射性废物管理会对新核电站的规划和运行产生重大影响。例如,在美国加利福尼亚州布莱斯建厂的提议在 1978 年被认为无法进行,直到一种永久性的废物处理方法得到证明。类似地,1977 年,瑞典政府要求核电站所有者在启动新反应堆或给现有反应堆换料之前,必须开发出一条处理放射性废物的技术路线。

承认核能的好处(例如,低碳生产、供应安全等)可能与组织和个人希望"废物问题"的愿望相冲突。公众对放射性废物的可接受性的争论可以跨越一系列的担忧,包括废物的处置是不是永久性的(因为,如果未来的技术能中和这些废物,它们将无法被回收),以及临时解决方案(被认为有受到干扰和恐怖主义的风险)。在当地社区选址可以成为咨询和辩论的主题,经常寻求自愿社区对废物处置库进行现场调查(称为"自愿性"[17])。

很少有人持有的观点是,来自某个国家的废物应该在该国境内处理,现在应该做好准备,而不是把问题留给后代去处理;公众舆论可以接受长期的地质处置概念,只要首选地点远离那些接受它的人的家。在公众咨询中可能提出的关注点包括,处置地点放射性物质泄漏的可能性,贮存地点发生事故或在将废物运送到一个地点的过程中发生事故、恐怖主义、财产价值下降的可能性,等等;在未来的某个时候,由于泄漏而导致的生物圈污染是最令人担忧的问题。

与核设施开发有关的积极经济因素包括各种就业机会的潜力,以及相关的建设、管理和监测活动。消极的经济因素包括,废物储存对旅游业和财产价值的潜在影响,以及运输网会日益拥挤。一些反对核废料选址的人的根源在于反对核能,同意一项废物处理解决方案被认为是纵容对核能的无限期承诺。在核能被接受的地方(特别是在替代能源稀少的地方),这些可以对废物储存的选址产生积极影响[18]。在现有的核场址上寻找处置核电站废料(乏燃料)的储存库的地点正在成为一种普遍的做法,如瑞典和芬兰。

虽然在核能开发初期进行了许多废物管理研究(主要是技术上的,但也有社会学上的),但在许多情况下,长期放射性废物处理解决办法的实施却停滞不前。这一点在对乏核燃料和高水平放射性废物的处理上尤为明显。在这个问题上取得进展取决于是否有有效的意见研究、通报风险的计划战略、广泛参与、利益攸关方参与、透明度以及建立信任和信心。这是一项要求,要求政府和公用事业公司了解公众的态度。

从积极的角度来看,芬兰和瑞典已经为永久处置低水平和中等水平废物进行了广泛的准备工作。但是,在联合国、美国和瑞士,在此方面取得的进展较少。公众可接受性的重要性可以限制选址。

然而,就某一场址的地质情况而言,绝对安全的保证可能会受到质疑,特别是在公众对技术解决办法缺乏信心的情况下。总而言之,长期放射性废物的处置需要适当的技术解决方案,一个符合严格地质要求的地点,以及公众对其的信任和信心。技术要求通常被认为是很容易理解的,最后一个需求是目前很多工作的重点。

16.5 建造核电站的经济效益

16.5.1 历史背景

核能发展的最初几年很难与相关的核武器发展以及国家资助计划分开。正如 Rhodes 评论的那样[19]，仅在美国，核军备竞赛的遗产就是“4 万亿美元的国债”。因此，这个时代核电厂的经济价值或其他方面并不能帮助我们判断能源在今天电力市场上的商业可行性。现在，大型基础设施项目的协调方式已大不相同，影响这些项目可行性的因素也大不相同。例如，第二次世界大战后的国际关注点主要与核材料的生产有关，以英国为例，当时英国的煤炭被认为是一种可出口商品。当务之急是需要通过使电力(实际上是能源)脱碳来抵抗气候变化，为预计到 2050 年全球人口将达到 100 亿提供现代能源服务，以及在各种不同的国家背景下确保供应安全。

第二次世界大战后，核电站被设计用于生产核材料，或发电，并使提取核材料的燃料随时可用。它们通常由国家政府部门资助，电力是一个偶然的、可观的副产品。与退役和废物管理有关的费用很少包括在这些早期发电厂的寿命成本中，这些要求也没有考虑到早期设施的设计。为投资者寻求合理回报和廉价电力的重点并不像现在这样突出，而且很少考虑或预计未来的负债。现在，相对于这些发展所保障的国家安全，经济风险不那么突出，而在那个时代，安全肯定是非常重要的。

还有其他与国防需求无关的重要区别，与今天的电力生产经济学形成对比。例如，电力市场受到监管。所涉及的大多数行业(美国是一个例外，其商业运营的轻水堆数量不断扩大)都是国有化的，反应堆由国家政府运营和资助。资本成本(即包括利息、银行费用等在内的财务成本)在当时比当今的开放市场更为稳定且通常更低。在当时，电力的广泛使用还处于起步阶段。直到最近，电才从一种奢侈品转变为一种必不可少的商品，被认为是一种公认的生活标准。电力供应市场既不竞争，也不像现在这样充斥着供应商和技术。因此，核能作为一种低碳基本负荷电力来源，提供 90% 的占空比，但可调度性相对有限，即一种电力来源跟随需求变化的能力，不需要在成本上与可调度性更高、负载系数更低的替代能源竞争。通过小型模块化反应堆和热电联产的结合，现在可能更具经济竞争力[20]。

在当今的能源市场上，核能是唯一能够提供高品质(即热能和电力)、满足基本负荷、低碳且供应稳定的能源。它能够比间歇性可再生能源替代品更有效地满足需求，但不如联合循环燃气轮机(CCGTs)那样好。在成本方面，可再生能源的燃料成本为零，相对于电力输出的建造成本相对较高(主要是由于其低功率密度)，系统成本较高(由于其间歇性，但在大多数情况下水电除外)。化石燃料发电厂需要大量的燃料，一些化石燃料来源的供应可能容易受到政治影响(特别是天然气)，它们的燃料成本可能不稳定。

相比之下，21 世纪核能经济的特点是，建设核电站所需的大量前期资本投资，以及相对较低的燃料和运营成本[21]。建设周期很长(例如，5 ~ 10 年)，但工厂运行并产生收入的周期也很长,而且它们是在高负载周期下实现的。虽然从工程角度来看,在为一座新核电站定价时,人们很容易把重点放在必要的工程基础设施的成本上,但同样重要的是市场的影响和相关的财务成本。投资者(特别是私人投资者)要从核能生产中获得回报需要很长的准备时间,因为在开始发电之前需要很长的建设周期,与竞争性的非核投资机会相比,这可能会产生重大的财务不确定性;对于后者来说,从电厂获得批准到通过电力收入获得回报之间的时间通常更短。核电站提供了可靠的负荷系数,如图16.2所示,这一特点保证了核电站的稳定收入。

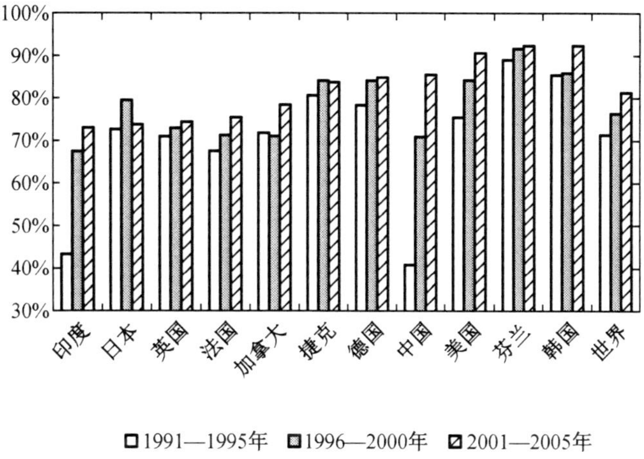

图16.2 负载系数随时代和国家的发展而变化[22]

16.5.2 确定核电站的成本

在评估核能的寿命成本时,可以考虑与特定核电厂有关的四个组成部分:

(1)新建工厂时的建造成本,是同类中首个(FOAK)还是同类中第 n 个(NOAK)的影响——请参阅本节后面给出的这些术语的详细定义;

(2)长期运营成本(LTO),核电厂的预期使用寿命过后,是否需要继续运作(亦称延长使用寿命);

(3)提高现有核电厂性能以产生更多电力的成本;

(4)退役和废物管理的成本。

目前全世界已经或正在考虑所有这些备选办法。本节的重点只放在建造新工厂的成本上,因为在建造时很少考虑LTO和升级。在确定新电厂的生命周期成本(不包括LTO和升级)时,有必要提取平准化电力成本(LCOE);根据式(16.1),这是电厂生命周期内每单位发电量的NPV7成本,其中成本通常包括电厂生命周期内的建设、运营和退役成本[23]。

然而,在整个生命周期成本的背景下(即必须考虑的因素,尽管并非总是如此),LTO或升级的前景可能在未来的某个时候被关注到。

$$\text{LOCE}=\frac{\text{Net present value of costs over plant lifetime}}{\text{Total electrical energy generated over plant lifetime}} \tag{16.1}$$

简而言之,LCOE是覆盖电厂所有生命周期成本(即建设、运营和拆除电厂)所需的平均电价(英镑/MWh)。

建设(资本或资本支出)成本通常包括核电厂的准备、建设和基础设施的支出。运营成本包括保险、燃料、服务、人力等成本。用于计算发电量的信息通常包括核电厂的发电能力、可用性、负荷系数和效率。

关于如何确定核电站的成本,有各种各样的观点和方法。这是因为对成本组成部分的定义可能有所不同,对贷款资本利率的预测可能积极或消极,从以前的项目中学习所得的预计节省可能与现实不符(积极或消极),而且在没有更明确的估计时,仍然使用了在说明性基础上提供的数字。

在本讨论中,我们将采用D'haeseleer[24]在工作中定义的方法,以限制对各种定义的解释。D'haeseleer将建造一座核电站的总"成本"(在本讨论中,指的是传统的热中子裂变电厂)定义为社会成本,其中:

$$\text{Social cost} = \text{private cost} + \text{external cost}$$

在这个定义中,私人成本是企业直接承担的建造工厂的成本。外部成本包括那些由于操作的影响而未完全计入私人成本的费用,这些费用通常由工厂所有者(商业经营者、公用事业或政府机构)承担。例如,这可能包括责任(例如由于事故和污水的影响而归属)和扩散控制。如上文所述,退役和废物管理往往为私人费用,并予以折现。这是假设的。

私人成本的定义可以进一步细分为:

$$\text{private cost} = \text{capital investment} + \text{operation \& maintenance} + \text{fuel cycle} + \text{decommissioning}$$

在这种情况下,有一些多样性值得考虑。例如,操作和维修费用是否为了实现长期运行(LTO)或升级而进行的重大翻新费用(这通常不在项目初期的成本估算中),或燃料循环费用是否包括燃料循环后端的费用,即乏核燃料的临时储存、封装和处置。

虽然这些都是重要的因素,但资本投资(即资本资产的成本)是最重要的组成部分。在定义私人成本的这一要素时,经常考虑借贷成本。这是核电站的成本,就其组成部分和服务而言,如果它在收到建造合同后立即交付,也就是说,一夜之间交付。这显然是一个假设的基础,用于区分借贷成本,因为不可能在一夜之间建立一个大型、复杂的基础设施资产,比如核电站。资本投资的成本随着时间的推移而分散(就像所有主要的建设项目一样),因此,在该资产产生收入之前,为支付该资产而借入的资金会产生利息。

因此,资本投资成本可以定义为:

$$\text{capital investment cost} = \text{overnight cost} + \text{financial costs}$$

当然,通货膨胀的影响可以通过利率预测和对建设所需时间的预估来估计。但是,如果项目生命周期的施工阶段由于超支或利率高于预期而超出规划阶段的预期,则投资成本将相应上升。此外,创收当然也被推迟了。

除了借贷成本和资金成本外,还有业主成本(业主,例如作为公用事业或政府拥有的商业组织)。这些成本不是由供应商(或建造商)承担的,可能包括施工前的成本,比如升级运输系统的成本(这可能因固有兼容性或其他因素而有很大差异)、资本成本和财务费用。与通货膨胀一样,在一个项目中,花费比预期更长的时间来完成可能会导致成本相对于借贷成本显著上升。因此,当项目被推迟并报告了相对于先前估计(即借贷成本)的修订成本时,项目超出预算的程度会非常重要。

尽管核电站的成本和建成所需的时间在国际上存在差异,但构成外部成本的各个组成部分的相对比例往往如下:资本投资为60%~85%,运行和维护为10%~25%,燃料循环为7%~15%。考虑到资本投资是主要成本,一个关键的优先事项是确保建设周期按照计划运行,在5~6年的名义最佳时间内,并且如果私人成本与预测一致,则不会超出预测。

外部成本通常包括事故、扩散和避免二氧化碳排放的责任;退役和废物管理通常通过征税内部化。对核能来说,对减少二氧化碳排放可能是积极的,而不是像目前对化石燃料发电厂那样是消极的。外部成本还包括系统效应,这涉及一个给定电厂的可调度性(其满足需求的能力)相对于其他电力来源的性能。

通常,为了获得债权人、股东(以及考虑到公众可接受性的重要性的公众)的信任,LCOE通常按照式(16.1)确定。这是业主收取的长期、盈亏平衡的电力成本,以确保电厂的社会成本(所有成本的净现值之和)与电厂生命周期的运营收入相平衡。

LCOE的定义表明,在电厂建成n年后,发电的实际成本与电厂之间存在相关性。因为核电站的建设和运营涉及众多变量和较长的时间跨度,LCOE在很大程度上是一个说明性成本。特别是,LCOE估计取决于地理位置、折现率、负荷系数和项目持续时间;所有的因素都有很大的不同。考虑到可再生能源的巨大贡献,以及核电比早期建设活动表现出更大的可调度性的潜力,负载系数现在是一个特殊的变化领域。

借贷成本通常包括业主成本、建筑成本(工程、采购和施工,通常称为“EPC”)和应急津贴的总和。业主成本的构成可能各不相同,但可能包括土地成本、现场工程、开关站、许可证、许可、环境研究、电力互连成本、工厂特定研发、公共关系和业主工程人员的工资。业主成本的典型水平是借贷成本的15%~20%;在施工期间产生的财务成本通常预计为借贷成本的20%。

16.5.3 特殊的核问题

除了由于时间超期和利率变化造成的成本上升外,还有一些具体的核问题上升的原因。例如,核设备的供应有限,需要核经验的劳工需求,以及核管制和环境认证的需求,特别是对放射性事项的要求。这些因素在非核电站项目中是不会遇到的。劳动力可以占资本投资的很大比例,因为虽然设备成本不应与其他发电装置差别太大(尽管与核岛上实际上相当专门的热源有关的较高价值组成部分),但所有装配和施工所需的认证级别要求满足更高的公差,这就要求高技术工人对合规需求有很好的了解。

从最近的新建项目和相关费用(即自20世纪70年代中期以来)获得的经验表明,尽管以前有类似项目的经验,但在节省费用方面并不理想,下面讨论了一些例子。这可能是因为项目受到修订后的法规(例如法国的弗拉芒维尔EPR)的影响,根据新项目开始期间或之前发生的事故(例如三哩岛、福岛和切尔诺贝利)进行的调查,利率上升和管理不善。这些影响可能会导致施工周期延长,从而增加利息成本,超出总体完工成本估算的预期。

最新的、更大的反应堆更昂贵,这可能是因为它们的设计更复杂。例如,EPR所安装的安全设施比早期设计得更多样化；核电站验收标准的一个重要组成部分是获得比前几代更高的概率安全评估评级。

在学习方面，从 FOAK 转移到 NOAK 会产生显著的好处。这突出了工厂建造模块化设计和严格遵守整个动力反应堆建造标准化的好处。在撰写本书时，从成本和完成时间方面来看，这类好处在韩国越来越明显，在中国也可能如此，这是由于涉及复制核电站设计的重大活动，在本例中分别是 APR1400 和 AP1000。

最近一些核建设项目的成本计算经验说明了 FOAK 设计的区别。欧洲的两个项目(Flamanville 和 Olkiluoto 3)与最初的估计相比，进度严重落后，预算超支。虽然它们可以说是有史以来最昂贵的核反应堆，也是最大的核反应堆之一。区分这些特定类型的项目非常重要，因为对某一设计的了解程度会显著影响未预见的设计和监管问题、延误、更多的应急措施需求以及成本上升的可能性。在这种情况下，以下定义通常作为上述 FOAK 和 NOAK 定义的扩展。

(1) $FOAK_1$。与基于相同设计的项目相比，这些项目的构建成本往往更高，因为从类似设计项目中学习获得的知识有限。

(2)特定国家的 FOAK(通常称为 $FOAK_2$)。预计这些产品将比 $FOAK_1$ 便宜，但由于各国具体的法规、供应链的差异和熟练劳动力的可用性，这些产品将比同一国家的后续产品贵。

(3) NOAK。假设整个团队都在努力保持标准化，这些应该代表最准确地符合建造时间和成本的初始预测的变体。

(4)为了反映上述每一种情况的偶然性，预计 $FOAK_1$ 会比 $FOAK_2$ 产生更多的偶然性，而 $FOAK_2$ 比 NOAK 需要更多的偶然性，偶然性允许的比例也相应调整。例如，这些比例可能分别为 30%~50%、15%~30%和 10%~15%[8]。

16.5.4 长时间的影响

核能项目的融资与大多数其他能源项目的一个重要区别是时间尺度很长。就中期而言，通常假定时间尺度在 40~60 年；长期通常意味着超过 80 年。后者指的是核电站关闭后，废物管理和退役等外部性开始发挥作用的时期。回到折现率，通常用加权平均资本成本(WACC)来表示。它的定义是，

$$WACC = r_{\text{debt}}\left(\frac{D}{V}\right)(1-t_c) + r_{\text{equity}}\left(\frac{E}{V}\right) \tag{16.2}$$

假设投资在债务和股东之间按利率分配。总投资是 V，负债是 D，权益是 E，V = D+E 公司税率是 t_c。在受监管的市场中，假设折现率低于自由市场。在这种情况下，为了保持一致性，使用了 D'haeseleer[8] 所采用的符号。

核能发电与其他发电部门略有不同，因为废物管理、废物处理和退役是电厂生命周期中更为重要的组成部分，然而，这些问题在能源部门的其他部分开始变得更加突出。从历史上看(也因为这项技术的起源复杂)，忽视这些要求导致了高昂的成本，而且事故发生后社会对此准备不足。

然而，这种情况不应该与现在建造的反应堆的遗留问题相混淆。新的商业反应堆的设计和运行，与核时代新奇的活动相比，产生的废物相对较少。此外，现在需要严格的退役计划，以便将这些活动的相关费用内部化并由电力生产商支付，例如，通过设定 LCOE。因此，只有在没有足够的资金时，这些费用才会成为额外的费用，因为资金的溢价已包含在电力的市场价格中。有一些概念上的外部性是核能发电的积极特征。这包括：供电的安全性、保证发电成本的能力和保证电力系统稳定的基本负荷供电。但这些费用很少在当前项目中直接计算。

退役和废物管理被认为是核能特有的经济责任。发生严重核事故的潜在性也带来了重大责任，在规模上与 2010 年深水地平线爆炸或 1989 年“埃克森·瓦尔迪兹”号油轮石油泄漏等引人注目的非核环境灾难没有什么不同。这些表明，非核工业事故也可能要求类似的事后处理要求，这可能导致巨大的成本，包括私人成本和外部成本。

在核电站由受监管的国有公用事业公司或政府拥有和运营的时代，核电站的退役成本由这些公司支付。然而，在开放的电力市场中，政府监管（例如英国的《能源法》[2008]规定）要求运营商在开工前提交一份有资金支持的退役计划以获得批准。例如，为这类项目设定一个包含风险溢价的价格。这可能会随着通货膨胀而加剧，运营商必须建立一个安全独立的基金来支付这笔费用。美国核管理委员会也制定了类似的安排，要求核电站在运行期间预留资金。

迄今为止，许多核电站的退役经验都与军事时代遗留下来的核电站有关。这些设备在设计时没有考虑到成本效益。大多数反应堆都是匆忙建造的，有几个反应堆由于事故或工艺故障而停止运行。典型的例子包括处理设施的吞吐量受阻导致堵塞和腐蚀；金属被用在早期反应堆系统的组件中，与现在使用的相比，它们很容易受到中子激活的影响；废物储存时没有分类，也没有记录被丢弃的东西，土地受到污染，造成处理困难。

上述问题导致了各种各样的退役挑战，导致成本大幅上升。因为受这种方式影响的设施可能难以清理，并且可能需要定制废物管理方案来处理产生的碎片。因此，核退役被认为是一项非常重大的长期经济责任。

现代反应堆系统的退役要求影响着它们的设计。一旦乏燃料被移除（通常在退役计划的早期，并带走核电站的大部分放射性库存），可以在项目的早期做出在发电阶段结束时拆除工厂的准确成本估算。有了这样的估计，运营商可以在需要资金之前很久就预留出足够的金额。然而，劳动力成本的影响和几十年后监管的变化是潜在的不确定性因素。

16.5.5 核燃料循环的经济学

铀浓缩提供了一个有趣的例子，说明核燃料循环的工程选择可能固有的经济问题。铀浓缩约占核燃料成本的一半，占其发电成本的约 5%，影响这一成本的因素有几个。首先，根据来源的不同，浓缩工厂的原料在自然富集程度上可能会有所不同：相对低水平的自然富集通常比相对高水平的自然富集的原料更便宜。其次，就最终产品的浓缩而言，实现客户合同要求所需的成本与矿石本身的成本可能存在差异。

举一个简单的例子，富集程度相对较低的矿石，即低成本的原料，可能具有成本效益，但因此需要相当多的电力成本。因此,对较便宜的原料进行浓缩的费用较高。

市场规模[25]还取决于特定时间的相对需求和浓缩设施的供应能力。例如,物质富集过程的选择:正如第12章所讨论的,气体扩散比离心机系统需要更多的能量(电力),但它在操作的数量和时间尺度上是灵活的。相反,气体离心机的启动和停止费用昂贵,最好连续运行并达到最大容量。

对全球浓缩成本和操作的进一步扰动是需求水平。当需求高时,闲置产能可能有限,因此成本可能上升,反之亦然。这可能受到不可预见的事态发展的影响;福岛核事故就是一个例子。浓缩需求减少,全世界的浓缩能力相对过剩,因此有较便宜的机会浓缩相对低成本的原料。由于使用能源,浓缩构成了核燃料循环中释放出二氧化碳的主要途径,尽管这一部分仅占化石燃料燃烧产生的二氧化碳的一小部分。在某些情况下,电力部分来自低碳替代品,即水力发电或核能本身。

16.6 未来的选择和核能

16.6.1 长期的未来选择和最近预测

在未来,核能生产的统一扩张似乎不太可能实现,比如美国在近40年前[6]提出的1 000个核电站的规模。这是因为每个国家各自的国内能源情况和需求对该国可供选择的能源有重大影响。这些因素包括,其自然资源的范围,其进口能源的难易程度及其对经济增长的需求,特别是它是新兴经济体还是发达经济体。下面将根据各国核电厂建设的现状对这些问题进行更详细的讨论。

然而,一些国家,特别是新兴经济体,在陆地上对清洁能源的需求迅速增长,为了实现关键的发展目标,这些需求必须得到满足。在这些情况下,核能很可能发挥重要作用。在一些国家,尤其是中国,这种发展已经在进行中。在经济发展较为稳定的地方,核能已经被采用,并且它没有因为能源政策的变化而下降,那么,为了保持核能在满足气候变化排放承诺和确保供应安全方面的贡献,可能会更换现有的、老化的核基础设施。成本和公众接受程度是继续发展的主要因素。

大多数受益于高级能源生产的国家继续依靠化石燃料来满足其大部分能源需求,目前也使用核能(法国和比利时是少数几个更加重视核能的国家之一)。化石燃料用于发电(主要是煤、天然气和一些石油)、供热(主要是天然气)和运输(石油)。最近人们对这些资源的中期可持续性能力感到担忧,但它们中的大多数仍然供应充足;廉价的石油和天然气比煤炭的寿命短,后者的储量预计还能维持几百年。除其他因素外,页岩气开采至少在短期内缓解了天然气供应压力,并为一些国家(尤其是美国)提供了新的供应安全保障;在20世纪70年代,石油输出国组织的石油危机导致了石油使用的显著节约,而TMI和后来的切尔诺贝利缓和了核能能源政策。

然而,在气候变化、空气污染和/或物流(即需要跨大陆运输煤炭到当地煤炭不丰富的地区）限制了燃煤发电的继续扩大的情况下，核能是一种有效的煤炭替代品。对安全、废物管理和保障措施的担忧往往与核能有关，其前期成本和公众可接受性是核能没有得到更广泛采用的主要原因。

为了说明这些影响，以天然气的使用为例。CCGT 电站的建设速度更快，成本更低，运行更灵活（提供更大的可调遣性），引起的规划争议更少，产生的二氧化碳是煤炭的一半。然而，它们需要的燃料比核能产生的同等能量多得多，这在储存和运输方面产生了影响；在非本地供应的情况下，可以储存的数量通常是有限的，而且可以运输的数量也是有限的。更重要的是，许多国家的天然气供应依赖于世界上政治不稳定的地区，这是供应安全和价格稳定的不确定性的来源。对一些国家来说，对其经济增长和相关电力需求的预测可能非常重要，以至于它们将超过本国天然气储量的能力。在这些情况下，核能也是一个有吸引力的选择。

铀的可获得性对核能预测有一定程度的影响，但在中短期内，与建造核电站的成本相比，这种影响没有那么大。在核工业诞生之初，人们曾预计会出现铀短缺，但这种情况并没有发生，因为裂变发电的扩张并没有遵循早期乐观的增长预测，部分原因是 20 世纪七八十年代建造核电站的成本和时间增加，但主要原因是廉价天然气的普遍存在。就商业核聚变核电站而言，核聚变发电仍然是一个 40~50 年的长期选择。

同时，存在着大量与核武器有关的核材料（由相对少数的国家拥有），在这些国家，减少弹头数量的政治要求可以鼓励将这些材料用于发电。核能生产为这些铀和钚储备的处置提供了一条途径（这条途径通常被称为“刀耕火种”）。然而，用于热中子核电站，浓缩铀必须混合成低浓缩形式，而钚必须混合在混合氧化物燃料中。

从长远来看，有几个概念与未来核电站的燃料供应有关，借鉴了第 11 章第四代反应堆计划的讨论：

（1）通过封闭核燃料循环，高水平放射性废物的数量相对于乏核燃料的源数量减少，回收的 ^{235}U 和 ^{239}Pu 在后续几代核电站中作为燃料循环使用。

（2）利用快堆从 ^{238}U 中产生 ^{239}Pu。

（3）更高的燃耗性能，特别是在重水慢化反应堆中，使 ^{238}U 中子俘获产生的钚能够直接产生更长的性能周期和更大的功率。

（4）利用小型模块化反应堆作为一种灵活和适应性强的手段来开发核能，用于发电和供热。

人们对 21 世纪的核能生产作出了若干预测。1996 年，Hammond[26] 对 20 世纪 90 年代制作的一些影片进行了回顾；对这些预测的研究为构建当前的预测提供了一个有趣的背景。这些报告预测，1990—2020 年核电产量的增长在 30%（保守）~120%（乐观），也就是说，到 2015 年，生产范围为 2 500~4 000 TWh。

图 16.3 展示了在最新调查中，1975—2015 年各大地缘政治集团核能产量随年份变化的趋势[9]。这些数据有两个显著特征：首先，2002—2011 年，核能产量稳定在约 2 600 TWh（尽管有约 100 TWh 的波动）。其次，2011 年福岛核事故导致全球核能产量从 2011—2015 年下降到约 2 400 TWh。这种情况发生在日本和欧洲的一些地区，因为一些核电站受到修

订的法规和运营许可的约束,而其他核电站则由于能源战略的变化而关闭。这些数据表明,2001—2015 年发电量稳定在约 2 500 TWh,这与哈蒙德在 1996 年强调的最保守的 30% 增长估计一致。

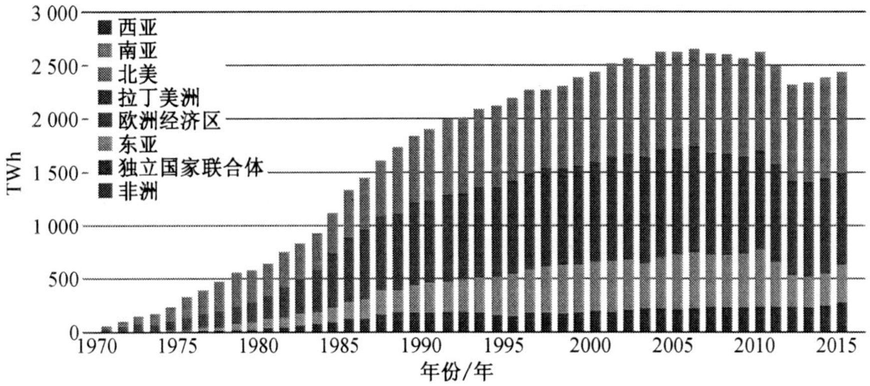

图 16.3　核能产量随年份和地缘政治分组的变化(1975—2015)

自 1990 年以来,核能产量增长一直趋向于预测的下限,原因有很多。首先,在 20 世纪 90 年代预计建设的约 150 座裂变反应堆中,只有一小部分建成并投入运行。关闭的数量比预测的要少,增长是通过 LTO 和提升功率实现的,而亚洲的增长预测需要更长的时间才能实现,特别是在中国。福岛核事故也导致增长停滞,2008 年的全球经济危机抑制了对电力的需求和大型资本项目的资金供应。

这些预测的定性方面仍然很有见地。例如,如前所述,数据为影响核能生产的最重要因素是成本和公众可接受性提供了坦率的证据。正如预测的那样,亚洲市场出现了增长,但所需时间比预期的要长。这凸显了核能另一个重要的长期定性特征:核电建设项目的工期仍然是一个重要问题;正如里科弗在比较“纸上”反应堆和“实际”反应堆(即正在建设的反应堆)时所说:“(一个实际反应堆)需要很长时间才能建成。”正如预期的那样,世界上大部分的核能继续由少数国家(美国、法国、日本和中国)产生。

有趣的是,核能并没有完全解决气候变化的问题,因为在可用的时间内建造必要数量的反应堆是不可能的。然而,核能仍然是解决方案的重要组成部分,特别是在缺乏替代方案的情况下(无论是由于当地自然资源短缺还是由于前面讨论的后勤限制),在存在对供应安全的担忧以及能源效率措施(同时也是应对气候变化的重要组成部分)可能无法实现特定地区的排放目标的情况下。

20 世纪 90 年代没有预料到的一个相对较新的发展是,有可能全面用电力驱动的替代方案(如电动汽车或氢动力汽车)取代石油燃料驱动的交通系统。如果核能领域目前的增长前景得以实现,这些技术可以大量依赖核能。以这种方式使运输脱碳不能孤立地由核能来实现(成本和公众的接受程度将决定最合适的电力来源),但做出重大贡献是可行的。

最近,在可持续消费和生产的背景下对可持续发展的挑战进行了审查[27],重点是可持续城市,粮食安全以及在此背景下最重要的是获得现代能源服务。该报告强调了通过“果断地投资于能源效率”来控制排放的潜力,并描述了在没有核能和碳俘获与封存(CCS)的